一細胞定量解析の最前線
―ライフサーベイヤ構築に向けて―

Frontier of Quantitative Analysis of a Single Cell
―Toward Construction of Life Surveyor―

《普及版》

監修 神原秀記，松永　是，植田充美

シーエムシー出版

はじめに

　この著は，平成17年度発足の科学研究費補助金「特定領域研究：生体分子群のデジタル精密計測に基づいた細胞機能解析：ライフサーベイヤをめざして」（代表：神原秀記教授）に結集した研究者たちの，この新しい研究領域創成旗揚げの雄叫びを集めたものであります。

　ヒトゲノムの解読など，生物のゲノムが次々に解読され，あたかもこれで，生物個体や細胞，さらには，生命システムまでもが明らかにできたような錯覚さえ生まれてきています。実は，これからが始まりであり，時代はゲノムをベースにして，今まさに大きく変わろうとしており，生命の機能を分子レベルで，さらに，時空間の変動を網羅的に理解しようとする方向へと動きが慌ただしくなってきました。分子レベルでの生命の理解は個々の細胞を基本としたシステム理解とその活用に焦点が移りつつあります。すなわち，多くの細胞の集団から個別の細胞へ，また，細胞内の個々の分子の働きの動的理解と活用へ，いわば，アナログ的平均値としての理解から個々の細胞内の分子動態を網羅的に解析し，システムとして理解することが求められています。これまで種々条件下で生体組織から抽出した各種生体物質を解析することが行われていましたが，今後は，個々の細胞単位でそこに含まれる生体物質分子群の動態の解析が必要であり，変化する生体分子群を一網打尽に解析するツールの開発が必要となってきました。これには細胞に含まれる種々の分子の組成などを組織の平均値としてではなく，細胞間の情報交換など相互作用と刺激応答や個々の細胞内での反応などで変動する，まさに，個別の細胞に含まれる分子群すべてを個別の細胞ごとにデジタル的にカウントして全体組成を解析する手法の開発が必要なのであります。したがいまして，物理，化学，生物，工学など幅広い分野の知識と技術を結集して，非侵襲的に可視化できるプローブや細胞ごとに識別網羅解析できる基盤や要素などの化学物質合成の技術，生体組織を構成する個々の細胞はどの様に情報を交換し応答反応しているのかを解明するための基礎解析系，細胞の中で働いている個々の生体分子群を一網打尽に検出したり，機能を同定する網羅的機能解析基盤技術の開発，およびそれらの網羅的多数変量を一括して鳥瞰できるシステムソフトの開発などへ展開することが今後予測されております。

　生体を細胞という単位でとらえ，その機能を分子レベルで明らかにするために，細胞とそこに含まれる生体分子群をデジタル的に精密に計測し，生命活動を動的に解析できる「ライフサーベイヤ」とも言うべきシステムの構築に必要な基盤技術の開発をめざすための一助として，この「一細胞定量解析の最前線―ライフサーベイヤ構築に向けて―」の最新成書が編集されました。今後の研究の推移とともに，研究の成果は，生物や生命現象をデジタル精密計測データでもって，シミュレーションすることを可能にし，現在，試行が始まっているシステムバイオロジーの展開

や生命をモニターやサーベイする装置の開発だけでなく，さらに，未来社会における，臨床診断，病因解明，動植物育種，工業微生物育種等，応用分野にも強く直結する重要要素技術への展開が期待されます。したがいまして，数年後にはこの研究領域の成果をまとめた続編の刊行が待ち遠しくなることと思います。

　最後に，本分野でご活躍中の先生方には，超ご多忙の中，ご執筆頂き，改めて深謝いたしますとともに，「一細胞定量解析—ライフサーベイヤ構築に向けて—」の研究分野のますますの発展を祈念いたします。

2006年10月

　　　　　　　　　東京農工大学　大学院工学教育部・連携大学院／(株) 日立製作所　神原秀記
　　　　　　　　　　　　　　　　　　　　　　　　東京農工大学大学院　松永　是
　　　　　　　　　　　　　　　　京都大学大学院　農学研究科　応用生命科学専攻　植田充美

普及版の刊行にあたって

　本書は2006年に『一細胞定量解析の最前線―ライフサーベイヤ構築に向けて―』として刊行されました。普及版の刊行にあたり，内容は当時のままであり加筆・訂正などの手は加えておりませんので，ご了承ください。

2012年7月

シーエムシー出版　編集部

―――― 執筆者一覧（執筆順）――――

神原　秀記	東京農工大学　大学院工学教育部・連携大学院　教授／(株)日立製作所　フェロー
松永　　是	東京農工大学大学院　教授・工学府長・工学部長
植田　充美	京都大学大学院　農学研究科　応用生命科学専攻　応用生化学講座　生体高分子化学分野　教授
浜地　　格	京都大学大学院　工学研究科　合成・生物化学専攻　教授
王子田　彰夫	京都大学大学院　工学研究科　合成・生物化学専攻　助手
杉本　直己	甲南大学　先端生命工学研究所（FIBER）　所長／理工学部　教授
三好　大輔	甲南大学　先端生命工学研究所（FIBER）　専任講師
富崎　欣也	東京工業大学　大学院生命理工学研究科　生物プロセス専攻　助手（COE21）
三原　久和	東京工業大学　大学院生命理工学研究科　生物プロセス専攻　教授
養王田　正文	東京農工大学　大学院共生科学技術研究院　教授
金原　　数	東京大学大学院　工学系研究科　化学生命工学専攻　助教授
福崎　英一郎	大阪大学大学院　工学研究科　生命先端工学専攻　助教授
馬場　健史	大阪大学大学院　薬学研究科　附属実践薬学教育研究センター　助手
浦野　泰照	東京大学大学院　薬学系研究科　薬品代謝化学教室　助教授／JST さきがけ
高木　昌宏	北陸先端科学技術大学院大学　マテリアルサイエンス研究科　教授
吉田　和哉	奈良先端科学技術大学院大学　バイオサイエンス研究科　助教授
仲山　英樹	奈良先端科学技術大学院大学　バイオサイエンス研究科　助手
石井　　純	神戸大学　工学部　技術補佐員

近藤 昭彦	神戸大学　工学部　応用化学科　教授
阿部 洋	(独)理化学研究所　伊藤ナノ医工学研究室　研究員
古川 和寛	早稲田大学大学院　理工学研究科　応用化学専攻
常田 聡	早稲田大学　理工学術院　助教授
伊藤 嘉浩	(独)理化学研究所　伊藤ナノ医工学研究室　主任研究員
民谷 栄一	北陸先端科学技術大学院大学　マテリアルサイエンス研究科　教授
山村 昌平	北陸先端科学技術大学院大学　マテリアルサイエンス研究科　助手
斉藤 真人	文部科学省　知的クラスター創成事業「とやま医薬バイオクラスター」博士研究員
本多 裕之	名古屋大学大学院　工学研究科　化学・生物工学専攻　教授
井藤 彰	九州大学大学院　工学研究院　化学工学部門　助教授
清水 一憲	名古屋大学大学院　工学研究科　化学・生物工学専攻
伊野 浩介	名古屋大学大学院　工学研究科　化学・生物工学専攻
神保 泰彦	東京大学大学院　新領域創成科学研究科　人間環境学専攻　教授
小西 聡	立命館大学　理工学部　マイクロ機械システム工学科　教授
竹山 春子	東京農工大学　大学院共生科学技術研究院　教授
珠玖 仁	東北大学大学院　環境科学研究科　助教授
末永 智一	東北大学大学院　環境科学研究科　教授
遠藤 玉樹	岡山大学大学院　自然科学研究科　特別契約職員　助手
小畠 英理	東京工業大学　大学院生命理工学研究科　助教授
秋山 泰	(独)産業技術総合研究所　生命情報科学研究センター　センター長／東京工業大学　大学院情報理工学研究科　教授
新垣 篤史	東京農工大学大学院　助手

執筆者の所属表記は，2006年当時のものを使用しております。

目　　次

第1章　ライフサーベイヤとは　　神原秀記

1　はじめに …………………………… 1
2　ライフサーベイヤとは ……………… 1
3　ライフサーベイヤに必要な技術 …… 2

第2章　生体シグナル解析用分子材料群の創製

1　生体シグナル解析用分子材料概論
　　………………………浜地　格… 4
2　シグナル解析用分子センサーの構築
　　……………王子田彰夫，浜地　格… 9
　2.1　はじめに ……………………… 9
　2.2　小分子型蛍光センサー ………… 10
　　2.2.1　カチオンセンシング………… 10
　　2.2.2　アニオンセンシング………… 12
　　2.2.3　ROS, NO のセンシング …… 15
　2.3　バイオセンサー ……………… 16
　2.4　おわりに ……………………… 20
3　シグナル解析を目指した機能性核酸の構築 …… 杉本直己，三好大輔… 23
　3.1　はじめに ……………………… 23
　3.2　核酸の構造多様性 ……………… 24
　　3.2.1　Watson-Crick 塩基対からなる二重らせん構造………… 25
　　3.2.2　非 Watson-Crick 塩基対を含む二重らせん構造………… 25
　　3.2.3　三重らせん構造………… 27
　　3.2.4　四重らせん構造………… 27
　3.3　核酸の機能と構造を左右する周辺環境 ……………………… 28
　　3.3.1　カチオン………………… 29
　　3.3.2　pH ……………………… 31
　　3.3.3　分子クラウディング…… 31
　3.4　エネルギー・データベースを用いた機能性核酸の開発 ………… 32
　　3.4.1　四重らせん構造と二重らせん構造に及ぼす分子クラウディングの効果を活用した核酸スイッチの開発………………… 32
　　3.4.2　パラレル型三重らせん構造を活用したpHセンサーの開発 ………………………… 34
　3.5　機能性核酸の新規設計方法の確立に向けて ………………… 36
4　ペプチドチップテクノロジーによるシグナル解析
　　………………富﨑欣也，三原久和… 38
　4.1　はじめに ……………………… 38
　4.2　プロテインチップ概論 ………… 39
　　4.2.1　標的タンパク質捕捉分子…… 39
　　4.2.2　捕捉分子固定化のための表面化学……………………… 40
　　4.2.3　高感度シグナル検出法……… 41

4.2.4	データ解析法 ……………	41	5.2	シャペロニン ……………	54
4.3	設計ペプチドを用いるチップテクノロジーの特長 …………	42	5.3	II型シャペロニンとプレフォルディン …………	55
4.4	プロテインフィンガープリントテクノロジー …………	42	5.3.1	II型シャペロニン…………	55
			5.3.2	プレフォルディン…………	57
4.5	ペプチドリガンドスクリーニング …………	44	5.4	ナノ粒子 …………	59
			5.5	タンパク質とナノ粒子の複合化 …………	59
4.6	金の異常反射（AR）による設計ペプチド―タンパク質間相互作用検出 …………	47	5.6	シャペロニンとナノ粒子の複合化 …………	61
4.7	プロテインキナーゼ検出法 ……	49	5.7	ライフサーベイヤ開発に向けて …………	62
4.8	おわりに …………	49	5.7.1	プレフォルディンの利用……	62
5	分子シャペロンとプレフォールディンを利用したシグナル解析用材料 ………養王田正文，金原　数…	52	5.7.2	シャペロニンを利用したセンシング材料の開発…………	63
5.1	分子シャペロン …………	52			

第3章　細胞内生体分子群の動態シグナルの解析

1	細胞内生体分子群の動態シグナルの解析概論 ………… 植田充美…	66	2.6	今後の課題 …………	79
1.1	ポストゲノム研究の方向性 ……	66	3	メタボロミクスの可能性と技術的問題 ………福崎英一郎，馬場健史…	81
1.2	動態シグナルの解析に向けて …	66	3.1	はじめに …………	81
2	細胞内情報伝達動態のオンライン定量解析に向けて ……… 植田充美…	69	3.2	メタボロミクスの分類 …………	83
2.1	はじめに …………	69	3.3	メタボロミクスにおけるサンプリング，前処理 …………	83
2.2	生体分子群の動態解析 …………	69			
2.3	革新的分離ナノ材料の登場 ……	70	3.4	メタボロミクスに用いる質量分析 …………	85
2.4	網羅的動態定量へのHPLCの多次元化 …………	74	3.5	質量分析計を用いる場合の定量性について …………	86
2.5	情報伝達分子の動態定量をめざした2次元HPLCの構築 …………	76	3.6	メタボロミクスに用いられる質量分析以外の分析手法 …………	87

3.7 メタボロミクスにおけるデータ解析 …………………………………… 88	4.10 ゼブラフィッシュを用いた細胞内カルシウムイオンイメージング ………………………………… 105
3.8 メタボロミクスのツールとしての可能性 …………………………… 90	4.10.1 胞胚後期〜原腸形成後期 … 105
3.9 おわりに ……………………… 91	4.10.2 原腸形成後期〜体節形成初期 ………………………………… 106
4 細胞・個体レベルでストレスをサーベイする …… 浦野泰照, 高木昌宏… 94	4.10.3 体節形成初期〜中期 ……… 106
4.1 はじめに ……………………… 94	4.10.4 体節形成中期〜後期 ……… 107
4.2 蛍光プローブ（小分子蛍光プローブ）…………………………………… 95	4.10.5 原基形成期 ………………… 108
4.3 PeTによる蛍光特性の制御 …… 96	4.11 形態形成異常と細胞内カルシウムイオン ……………………………… 109
4.4 フルオレセインを母核とする蛍光プローブの論理的なデザイン … 96	4.12 おわりに …………………… 110
4.5 活性酸素種を種特異的に検出可能な蛍光プローブの論理的開発 … 98	5 植物細胞の環境ストレス応答の分子機構 ……… 吉田和哉, 仲山英樹 … 112
4.5.1 一重項酸素（$^1O_2$）蛍光プローブ（DPAX, DMAX）……… 98	5.1 はじめに …………………… 112
4.5.2 OHラジカルなどの高い活性を持つROSを特異的に検出可能な蛍光プローブ（HPF, APF）…………………… 99	5.2 植物細胞の塩ストレス応答機構 ………………………………… 112
	5.3 ナトリウムイオンストレス …… 115
	5.4 植物のカリウム／ナトリウムイオン輸送を担う分子群 ………… 116
4.5.3 パーオキシナイトライト（ONOO−）などによるニトロ化ストレス検出蛍光プローブ（NiSPYs）……………… 100	5.5 HKTファミリーとHAKファミリーのカリウムイオン輸送能 … 117
	5.6 環境ストレス応答のライフサーベイヤ解析に適したモデル細胞 … 120
	5.7 おわりに …………………… 121
4.6 蛍光タンパク質 ………………… 102	6 酵母細胞内シグナル定量解析の創薬への応用 …………………………… 石井 純, 近藤昭彦 … 124
4.7 蛍光共鳴エネルギー移動（FRET: Fluorescence Resonance Energy Transfer）……………………… 103	
	6.1 はじめに …………………… 124
4.8 カメレオン …………………… 103	6.2 コンビナトリアル・バイオエンジニアリングによるリード化合物探索 ………………………………… 125
4.9 モデル生物としてのゼブラフィッシュ ……………………………… 104	

6.3	リガンド表層ディスプレイによる検出システム …………… 127		7.2.1	蛍光性核酸プローブの設計と合成 …………………… 136
6.4	酵母シグナル伝達を利用したGPCRアッセイのための蛍光検出系 ………………………… 129		7.2.2	細胞内遺伝子検出（Fluorescence In situ hybridization, FISH法）… 137
6.5	酵母でシグナル伝達を可能とするヒトGPCR発現 …………… 131		7.2.3	生細胞内遺伝子検出………… 137
6.6	おわりに ………………… 133		7.3	既法の問題点 ……………… 141

7 細胞内遺伝子発現検出用の蛍光バイオプローブの設計と合成
　　　　　　　　　　　　阿部　洋,
　　古川和寛, 常田　聡, 伊藤嘉浩… 135
7.1 はじめに ………………… 135
7.2 蛍光性バイオプローブを用いた細胞内イメージング ………… 136

7.4 これから細胞内検出への展開が期待される検出法 …………… 143
7.4.1 RNAアプタマーと蛍光物質の反応を利用した検出………… 143
7.4.2 コンフォメーション変化を利用した蛍光発生システム…… 143
7.4.3 量子ドットを用いた検出系… 144
7.5 今後の展開 ……………… 145

第4章　細胞間ネットワークシグナルの解析

1 細胞間ネットワークシグナルの解析概論 ……………… 民谷栄一 … 147
2 細胞チップを用いた遺伝子／シグナル分子解析
　　…山村昌平, 斉藤真人, 民谷栄一… 150
2.1 はじめに ………………… 150
2.2 細胞機能解析を目指したチップデバイス ……………………… 151
2.2.1 マイクロアレイチップを用いた遺伝子解析システム……… 151
2.2.2 細胞チップを用いた細胞シグナル解析………………… 156
2.3 まとめ …………………… 161
3 細胞の磁気ラベル・磁気誘導を用いた組織構築 ……………… 本多裕之,
　　井藤　彰, 清水一憲, 伊野浩介… 164
3.1 はじめに ………………… 164
3.2 機能性磁性微粒子 ……… 165
3.3 心筋組織の構築 ………… 166
3.4 間葉系幹細胞を用いた骨組織の構築 ……………………… 168
3.5 毛細血管を含む三次元組織の構築 ……………………………… 170
3.6 三次元担体への高密度細胞播種法の開発（Mag-seeding）……… 172
3.7 おわりに ………………… 173
4 集積化電極による細胞間シグナル計測と解析 ………… 神保泰彦 … 175

4.1	ニューロンのネットワーク ……	175	
4.2	神経系の信号とその計測 ………	175	
4.3	集積化電極 …………………	177	
4.4	多点電気刺激 ………………	177	
4.5	神経回路活動の計測 ……………	181	
4.6	神経回路活動の解析 ……………	183	
4.7	神経回路・単一細胞同時計測に向けて ………………………………	185	
5	細胞シグナル解析用 MEMS チップ ………………………小西　聡…	188	
5.1	はじめに ………………………	188	
5.2	細胞の電気的シグナル解析 ……	190
5.3	細胞シグナル解析用デバイスの研究開発動向	192
5.4	細胞シグナル解析用 MEMS チップ：MCA（Micro Channel Array）の研究	193
5.4.1	設計…………………………	194
5.4.2	製作…………………………	195
5.4.3	評価…………………………	196
5.5	おわりに ………………………	198

第5章　ライフサーベイヤをめざしたデジタル精密計測技術の開発

1	ライフサーベイヤをめざしたデジタル精密計測技術の開発概論 ………………………植田充美…	200
1.1	デジタル精密計測技術の開発 …	200
1.2	デジタル精密計測技術開発の展開 ………………………………………	201
2	核酸のデジタル解析に向けての技術開発 ……………… 神原秀記…	203
2.1	はじめに ………………………	203
2.2	DNA 塩基配列決定方法 …………	204
2.2.1	ゲル電気泳動を用いた方法…	204
2.2.2	段階的な相補鎖合成反応を用いた方法………………………	207
2.3	DNA のデジタル計測 …………	212
2.3.1	デジタル計測に用いられるDNA 配列解析技術 …………	212
2.3.2	デジタル計測に用いられるDNA 試料調製技術 …………	214
2.4	1細胞中の全 mRNA 定量解析を目指した DNA デジタル解析へ向けて ………………………………	215
2.5	おわりに ………………………	216
3	バイオナノ磁性ビーズの生体分子計測への応用 ……………竹山春子，松永　是…	218
3.1	はじめに ………………………	218
3.2	市販されている磁性ビーズの現状 ………………………………………	218
3.3	新規磁性ビーズの開発状況 ……	220
3.3.1	金被覆による機能性磁性ビーズの作製	220
3.3.2	量子ドットとの複合化による蛍光コード磁性ビーズの作製 ………………………………	220
3.4	バイオナノ磁性ビーズの創製 …	222
3.5	バイオナノ磁性ビーズを用いた生	

   体分子計測 …………… 224
 3.5.1 DNA-バイオナノ磁性ビーズ
   ………………………………… 224
 3.5.2 抗体-バイオナノ磁性ビーズ
   ………………………………… 225
 3.5.3 受容体-バイオナノ磁性ビーズ ……………………………… 226
 3.5.4 酵素-バイオナノ磁性ビーズ
   ………………………………… 226
3.6 バイオナノ磁性ビーズを用いた全自動計測ロボット ……………… 227
3.7 おわりに ……………………… 228
4 細胞操作のデバイスとマイクロシステム ………… 珠玖 仁, 末永智一… 230
4.1 はじめに ……………………… 230
4.2 プローブ（探針）を用いた細胞分析マイクロシステム ……………… 231
4.3 生殖工学に資する細胞分析デバイス ……………………………………… 234
4.4 単一細胞からのRNA採集 ……… 235
4.5 おわりに ……………………… 237
5 生体材料プローブを利用した特定RNA検出法の開発
  ……………… 遠藤玉樹, 小畠英理… 240
5.1 はじめに ……………………… 240
5.2 光シグナルを用いた細胞内バイオイメージング ……………………… 241
5.3 RNA検出のための遺伝子組換えタンパク質プローブの設計 ……… 241
 5.3.1 細胞内バイオイメージングを可能にするFRETタンパク質プローブ ……………………… 242

 5.3.2 ペプチド-RNA間相互作用とinduced fitによる構造変化… 242
 5.3.3 RNA検出のための分子内FRETタンパク質プローブ… 244
5.4 分子内FRETタンパク質プローブによるRNAの検出…………… 244
 5.4.1 RNAとの結合確認 ………… 244
 5.4.2 RNAへの結合によるFRETシグナル変化………………… 246
 5.4.3 細胞内におけるRNAの検出
   ………………………………… 247
5.5 任意配列RNAを検出するためのsplit-RNAプローブの設計 …… 248
5.6 任意配列を有するRNAの検出… 249
 5.6.1 hybridized complexの添加に伴うFRETシグナル変化
   ………………………………… 250
 5.6.2 特定RNAのホモジニアスアッセイ…………………… 250
5.7 おわりに ……………………… 252
6 細胞丸ごとRNA解析に向けたバイオインフォマティクス技術
  ………………………… 秋山 泰… 254
6.1 はじめに ……………………… 254
6.2 細胞丸ごとRNA解析で必要となる情報処理の流れ ……………… 255
6.3 データの一括処理を支援するソフトウェアの開発 ………………… 257
6.4 既知の発現プロファイル情報との比較 …………………………… 260
6.5 おわりに ……………………… 264

第6章 ライフサーベイヤの研究展開と展望　　松永　是，新垣篤史

1 ポストゲノムへのアプローチ ……… 267
2 網羅的手法による細胞解析―磁性細菌を例に― ………………………… 268
3 一細胞情報の丸ごと解析に向けて … 269
4 ライフサーベイヤに期待する ……… 271

第1章 ライフサーベイヤとは

神原秀記*

1 はじめに

　生物学では形態変化を中心に生命を理解することが長く行われていた。その後，生命現象を分子レベルで理解しようとする分子生物学が大いに発展し，生命現象の多くを分子のレベルで理解できるようになってきた。そして多くの分子データーをもとに一層正確に生命を理解しようとする試み「ヒトゲノム解析計画」が行われ，成功裏に第1幕が終了した。ゲノム，プロテオーム，あるいはメタボロームなど大量の分子データーをもとに，また，それら分子が行う一連の反応を解明して生命の本質が解明されつつある。しかし，これら分子及び分子反応をベースにした生命理解と形態も含めた生命システム全体の理解の間にはまだ大きな隔たりがある。分子レベルの議論では注目する分子とそれに深く関わる分子の相互作用や反応が明らかになってきているが，それらが他に及ぼす影響などについては不明である。一方，生体に刺激を与えたときに起こる反応には多様なものがあり，それらの相互作用結果の総体として，一つの応答・形態変化が現れる。応答に到るには学習効果も含めて，様々な分子論的な反応が関与するがそれらが明らかになっているわけではない。

　分子レベルの情報を活用しつつ生命の全体システムを理解して，学術及び産業分野に活用していく事は今後の重要な課題である。このような分子レベルから形態を含んだマクロな情報までを包括した形で生命を明らかにするシステム（ライフサーベイヤ）の開発が重要である。

2 ライフサーベイヤとは

　ライフサーベイヤをその言葉通りに捉えると，生体の種々機能を含めていろいろな情報を計測して全体を理解するための装置或いはシステムと言うことになる。しかし，生体に関する計測情報は多岐に渡っており，それぞれがどの様な繋がりを持っているのか必ずしも明らかでない。細胞内の詳細な分子反応からマクロな形態変化までを結びつけ，外部刺激によりどのレベルでどの

＊　Hideki Kambara　東京農工大学　大学院工学教育部・連携大学院　教授／（株）日立製作所　フェロー

様な変化が生じ，どのような形態変化になるのか，遺伝子などの違いがどの様にそれに影響を与えるのか，などを統合して理解するためのシステムが必要でこれがライフサーベイヤである。

生物は細胞，組織，生体といろいろな階層構造を持っており，それぞれが独立システムであると共に相互作用しながら全体の調和が保たれている。細胞は生命システムの最小単位であり，生命の基本活動はここで行われている。そこに含まれる種々分子の種類や量，それらの反応についての知見が集積され，細胞内の分子の挙動が少しずつ明らかにされつつある。組織では細胞同士が情報交換をしつつ，種々役割分担をして一つのシステムを作っている。組織のマクロな機能は明らかにされつつあるが，どの様にそれらが制御され，外部の刺激にも応答しているのか，更に組織間の相互作用まで含めてどの様に制御して調和をとっているのかなどは分子情報だけからは見えてこない。さらに生命にはそれぞれ遺伝子や履歴に起因した個性があり外部刺激に対する応答も一定ではない。生命個体に関する基本的な種々情報を計測し，分子レベルから組織レベルまでを統合的に把握して必要な情報を表示するのがライフサーベイヤである。

ライフサーベイヤのイメージを表すよい例として Google Earth がある。まず地球全体が表示される。興味を持つ部位を指定するとそこがズームアップされる。倍率を変えて見ていくと非常に詳細な地球の表面の地形などが分かる。人間を例に取るとライフサーベイヤでは人体の全体図が表示される。対象となる人の特徴を備えた図である。関心のある組織（臓器）を指定し，知りたい情報を入力する。臓器部分の拡大図が表示され，そこで起こっている現象が個人的な分子データー，計測データーをもとに表示される。さらに細胞レベルの表示を選ぶと，幾つかの異なる役割をしている細胞について，注目している事象について細胞の中で起こっている現象が表示されるが，計測データーを元にした個人情報を入れるとそれらは修飾され，個人の細胞の中で起こっている事象を表視したり，関連の細胞や遺伝子などを表示したりして生命の働きを見ることができる。すなわちライフサーベイヤには分子論的なデーター，形態学的なデーターとその関連データーなどの膨大な基礎データーが所有されており，計測結果に基づく個人データーを入力すると種々パラメーターを個人情報化する事ができる。ライフサーベイヤを用いると種々生命現象をマクロレベルから細胞レベルまで包括して，また，分子レベルの種々反応や遺伝子の個体差や履歴差をも考慮して理解することができる。

3 ライフサーベイヤに必要な技術

ライフサーベイヤの上記イメージは種々技術が開発され十分に生命に関する情報が得られた時に個人情報や個人に関する計測情報を元に生体の中で何が起こり刺激に対してどの様な応答があるかを調べることのできるシステムである。しかし，まだ，生命現象に関する詳細なデーターが

第1章　ライフサーベイヤとは

得られているわけではない。まずそれらのデーターを得ると共にどの様な物理量或いは分子をモニターするとライフサーベイヤを構築できるのか検討の初期段階である。ゲノム，蛋白質，代謝物などのデーターに加えて細胞毎の遺伝子の発現の様子，時間変化，蛋白質の機能と細胞内移動や時間変化，1細胞毎の機能評価，細胞間情報交換と内部変化の相関関係など種々の生きている細胞が発する情報を計測するツールの開発とともに，1つの細胞を基本とした個別データーベースを作る必要がある。さらに，これらを活用できるような統合ソフトウエアおよび分子データーと生物の形態或いは形態変化を結びつけて表示するソフトウエアを作る必要がある。

これまでの種々データーは多くの細胞を試料として用いた平均化されたデーターである。個々の細胞が独立したシステムとして組織の中で活動する様子を調べるには個々の細胞に関する計測を行う必要がある。そこで，細胞を生きたまま測定するプローブや細胞を組織環境に保つ材料の開発，蛋白質，代謝物が細胞の中でどの様に変化していくかモニターする技術，1つの細胞の中でmRNAが状況に応じてどの様に変化するか見るツール，および細胞間の情報交換を細胞内の変化と関連づけて調べるツールなどが必要である。

本領域研究ではこのような研究ツールの開発および関連技術の開発を中心に行うとともに，個別細胞に関するデーター取得をも目的にしている。これらを通して，種々の現象を特徴づける因子は何かをも明らかにしてそれらを指標として生体をモニターする技術開発も目指している。

第2章　生体シグナル解析用分子材料群の創製

1　生体シグナル解析用分子材料概論

浜地　格*

　生物がその個体レベルで生命を維持するためには，種々の外部環境の変化や内在的な変動にもかかわらず生体システムの恒常性をある一定の範囲に保持し続けることが第一義的に重要である。そのような生体システムの最も基本的な単位は一つの細胞であると考えてよいであろう。最も単純で基本的な生命体である細菌のような単細胞生物では，細胞は基本単位であるとともに生物そのものであるし，ほ乳類の代表であるヒトのような高等生物では基本となる細胞が60兆個もあつまって複雑なネットワークを形成することによって生き続ける事になる。従って，ライフサーベイヤという研究領域において研究哲学や研究対象は多岐にわたるであろうが，その根本には生命の基本単位である1細胞を可能な限り詳細に理解するという姿勢が含まれる。また，基本となる一つの細胞の徹底的な理解とともに，対象と興味は単細胞生物に限られないので，細胞と細胞のネットワーク即ち，細胞間でのシグナルのやり取りやそれによる応答もライフサーベイヤの研究領域の中で重要な位置をしめることになるのであろう。一細胞を基本とした基礎的な知見の積み重ねから，ヒトのような複雑な生命体の分子レベルでの理解が促進され，ヒトの健康管理や医療などにも応用できる一般性の高い技術が派生すると期待される。

　このようなライフサーベイヤとして包括される広範で多面的な学際領域では，様々な創造的な知識や革新的な技術を有機的で複合的に組み合わせて発達させることが肝要となる。それによって，これまでの手法や技術でははっきりとは見えなかった生物や生命現象における新しい事象や新概念の発見が次々に生み出される事になると期待される。では領域全体の目標を達成するために，どのようなアプローチが必要であろうか？　このような多面的な新領域では，多角的で総合的なアプローチが重要となるのは明らかであるが，細胞内外で一つの細胞や細胞間ネットワークを自律的に維持するために必須な生体シグナル（情報）を的確に捉えて，デジタル情報として解析するという観点でのアプローチが重要な位置をしめることになると考えてよいであろう。そのような背景においては，生体情報（シグナル）を認識・検知できる分子ツールの整備や複雑な生

＊　Itaru Hamachi　京都大学大学院　工学研究科　合成・生物化学専攻　教授

第 2 章　生体シグナル解析用分子材料群の創製

体（シグナル）情報を効率よくデータベースとして整理し解析するといったスタンスからの研究の推進が必要不可欠な一面として浮かびあがってくる。

　実際に細胞機能を制御する生体機能シグナルにはどんなものがあるであろうか？　それは大雑把には物理シグナルと化学シグナルに分類できる。特に生体系での情報（シグナル）の特徴は，種々の分子が担う多彩な化学シグナルが重要な位置を占めることにあると考えられる。具体的には，可視光から紫外光までの光情報，局所的な電位や温度といった物理的なシグナルだけでなく，プロトン濃度という意味でのpH（およびその勾配），ナトリウムイオンやカリウムイオンなどのアルカリ金属イオン，カルシウムイオン，マグネシウムイオンといったアルカリ土類金属イオン，鉄イオンや銅イオン，亜鉛イオンといったもっと重い遷移金属イオンなどの金属カチオン類（これらは化学的には比較的単純な分子シグナルである），リン酸アニオンやその誘導体あるいはカルボン酸アニオン，ハロゲンアニオンなどのアニオン種，ドーパミンやアドレナリン，アミノ酸誘導体などに代表される有機小分子などは広く認識された生体シグナルに関与する比較的単純な分子群である。グルコースなどの単糖からハイマンノースやルイスXなどといった化学的にも構造的にも複雑で多様性に富む糖類も特に細胞間での情報伝達を司る生体シグナルとして重要である事が認識されてきている。あるいはDNAやRNAといった核酸類は生体情報の担い手として最重要な分子群であるが，遺伝情報の貯蔵／受け渡し役としてだけでなく，細胞の状態を動的に制御するためのシグナル分子としてのsmall RNAやリボスイッチの存在が明らかになるにつれて新しい情報分子としての意味付けがなされつつある。生体膜を構成する主成分である脂質およびその類縁体は，それ自身やその代謝物がシグナル分子として振る舞うだけでなく，その流動性や組成などの物理的／化学的な変化が生体膜に担持されている多くの膜タンパク質の活性を調節・制御する事によって効果的に生体シグナルを増幅する場合もある。ペプチドはペプチドホルモンなどを代表例として典型的な生体シグナル分子であるが，ペプチドよりもサイズの大きなタンパク質もその表面のリン酸化やアセチル化のような翻訳後修飾とそれに伴った酵素活性のオンオフスイッチングを基本としたカスケード的なネットワークが細胞内での情報伝達経路の主要なものであることが明らかにされ，生体情報の重要な担い手と見なされるようになった。このように，そのサイズ・物性においても複雑さにおいても構造においても極めて多様な分子群が，色々な局面で生体機能を制御するデジタル情報を担っているということができ，これらがライフサーベイヤ領域において，定量的にセンシングすべき検出ターゲットとなるわけである。この研究領域で開発されるべき分子ツールはこれら多様な分子種を区別して選択的に検出するという高度要求に応えるものでなければならない。

一細胞定量解析の最前線―ライフサーベイヤ構築に向けて―

　検出対象となる物理・化学シグナルはその種類だけでなく，そのシグナルの様式にも注意を向ける必要がある。即ち解析されるべきシグナルがどのような状況で発生し，いかにして処理されるかを考える事が，シグナルの種類と同じくらい大きな意味を持つ。最も単純なシグナル強度については，化学シグナルでは対象となる化学種の濃度に置き換えるのが一般的であろう。平衡論的にも速度論的にも高濃度の物質はシグナル強度が高いと考えて妥当な場合が多い。ただし見落としてはならない重要な要素が空間的および時間的な偏りを含んだ生体情報である。細胞系では一細胞においてさえシグナルの発生は局所的に起こる事が多いので，生体シグナルの空間的な分布を重要な観点として考慮する必要が出てくる。即ち単に高濃度の化学種が均一に分布しているのではなく，たとえ全体としては低濃度であっても局所的に高濃度に発生した化学種（シグナル）は，その濃度の偏りの為に重要な意味を持つ場合が細胞においてはしばしばあり得る。またこのような空間的な分布だけでなく，時間的な変化も考慮する必要がある。すなわちあるシグナル分子の時間的な濃度の揺らぎが，情報として意味を持つこともありえる。このように考えていくと，ターゲットシグナルを検出する場合に，細胞をすりつぶして多数のターゲット分子を徹底的に検出・分析する事に加えて，ある特定の分子シグナルに的を絞って細胞や細胞群そのものを生きたまま，すなわち時空間的な情報をも含んだままで解析することの重要性が明白になっている。生体シグナル分析を可能とする分子ツールには，このような系にも対応出来る高い機能性も要求される。

　具体的に生体シグナル解析を担う分子および材料群としては，どんなものが開発されて来ているのであろうか。分子認識機能とセンシング機能を併せ持つ分子・物質群として，大きく二つに分けることができる。完全な化学合成分子からなる化学センサー（プローブ）と抗体などのタンパク質やRNAなどの核酸類を基盤としたバイオセンサーである。合成分子からなる化学センサーは，特定の物質を結合することが出来るホスト分子をscaffoldとし，それに認識過程に伴って光や磁気などの読み出しシグナルが変化する仕組みを組み込むことによって設計される。過去30年に渡る分子認識化学の発展とともにホスト分子の種類や能力は広がってきたが，バイオ環境で利用できる有効なscaffoldは多くないのが現状である。最も成功を収めているのは，構造的にも単純な金属イオンをターゲットにしたプローブ群であり，細胞内でのカルシウムイオンを蛍光シグナル変化として可視化することを可能にしたFura-2などの蛍光分子は代表格である。これは金属イオンに対して高い親和性を示すキレート剤を結合ユニットとし，それに蛍光変化を起こす仕組みを巧妙に組み込むことによって分子デザインされており，細胞内でのカルシウムイオンの生理的な役割（カルシウムイオンの変動やオシレーションなど）を明らかにする分子ツールとして不可欠のものとなっている。有機分子シグナルを検出できる分子ツールとしてFura-2ほ

第 2 章　生体シグナル解析用分子材料群の創製

どの成功例はまだ得られていないのが現状であるが，それは主として十分な機能を持った認識 scaffold となる合成分子が乏しいことにその要因がある。現在でもこれらの問題点を克服するために，人工ホスト分子の開発やターゲット分子を刷り込んで調製されるインプリント高分子の研究が活発に進められているが，ライフサーベイヤとして用いるためにはバイオ環境に近い水中において満足できる認識・選択性の獲得が必要であることは注意すべき点であろう。

　認識 scaffold として種々のタンパク質や核酸といったバイオ分子を使い，その中に読み出しシグナルの変換モードを組み込んだものがバイオセンサーである。生体内での分子認識分子としてもっとも代表的な抗体をはじめ種々の受容体タンパク質などが利用されている。蛍光を読み出しシグナルとして利用する場合には，蛍光タンパク質である GFP 誘導体との融合系が頻繁に用いられるが，合成分子とのカップリングも有効な手法である。核酸（DNA，RNA）を認識 scaffold とするバイオセンサーも重要な位置を占める。これは同種の核酸類の配列を認識するためには特に強力な scaffold であり，複数の蛍光団を巧みに組み込んだモレキュラービーコンは特定の配列をもったターゲット核酸の存在を蛍光変化でセンシングできる優れた分子プローブとして機能する。また進化分子工学の手法を用いて配列の異なる多様な RNA や DNA プール（ライブラリー）から検出ターゲットに高い親和性を示すものを濃縮・選別することによって得られる核酸アプタマーは，認識ターゲットを核酸から他の分子種へ拡げることを可能とし，その有用性を大きく高めた。アプタマー類は多数のライブラリーを選別のソースとするという点で生体内での抗体の産出と類似点があり，また小分子を結合することによって機能を発揮するリボスイッチとの関連でも，その潜在能力に期待が集まっている。

　認識・センシングを可能とする高い特異性を有する分子ツールの開発とともに，細胞内外の非常に多様で複雑な分析対象それぞれを効率的に分析するためのハイスループット解析ツールの開発も重要な課題である。このようなハイスループットな検出・分析を可能とする分子群および技術の代表例はアレイ／チップテクノロジーであろう。生物ゲノムにおける転写効率や変異／異常を簡便に検出するための強力なツールとして数万個の短い DNA 鎖を一枚のガラス基板の表面に並べて固定化した DNA チップがある。これまで述べて来たように，ライフサーベイヤの領域では，興味ある検出対象は遺伝子だけに限らないため，必要となるハイスループット検出ツールも DNA チップに限らない。ペプチドアレイやタンパク質チップ，あるいは糖鎖アレイ，種々の分子認識チップなど様々なものが必要とされる。これらの開発のためには，ターゲットと認識／相互作用することの出来る潜在的な能力をもった化合物ライブラリーの構築が必須であるばかりでなく，それぞれの担体に最適な固定化のためのケミストリーの開発や固定化した（バイオ）分子の安定化のために適した材料，高感度化のためのナノ粒子／量子ドットといったナノ材料や検出

一細胞定量解析の最前線―ライフサーベイヤ構築に向けて―

技術などが総合的に必要となる。このような観点からの分子ツールの創製もライフサーベイヤ領域の研究を推進するものと期待される。

　以上のような背景のもと，本章では特に，設計された人工分子や天然由来の核酸，ペプチド，タンパク質を基体とした分子ツールの構築を集中的に行っている研究者が自身の研究を含めてその分野の最新の展開を解説している。細胞内のpH変化に応答して立体構造を変化させそれに伴って蛍光変化を引き起こす核酸型pHプローブや，がん細胞表層に過剰発現した特定糖鎖やグルコース濃度の変化を感知して蛍光シグナル変化を起こす糖結合タンパク質を基体としたバイオセンサーの構築などが執筆者自身の先駆的な成功例として述べられる。また，人工分子を基盤とした例としては，リン酸化されたペプチドやタンパク質表面を選択的に認識／蛍光センシングできる小分子プローブや特定金属イオンや特定酵素活性を蛍光変化として読み出す事のできる人工小分子センサーの開発が説明される。また，一方で網羅的な解析のために重要となるアレイ技術として，多数のペプチドをガラス基板上に配列した独自のペプチドチップの開発や，これらを用いた複数タンパク質のクラスタリングやプロファイリングの例が詳述されている。ナノ材料のライフサーベイヤ領域への展開の例として，量子ドットやナノ粒子関連の新展開についても解説を行った。これらを通して，ライフサーベイヤ研究の推進のために，生体シグナル解析のための分子ツールがその基盤技術として必須となることを実感して頂ければ幸いである。

2 シグナル解析用分子センサーの構築

王子田彰夫[*1], 浜地 格[*2]

2.1 はじめに

細胞内外では細胞の恒常性維持，分化増殖，アポトーシスなどの細胞機能に関わる数多くの制御機構が機能している。シグナル伝達とは，これらの制御をつかさどる複数の生理活性分子から構成される情報伝達機構の総称である[1]。シグナル伝達には様々な形態のものが含まれるが，一般的にはサイトカインや増殖因子などの細胞外部からの刺激を細胞表層の受容体が受け取り，これを複数のシグナル伝達タンパク質のリン酸化-脱リン酸化やタンパク質間相互作用，あるいはカルシウムイオンやイノシトール三リン酸などのセカンドメッセンジャーなどを介して細胞内部へと順次シグナルを伝達し，最終的に核へと情報を伝える流れを指す。シグナル解析用分子センサーとは，これらのシグナル伝達に関わる個々の生体分子の細胞内濃度，局在，活性化状態などの変化を的確に捉えて検出し，細胞制御システムの解明や異常を検知するためのツールである。

細胞内シグナル伝達解析に用いられるセンサーは，蛍光や生物発光などを用いる光学センサーとパッチクランプなどに代表される電気化学センサーが代表的なものである。近年，一細胞の機能を直接可視化するバイオイメージングが生体機能解析の有用な手法として注目を集めており，様々な生体現象を観測対象とした蛍光分子センサーの開発がさかんに行われている。バイオイメージングでは，対象となる細胞機能や細胞内分子を特異的に，定量的に，高い感度と空間分解能でリアルタイムに検出することが求められる。これらに対応するための蛍光分子センサーに必要な機能は，解析対象に対する高い認識またはセンシング選択性，レシオ型の二波長での大きな蛍光変化，速度論的に早いレスポンス，蛍光の明るさと安定度，低細胞毒性などが挙げられる。当然のこととしてこれらを達成するためには，優れた機能を有する蛍光分子センサーの開発とともに，センサーの発した蛍光シグナルを感度良く高分解能で捉えるための，新しい測定技術と顕微鏡技術の開発が必要であり，近年ではこれらの分野の発展もいちじるしい[2]。これまでに開発されている生体機能解析のための蛍光分子センサーは，①小分子型の機能性蛍光センサーと，②生体高分子，特にタンパク質の機能を改変した蛍光バイオセンサーとに大きく区別される。小分子型の機能性蛍光センサーは，有機化学的に自由にデザイン・合成して蛍光特性や検出対象に対する検出感度など機能のファインチューニングを可能とする点で魅力的である。低分子であるため十分な細胞膜透過性を有している場合も多く細胞内解析に容易に用いることができる。その反面，分子量1000未満程度の小分子に如何にして解析対象に対する結合能，認識選択性，センシング

---

*1 Akio Ojida　京都大学大学院　工学研究科　合成・生物化学専攻　助手
*2 Itaru Hamachi　京都大学大学院　工学研究科　合成・生物化学専攻　教授

一細胞定量解析の最前線―ライフサーベイヤ構築に向けて―

機構を組み込むのか，その分子デザインが極めて重要であり苦心する難しい部分である．一方，蛍光バイオセンサーは天然のタンパク質の有する機能を活用するため，解析対象に対する十分な認識選択性をはじめから確保できている場合が多く，この点で小分子型蛍光センサーと異なる．センシング機構の組み込みによるバイオセンサー化は，現在のところ緑色蛍光タンパク質（GFP）などの蛍光性タンパク質を利用する手法と環境応答性色素をタンパク質の任意の位置に導入する手法が主流である．緑色蛍光タンパク質（GFP）を蛍光センシング機構に用いる場合には，バイオセンサーそのものを遺伝子工学的に細胞内に発現してそのまま解析できることから細胞内バイオイメージングの主流となっており数多くのシグナル解析用分子センサーが開発されている．このようなセンサーとは別に特定のタンパク質のシグナル伝達に応じた細胞内局在の変化をイメージングする目的で，タンパク質にマーカーとなる人工蛍光プローブを特異的に付加させる手法も近年大きく発展しているが[3]，ここではこのようなトレーサー的な役割を持つ蛍光プローブに関する研究は取り上げず，細胞内イベントに応答して蛍光シグナルを変化させるセンサーについて記述する．より具体的には，シグナル伝達に関与する生体内カチオン，アニオン，活性酸素種（ROS）などに対する小分子蛍光センサー，およびリン酸化，タンパク質間相互作用などのシグナル伝達イベントあるいはセカンドメッセンジャーなどに対する蛍光バイオセンサーのそれぞれについて，執筆者の最近の研究例を含めて総論的に解説を行う．

2.2　小分子型蛍光センサー
2.2.1　カチオンセンシング

　金属カチオンは生体内シグナル伝達における重要なシグナル分子である．タンパク質に組み込まれ酵素触媒活性の発現やタンパク質の高次構造の形成に関与する金属イオンとは別に，カルシウム，マグネシウム，亜鉛，ナトリウム，カリウムなどは遊離の金属イオンとして細胞内外に存在し，シグナル伝達に応じて一過性にまたは持続的に濃度を大きく変化させる．この濃度変化を捉えることでシグナル伝達の関与する細胞機能を可視化解析できる蛍光センサー分子の開発がこれまでさかんに行われてきた[4]．金属カチオンに対する蛍光センサーは図1に示すとおり，金属イオンと錯形成可能な部位（イオノフォア）と，錯形成を蛍光変化として読み出すためのフルオロフォアとからなるデザインが一般的である．ここで用いられるセンシングの原理は，イオノフォアに金属イオンが結合したことに起因する光誘起電子移動（PeT: photo-induced electron transfer）の解消（図1-a），または電荷移動型励起状態（charge transfer excited state）のエネルギー準位変化（図1-b）が主要なものである．前者の場合には金属イオンとの相互作用に伴って蛍光強度の増大が誘起され，後者の場合には金属イオンを蛍光励起または発光波長の変化として読み出すことが可能となる．蛍光波長変化によるセンシングは，二つの波長の蛍光強度比をパ

第2章　生体シグナル解析用分子材料群の創製

ラメーターとして用いて対象となる金属イオン濃度を算出するレシオ検出を可能とする。レシオ検出は，センサー濃度や蛍光強度へ変化を及ぼす様々な外部因子（励起光源の強さ，温度，試料の厚み）の影響を補償して解析対象を定量的に検出できることから細

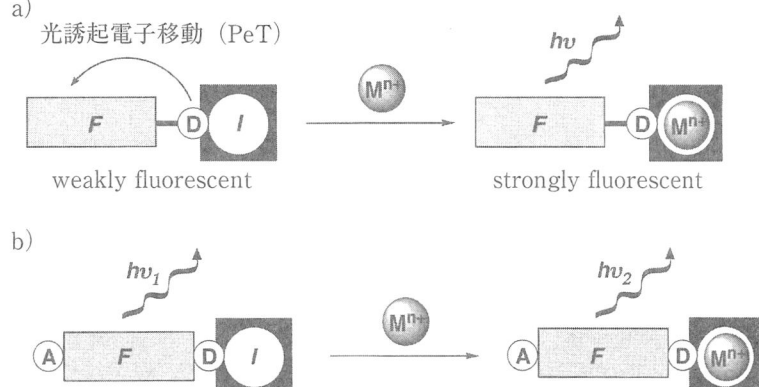

図1　金属カチオンのセンシング機構
(a) 光誘起電子移動（PeT）を利用したセンシング。(b) 電荷移動型励起状態（charge transfer excited state）のエネルギー準位変化を利用したセンシング。蛍光団（F），イオノフォア（I），電子ドナー（D），電子アクセプター（A），金属カチオン（M^{n+}）。

胞を用いたバイオイメージングには極めて有力な手段となり得る[5]。

カルシウムは生体の多くの生理機構に関わる重要なシグナル分子であり，古くからカルシウムイオンの細胞内での動態を蛍光により可視化するための蛍光分子プローブの開発が進められてきた。1980年代の半ばにRoger Y. Tsienらにより開発された蛍光分子プローブFura-2は，それまで電極により細胞の局所でしか測定できなかったカルシウムイオン濃度変化を蛍光イメージングにより時空間的に捉えることを可能とし，数多くの生命現象の発見に貢献した（図2）[5]。Fura-2あるいはIndo-1などの類縁体はレシオ検出により細胞内カルシウム濃度を定量化することを可能とする。これらのセンサー分子を用いて，シグナル伝達刺激に応じて細胞内を波のように伝播するカルシウムウエーブや，周期的に振動するカルシウムオシレーションといったカルシウムイオンのダイナミックな時空間分布の定量的解析が可能となっている。

生体内亜鉛イオンの多くはタンパク質に結合した形で機能しているが，遊離の亜鉛イオンが細胞アポトーシスや脳内の神経伝達系において重要な役割を果たしていることが明らかとなり，イメージングによる亜鉛イオンの役割解明を目指した蛍光センサー分子の開発が近年さかんに行われている。菊地，浦野，長野らにより開発されたZnAF類[6]やLippardらにより開発されたZP類[7]などはジピコリルアミン構造を亜鉛結合イオノフォア部位として有しており，PeT解除型の蛍光増強メカニズムにより亜鉛イオンのセンシングを可能とする（図2）。特にZnAF類は亜鉛非存在下ではほとんど蛍光を示さず亜鉛イオンとの結合により大きく蛍光を増大させるため，バックグラウンド蛍光の極めて少ない優れたセンサー分子としてバイオイメージングへの応用が期待される。この他にも亜鉛との結合に伴って蛍光波長変化が誘起されるレシオ検出型のセンサ

11

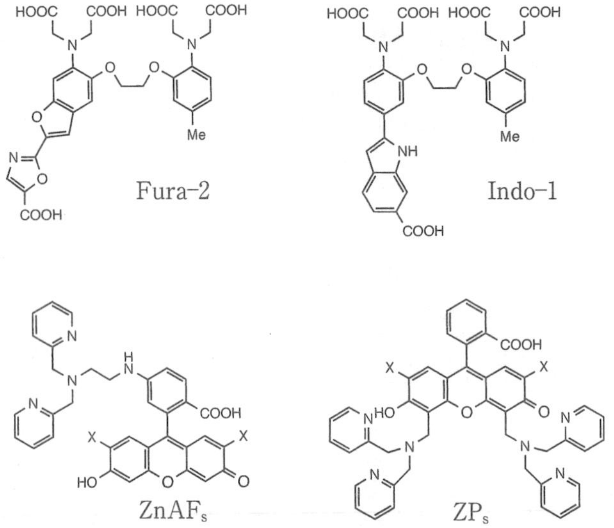

図2 カルシウムイオンおよび亜鉛イオンに対する小分子型蛍光センサー

一分子がいくつか開発されており生体内亜鉛イオンの定量的解析を可能としている[8]。

2.2.2 アニオンセンシング

生体内シグナル伝達において重要な役割を果たしているアニオンの一つはリン酸アニオンである。例えばATPなどのヌクレオシドピロリン酸類は細胞機能の重要なエネルギー源であるとともにそれ自体シグナル伝達物質として機能し，IP_3などのイノシトールリン酸，サイクリックAMP（cAMP）などは重要なセカンドメッセンジャーとして機能している。また，タンパク質のリン酸化-脱リン酸化はタンパク質機能のコントロールに重要な役割を果たしておりシグナル伝達における最も重要なシグナル制御機構である。しかし小分子型のアニオン蛍光センサーの開発は上述のカチオンセンサーの場合に比べて立ち遅れており，細胞内へのバイオイメージングへと適用できた例はほとんど無いのが現状である。基礎的な分子認識化学的な観点からの人工アニオンレセプターの研究が従来より行われていたが，*in vitro*の酵素反応のリアルタイム解析などへ応用できるレベルの実用的な蛍光センサー分子が開発されたのは，ここ数年のことである。これは水中での強いアニオン認識を実現できる結合モチーフが長い間デザインできなかったことが最も大きな理由であるが，近年では金属-配位子相互作用をアニオン認識へ適用することでこの問題点の解決がなされている。図3にはこれまでに報告されている生化学実験へと応用可能なリン酸アニオン種に対する蛍光センサー分子を示している。菊地らはカドミウム-サイクレン錯体をアニオン結合部位として有するクマリン型のリン酸アニオンセンサー分子1-Cd（II）を報告している[9]。1-Cd（II）は，リン酸アニオン種との相互作用に伴って生じる配位交換によりクマ

第2章 生体シグナル解析用分子材料群の創製

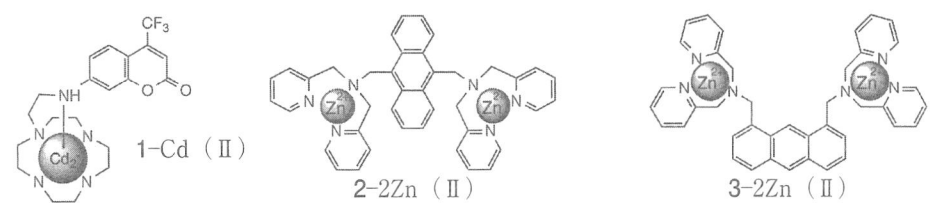

図3 生体内リン酸アニオン種に対する小分子型蛍光センサー

リン-カドミウム環の配位が解消され蛍光変化が誘起される巧みなセンシング機構を有している。1-Cd（Ⅱ）は，フォスフォジエステラーゼによるサイクリック AMP から AMP への酵素反応の蛍光リアルタイム解析に応用された。著者らの開発した亜鉛錯体 2-2Zn（Ⅱ），3-2Zn（Ⅱ）はリン酸アニオン認識部位として二つのジピコリルアミン-亜鉛錯体部位（Dpa-Zn（Ⅱ））を有しておりリン酸アニオン種と相互作用することにより蛍光強度を増加させる[10]。これらの亜鉛錯体はリン酸化ペプチドやリン酸化タンパク質を蛍光センシングすることに成功した初めての蛍光センサー分子である。蛍光増強のメカニズムは，リン酸アニオンとの相互作用による遊離亜鉛イオンの Dpa 部位への再錯化にともなう PeT（photo-induced electron transfer）消光の解消であることが判明している。これまでにこれらの亜鉛錯体を用いて，フォスファターゼによるペプチド脱リン酸化反応の検出[11]，リン酸化タンパク質の SDS-PAGE ゲル上での特異的検出[12]，糖転移酵素による糖鎖形成反応のリアルタイム検出[13]，フォスファチジルセリン認識による細胞アポトーシスの検出など様々なバイオロジーへの応用が行われている[14]。また，最近では 3-2Zn（Ⅱ）のアントラセンをアクリジン，キサントンなどの他の蛍光団へと変更した二波長センシングを可能とするセンサー分子の開発にも成功しており，酵素反応のリアルタイム解析に応用されている[15]。これらの低分子型蛍光センサーに今後求められる機能は様々な生体リン酸アニオン種間での認識およびセンシング選択性であろう。金属-配位子相互作用に機能依存したシンプルな構造のセンサー分子に特定のリン酸アニオン種に対する認識選択性を発現させることは難しく，現時点で認識およびセンシング選択性は十分とは言えない。複雑系である細胞内でのイメージングへの適用を目指すためには，この点に関してさらに緻密な分子デザインと新しい発想が求められている。

　細胞外部からの刺激を核へと伝達する過程で起こるタンパク質のリン酸化カスケードは連続するプロテインキナーゼの活性化により引き起こされる現象であり，プロテインキナーゼの活性化状態の可視化は細胞内シグナル伝達の解析に有効な手法である。細胞内での複数のキナーゼ活性化を細胞内たんぱく質のリン酸化状態の違いにより網羅的に評価するホスフォプロテオーム解析とは別個に，特定のプロテインキナーゼの活性化によるリン酸化現象を蛍光変化によって読み出

す様々な蛍光センサー分子が開発されている。プロテインキナーゼは通常リン酸化されやすい数残基からなる基質コンセンサス配列を有するため，このコンセンサス配列にセンシング部位を組み込めば特定のプロテインキナーゼに対するセンサー分子が構築可能である。LawrenceらはNBDを蛍光センシングユニットとして有するプロテインキナーゼC（PKC）の基質コンセンサス配列ペプチドを用いてHeLa細胞内でのPKC活性化状態の可視化について報告している（図4-a)[16]。Imperialiらはキノリン型のセンシングユニットSoxを組み込んだ様々なキナーゼのコンセンサス配列を有するペプチド4を設計し，細胞ライセート中での蛍光キナーゼアッセイについて報告している（図4-b)[17]。一方，センシング機構としてCFPやYFPなどの蛍光性タンパク質間のFRET（fluorescence resonance electron transfer）を利用したバイオセンサーが様々なキナーゼ反応に対してデザインされているが，これについてはバイオセンサーの項で紹介する。これらのキナーゼ基質ペプチドを有する蛍光センサーは，上述の小分子アニオンセンサーにおける不十分な認識およびセンシング選択性の問題を，自らがプロテインキナーゼの特異的な基質となることで解決している。しかしながら細胞内においては一つのキナーゼが複数のタンパク質をリン酸化する場合が多いこと，またタンパク質のリン酸化は脱リン酸化を触媒するフォスファターゼとキナーゼの両活性のバランスでコントロールされていることを考えると，プロテインキナーゼの活性を評価するのみではリン酸化カスケードを中心とした細胞内シグナル伝達に関する詳細な理解を得ることは難しいと考えられる。このことからも特定のタンパク質のリン酸化状態を検出できる新しいセンサー分子の創製が強く望まれている。

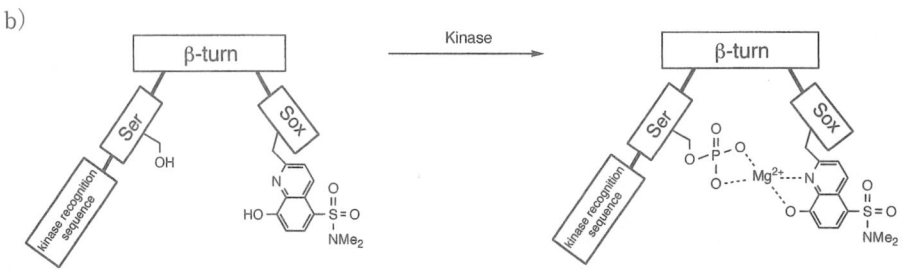

図4　基質ペプチド型蛍光センサー
（a）Lawrenceらの開発したセンサー　（b）Imperialiらの開発したセンサー

第 2 章　生体シグナル解析用分子材料群の創製

2.2.3　ROS, NO のセンシング

　一重項酸素，スーパーオキサイド，ヒドロキシルラジカル，過酸化水素などの活性酸素種（ROS）は癌，炎症，動脈硬化を始めとする様々な疾患を引き起こす酸化作用だけでなく，細胞内シグナル伝達のセカンドメッセンジャーとしての役割を持つことが知られている。しかしながら，これらの ROS は短寿命であるために検出が困難であり，発生，伝達，作用などの細胞内機能については未だに十分な理解が得られていない。ROS の生体内での役割を明らかにするために ESR 法，吸光光度法などの検出法が開発されているが，蛍光イメージング法は生きている状態での生物応答を感度良く，空間分解能高く捉えることが出来る点で優れており，これまでに数多くの蛍光センサー分子が開発されている[18]。ROS に対するセンサー分子は上記のカチオンやアニオンなどに対するセンサー分子とは異なり，高い酸化活性を持つ ROS を不可逆的にトラップして，反応により生じた蛍光強度変化を検出するタイプのものがほとんどである。ROS 検出蛍光センサーの重要な一つのポイントとして，多くの ROS の中から特定の ROS 種と特異的に反応するセンシング選択性が挙げられる。代表的な ROS 検出蛍光センサーを図 5 に示す。長野らにより開発されたフルオレセイン型の DPAX は一重項酸素を選択的に検出する[19]。同じく長野らにより開発された HPF や APF はヒドロキシルラジカル（・OH）や亜塩素酸（HOCl）などの高反応性 ROS に選択的な蛍光センサーとして開発された[20]。その他，レゾルフィン型の Amplex Red は過酸化水素（H_2O_2）[21]，脂溶性の高い DPPP は脂質パーオキシラジカル（ROO・）選択的な蛍光センサーとしてそれぞれ開発されている[22]。

　一酸化窒素（NO）は，神経伝達，血管拡張，血小板凝集などの様々な生理機構に関わる重要なシグナル分子である。一酸化窒素は，一酸化窒素合成酵素（NOS）によりアルギニンから合成されるフリーラジカル分子でありその寿命は半減期にして 5 秒程度と短い。この短寿命な NO の生体内機能をイメージングにより明らかとするための蛍光センサーの開発が様々に展開されている[23]。長野らはオルトフェニレンジアミン構造を有する蛍光センサー分子をこれまでに数多く開発している[24]。NO は容易に酸素による酸化を受けて二酸化窒素となりオルトフェニレン

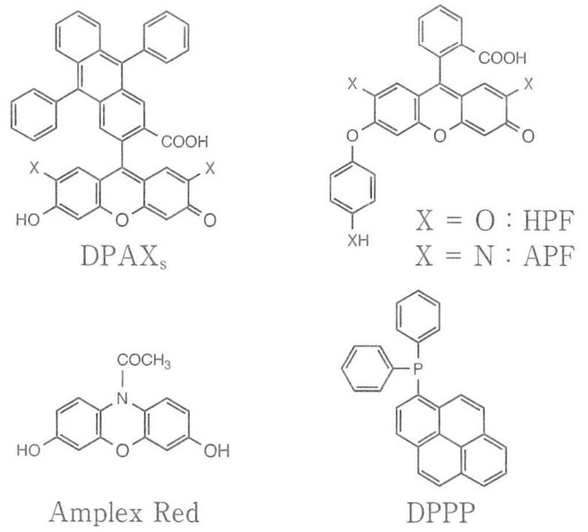

図 5　様々な活性酸素種（ROS）に対する小分子型蛍光センサー

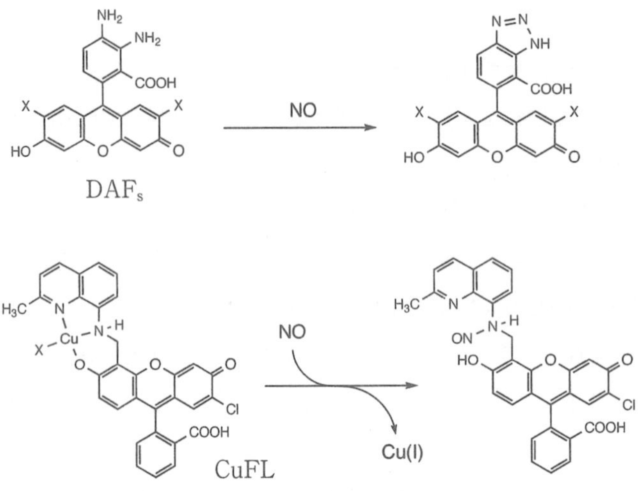

図6 一酸化窒素（NO）に対する小分子型蛍光センサーとセンシング機構

ジアミン部位と反応してベンゾトリアゾール環を形成する。この反応によりオルトフェニレンジアミンからのPeT消光が解消されフルオロフォアの蛍光が回復する。これまでにジアミノフルオレセン構造を有するDAF類が1990年代後半に開発され（図6），近年では生物固体でのin vivoイメージングを指向した近赤外領域に蛍光波長を有するシアニン型のDAC類が開発されている[25]。一方，Lippardらは異なるセンシング機構に基づく反応型のNOセンサーCuFLを報告している（図6）[26]。CuFLの有する二価の銅イオンはNOにより還元され一価の銅イオンとなるが，これにともなって銅イオンがキレート部位から脱離しNOの付加したFL-NOが形成されフルオレセインの蛍光が回復する。彼らはこのセンサー分子を用いて神経細胞やマクロファージ細胞内でのNOイメージングを報告している。

2.3 バイオセンサー

タンパク質の機能をそのまま活かした形で蛍光センシング部位を組み込んだバイオセンサーは，検出対象に対する十分な認識およびセンシング選択性を有しており細胞内へと導入あるいは発現させることでバイオイメージングへと用いられる。タンパク質のバイオセンサー化は，緑色蛍光タンパク質（GFP）などの蛍光性タンパク質，または環境応答性色素をセンサー部位としてタンパク質の任意の位置に導入する手法が主流である。蛍光性タンパク質を用いる手法では，検出対象と特異的に相互作用あるいは酵素反応などにより化学的修飾を受けるタンパク質ドメインに対してCFPやYFPなどの二つの蛍光性タンパク質を導入したFRET（fluorescence resonance energy transfer）型のバイオセンサーが数多く開発されている[27]。代表的なFRET型バイオセ

第 2 章　生体シグナル解析用分子材料群の創製

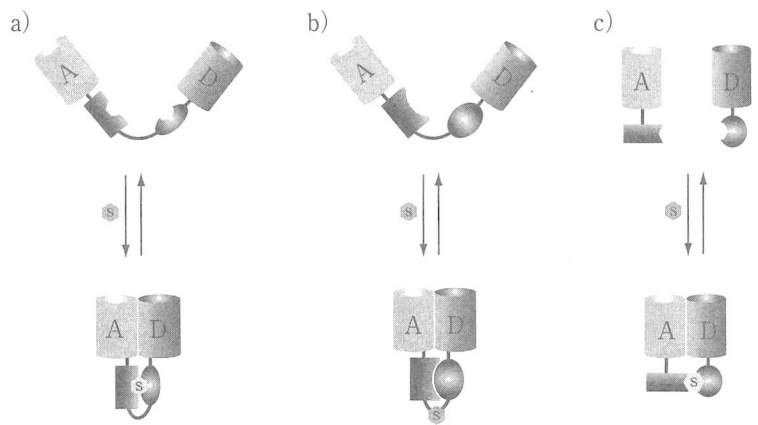

図7　蛍光性タンパク質を用いた FRET 型センサー分子の代表的なデザイン例
D, A は FRET ドナー，FRET アクセプターとなる蛍光性タンパク質，S は検出対象となる基質分子。

ンサーの様式を図 7 に示す。いずれも検出対象の認識に伴うタンパク質ドメイン部位の構造やコンフォメーション変化によって二つの蛍光性タンパク質間の FRET 効率が距離あるいは配向的な要因で変化することで検出対象をセンシングするシステムとなっている。例えばタンパク質リン酸化を行うキナーゼ活性のイメージングに用いられるバイオセンサーであれば，FRET ペアとなる二つの蛍光性タンパク質の間にリン酸化を受ける基質配列と SH2 ドメインや 14-3-3 タンパク質などのリン酸化タンパク質認識ドメインを挿入したセンサー分子をデザインする[28]。基質配列中のアミノ酸残基がリン酸化されることによってリン酸化タンパク質認識ドメインとの分子内相互作用が誘起され FRET 効率が変わり蛍光シグナルが変化する。これまでに IP_3, Ca^{2+}, cAMP, cGMP, NO, グルコースなどのシグナル伝達小分子，あるいはタンパク質のリン酸化／脱リン酸化，タンパク質間相互作用などの多様な細胞内現象に対応した FRET 型バイオセンサーが開発されバイオイメージングへと応用されている[29]。タンパク質リン酸化を細胞内で可視化解析した例は特に多く PKA, PKC, Abl, Src, インシュリンレセプターによるリン酸化，ヒストンリン酸化，EGF による細胞刺激によるリン酸化などその報告は多岐にわたる[30]。FRET による蛍光変化は二波長のレシオ型となるため細胞内イメージングにおける定量的な検出を可能とする。FRET 型バイオセンサーの問題点としては，センシングにおけるシグナル変化が小さい事が多く定量的解析が時として不明確となること，蛍光タンパク質自体が分子サイズ（～ 27 kDa）として大きいためにセンサー化されるタンパク質ドメインの機能を阻害してしまうことなどが挙げられる。また，十分な FRET 変化を獲得するためにセンサー分子の構造（蛍光タンパク質の配置，結合ドメインの種類，リンカーの長さなど）を試行錯誤で見つけなければならない

点はセンサー設計における問題点である。近年では蛍光性タンパク質を用いたバイオセンサーの有用性をさらに高めるため，明るく多様な励起発光波長を有するもの[31]，蛍光のON/OFF機能を有するものなど新種あるいは変異型の蛍光性タンパク質が次々と開発されており[32]，今後のバイオイメージングへのさらなる応用が期待されている。

一方，FRETペアとしてGFPのような蛍光性タンパク質を必ずしも用いることはなく，人工の蛍光色素をタンパク質に組み込んでFRET型バイオセンサーとする例も報告されている。Thompsonは，蛍光色素であるdapoxyl sulfoneamideとAlexa Fluor 594をFRETペアとして利用した細胞内亜鉛イオンセンサーを開発した（図8）[33]。このシステムでは，細胞内遊離の亜鉛イオンがアポ型の炭酸脱水素酵素

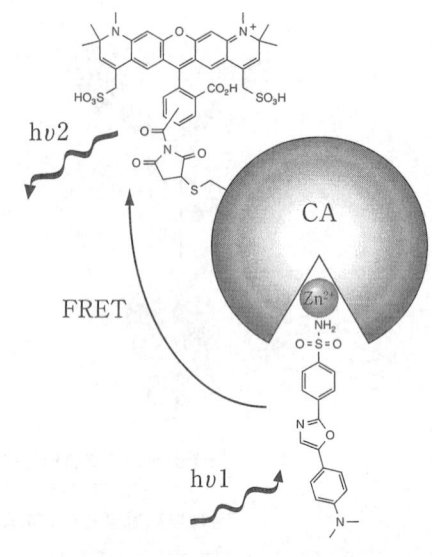

図8 炭酸脱水素酵素（CA）を利用した細胞内亜鉛イオンを検出する分子間FRET型バイオセンサー

（CA）の活性部位に結合するとdapoxyl sulfoneamideが亜鉛イオンへと配位する。これによりdapoxyl sulfoneamideとCA上に導入したAlexa Fluor 594との間で分子間FRETが起こり，亜鉛イオンのセンシングが可能となる。彼らは，システムを用いてPC12あるいはCHO細胞などの真核細胞における細胞内遊離亜鉛イオンの定量的検出を報告している。

FRET型バイオセンサーとは別個に，環境応答性の蛍光色素をセンシング部位としてタンパク質に組み込んだバイオセンサーがこれまでに数多く報告されている。環境応答性色素は溶媒誘電率など周辺環境の違いによって蛍光強度あるいは蛍光波長を変化させる特徴を有する。したがって環境応答性色素をタンパク質の基質認識部位近傍に導入すれば基質認識に伴うタンパク質のコンフォメーション変化に応じて環境応答性色素の周辺環境に変化が生じ蛍光センシングが可能

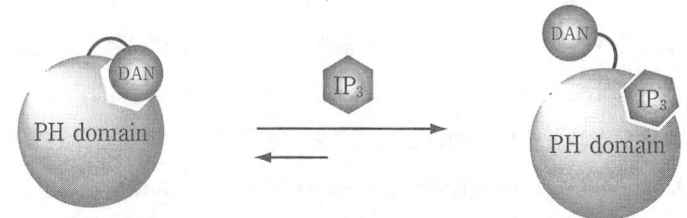

図9 PHドメインに組み込んだ環境応答性色素（DAN）の蛍光変化を利用したイノシトール三リン酸（IP_3）に対する蛍光バイオセンサー

第2章 生体シグナル解析用分子材料群の創製

となる。環境応答性色素のタンパク質への導入は，遺伝子工学的な部位特異的変異により導入したシステインとα-ハロケトンやマレイミドなどの反応性部位を有する蛍光色素との反応によって通常行われる。例えばHellingaらはバクテリア由来の数種類のペリプラズム結合タンパク質（PBP）群に対して環境応答性色素の導入によるセンサー化を系統的に研究し，糖，ペプチド，リン酸アニオン，硫酸アニオン，Fe^{3+}イオンなどに対する多様な蛍光バイオセンサーの構築に成功している[34]。森井らはPLC δ由来のPHドメイン基質認識ポケットの近傍に環境応答性色素を導入することによりイノシトール三リン酸IP_3に対するバイオセンサーを構築し，様々な外部刺激に応答した細胞内IP_3濃度変化のイメージングに成功している（図9）[35]。アニオンセンシングの項で述べたとおり，IP_3のような生体内リン酸アニオン種に対する小分子型蛍光センサーで可視化解析へと応用できるものは開発できていないため[36]，バイオセンサーの基質認識選択性の高さに基づいた高い能力が如何なく発揮されている好例であるといえる。環境応答性色素を用いたバイオセンサーは，生じる蛍光シグナルがレシオ型でなく単調な蛍光増減であるために細胞内イメージングでは定量性な解析が困難となる。この欠点を補うためセンサー内にセンシングに関与しない蛍光色素を別途導入して蛍光強度の内部標準とする手法が採用されている。このシステムでは内部標準とセンサー部位との蛍光強度比を計測することでFRET型センサーと同様にレシオ検出による定量的解析が可能となる。HahnらはWASPタンパク質ドメインに自ら開発した環境応答性のメロシアニン型色素とEGFPをセンサー部位および内部標準としてそれぞれ導入したバイオセンサーを設計した[37]。彼らはこのバイオセンサーを用いて様々な外部刺激に対応した内在性Cdc42タンパク質の活性化を可視化できることを報告している。著者らはタンパク質の基質認識部位に蛍光色素などの人工分子をフォトアフィニティーラベル化反応により部位特異的に導入することのできるP-PALM（post-photoaffinity labeling modification）法を開発し，レクチンタンパク質の糖バイオセンサー化について一連の研究を展開している[38]。例えばコンカナバリンA（ConA）の糖鎖結合ポケット近傍にP-PALM法によりフルオレセインをセンサー色素として導入し，さらにConA疎水ポケットにクマリンを内部標準色素として導入したバイオセンサー化によりHepG2細胞の細胞質グルコース濃度変化のイメージングを可能とした（図10）[39]。環境応答性色素を用いたタンパク質のバイオセンサー化における一つの問題点は，基質認識に伴う色素周辺のミクロ環境変化についての予測が困難であるため十分な蛍光シグナル変化を得るための設計指針をあらかじめ得ることが難しい点である。すなわちタンパク質の基質認識部位近傍のどのアミノ酸残基をシステインへと変換し，どの環境応答性色素を導入すればタンパク質自体の機能を大きく損なうことなく蛍光センシングが可能となるのかを試行錯誤により検討していかなくてはならない。一方でタンパク質のバイオセンサー化に用いることのできる環境応答性色素の種類は従来限られたものしかなかったが，最近では明るく長波長励起可能

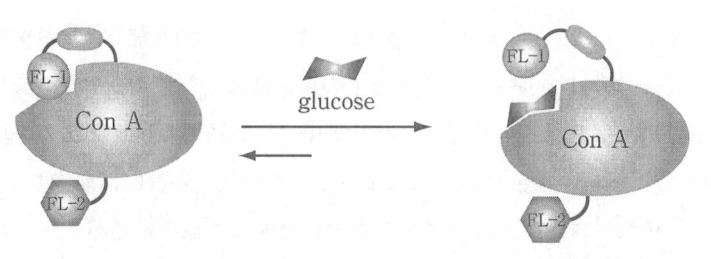

図10 レクチンタンパク質ConAを利用したグルコースに対する蛍光バイオセンサー
FL-1はP-PALM法により組み込んだセンシングに関わる蛍光色素，FL-2はセンシングに関与しない内部標準の蛍光色素。

な様々な蛍光色素が開発されており[40]，今後のバイオセンサーへの応用が期待される。

2.4 おわりに

　細胞内シグナル伝達を解明する蛍光センサー開発の現状について総論的に解説を行った。全体を見渡すと多種多様なセンサー分子がこれまでに開発されシグナル伝達現象の解明へと利用されていることが分かる。細胞内にはさらに数多くの重要なシグナルイベントやシグナル分子が存在しており，センサー分子によるイメージングがそれらの細胞内機能を解き明かす活躍の場は無数といえる。一方でこのような適用範囲の広がりと同時に，複数の細胞内イベントを同時に捉えシグナル伝達をより系統的に解析するマルチパラメーターによるイメージングが細胞内シグナル伝達の解明に今後重要になってくるであろう[41]。マルチイメージングでは複数のセンサー分子を一つの細胞内で同時に機能させなくてはならないが，そのためには用いる蛍光波長帯の使い分け，複数センサー分子導入によるアーティファクトや細胞機能に対する負荷軽減などが解決すべき課題として浮上してくる。また，シグナル伝達経路のどのイベントを複数選択してセンシングの対象とすれば，解析したいシグナルの流れを（シグナルのクロストークも含めて）的確に捉えることができるのかの選択も重要となる。また細胞内イベントを可視化により受け身的に観察するだけではなく，特定の細胞内タンパク質やシグナル小分子の賦活化や失活化を可能とするケージド法[42]やCALI（chromophore-assisted laser inactivation）法[43]などの人工的なトリックを取り入れた技法も細胞内シグナル伝達の解明に有効な選択肢であり今後さらに様々な解析に応用されていくであろう。

　より高度な生物システムとしての組織・固体レベルでのバイオイメージングが，分子センサーさらなる活躍の場として期待されている。このための蛍光イメージング技術として二光子励起法[44]，生物発光法[45]，量子ドット[46]などの応用が精力的に試みられている。蛍光イメージングは，個体深層部の可視化に対しては光の散乱や透過性の問題などのためPETやMRI法に比べると

第2章 生体シグナル解析用分子材料群の創製

その応用は限定されると考えられるが，個体表層や組織断片においては簡便に高い分解能での解析を実現できる手法である。シグナル解析用分子センサーの開発は，細胞機能メカニズムの解明という学術的なレベルでの成果に止るものではなく，細胞アッセイによる創薬探索研究あるいは疾病の検診や治療などの医療分野へ直接的に応用され人々のライフクオリティの向上に貢献することのできる重要な研究領域である。光を発する小さなセンサー分子が生み出す今後の大きな成果に期待したい。

文　献

1) シグナル伝達-生命システムの情報ネットワーク-，上代淑人，メディカル・サイエンス・インターナショナル（2004）
2) (a) J-A Conchello *et al.*, *Nature Methods*, **2**, 920（2005）(b) 橋本守ほか，バイオイメージングがわかる，羊土社，p. 98（2005）(c) 金城政孝，バイオイメージングでここまでわかる，羊土社，p. 126（2003）
3) (a) G. P. Nolan *et al.*, *Nature Methods*, **3**, 591（2006）(b) A. Y. Ting *et al.*, *Curr. Opin. Biotechnol.*, **16**, 1（2005）
4) (a) L. Prodi *et al.*, "Topics in Fluorescence Spectroscopy, Vol. 9", p. 1, Springer, New York（2005）(b) B. Valeur *et al.*, *Coor. Chem. Rev.*, **205**, 3（2000）
5) (a) Dojindo Laboratories 第25版／総合カタログ p. 46（2006）(b) Tsien, R. Y. *et al.*, *J. Biol. Chem.*, **260**, 3440（1985）
6) T. Nagano *et al.*, *J. Am. Chem. Soc.*, **127**, 10197（2005）
7) S. J. Lippard *et al.*, *Chem Biol.*, **11**, 1659（2004）
8) C. Brückner *et al.*, *Chem. Eur. J.*, **11**, 38（2005）
9) K. Kikuchi *et al.*, *J. Am. Chem. Soc.*, **124**, 3920（2002）
10) I. Hamachi *et al.*, *Bull. Chem. Soc. Jpn.*, **79**, 35（2006）
11) I. Hamachi *et al.*, *J. Am. Chem. Soc.*, **126**, 2454（2004）
12) I. Hamachi *et al.*, *Chem. Lett.*, **33**, 1024（2004）
13) I. Hamachi *et al.*, *Angew. Chem. Int. Ed.*, **45**, 681（2006）
14) B. D. Smith *et al.*, *Cell Death Differ.*, **10**, 1357（2003）
15) (a) I. Hamachi *et al.*, *Angew. Chem. Int. Ed.*, **45**, 5518（2006）(b) I. Hamachi *et al.*, *Chem. Asian J.*, in press
16) D. S. Lawrence *et al.*, *J. Biol. Chem.*, **277**, 11527（2002）
17) B. Imperiali *et al.*, *Nature Methods*, **2**, 277（2005）
18) E. Fernandes *et al.*, *J. Biochem. Biophys. Methods*, **65**, 45（2006）
19) T. Nagano *et al.*, *Angew. Chem. Int. Ed.*, **38**, 2899（1999）
20) T. Nagano *et al.*, *J. Biol. Chem.*, **278**, 3170（2003）

21) Q. Zhao *et al.*, *Anal. Biochem.*, **334**, 290 (2004)
22) N. Noguchi *et al.*, *FEBS Lett.*, **474**, 137 (2000)
23) (a) S. J. Lippard *et al.*, "Topics in Fluorescence Spectroscopy, Vol. 9", p. 163, Springer, New York (2005) (b) T. Nagano *et al.*, *Chem. Rev.*, **102**, 1235 (2002)
24) T. Nagano *et al.*, *Anal. Chem.*, **70**, 2446 (1998)
25) T. Nagano *et al.*, *J. Am. Chem. Soc.*, **127**, 3684 (2005)
26) S. J. Lippard *et al.*, *Nature Chem. Biol.*, **2**, 375 (2006)
27) A. S. Verkman *et al.*, "Topics in Fluorescence Spectroscopy, Vol. 10", p. 21, Springer, New York (2005)
28) (a) Y. Umezawa *et al.*, *Nature Biotechnol.*, **20**, 287 (2002) (b) R. Y. Tsien *et al.*, *PNAS*, **98**, 14997 (2001)
29) (a) Y. Umezawa *Chem. Asian J.*, **1**, 304 (2006) (b) K. Hahn *et al.*, *Sci. STKE*, **165**, pe. 3 (2003)
30) M. Matsuda *et al.*, *Cancer Sci.*, **97**, 8 (2006)
31) (a) 宮脇敦史ほか,バイオイメージングがわかる,羊土社, p. 43 (2005) (b) Tsien, R. Y. *Nature Methods*, **2**, 905 (2005)
32) V. V. Verkhusha *et al.*, *Nature Rev. Mol. Cell Biol.*, **6**, 885 (2005)
33) R. B. Thompson *et al.*, *ACS Chem. Biol.*, **1**, 103 (2006)
34) H. W. Hellinga *et al.*, *Protein Sci.*, **11**, 2655 (2002)
35) T. Morii *et al.*, *Chem Biol.*, **11**, 475 (2004)
36) E. Kimura *et al.*, *J. Am. Chem. Soc.*, **127**, 9129 (2005)
37) K. M. Hahn *et al.*, *Science*, **305**, 1615 (2004)
38) (a) I. Hamachi *et al.*, *J. Am. Chem. Soc.*, **126**, 490 (2004) (b) I. Hamachi *et al.*, *Chem. Eur. J.*, **9**, 3660 (2003)
39) I. Hamachi *et al.*, *J. Am. Chem. Soc.*, **127**, 13253 (2005)
40) (a) L. Y. Jan *et al.*, *PNAS*, **102**, 965 (2005) (b) B. Imperiali *et al.*, *J. Am. Chem. Soc.*, **127**, 1300 (2005) (c) K. Hahn *et al.*, *J. Am. Chem. Soc.*, **125**, 4132 (2003) (d) B. E. Cohen *et al.*, *Science*, **296**, 1700 (2002)
41) W. J. Gadella Jr. *et al.*, *ChemBiochem*, **6**, 1323 (2005)
42) G. Mayer *et al.*, *Angew. Chem. Int. Ed.*, **45**, 2 (2006)
43) R. Y. Tsien *et al.*, *Nature Biotechnol.*, **21**, 1505 (2003)
44) (a) 藤田克昌,バイオイメージングがわかる,羊土社, p. 114, (2005) (b) F. Helmchen *et al.*, *Nature Methods*, **2**, 932 (2005)
45) M-K So. *et al.*, *Nature Biotechnol.*, **24**, 339 (2006)
46) X. Michalet *et al.*, *Science*, **307**, 538 (2005)

3 シグナル解析を目指した機能性核酸の構築

杉本直己[*1], 三好大輔[*2]

3.1 はじめに

　生命現象は化学反応の連鎖で成り立っている。この化学反応の連携を探求し"定量的"に把握すること（ライフサーベイヤ）ができたら，"分子レベルで生命現象を解明する"生命化学は一層発展することは間違いない。それゆえ，生命化学におけるライフサーベイヤの目標は，生体分子群の挙動をシグナル化し定量的に計測することにある。

　生命系（細胞内）で重要な働きをする分子は膨大である。水素イオンをはじめとするカチオンのような小分子や原子から，タンパク質や核酸などの高分子まで様々である。このような生体分子群の網羅的解析には，膨大な生体シグナルを特異的に認識できる機能性分子を効率的に開発する必要がある。しかしながら，現状では細胞内の様子は十分に理解されておらず，どのような条件でどのような機能性分子を設計・開発するのかという問題に関しては明確な指針がない。そのため，試行錯誤的な分子設計を行うことしかできず，機能性分子の開発には多くの労力と時間が費やされる。それゆえ，機能性分子を合理的に設計・開発する新たな方法論が待望されている。

　生命系のシグナル解析を行う機能性分子は，細胞内で機能することが要求される。そのような機能性分子として有望なのは，やはりタンパク質や核酸などの生命分子である。それゆえ，機能性分子を合理的に設計・開発するには，その素材となる生命分子の構造・物性・反応に関する定量的な知見が必要である。できれば，そのような定量的知見はエネルギー表示し，データベース化することが望ましい。このように，生命分子に関するエネルギーを定量的に解析し，データベース化できれば，生命分子が関与する全ての反応を化学的に評価でき，さらに細胞内環境下で構造や機能が制御可能な機能性分子が設計・開発できると期待される。それゆえ，20種類のアミノ酸からなるタンパク質と比べて4種類の塩基のみで構造や機能が決定される核酸は，エネルギー値による解析とデータベース化に最適な生命分子といえよう。実際に，核酸の諸性質に関するエネルギー・データベースが精力的に構築されつつあり，生命現象のシグナル解析用の機能性核酸を合理的に設計・開発することが可能になりつつある。

　本稿では，核酸の諸性質をまず紹介し，その諸性質に関するエネルギー・データベースを活用した機能性核酸の設計について解説する。さらに，細胞内環境下における機能性核酸の挙動や細胞内シグナル解析への応用についても解説する。

[*1] Naoki Sugimoto　甲南大学　先端生命工学研究所（FIBER）　所長／理工学部　教授
[*2] Daisuke Miyoshi　甲南大学　先端生命工学研究所（FIBER）　専任講師

3.2 核酸の構造多様性

　タンパク質や核酸などの生命分子は，細胞内で役割分担をしてその機能を発現している。一般的に，タンパク質は各種の機能を司っており，核酸は情報を保持していると考えられている。さて，シグナル解析に最適な生命分子はタンパク質か核酸か？　多種多様な生命反応に関与するタンパク質は機能性分子としては優れものである。しかしながら，長鎖のペプチドを簡便に合成することは難しく，タンパク質を化学的に改変する方法も十分に確立されているとは言い難い。また，タンパク質は20種類のアミノ酸からなり，複雑で多様な相互作用がその機能性構造の形成に必要である。このように取り扱いが難しく構造も複雑なタンパク質は，シグナル解析用分子の最有力候補にはなり得ない。一方，タンパク質と違って，核酸は化学合成が比較的容易であり，化学的な修飾（改変）方法も確立されている。また，ポリメラーゼ連鎖反応（PCR）などを用いて任意の核酸を増幅することや，種々の酵素により任意の核酸を切断・連結することもできる。さらに，核酸の構造と機能は，アデニン，グアニン，シトシン，チミン（またはウラシル）のたった4種類の塩基によって決定され，至ってシンプルである。このように核酸は，他の生命分子と比較して，合理的に機能性分子を設計・開発するにあたり多くの利点を持つ。核酸がシグナル解析用分子として最適であり，機能性核酸の開発が望まれる所以がここにある。

　一般に，核酸を用いた機能性分子の開発方法として知られているのが，ランダムケミストリーを用いた方法である。ランダム法の一種であるインビトロ選択（進化）法では，巨大な分子プールを作製し，核酸配列の切断などを行う機能性核酸（例えば，リボザイムやデオキシリボザイム）を選択する。また，インビトロ選択法を用いて，特定の標的分子に対して結合力を持つ分子（アプタマー）を選択することもできる。しかし，ランダム法にも問題点がある。例えば，標的分子が低分子の場合，高い結合力や選択力をもつ機能性分子をランダム法で選択することは非常に困難である。そのため，時間と労力をかけて分子を選択しても，望みの機能を示さない場合も多い。また，選択操作を個々の標的分子に対して行う必要性があり，膨大な数の標的分子を認識・識別する分子を設計することは難しい。そこで，ランダム法に代わり，機能性分子の設計・開発に新たな指針を与える方法として，ラショナルケミストリー法が有望視されている。ラショナル法では，目的に応じた機能性分子を化学的・合理的に設計できるとされているが，そのためには，核酸の構造や機能を定量的にエネルギーレベルで解析し，多くの知見を蓄積する必要がある。

　核酸の標準構造はB型二重らせん構造であるが，核酸は塩基配列や周辺環境に依存して，多様な構造を形成する。例えば，ミスマッチ，バルジ，インターナルループ，ヘアピンループ，ダングリングエンド，ジャンクション，三重らせん構造，四重らせん構造などの核酸構造（図1）が報告されている。以下では，多様な核酸構造の中でも機能性分子の設計に重要とされる構造群

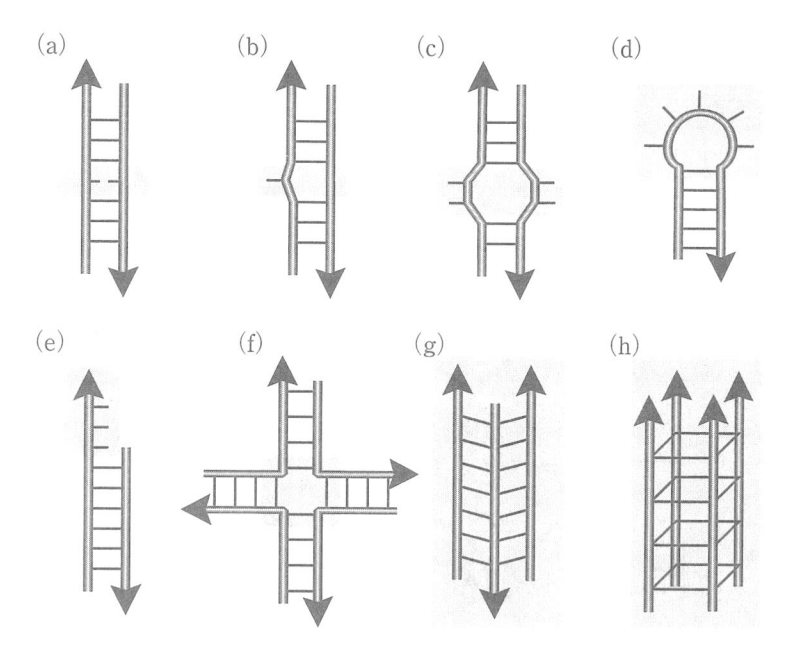

第 2 章　生体シグナル解析用分子材料群の創製

図 1　核酸の多様な構造。(a) ミスマッチ，(b) バルジ，(c) インターナルループ，(d) ヘアピンループ，(e) ダングリングエンド，(f) ジャンクション，(g) 三重らせん構造，(h) 四重らせん構造の模式図。
背景が灰色の部分が各々の部位を，矢印は鎖の伸長方向（5'→3'），細い線は塩基を表す。

とその熱力学的安定性に関する知見を示す。

3.2.1　Watson-Crick 塩基対からなる二重らせん構造

核酸の標準構造である B 型二重らせん構造は，アデニン（A）とチミン（T）（RNA ではウラシル（U）），グアニン（G）とシトシン（C）という Watson-Crick 塩基対によって形成されている（図 2a）。核酸の二重らせん構造の熱力学的安定性パラメータは，最近接塩基対モデル（nearest-neighbor model）によって見積もることができる[1,2]。最近接塩基対モデルは，二重らせん構造の安定性を決定するのは塩基配列よりも近接する塩基対のセットであるという実験的事実に基づいている。この最近接塩基対モデルは，DNA/DNA，DNA/RNA，RNA/RNA の二重らせん構造の熱力学的安定性予測のみならず，DNA や RNA からなる機能性分子の高次構造予測にも活用されている[3]。

3.2.2　非 Watson-Crick 塩基対を含む二重らせん構造

A-T（U），G-C 塩基対以外の組み合わせはミスマッチと呼ばれる。ミスマッチは，核酸が高次構造を形成する際や金属イオンが核酸に配位する際に重要となる。様々な組み合わせが可能なミスマッチの中で，G-U（T）ミスマッチ（図 2b）は安定な塩基対を形成する。G-U（T）ミス

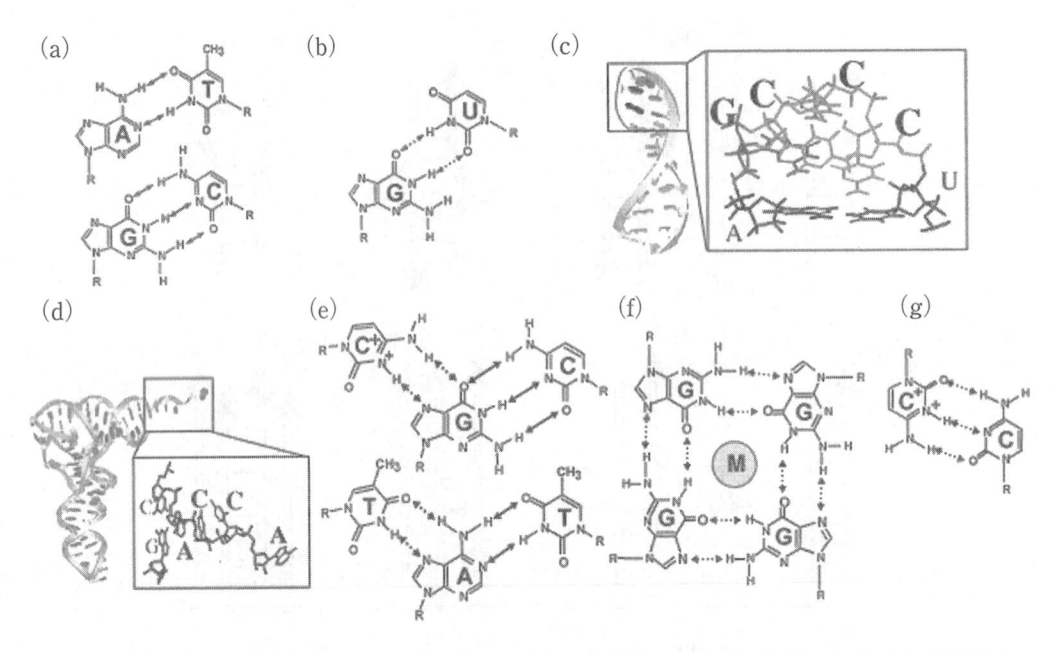

図2 核酸構造でみられる重要な部位。(a) Watson–Crick 塩基対，(b) G–U ミスマッチ，(c) テトラループ（GCCC）が形成する安定なヘアピンループ（A と U はクロージング塩基対を形成する），(d) tRNA の結晶構造と 3' 末端に位置するダングリングエンド，(e) パラレル型三重らせん構造に見られる塩基対，(f) G-カルテット（中心の M は金属イオン），(g) i-モチーフ構造に見られる塩基対。(a, b, e, f, g) における実線の矢印は Watson–Crick 型水素結合を表し，点線の矢印は非 Watson–Crick 型水素結合（例えば，Hoogsteen 型水素結合）を表す。

マッチをはじめ多くのミスマッチの熱力学的安定性がエネルギー・データベース化されつつある。その結果，ミスマッチの熱力学的安定性は，ミスマッチ塩基とミスマッチに隣接する塩基対（クロージング塩基対）の組み合わせによって決定されることが明らかになりつつある。さらに，DNA/DNA，DNA/RNA，RNA/RNA により形成される二重らせん構造中のミスマッチのエネルギー・データベースも構築されつつある[1,4]。このようなデータベースは，PCR（ポリメラーゼ連鎖反応）において鋳型鎖に相補的な鎖（プライマー）の設計や新規リボザイムの構築などに活用されている。

　ヘアピンループは，RNA の高次構造において高頻度で見出される非 Watson–Crick 塩基対領域である（図1d）。一方，インターナルループは，ヘアピンループを形成する鎖が分子間で相互作用した場合に形成される（図1c）。ヘアピンループとインターナルループの熱力学的安定性は，ループの大きさやクロージング塩基対の種類によって決定される。また特殊な例として，4つの塩基からなる特定の配列をもつヘアピンループ（図2c）は，非常に安定であることも知られている。この安定なヘアピンループ構造を機能性核酸に導入することで，その熱力学的安定性や活

性を増強できる．また，分子内でヘアピンループを形成する核酸鎖は，二分子間でインターナルループ構造を形成できる．この特性とそれぞれの構造に対する周辺環境の効果が異なることを利用して，ヘアピンループとインターナルループ間の構造スイッチ分子が構築され，シグナル解析への応用が検討されている．

ダングリングエンド（図1e）は，RNA干渉（ある遺伝子と同じ塩基配列をもつ二本鎖RNAが，転写されたmRNAを切断し，機能の発現を調節する現象．2006年度ノーベル生理学・医学賞は，このRNA干渉の米国研究者2名に授与された）で用いられるsiRNA（small interfering RNA: 21から23塩基対からなる短鎖RNA）やtRNAで見られる（図2d）．ダングリングエンドの熱力学的安定性は，一本鎖として突出した塩基とクロージング塩基対の種類によって決定される．また，ダングリングエンドによる安定化エネルギーはスタッキング相互作用によってもたらされる．そのため，ダングリングエンドの熱力学的安定性は，ダングリングエンドの位置（二重鎖の3'末端もしくは5'末端のどちらにあるのか）や，二重らせん構造の種類（DNA/DNA，DNA/RNA，あるいはRNA/RNAのどれか）に依存する．このダングリングエンドの熱力学的安定性もエネルギー・データベース化されている[5]．このようなダングリングエンドの位置や二重らせん構造の種類に依存した熱力学的安定性の違いを利用して，より精度の高いRNAの高次構造予測やsiRNAの機能増強が試みられている．

3.2.3 三重らせん構造

三重らせん構造（図1g）は，ホモプリン・ホモピリミジンからなる二重らせんに，ホモピリミジンもしくはホモプリン鎖が加わって形成される．この三本目の鎖としてホモピリミジンが結合する場合には，$C^+×G・C$または$T×A・T$型のHoogsteen塩基対（$C^+×G$および$T×A$）とWatson-Crick塩基対（$G・C$および$A・T$）により，パラレル型三重らせん構造が形成される（図2e）．$C^+×G・C$のパラレル型三重らせんの構造形成にはシトシン塩基のプロトン化が必要とされるため，その熱力学的安定性はpHに依存する．一方，三本目の鎖がホモプリンの場合は，アンチパラレル型三重らせんが形成される．その際には，$G×G・C$または$A×A・T$型の逆Hoogsteen塩基対とWatson-Crick塩基対が形成される．一般的に，Hoogsteen塩基対はWatson-Crick塩基対よりも熱力学的に不安定であるが，金属イオンや高分子ポリマーなどによって安定化できる場合もある[6]．三重らせん構造の熱力学的安定性に関する知見を用いて，DNA二重らせんにまきついて遺伝子発現を抑制するアンチジーン分子や遺伝子切断機能をもつ人工核酸などが開発されている．

3.2.4 四重らせん構造

四重らせん構造（G-quadruplex）は，グアニンに富んだ核酸配列により形成される[7]．グアニン塩基のN1とN2がプロトンドナーとなり，隣接するグアニン塩基のO6とN7とそれぞれ

水素結合を形成する。四つのグアニン塩基が環状となりHoogsteen塩基対を形成しG-カルテット（G-quartet）と呼ばれるグアニンの平面構造を形成する（図2f）。このG-カルテット同士がスタッキング相互作用によって重なり合い，さらにG-カルテットの中心に存在する空孔に金属イオンが配位することで，四重らせん構造が形成される。四重らせん構造には，鎖の方向が交互になっているアンチパラレル型と，全ての鎖が同一の配向性をもつパラレル型（図1h）の二種類が存在する。

　染色体末端に存在し，その長さが細胞の寿命を制御するテロメアやガン遺伝子転写制御領域などの生物学的に重要な核酸配列が，この四重らせん構造を形成すると考えられている。さらに，アプタマーやリボザイムをはじめとする多くの機能性核酸も四重らせん構造を形成することが知られている。四重らせん構造は，熱力学的安定性が非常に高いことや，金属イオンを中心部分に高密度に配位させるなどの特性をもつ。このような特性を利用することで，四重らせん構造を様々な機能性マテリアルとして用いる試みが行われている。一方，シトシンに富んだ核酸鎖は，i-モチーフ（i-motif）と呼ばれる四重らせん構造を形成する。i-モチーフ構造は，プロトン化したシトシン（C^+）とプロトン化していないシトシン（C）間の水素結合を駆動力にして形成される（図2g）。i-モチーフ構造の熱力学安定性とpHの相関は，i-モチーフを用いた核酸スイッチの開発に活用されている。

　以上のように，様々な核酸構造の熱力学的安定性がエネルギー的に定量化されつつある。特に，Watson-Crick塩基対から形成される核酸の高次構造とその安定性は，かなりの精度で予測できる。今後は，Hoogsteen塩基対から形成される三重らせん構造や四重らせん構造の熱力学的安定性を詳細に解析することにより，より多様な機能性核酸の合理的設計が可能になると期待されている。

3.3　核酸の機能と構造を左右する周辺環境

　これまでに述べてきた，核酸の二重らせん構造の熱力学的安定性の研究は，1 M NaClという細胞内環境とはかなり異なる環境下で行われてきた。もちろん，二重らせん構造の熱力学的安定性は，Na^+やK^+といった細胞内に存在する一価カチオンやMg^{2+}などの金属イオンなどの周辺環境に依存している。さらに，その熱力学的安定性のみならず，構造そのものが周辺環境によって大きく変化する。それゆえ，様々な環境下における二重らせん構造の熱力学的安定性を予測できるシステムが構築されつつある[8]。このようなシステムは，生体内（細胞内）環境下で核酸の構造多様性とその熱力学的安定性を制御する際に有用であるだけでなく，細胞内や固相担体上で周辺環境因子を計測できる機能性センサーを開発するうえで力を発揮する。ここでは，核酸の種々の構造や機能に重要な影響を与える環境因子とその役割について解説する。

第 2 章　生体シグナル解析用分子材料群の創製

3.3.1　カチオン

哺乳類の細胞には，10 mM の Na^+，140 mM の K^+，30 mM の Mg^{2+}，1 mM の Ca^{2+} などが存在する。他にも，種々の金属イオンや多価カチオンが細胞内に存在する。核酸はポリアニオンであるため，その高次構造形成にはカチオンが必要とされる。カチオンの役割は，核酸の構造形成に伴うクーロン反発で生じる自由エネルギー変化を緩和することにある。カチオンの核酸への結合様式は，diffuse 型，outer sphere 型，inner sphere 型に分類できる。diffuse 型結合においては，核酸とカチオンが第一水和圏を共有することなく結合する。この結合は核酸配列に依存しない非特異的な結合様式である。一方，outer sphere 型結合（カチオンと核酸が第一水和圏を共有する結合）や inner sphere 型結合（カチオンと核酸が水和圏に関係なく直接結合）は，site 型結合と呼ばれる。site 型結合では，カチオンとリン酸のクーロン相互作用と共に，塩基との配位結合型相互作用などによりカチオンが核酸に配列・構造特異的に結合する場合もある。このようにカチオンの種類と濃度は，核酸の構造，安定性，機能に深く関与する。

核酸の構造形成における一価カチオン役割は，リン酸間のクーロン反発の緩和にあることは既に述べた。一価カチオン濃度が上昇するに伴い，二重らせん構造をはじめとする核酸構造の安定性は上昇する。さらに，一価カチオンは，構造の安定性のみならず，核酸の構造変化を引き起こす場合もある。例えば，一価カチオンの濃度上昇に伴い，ヘアピンループ構造がインターナルループ構造へと変化することが知られている。また，$d(GC)_n$ （n は整数）のような特殊なリピート配列は，低塩濃度条件下では右巻きの B 型二重らせん構造を形成するが，高塩濃度条件下では左巻きの Z 型二重らせん構造を形成する場合がある（図 3a）。一価カチオンの種類に依存して構造や安定性を変化させる核酸構造も存在する。その代表例が四重らせん構造（G-quadruplex）である。前述の通り四重らせん構造の安定化には，G-カルテットの中心部分にカチオンが配位することが必要である。この場合のカチオンの配位は inner sphere 型結合であるため，カチオンの種類によって四重らせん構造の安定性は大きく変化する。一価カチオンによる四重らせん構造の安定化傾向は，$K^+ > Rb^+ > Na^+ > Cs^+ > Li^+$ であることが知られている。この四重らせん構造の特性を利用して，K^+ のセンサーが開発されている。一方，二重らせん構造の安定性は一価カチオンの種類にさほど依存しない。この特性の違いを利用することで，二重らせん構造と四重らせん構造間の構造遷移をカチオンの種類と濃度で制御できる。このような核酸の劇的な構造変化を利用すれば，周辺環境の変化に応答する分子論理素子の設計や，リボザイムやアプタマーなどの機能性核酸の構築が可能となる。

二価カチオンと核酸の結合でも，diffuse 型結合と site 型結合の様式がある。例えば，tRNA の構造形成では，クーロン相互作用によってリン酸に結合する Mg^{2+}（diffuse 型）と，塩基に強固に結合する Mg^{2+}（site 型）が関与する。また，Mg^{2+} は，三重らせん構造を特異的に安定化さ

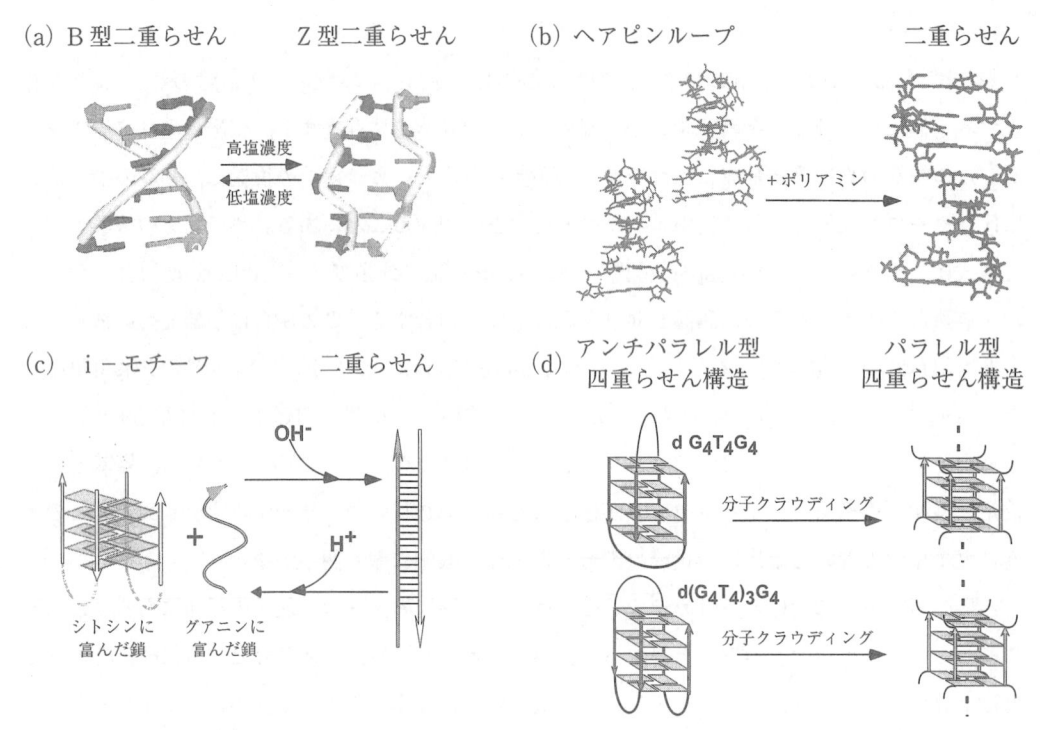

図3 周辺環境の変化による核酸の構造遷移。(a) 塩濃度によって制御される B 型二重らせんと Z 型二重らせん間の構造遷移，(b) ポリアミンによって制御されるヘアピンループと二重らせん間の構造遷移，(c) pH によって制御される i-モチーフと二重らせん間の構造遷移，(d) 分子クラウディングによって制御されるアンチパラレル型とパラレル型四重らせん間の構造遷移。

せることも知られている。逆に，低濃度の Mg^{2+} や Ca^{2+} は，四重らせん構造を不安定化させる。また，高濃度の二価カチオンを四重らせん構造に添加すると，アンチパラレル型からパラレル型四重らせんへの構造遷移が誘起されることも知られている[9]。二価カチオンは，機能性核酸の代表例であるリボザイムやデオキシリボザイムの機能発現においても非常に重要な役割を果たす。ハンマーヘッドリボザイムをはじめとする多くの天然に存在するリボザイムは，その機能発現に Mg^{2+} を必要とする。また，インビトロ選択法などで見出された人工リボザイムやデオキシリボザイムにおいても，Mg^{2+}，Pb^{2+}，Ca^{2+}，Cu^{2+}，Zn^{2+} などの二価カチオンが機能発現に必須である。

　生体内における多価カチオンの代表例はポリアミン類である。細胞内に含まれるポリアミンの量は，細胞増殖や分化に伴い大きく変化する。また，ガンをはじめとする様々な疾患時に，血液中のポリアミン量が増大することが知られている。そのため，簡便にポリアミンを測定することが医療や診断分野で望まれている。分子レベルでみても，ポリアミンは生命分子の物性に大きな影響を及ぼす。ポリアミンをはじめとする多価カチオンは，ポリアニオンである核酸と強固に結

第2章　生体シグナル解析用分子材料群の創製

合する。そのため，リボザイムなどのRNAは，ポリアミンにより構造が安定化し，機能が増強する場合がある。また，ポリアミンにより，核酸の劇的な構造変化が誘起される場合もある。例えば，細胞内と同濃度のポリアミンを添加することで，ヘアピンループ構造から二重らせん構造へと遷移する核酸配列が見出されている（図3b）。このような核酸は，ポリアミンをセンシングする機能性分子として活用できる。

3.3.2　pH

　細胞内のpH（水素イオン濃度）は，細胞内小器官や細胞の状態によって大きく変化する。通常の細胞においては，細胞質が弱アルカリ性（pH～7.2）であるのに対し，ミトコンドリア内は酸性である。また，ガン細胞でもpHが酸性になることが知られている。また，pHが様々な生命分子の構造や機能に影響を及ぼすこともわかっている。例えば，タンパク質構造の熱力学的安定性は，pHによって大きく変化する。また，タンパク質の酵素活性もpHに依存する。タンパク質と同様に，核酸の構造や機能もpHによって大きく変化する。例えば，前述の核酸のパラレル型三重らせん構造の形成にはシトシンのプロトン化が必要とされる。そのため，パラレル型三重らせん構造は酸性条件下で安定な構造を形成する。詳しくは後述するが，pHに依存したパラレル型三重らせん構造の熱力学的安定性を利用して，細胞内のpHをリアルタイムで測定できる機能性核酸が開発されている。また，シトシンに富んだ鎖が形成する四重らせん構造の一種である，i-モチーフ構造の形成にもシトシンのプロトン化が要求される。そのため，i-モチーフ構造も酸性条件下で安定化する。i-モチーフ構造の安定性がpHに依存することを利用して，二重らせん構造とi-モチーフ構造間の構造遷移を制御することも可能になりつつある（図3c）。

3.3.3　分子クラウディング

　細胞内には高濃度の可溶成分や不溶成分が混在する[10]。可溶成分として，タンパク質や核酸などの高分子や，前述のカチオンなどの低分子がある。また，不溶成分として，細胞骨格，細胞膜や小器官の膜などがある。細胞内のタンパク質とRNAの量は300～400 g/Lであり，細胞内の全空間の20～40 %を占有する。このように分子が非常に混み合った状態を，分子クラウディング（molecular crowding）と呼ぶ。分子クラウディングは，細胞内において種々の生体反応の適切な反応場を提供していると考えられている。例えば，細胞内における分子クラウディング度合い（分子濃度）が変化することによって，細胞の浸透圧や水の活量が変化する。この浸透圧の変化によって，細胞体積調節機構が働き，細胞のアポトーシスやネクローシスが引き起こされることが知られている。一方，試験管内（*in vitro*）実験で使用する生命分子の量は少なく，1 g/L以下の濃度で種々の測定を行う場合が多い。分子クラウディングの観点から見れば，試験管内で実験をする際には細胞内環境を再現できていない。そのため，生命分子の機能や構造に及ぼす分子クラウディングの影響をエネルギー的に定量化することが望まれている。

生命分子の機能や構造に及ぼす分子クラウディングの効果は，タンパク質を中心に明らかにされつつある。例えば，タンパク質の正しい折りたたみを助けるシャペロンの機能が分子クラウディングによって制御されることが見出されている。また，分子クラウディングによって，パーキンソン病の原因タンパク質であるα-シヌクレインの線維化やアルツハイマー病の原因となるアミロイドタンパク質の線維化が促進されることも報告されている。また，核酸の構造安定性や機能に対する分子クラウディングの効果も明らかにされつつある。例えば，希薄溶液中でアンチパラレル型四重らせん構造を形成するテロメア核酸（$dG_4T_4G_4$や$d(G_4T_4)_3G_4$）は，分子クラウディング環境下でパラレル型四重らせん構造を形成する（図3d）。さらに，興味深いことに，分子クラウディングの効果は核酸構造によって異なることもわかってきた（後述）[11, 12]。また，分子クラウディングによって，基質RNAに対するリボザイムの切断機能が増強することも見出されつつある。このような分子クラウディングによって構造や安定性が変化する核酸分子は，分子クラウディングの度合いを検出するセンサーとして活用できる。さらに，次に述べるように，細胞内や固定化担体上で活躍する機能性シグナル解析用分子の開発にも，分子クラウディングの定量的知見が活用され始めている。

3.4　エネルギー・データベースを用いた機能性核酸の開発

　生命分子の構造や機能は種々の化学的相互作用の組み合わせによって制御されている。また，生体内におけるシグナルの多くは生命分子間の化学的相互作用を介して伝達される。この化学的相互作用を解析するには，エネルギー値を用いることが最適である。

　核酸やタンパク質などの生命分子は，細胞内の環境下でその機能を発現する。また，前述したように生命分子の構造や機能は，周辺のイオンの種類や濃度，pH，その他の分子種やその濃度などの条件に非常に敏感である。このように，生命分子の構造や機能は，その周辺の化学的環境と切り離して考えることはできない。そのため，生命分子のエネルギー・データベースを構築する際には，分子の周辺環境を考慮する必要がある。さらに，核酸の構造安定性を周辺環境によって制御することで，核酸の高次構造を合目的的に制御できる。また，周辺環境により核酸に新たな機能を付与することも可能である。ここでは，周辺環境と核酸構造の熱力学的安定性に関するエネルギー・データベースを活用して，シグナルセンサーなどの機能性核酸を開発した実例を紹介する。

3.4.1　四重らせん構造と二重らせん構造に及ぼす分子クラウディングの効果を活用した核酸スイッチの開発

　生物学的および化学的観点から，Hoogsteen塩基対からなる四重らせん構造とWatson–Crick塩基対からなる二重らせん構造の熱力学的安定性に及ぼす分子クラウディングの効果を定量的に

第2章　生体シグナル解析用分子材料群の創製

解析し，エネルギー・データベース化する作業が精力的に行われている。特に，各種の物性を系統だって求める実験系を構築するために，人工高分子を用いた分子クラウディング環境が汎用され，有用な結果が得られている。例えば，PEG200（平均分子量が200のポリエチレングリコール）の濃度が増加するに伴って，二重らせん構造が不安定化することが報告されている[11]。一方，二重らせん構造とは異なり，四重らせん構造は分子クラウディングによって安定化することが明らかになった[11, 12]。さらに，この二重らせん構造と四重らせん構造の全く逆の効果は，両構造の水和状態の違いに帰因していることも示された[12]。

ゲノム中にはグアニンに富んだ配列とその相補鎖（シトシンに富んだ鎖）からなる領域が多く存在する。その代表がテロメア領域である。このグアニンに富んだ鎖とシトシンに富んだ鎖は二重らせん構造を形成すると考えられている。しかし，上記の熱力学的な検討の結果から，テロメア核酸が形成する二重らせん構造は，分子クラウディング環境下においては不安定化することが考えられる。一方，テロメア核酸のグアニンに富んだ鎖が形成する四重らせん構造は安定化すると考えられる。このような結果から，分子クラウディングによってテロメア核酸の二重らせんと四重らせん間の構造スイッチを誘起できることが予測された。この核酸スイッチを実際に確かめてみたところ，希薄溶液中ではテロメア核酸は二重らせん構造を形成するが，分子クラウディング環境下ではその二重らせんは解離し，それぞれが四重らせん構造（グアニンに富んだ鎖のG-quadruplexとシトシンに富んだ鎖のi-motif）を形成することが見出された（図4a）[13]。すなわち，細胞内環境因子として重要な分子クラウディングに依存して劇的に構造を変化させる核酸スイッチが開発できたのである。この結果は細胞内における核酸構造の新たな知見ももたらした。すなわち，核酸鎖は情報を保持のためにWatson-Crick塩基対によって強固な二重らせん構造を形成すると考えられてきたが，分子クラウディングの効果を詳細に検討することで，周辺環境に依存して非常に多様な構造を形成することが示唆されたのである。

また，テロメア核酸は真核生物の染色体に存在するが，その配列は種によってわずかに異なる。例えば，原生動物テトラヒメナのテロメア核酸（グアニンに富んだ鎖）はd(GGGTT**G**)$_n$であるが，ヒトのテロメアの配列はd(GGGTT**A**)$_n$である。これらを比較するとテトラヒメナとヒトでは，その配列に一カ所しか違いがない（配列が異なる部位を太字と下線で示している）。これらのグアニンに富んだ核酸鎖は，希薄溶液中でほぼ同様のアンチパラレル型四重らせん構造を形成することが知られている（図4b）。しかし，分子クラウディング環境下において，dTTG(GGGTT**G**)$_3$GGGは多数の鎖がパラレル方向に会合したG-ワイヤー構造を形成することがわかった[14]。さらに驚くべきことに，分子クラウディング環境下において，d(GGGTT**A**)$_3$GGGは希薄溶液中と同様のアンチパラレル型四重らせん構造を保ったままであることが見出された。これらの結果は，核酸配列の一塩基の違いにより，細胞内類似環境下において核酸構造が全く異なる

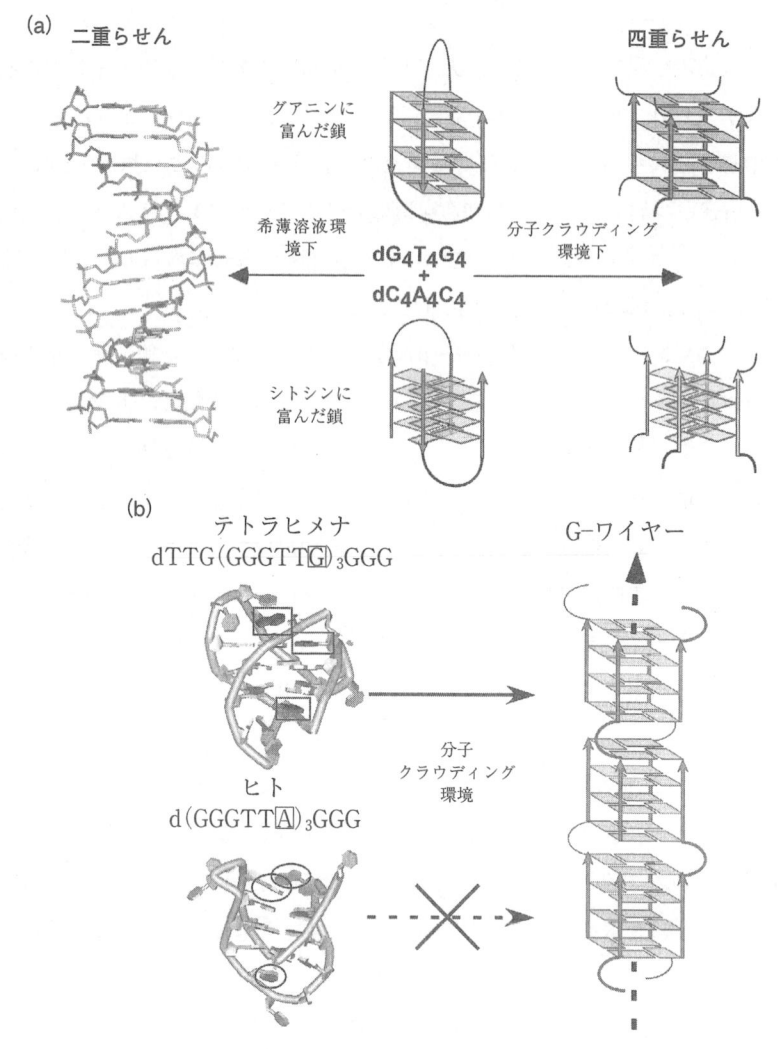

図4 核酸スイッチ。(a) 分子クラウディングによって制御されるテロメア核酸の二重らせんと四重らせん（G-quadruplex と i-motif）間のスイッチ，(b) 分子クラウディングによって制御されるアンチパラレル型四重らせんと G-ワイヤー間の構造遷移。

ことを示した初めての例である。さらに，これらの成果が，様々な疾患に関与するテロメアの一塩基多型（SNPs: single nucleotide polymorphisms）の検出や疾患発症メカニズムの解明の糸口となることが期待されている。

3.4.2 パラレル型三重らせん構造を活用した pH センサーの開発

四重らせん構造と同様に，三重らせん構造も周辺環境に依存した構造安定性を示す。特に，パラレル型三重らせん構造の形成ではシトシンのプロトン化が必要とされるため，その熱力学的安定性は pH に依存する。ここでは，パラレル型三重らせん構造の熱力学的安定性を詳細に検討し，

第2章 生体シグナル解析用分子材料群の創製

さらにそのエネルギー・データベースを活用して細胞内のpHを測定できる分子センサーが開発された例を紹介する。

ホモピリミジン・ホモプリン・ホモピリミジン鎖（5'-dTCTTCTCTTTCT-3'（PyW），5'-dAGAAAGAGAAGA-3'（PuC），5'-dTCTTTCTCTTCT-3'（PyH））からなるパラレル型三重らせん構造の熱力学的安定性に及ぼすpHの効果が，UV融解曲線を測定することで詳細に検討された。その結果，PyW・PuC・PyHは，pH 6.5以下では三重鎖から三本の一本鎖への一段の解離過程を示した。pH 7.0–7.5では三重鎖→二重鎖＋一本鎖の過程と，二重鎖＋一本鎖→三本の一本鎖の過程という二段の解離が観測された。さらに，pH 8.0以上では三重鎖は形成されず，二重鎖＋一本鎖→三本の一本鎖の解離過程のみが観測された。特筆すべきことに，PuCとPyHは，酸性ではパラレル型の二重らせんを形成するのに対し，pH 7.0以上においてはバルジを含むアンチパラレル型二重らせんを形成することが示された（図5a）。つまり，パラレル型とアンチパラレル型二重らせん間の構造遷移をpHによって制御できることが示唆された[15]。

そこで，このPuCとPyHの両鎖の5'末端に蛍光供与基となるフルオロセインと蛍光受容基となるTAMRAを導入して，蛍光エネルギー移動（FRET）を観測した。その結果，pHに依存した蛍光の色調変化を観測することができた。さらに，この二重らせん構造の遷移を利用して細胞内のpHを測定することを試みた。そのためには，細胞内における二重らせんの確実な会合と，pHに依存したより顕著な色調の変化が必要である。そこで，パラレル型二重鎖を形成するPuCとPyHの3'末端どうしを化学的に連結し，遷移を分子間から分子内反応に改変した（図5b）。その結果，pHに依存して赤から緑に色調を変化させるpHセンサーを構築することができた（図5c）。さらに，このpHセンサーを細胞内に導入することで，アポトーシスによる細胞内pH

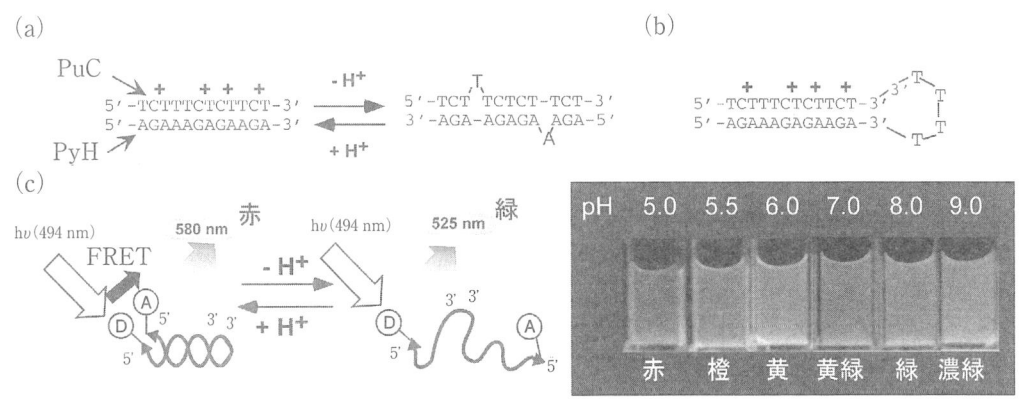

図5 DNA pHセンサー。(a) pHによって制御されるPuCとPyHのパラレル型とアンチパラレル型二重鎖間の構造遷移，(b) pHに依存して構造安定性を劇的に変化させる分子内パラレル型二重らせんの構造，(c) 分子内パラレル型二重らせん構造の構造遷移とそれを出力するために導入された蛍光団の位置（左）及びそのDNAを活用したpHセンサーによるpH測定（右）。

の変化（pH 7.2 から 6.4 への変化）を測定することにも成功した[16]。

　細胞内の pH 変化はガン細胞のマーカーになることが知られている。しかし，細胞内の pH を色調変化として検出できるセンサーはこれまでは報告がなかった。今回初めて報告された，DNA を用いた pH センサーは，生体適合性が高く，様々な局在化シグナルを導入することで，細胞内小器官にデリバリーすることも可能であり，細胞内小器官内の各々の pH 変化を測定できる可能性も高い[17]。今後は，この DNA センサーを用いることで，細胞内反応における pH の役割が解明できると期待されている。

3.5　機能性核酸の新規設計方法の確立に向けて

　本稿では，シグナル解析に適した機能性分子を合理的に開発するにあたり，生命分子のエネルギー・データベースを構築することの重要性を解説した。特に，周辺環境に依存した生命分子の構造と機能を定量的に検討することで，細胞内環境因子によって構造や機能が変化する機能性分子，特に機能性核酸の設計・開発ができることを示した。このように，エネルギーを指針にした機能性核酸の開発が可能になり，そのシグナルセンシングへの展開が進展している。この合理的な機能分子の評価・設計の指針を核酸のみならず生命関連の化学物質全般に適用できるように一般化すれば，生命化学は"知るバイオ"から"活かすバイオ"へと活躍の場を飛躍的に広げるであろう。

文　　献

1) 杉本直己, 遺伝子化学, 化学同人（2002）
2) 杉本直己, 遺伝子とバイオテクノロジー, 丸善（1999）
3) 杉本直己編, 生命化学のニューセントラルドグマ—テーラーメイド・バイオケミストリーのめざすもの, 化学同人（2002）
4) N. Sugimoto et al., *Biochemistry*, **39**, 11270（2000）
5) T. Ohmichi et al., *J. Am. Chem. Soc.*, **124**, 10367（2002）
6) P. Wu et al., *J. Inorg. Biochem.*, **91**, 277（2002）
7) D. Miyoshi et al., *Recent Devel. Nucleic Acids Res.*, **2**, 49（2006）
8) S. Nakano et al., *Nucleic Acids Res.*, **27**, 2957（1999）
9) D. Miyoshi et al., *Nucleic Acids Res.*, **31**, 1156（2003）
10) 杉本直己ほか, 高分子, **55**, No.5, 322（2006）
11) S. Nakano et al., *J. Am. Chem. Soc.*, **126**, 14330（2004）

12) D. Miyoshi *et al.*, *J. Am. Chem. Soc.*, **128**, 7957 (2006)
13) D. Miyoshi *et al.*, *J. Am. Chem. Soc.*, **126**, 165 (2004)
14) D. Miyoshi *et al.*, *Angew. Chem. Int. Ed.*, **44**, 3740 (2005)
15) N. Sugimoto *et al.*, *Biochemistry*, **40**, 9396 (2001)
16) T. Ohmichi *et al.*, *Biochemistry*, **44**, 7125 (2005)
17) T. Ohmichi *et al.*, *Angew. Chem. Int. Ed.*, **44**, 6682 (2005)

4 ペプチドチップテクノロジーによるシグナル解析

富﨑欣也[*1]，三原久和[*2]

4.1 はじめに

　21世紀初頭までに，ヒトゲノムを初め様々な生物のゲノム配列の解読が完了している。その結果，我々は膨大な遺伝子情報を入手可能になり，それらを有効に活用するポストゲノム時代に突入した。テーラーメイド医療やゲノム創薬といった言葉が囁かれ始めたのもちょうどこの頃からである。そのような時代の先駆的技術として，ある外部刺激に対する生体応答を遺伝子発現量パターンとして解析するDNAチップが開発された。DNAチップとは，化学処理したスライドガラス上に多種類のオリゴヌクレオチドを固定化し，刺激の有無における個々のmRNA発現量変化を一括して測定・解析できる強力なハイスループット解析ツールである。詳細は他に譲るが技術基盤はほぼ確立されており，病理診断あるいは環境・食品分野における検査現場での幅広い利用が期待されている。しかし，生命維持活動を直接担っているのは遺伝子産物であるタンパク質であり，遺伝子発現量とタンパク質発現量の間に明確な相関が得られないことからも，DNAチップ技術と合わせてタンパク質ネットワーク（プロテオーム）を直接検出する技術開発が必要である（図1）。これまで，プロテオミクス研究において個々のタンパク質を検出する手段としては，ある刺激に応答して発現が制御されるタンパク質を2次元ゲル電気泳動法あるいはマイクロ液体クロマトグラフィーによる分離の後，質量分析によって各々のタンパク質を同定する方法が用いられてきた。原理的には全てのタンパク質に対して適用可能であるが，発現量の少ないタンパク質あるいは疎水性の高いタンパク質や高分子量のタンパク質に対しては，好結果が得られない場合がある。また，分離操作および質量分析に時間がかかるため迅速性に欠けることも指摘されている。これを可能にするのがプロテインチップあるいはプロテインマイクロアレイ技術であり，多数の標的タンパク質捕捉分子を基板上に配置したバイオチップの一種である。今のところ，プロテインチップはDNAチップのアナロジとして捉えられることが多いが，精密な立体構造を有し乾燥や酸化に敏感なタンパク質の活性を保持したまま基板上に固定化するのは思いの外厄介である。そこでまず，プロテインチップ技術の現状について解説し，我々が推進するタンパク質部分配列であるペプチドを基盤とするタンパク質機能解析法の有用性と将来性について述べる。

---

* 1　Kin-ya Tomizaki　東京工業大学　大学院生命理工学研究科　生物プロセス専攻　助手
　　　　　　　　　　（COE21）
* 2　Hisakazu Mihara　東京工業大学　大学院生命理工学研究科　生物プロセス専攻　教授

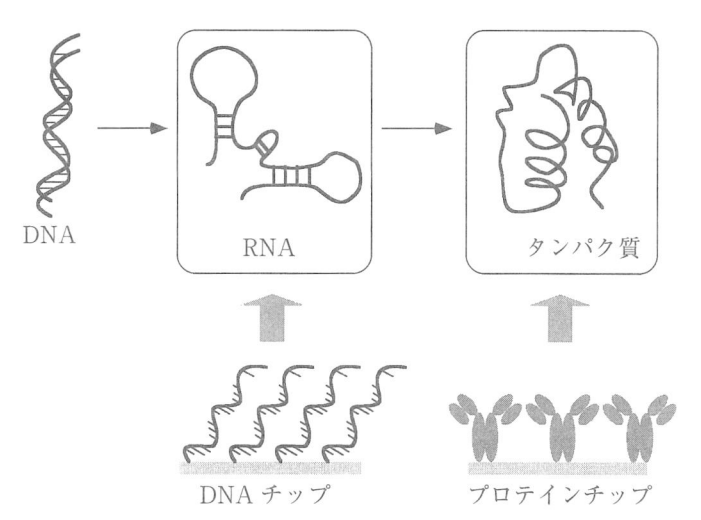

第2章　生体シグナル解析用分子材料群の創製

図1　セントラルドグマとバイオチップ技術
刺激により発現するmRNA量の検出にはオリゴDNAを配置したDNAチップが用いられる。遺伝子産物であるタンパク質の検出にはプロテインチップが用いられる。

4.2　プロテインチップ概論

　プロテインチップとはタンパク質を標的とするバイオチップ技術の総称であり，基板上に固定化する標的タンパク質捕捉分子の種類によって，例えば抗体を固定化すると抗体チップ，ペプチドを固定化するとペプチドチップというように呼称が変わる。これらを用いれば，1枚のチップ上で数千から数万種の相互作用情報取得が可能であり，チップの微小化によって貴重なサンプル量を抑制できる画期的なバイオチップ技術である[1-3]。現在，数社から抗体あるいはヒト由来タンパク質を配置したプロテインチップが発売されているが，高価であるため広く一般的に普及するためには更なる技術革新が必要であろう。プロテインチップ技術開発のためには，大きく分けて4つの基幹技術（標的タンパク質捕捉分子，捕捉分子固定化のための表面化学，高感度シグナル検出法およびデータ解析法）の同時達成が要求される（図2）。以下に順を追って解説する。

4.2.1　標的タンパク質捕捉分子

　サンプル中の標的タンパク質発現量の網羅的解析では抗標的タンパク質抗体が固相表面に固定化され，標的タンパク質捕捉後，シグナル発生用2次抗体を用いる（サンドイッチ型）免疫吸着法が基盤となっている。しかし，標的タンパク質の定量的な標識化反応あるいは解析対象である標的タンパク質数以上（サンドイッチ法の場合は2倍以上）の特異抗体を必要とするため手間とコストがかかる。そこで，効率よく高性能の抗体を調製するため，ファージディスプレイ法による特異性の高い抗体可変領域を含むフラグメント（scFvやFab）の探索・利用も検討されている。一方，ペプチドや有機低分子量化合物等は化学合成が可能であり，固相表面における安定性

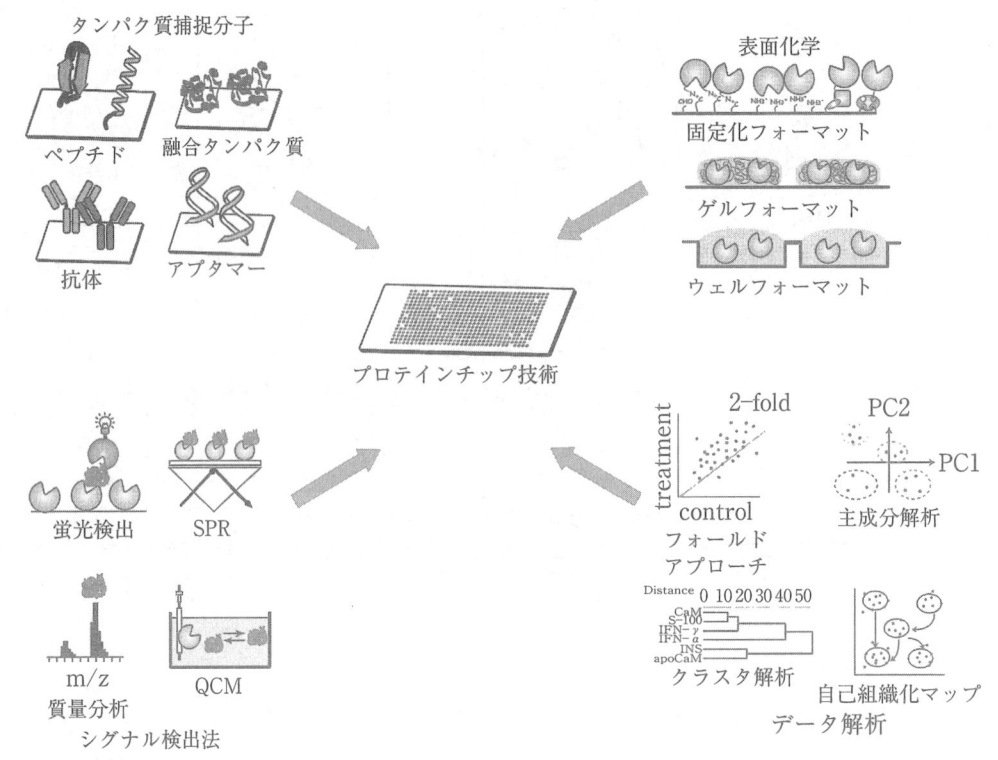

図2 プロテインチップ技術開発のためには大きく分けて4つの基幹技術（標的タンパク質捕捉分子，捕捉分子固定化のための表面化学，高感度シグナル検出法およびデータ解析法）の同時達成が要求される

がタンパク質性捕捉分子に比べ圧倒的に高い反面，タンパク質そのものに比べ親和性が低い。そのためペプチド等を配置したバイオチップは，タンパク質発現解析よりはむしろ標的タンパク質機能解析を迅速に行う有力な手段となっている。

4.2.2 捕捉分子固定化のための表面化学

　捕捉分子表面のうち，標的タンパク質を特異的に認識する部分はほんの一部であり，その認識部位の結合活性を保持したまま，配向を揃えて基板上に固定化する必要がある。捕捉分子の基板への固定化方法としてはこれまで様々提案されている。最も単純な方法は，アミノ基修飾表面やニトロセルロース修飾表面へのタンパク質等捕捉分子の非特異的非共有結合による固定化あるいはアルデヒド基修飾表面やスクシンイミジル活性エステル修飾表面への非特異的共有結合による固定化法である。遺伝子工学的手法を駆使してタンパク質性捕捉分子末端にヒスチジンタグ，グルタチオン-S-トランスフェラーゼおよびマルトース結合タンパク質等などのアフィニティータグを導入し，そのタグを介して基板上に固定化する方法も一般的になっている。最近，上述のタグの他にタンパク質性捕捉分子に酵素反応を利用して選択的ビオチン基付加を施し，アビジン修

第 2 章　生体シグナル解析用分子材料群の創製

飾表面に固定化する特異的固定化法が提案された。その他にも，特異的共有結合性固定化法として捕捉分子中のシステイン側鎖チオール基とマレイミド基間の Michael 付加反応や，タンパク質表面の官能基とは反応しない特異的な化学反応（Staudinger 反応，1,3-双極子環化付加反応，Diels-Alder 反応等）を利用した特異的共有結合による捕捉分子の表面への固定化法も提案されている。さらに，酵素そのものをタグとしてタンパク質性捕捉分子中へ組み込み，阻害剤修飾表面との不可逆的阻害反応による特異的共有結合性固定化法も開発されている。

4.2.3　高感度シグナル検出法

　標的タンパク質の存在あるいは機能発現を知らせるシグナル検出法は標識法と非標識法に大別できる。標識法としては蛍光検出法，生物・化学発光法，放射活性測定法が挙げられる。これらの中で特に汎用されているのが蛍光検出法であり，安全・高感度のみならず DNA チップ解析で使用される蛍光アレイスキャナを転用できることからも，シグナル検出装置としてはすでに完成の域に達している。しかし，標的タンパク質の定量的な標識化反応あるいは多数の抗標的タンパク質抗体の開発が不可欠である。一方，発光法はチップ上での適用が比較的困難であること，放射活性の利用は特別な施設および厳密な取り扱いが必要となるため，一般的なシグナル検出法としてはやはり蛍光検出法が優れている。非標識法には表面プラズモン共鳴（surface plasmon resonance, SPR）法および水晶発振子（quartz-crystal microbalance, QCM）法が挙げられる。いずれの方法もデバイス表面に固定化した捕捉分子と標的タンパク質間の相互作用を質量変化としてリアルタイム検出できることが特長であるが，多数の相互作用情報の一括取得に関して今後の技術革新が期待される。我々は金の異常反射（anomalous reflection of gold, AR）特性を利用するファイバ型バイオセンサの共同開発を進めている。これは SPR 法に用いられるレーザやプリズムといった複雑な全反射光学系を必要としない簡便・安価な相互作用検出法として有用である（後述）。

4.2.4　データ解析法

　DNA チップを用いた取得データ解析ソフトは徐々に充実しつつあるが，プロテインチップにより得られたデータ解析に際しては非特異的相互作用などの複雑性が増すため細心の注意が必要である。いくつかの解析法に関して簡単に紹介する。フォールドアプローチは遺伝子発現解析によく用いられる方法で，刺激（処理）の有無による遺伝子発現量の変化を評価できる。主成分解析は統計学的手法で複数の変数間の相関を少数の合成変数で説明する方法であり，得られた共分散データは数学的な計算結果に過ぎず分析者による「意味合い」の解釈が必要である。クラスタリング解析は類似データ群のグループ分けを各グループ間の距離情報を基に行う方法である。酵素の基質特異性解析等に用いられる。また，自己組織化マップは階層的ニューラルネットワークの一種で，多次元データを 2 次元平面に射影し可視化することが可能であり，類似のデータを近

傍にマッピングできるクラスタリング手法としても利用できる。データ解析法開発は最重要事項の一つであるにもかかわらず，ケミストにとって参入し難い分野なので異分野融合による技術開発が望まれる。

これまで述べたように，プロテインチップ技術では抗体の利用が一般的である。しかし，我々は大胆にもタンパク質の部分配列であるペプチドを標的タンパク質捕捉分子として利用する試みを続けている。ペプチドを基盤とする次世代バイオチップ技術開発に関して我々の最新の研究成果を紹介するとともに将来展望を述べる。

4.3 設計ペプチドを用いるチップテクノロジーの特長

現在，我々は抗体に代表される巨大なタンパク質捕捉分子に代わり，10-20アミノ酸残基程度から成る設計ペプチドを標的タンパク質捕捉分子として利用する検出システム開発を行っている（図3）[4]。標的タンパク質に特異的な抗体を捕捉分子として用いる検出方法と比べ，設計ペプチドを利用するシステムの場合は標的タンパク質に対する親和性や特異性では劣るものの，(i) 合成化学的取り扱いが可能であること，(ii) α-ヘリックスおよびβ-ストランド構造など2次構造形成により特異性の向上が見込めること，(iii) 非天然アミノ酸や標識物質などを位置特異的に導入できる。特に蛍光基などの標識物質をペプチド中に導入できるので，標的タンパク質はラベルフリーでよいことなどが利点である。一般的に，特異抗体-タンパク質間の認識は1:1なので，検出対象となるタンパク質の数（サンドイッチ法の場合は倍）以上の特異抗体の獲得が必須となる。しかし，我々が注目する設計ペプチドを基盤とするタンパク質検出システムでは，標的タンパク質1に対する多数ペプチドの個々の振る舞いを標的タンパク質の「指紋」に見立てた「プロテインフィンガープリント（パターン認識）」によるタンパク質検出が有効である（図3）。これは，ペプチドの標的タンパク質に対する低い親和性や特異性を逆手に取った独創的なアイデアである。さらに，もう一つの利点として2次構造を有する設計ペプチドを用いることで，タンパク質-タンパク質間相互作用を模倣することが可能であり，獲得した配列と立体構造情報を元に新規阻害剤探索などタンパク質機能解析の効率化が期待される。

4.4 プロテインフィンガープリントテクノロジー

まず，捕捉分子開発の観点から設計ペプチドを基盤とするタンパク質検出アレイシステムの現状を眺めてみる。蛍光標識化ペプチドと標的タンパク質が複合体を形成するとその相互作用様式毎に特徴的な蛍光強度変化が得られる。これら蛍光強度変化をペプチド毎に配置しバーコード表示したものがプロテインフィンガープリント（PFP）であり，個々のタンパク質を特長づける指紋（コード）となる。PFP法では，特異抗体を用いる従来法の1:1認識とは異なり，多数のペ

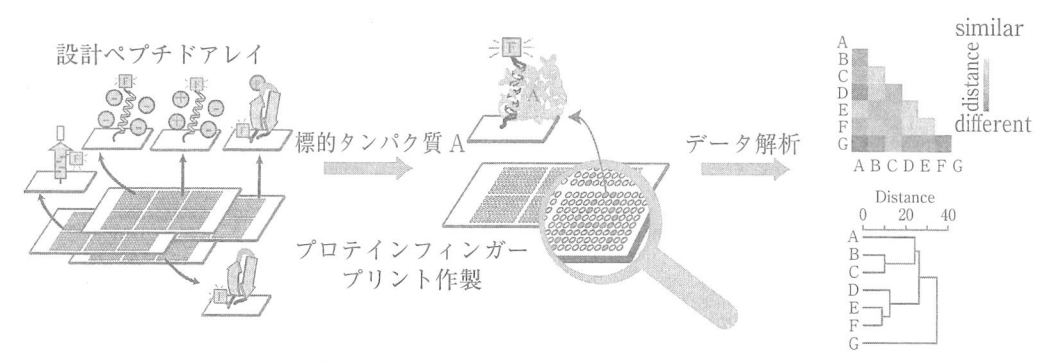

第2章　生体シグナル解析用分子材料群の創製

図3　設計ペプチドアレイを用いるタンパク質解析スキーム
標的タンパク質1に対する多数ペプチドの個々の振る舞いを標的タンパク質の「指紋」に見立てた「プロテインフィンガープリント（パターン認識）」によるタンパク質検出が有効である。データの統計学的処理によりタンパク質のキャラクタライズを行うことができる。

プチドが織りなすパターン認識のため，使用するペプチドの数以上のタンパク質が検出対象になると期待できる。

　我々はこれまでに，β-ループペプチド中のループ部分アミノ酸4残基を様々なアミノ酸に置換した126種の蛍光性β-ループペプチドライブラリを調製し，配列中システイン側鎖チオール基とブロモアセチル基との特異的反応を用いてプラスチックプレートに固定化した設計ペプチドアレイを構築した（図4)[5]。ペプチドアレイへの標的タンパク質添加に伴い様々な蛍光強度変化が得られ，それらを基にタンパク質毎に1次元PFPを作製したところ，蛍光強度変化パターン（カラーバーコード）によってタンパク質がそれぞれ容易に識別可能であることがわかった。この研究成果によってPFP法の有用性が確認できたので，新たなPFPフォーマット開発を開始した。

　そこで次に，設計ペプチドスキャホールドの多様性向上を目指して，両親媒性α-ヘリックスペプチド中アミノ酸側鎖の電荷や疎水性度を体系的に変化させた112種の蛍光性α-ヘリックスペプチドライブラリを作製した（図5)[6]。均一溶液系にてカルモジュリン（CaM）との結合特性を蛍光強度変化を指標にして作製した2次元PFP法により解析したところ，CaMはカルシウムイオン存在下，塩基性かつ疎水性α-ヘリックスペプチドと優位に結合するという特性が示された。一方，CaMの構造を安定化するカルシウムイオンを除去したアポCaMのPFPはCaMのものとは全く異なることから，抗原-抗体反応のような標的タンパク質中のほんの一部の1次構造情報ではなく，立体構造情報に基づく標的タンパク質検出法であると考えられる。これらは抗体を利用する検出法とは一線を画すものであり，サブタイプなどの識別に威力を発揮すると考えられる。

　また，乾燥に強いというペプチドの特長を最大限に活かしたドライペプチドアレイ法の技術開

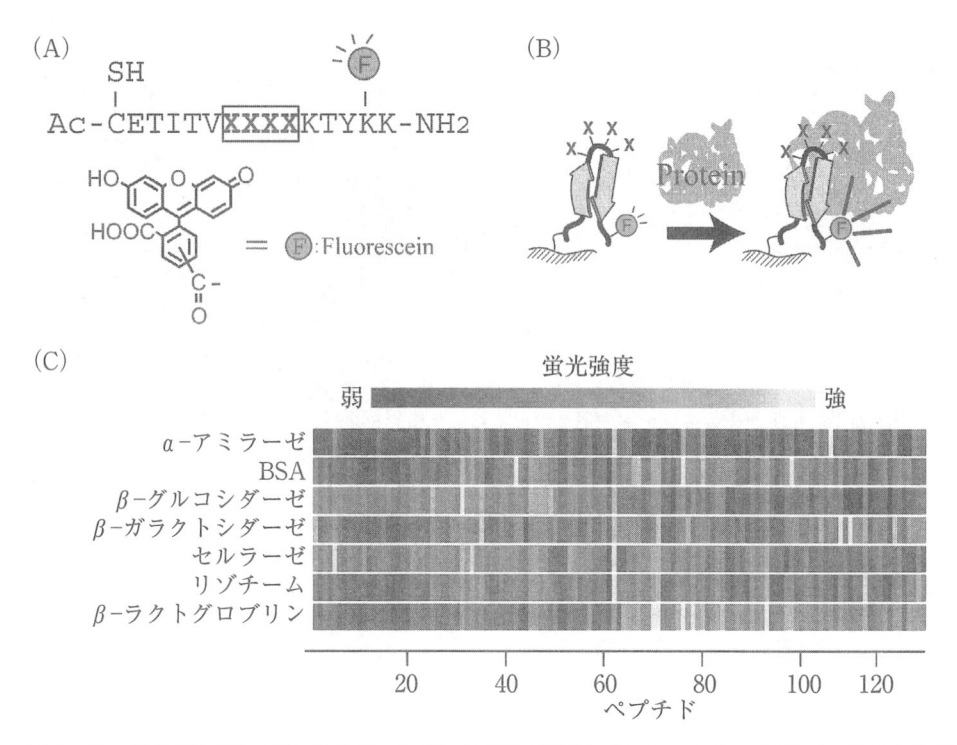

図4 ループペプチドライブラリを用いるタンパク質のプロテインフィンガープリント（PFP）解析
（A）設計ペプチドの基本構造，（B）タンパク質-ペプチド間相互作用によるシグナル発生メカニズム，（C）7種タンパク質のPFP（カラーバーコード）解析。これらのPFPを用いて各々のタンパク質を識別できる。

発も行った（図6）[7]。この検出技術は，ガラス基板上にペプチドおよび標的タンパク質をキャストし，乾燥状態にて分子間相互作用を蛍光検出する方法である。得られた蛍光強度は添加したタンパク質濃度依存的であり，ペプチドスポット（8 fmol）で20 pg程度までのCaMが検出可能となっている。ドライアレイであるので既存のDNAアレイスキャナにも適用できる点で他のプロテインチップと差別化することができる。

さらに，β-ループペプチドやα-ヘリックスペプチドの他，設計ペプチドアレイフォーマット多様性拡大のために機能性基として脂肪鎖[8]や糖鎖[9]を結合した蛍光性ペプチドアレイを構築し，構成アミノ酸と機能性基との間の多数の組合せにより得られたPFPを用いて，レクチン類などタンパク質の機能性基結合性に着目した解析法（フォーカスドプロテオーム）および独自のPFPデータ解析法開発[10]にも着手している。詳細は論文を参照されたい。

4.5 ペプチドリガンドスクリーニング

ここでは，上述の設計ペプチドを基盤とするタンパク質検出法の応用例として，標的タンパク

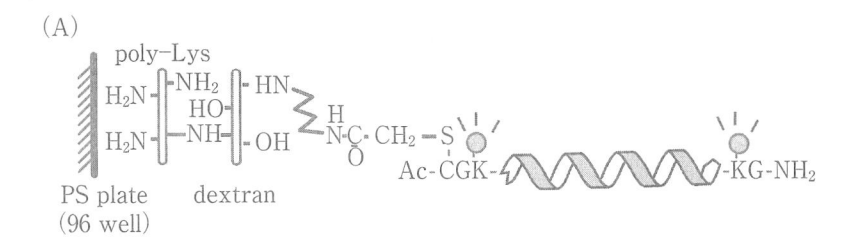

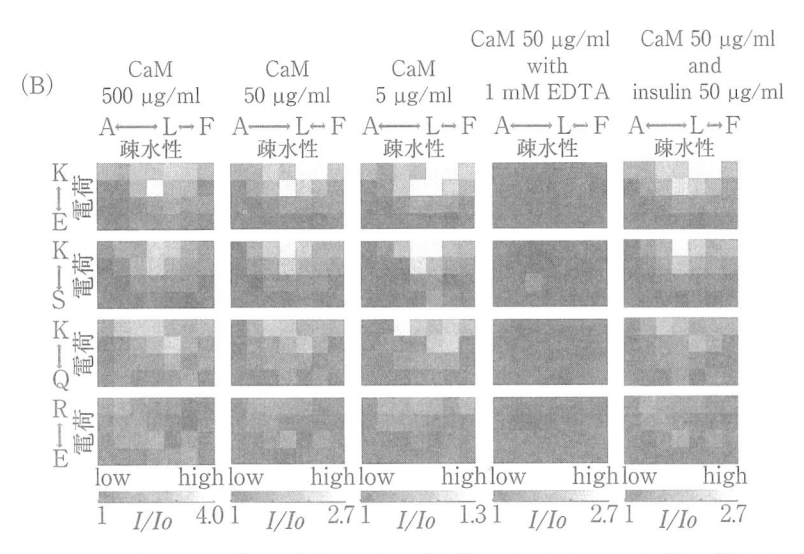

第2章 生体シグナル解析用分子材料群の創製

図5 α-ヘリックスペプチドライブラリを用いるタンパク質のプロテインフィンガープリント（PFP）解析
(A) 設計ペプチドの基本構造と基板への固定化，(B) 横軸を疎水性度，縦軸を電荷で表示したカルモジュリン（CaM）-ライブラリペプチド間相互作用の2次元PFP。EDTAによりカルシウムイオンを除去すると全く異なるPFPが得られる。インスリンはCaMのPFPに影響を与えないことがわかった。

質と強く結合するのみならず標的タンパク質が関与するタンパク質ネットワークを制御可能なペプチドリガンド探索ツールの開発を試みた[11]。標的としてカルモジュリン（CaM）によりカルシニューリン（Cn）フォスファターゼ活性が調節される系を用い，設計ペプチドがCaMと結合することによりCn活性を制御できるようなペプチドリガンドの探索を行った（図7）。

まず，すでにCaMと結合することが報告されている両親媒性塩基性α-ヘリックスペプチドL8K6（アミノ酸配列：LKKLLKLLKKLLKL）を基に，配列中の4カ所を様々なアミノ酸に置換した202種の蛍光性α-ヘリックスペプチドライブラリを設計した。ライブラリ構築行程の迅速化を図るため，ペプチド固相合成法の最適化を行った。その結果，非常に高純度の粗ペプチドを短期間に得ることが可能となり，スクリーニングの初期段階においては高速液体クロマトグラフィーなどによる精製工程を省略できた。そのようにして作製した蛍光性α-ヘリックスペプチドライブラリを用い，CaMに結合することでCn活性を抑制するペプチドリガンドの選択を以下

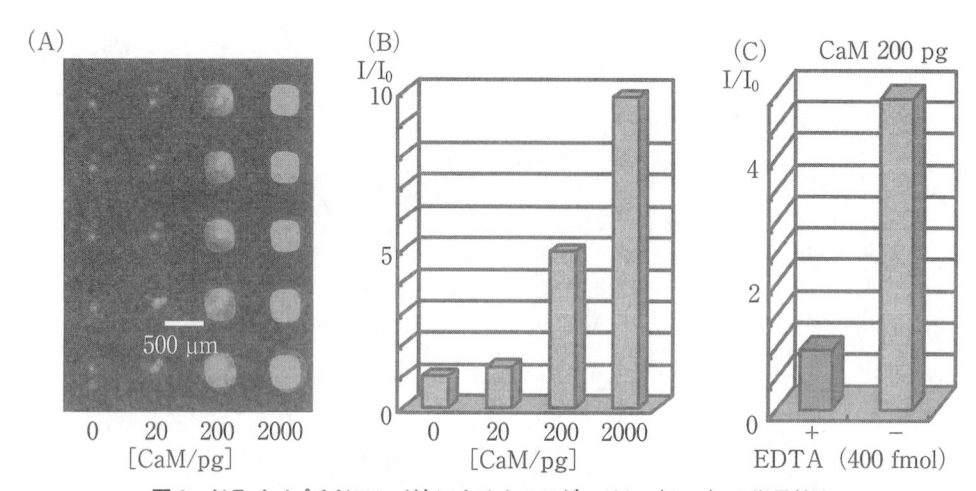

図6 ドライペプチドアレイ法によるカルモジュリン（CaM）の微量検出
(A) スライドガラス上でのCaM-α-ヘリックスペプチド間相互作用の蛍光イメージ，(B) CaMの濃度依存性，(C) CaM-α-ヘリックスペプチド間相互作用におけるEDTA添加効果。CaMの濃度依存的にCaM-α-ヘリックスペプチド間相互作用を示す再現性のよい蛍光強度増加が得られた。EDTAによりカルシウムイオンを除去すると著しい蛍光強度の減少がみられた。

に示す2段階のアッセイシステムを用いて行った。まず，Cn活性評価にはp-ニトロフェニルフォスフェートを用い，脱リン酸化反応の進行により生成するp-ニトロフェノール量を96-wellプレートにて吸光度測定・定量することで行った。次に，ペプチドのN末端に配置したcarboxy tetramethylrhodamine（TAMRA）色素の蛍光強度変化によりCaMとの結合特性を評価した。これらの結果，L8K6と比較し，CaMとの親和性が最大で数倍高くかつCn活性を同程度に抑制する3種の設計α-ヘリックスペプチドを獲得することができた。興味あることに，それらは$X1$=Ala/Ile, $X2$=Ala/Phe, $Z1$=Arg, $Z2$=Thr/Tyrの配列を有しており，塩基性残基の他に$Z2$位の側鎖水酸基がCaMとの結合に強く関与しているのではないかと思われる。また，獲得したペプチドのアミノ酸配列と天然のCaM結合性タンパク質のアミノ酸配列との相同性を評価した結果，いくつかのタンパク質部分配列と高い相同性が得られ，本スクリーニングの有用性が評価された。

本研究では，タンパク質の機能を制御するペプチドリガンド探索ツールとして設計ペプチドライブラリを利用した。標的タンパク質と選択的に結合し，機能を制御するリガンドは，創薬研究などに有用である。これまでの研究を通して，設計ペプチドによる簡便かつハイスループットな次世代マイクロアレイ技術へ向けてのライブラリ作製法や検出・解析法，アレイ構築法および適用拡大という基盤が確立できた。今後はPFPデータの蓄積を経て実サンプル測定への展開を試みる。

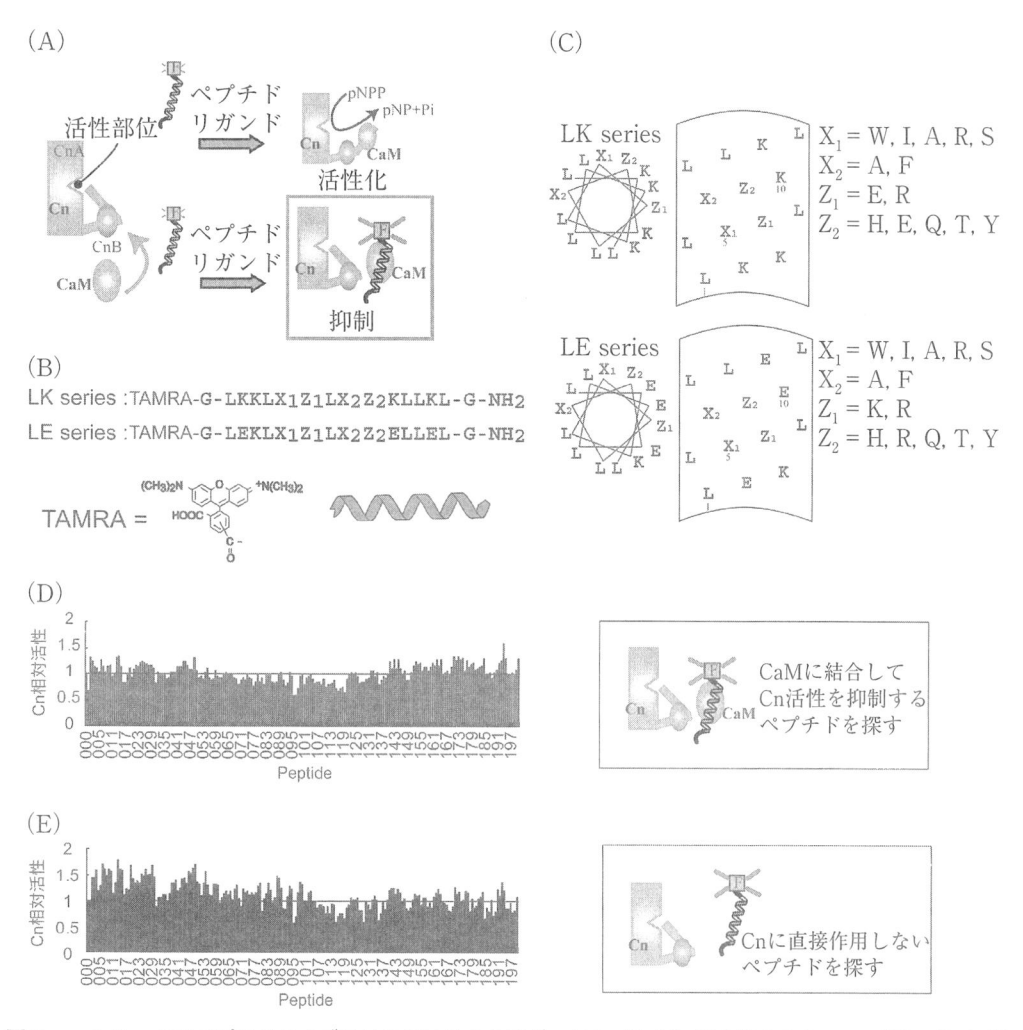

第2章 生体シグナル解析用分子材料群の創製

図7 α-ヘリックスペプチドライブラリを用いるカルモジュリン(CaM)結合性カルシニューリン(Cn)阻害ペプチド探索
(A) CaMに結合することでCnの脱リン酸化活性を阻害するα-ヘリックスペプチドを探索するシステムの概要．(B) 設計ペプチドの基本構造．(C) 202種からなるα-ヘリックスペプチドライブラリの設計．(D) CaM存在下，α-ヘリックスペプチドによるCn脱リン酸化活性阻害実験．相対活性を低下させるペプチドを候補として選択する．(E) CaM非存在下，α-ヘリックスペプチドによるCn脱リン酸化活性阻害実験．相対活性を変化させないペプチドを候補として選択する．(D)と(E)の測定結果を基にさらに詳細な解析へと進むペプチドを選別する．

4.6 金の異常反射(AR)による設計ペプチド-タンパク質間相互作用検出

これまで，標的タンパク質を蛍光標識することなく標的タンパク質検出を可能にする設計ペプチドを基盤とするプロテインチップ技術に関して紹介してきた．ここでは，標的タンパク質側および捕捉分子側いずれへの標識化をも必要としないラベルフリーなペプチドアレイフォーマット開発について述べる．我々は東京工業大学大学院総合理工学研究科梶川助教授と共同で金の異常

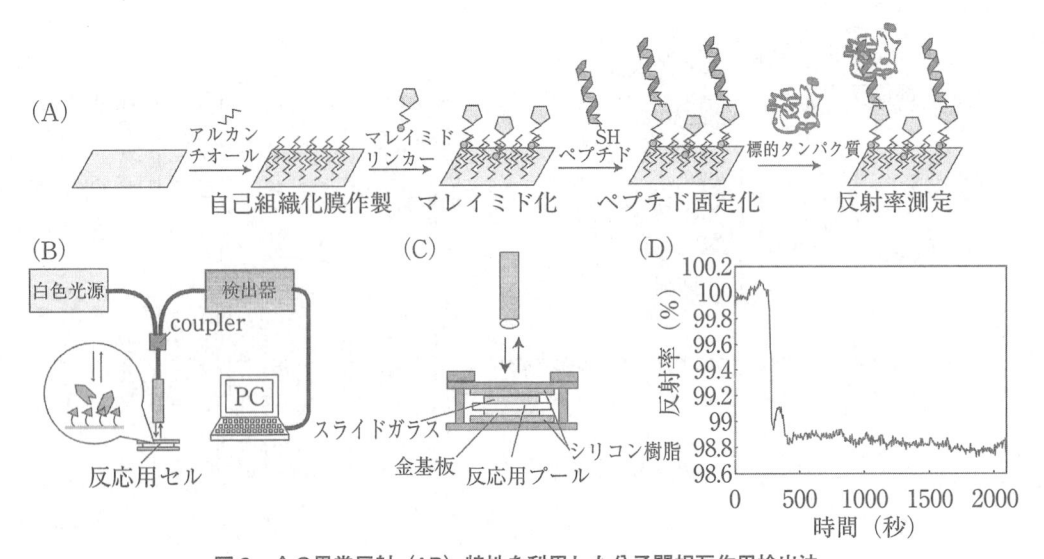

図8 金の異常反射（AR）特性を利用した分子間相互作用検出法
(A) ペプチド修飾金薄膜の調製方法，(B) AR検出装置の概略図，(C) 分子間相互作用を行う反応プールの概略図，(D) カルモジュリン（CaM）−ペプチド修飾金薄膜間相互作用のセンサグラム。CaM添加直後からCaMの基板上への吸着を示す急激な反射率低下が認められた。

反射特性（anomalous reflection of gold, AR）を利用する分子間相互作用測定（AR）法開発を行っている（図8）。これは，金表面に分子膜が生成すると金表面—分子膜間の多重反射によって，金表面における青～紫色光吸収が増大するのに伴い反射光強度が失われる現象を利用したファイバ型バイオセンサである[12]。一般に，金属は全ての波長域の光に対する反射率が非常に高いことが特徴であるが，金の場合は青～紫色光を吸収するといった特異な性質を示す。すなわち，入射光強度に対する反射光強度を測定するのみで，金表面に吸着した分子膜厚を知ることができる。従って，QCM法およびSPR法と比較して装置が簡単で低コスト化，小型化が容易な点が特長である。ただ，検出感度に関してAR法はSPR法に比べ若干劣ると指摘されているが，その欠点を補ってもあまりあるパフォーマンスが期待できる。

まず，十分に研究実績のあるCaM—α-ヘリックスペプチド間相互作用をモデル系として選択し，AR測定法のペプチドアレイフォーマットとしての有用性を評価した（図8）[13]。ガラス基板上に金薄膜を蒸着し自己組織化単分子膜を作製した。単分子膜末端のマレイミド基とα-ヘリックスペプチド中に位置特異的に導入したシステイン側鎖チオールとの結合により，α-ヘリックスペプチドを金薄膜上に固定化した。金薄膜上にシリコン樹脂を用いて反応用プールを作製し，標的タンパク質を自然拡散によって固相上のペプチドと相互作用させた。CaM溶液の添加によって反射率は急激に減少し平衡に達した。これは，タンパク質-ペプチド間相互作用のような比較的親和性が低い相互作用検出に関しても適用可能であることを示しており，CaM濃度を変化

第 2 章　生体シグナル解析用分子材料群の創製

させることで吸着定数などの物理化学的パラメータを算出することができる。この検出システムを用いて最大で 0.14 pmol/mm² の CaM の吸着が確認できた。現在では，更なる感度向上を目指した金薄膜修飾法やマイクロアレイフォーマット構築を検討している。

4.7　プロテインキナーゼ検出法

　これまで，我々は設計ペプチドを配置したペプチドアレイがプロテオーム研究ツールとして有用であることを示してきた。一方で，タンパク質が示す多様性はタンパク質ネットワーク解析を行う上で解決すべき重要課題となっている。タンパク質の多様性の要因の一つにリン酸化，グリコシル化，アセチル化，脱アミノ化に代表されるタンパク質翻訳後修飾が挙げられる。特にリン酸化―脱リン酸化サイクルは細胞内シグナル伝達に関与する重要な化学反応であるため，それらの迅速・簡便な検出法の開発が望まれている。ここではシグナル発生法・検出法の観点から，プロテインキナーゼが触媒するリン酸化反応検出法開発を指向した新しい検出プローブ探索への取り組みについて紹介する。

　我々は新たなシグナル発生用色素として，フォトクロミック化合物であるスピロピランに着目した。スピロピランは光によって吸収スペクトルの全く異なる無色透明のスピロピラン（SP）型と桃色蛍光性のメロシラニン（MC）型の 2 状態間を可逆的に遷移する化合物であり，その異性化速度は色素周囲の微小環境に依存する[14]。特に，SP → MC 着色反応はスピロピラン環周囲の局所的粘性増加により抑制されることが知られている。そこで，プロテインキナーゼが触媒するリン酸基付加反応（ジアニオン付加）に伴うペプチド基質の総電荷変化が，外部添加されたイオン性ポリマーとの複合体形成様式に依存して SP → MC 着色反応に影響を及ぼすことを利用して，4 種類のキナーゼ，プロテインキナーゼ A（PKA），Src キナーゼ，Abl キナーゼおよびプロテインキナーゼ Cα のホモジニアスアッセイ法を開発した（図 9）[15, 16]。その結果，リン酸化反応進行に伴い約 2 倍のシグナル強度の増加がみられ，基質および生成物を反応溶液中から単離することなくリン酸化反応を検出することが可能であった。また，スピロピラン分子の着色反応を利用して PKA 阻害活性の目視検出にも成功した。今後は，細胞破砕液中に含まれるキナーゼ活性解析へと汎用性を広げる予定である。

4.8　おわりに

　タンパク質検出技術を開発するに当たり，設計ペプチドの利用は特に標的タンパク質の機能解析に対して有望なアプローチの 1 つである。しかし，冒頭に述べたように，標的タンパク質捕捉分子，捕捉分子固定化のための表面化学，高感度シグナル検出法およびデータ解析法の 4 大基幹技術の発展は今後も不可欠であり，数ある検出技術の中でそれぞれの方法の長所を合わせた応用

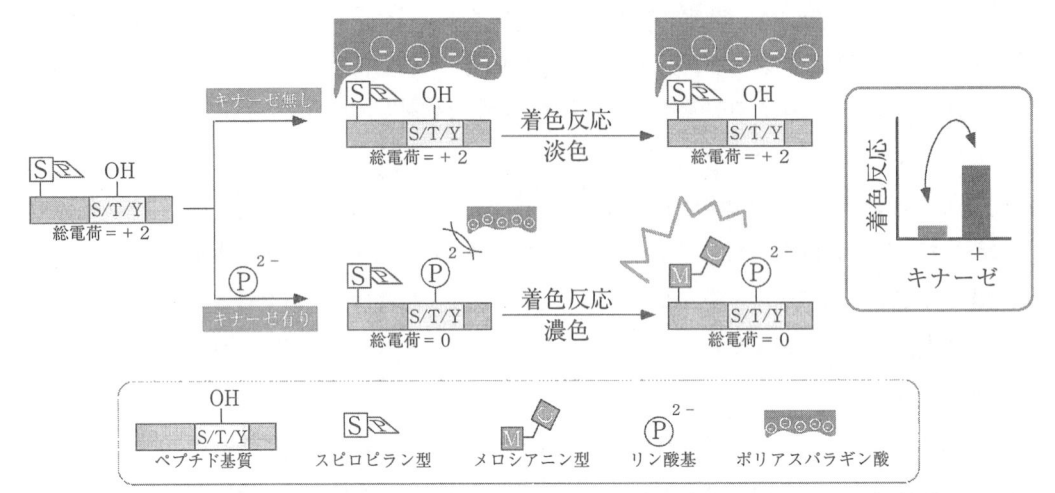

図9 フォトクロミックスピロピラン含有ペプチド基質を用いるプロテインキナーゼ検出法
総電荷 +2 を有するキナーゼ基質はキナーゼ非存在下では電荷の変化は起こらず外部添加したポリアスパラギン酸と強く結合し着色しない。一方，キナーゼによりリン酸化を受けると総電荷は 0 となり，静電反発によりポリアスパラギン酸と結合せず強く着色する。原理的には，基質総電荷を調節するのみで全てのプロテインキナーゼアッセイに適用可能である。

開発を行う必要がある。特に設計ペプチドの利用は，20種の天然アミノ酸のみならず無数の非天然アミノ酸の位置特異的導入が可能であり，標的タンパク質に対する捕捉分子の多様化が容易である。具体的にはペプチド核酸（PNA）-ペプチドコンジュゲートを用い，DNAチップ上へDNA-PNA相補的ハイブリダイゼーションを利用したアドレッサブルペプチドチップフォーマットなどは検討の余地がある[17]。このような特長を有する設計ペプチドを基盤とするプロテオーム解析ツール開発を通じて，生体システムの原理・原則の理解と持続可能な社会活動のための生体システムの工学的応用に関して異分野融合による速やかな技術革新が強く望まれる。

謝辞

本研究は，東京工業大学大学院生命理工学研究科高橋瑞樹博士（現第一三共（株）），臼井健二博士（現米国スクリプス研究所），尾島徹則氏（現（株）キヤノン），佐野秀祐氏（現（株）エーザイ），渡辺晋也氏（現（株）富士写真フイルム），東京工業大学大学院総合理工学研究科梶川浩太郎助教授，（株）ハイペップ研究所軒原清史博士，古河電工（株）徐傑博士の協力により達成されたものである。これらの方々に感謝する。また，本研究の一部は文部科学省科学研究費補助金により達成または進行中のものである。

第2章 生体シグナル解析用分子材料群の創製

文　　献

1) D. Kambhampati (ed.), "*Protein Microarray Technology*", Wiley-VCH, Weinheim (2003)
2) E. T. Fung (ed.), "*Protein Arrays: Methods and Protocols; Methods in Molecular Biology*", **264**, Humana Press, New Jersey (2004)
3) K. -Y. Tomizaki *et al.*, *ChemBioChem*, **6**, 782 (2005)
4) 富崎欣也，三原久和，日本化学会誌，化学と工業, 2005年11月号, pp1321-1324
5) M. Takahashi *et al.*, *Chem. Biol.*, **10**, 53 (2003)
6) K. Usui *et al.*, *Mol. Divers.*, **8**, 209 (2004)
7) K. Usui *et al.*, *Mol. BioSyst.*, **2**, 113 (2006)
8) K. Usui *et al.*, *Biopolymers*, **76**, 129 (2004)
9) K. Usui *et al.*, *NanoBiotechnology.*, **1**, 191 (2005)
10) K. Usui *et al.*, *Mol. BioSyst.*, **2**, 417 (2006)
11) K. Usui *et al.*, *Bioorg. Med. Chem. Lett.*, submitted.
12) M. Watanabe and K. Kajikawa, *Sensors Actuators B*, **89**, 126 (2003)
13) S. Watanabe *et al.*, *Mol. BioSyst.*, **1**, 363 (2005)
14) K. -Y. Tomizaki and H. Mihara, *J. Mater. Chem.*, **15**, 2732 (2005)
15) K. -Y. Tomizaki *et al.*, *Bioorg. Med. Chem. Lett.*, **15**, 1731 (2005)
16) K. -Y. Tomizaki and H. Mihara, *Mol. BioSyst.*, DOI : 10.1039/b609529a in press.
17) S. Sano *et al.*, *Bioorg. Med. Chem. Lett.*, **16**, 503 (2006)

5 分子シャペロンとプレフォールディンを利用したシグナル解析用材料

養王田正文[*1], 金原 数[*2]

5.1 分子シャペロン[1)]

　タンパク質の3次構造はアミノ酸の配列で決定されている。このAnfinsenのドグマはセントラルドグマと並んで生命科学の最も基本的なドグマの1つである。しかし，タンパク質の3次構造形成は非常に複雑な現象であり，Anfinsenのドグマが成立するには様々な条件が必要となっている。タンパク質が誕生する細胞内の環境は，タンパク質の3次構造形成にとって理想的環境とは程遠いものである。様々なタンパク質が高濃度で存在し，しかもその一部が構造形成途中や変性状態にあり疎水的領域を露出している。そのような環境では，タンパク質は容易に他のタンパク質と相互作用し，凝集して機能を失うことになる。凝集したタンパク質は細胞にとって有害なゴミであり，分解して処理しなければ細胞にとって致命的な影響を与えることもある。細胞内で多くのタンパク質が正しい3次構造を形成することができるのは，分子シャペロンと呼ばれる一群のタンパク質の働きによるものである。分子シャペロンは3次構造形成途中または変性中間状態のタンパク質を捉え，他のタンパク質との無用な相互作用を防ぎ，ATPのエネルギーを使って正しい3次構造形成を促進する。

　分子シャペロンの多くは熱ショックタンパク質であり，細胞が高温にさらされると誘導される。これは，タンパク質が高温により構造が壊れ変性することに関係している。すなわち，細胞は高温で構造が壊れたタンパク質を捉え，その凝集を防ぐと同時に正しい構造へのリフォールディングを促進するために分子シャペロンを発現しているのである。

　分子シャペロンの特徴の1つは，基質が大きいということである。低分子を基質とする酵素と比較すると当然だが，他のタンパク質と結合したり修飾したりするタンパク質と比較しても，タンパク質の全体構造を認識する分子シャペロンの基質結合部位のサイズは大きい。図1は代表的な分子シャペロンである大腸菌のシャペロニンGroELの構造である[2)]。後で詳しく説明するが，GroELは分子量約58kのサブユニットが7量体リングを形成し，そのリングが背中合わせに2つ重なった14量体構造を形成している。それぞれのリングの中央には直径約45Åの穴があり，その穴の中に基質である変性タンパクまたは構造形成中間状態のタンパク質（以後，簡単にするために変性タンパク質とする）を捕らえ，ATP依存的にその構造形成を促進する。穴の中には分子量57K程度までのタンパク質を捕らえることが可能である。分子シャペロンの多くがこのように大きなオリゴマーを形成することにより，変性タンパク質という大きな基質を捕らえる機

---

*1　Masafumi Yohda　東京農工大学　大学院共生科学技術研究院　教授
*2　Kazushi Kinbara　東京大学大学院　工学系研究科　化学生命工学専攻　助教授

第 2 章 生体シグナル解析用分子材料群の創製

(a) 14 量体の構造

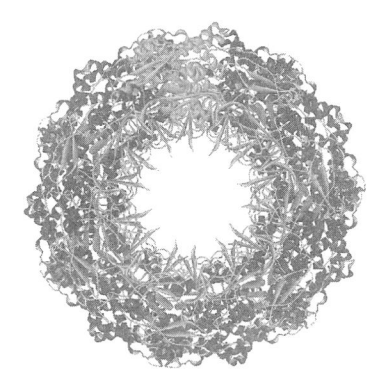

Top View　　　　　　　　　　Side View

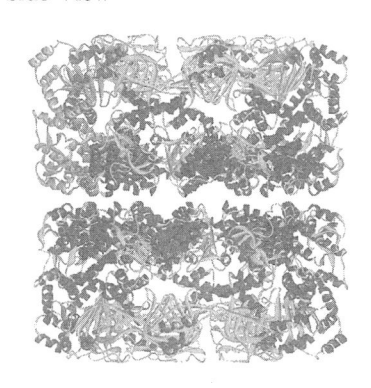

1つのサブユニットを緑色で表示してあり，他は2次構造により色分けしている（赤 α ヘリックス，青 β シート）。

(b) $GroES_7GroEL_{14}$ 複合体の構造

緑：GroES 7 量体，赤：GroEL シスリング，青：GroEL トランスリング

図1　シャペロニンの構造

能を獲得している。

　もう1つの特徴は，変性タンパク質認識機構である。一部の例外を除き，分子シャペロンは基質特異性が低く，様々なタンパク質に結合することができる。変性タンパク質に共通構造というのはないので，分子シャペロンは変性タンパク質の構造を認識しているという訳ではない。変性タンパク質の特徴は，疎水的領域が露出していることである。タンパク質は構造形成していないときは親水性領域と同様に疎水的領域も露出している。構造形成に伴い，疎水的領域が内側に入っていくと考えられている。正しい構造のタンパク質と変性タンパク質を識別するのは疎水的領域を露出しているかどうかであり，分子シャペロンは疎水的領域を利用して基質となる変性タ

ンパク質を認識していると考えられている。

　我々は分子シャペロンのこういった特徴を利用して，新しい分子認識素子の開発を行っている。本稿では，前半では私たちが扱っている分子シャペロンの特徴について解説し，後半でその利用について紹介する。

5.2　シャペロニン

　シャペロニンは分子シャペロンの象徴的存在である。変性タンパク質を認識，捕獲し，ATPのエネルギーを用いてその構造の修復を行う，非常に巧妙な分子機械である。シャペロニンは，ヒートショックで誘導される分子量約 60 kDa のタンパク質である Hsp60 ファミリーに属し，真核生物から細菌までの，ほとんどの生物に存在する。上述した大腸菌のシャペロニン GroEL の研究が最も進んでおり，詳細なタンパク質フォールディング機構が解明されている。

　シャペロニンは分子量 10 K の補助因子 GroES と協調して機能することが知られている。この GroES は 7 量体で存在し，GroES オリゴマー（14 量体）と 1 対 1 で結合する。図 1（b）は $GroES_7GroEL_{14}$ 複合体の構造である。GroES と結合したリングをシスリング，反対側をトランスリングと呼ぶが，シスリングが大きく構造変化していることが分かる。内部の空洞の容積が 2 倍に増えている。シスリングの空洞に閉じ込められた変性タンパク質がそのリングの ATP 加水分解に伴う構造変化に伴い構造形成すると考えられている[3]。さらにトランスリング側に ATP が結合することにより GroES が解離し，構造形成したタンパク質がシャペロニンから遊離することになる（図 2）。

　GroEL のサブユニットは頂上（Apical），赤道（Equatorial），中間（Intermediate）と呼ばれる 3 つのドメインから構成されている。頂上ドメインは変性タンパク質や GroES と結合する領域であり，赤道ドメインには ATP 加水分解触媒部位がある。中間ドメインは ATP 加水分解による構造変化を頂上ドメインに伝達する領域である。

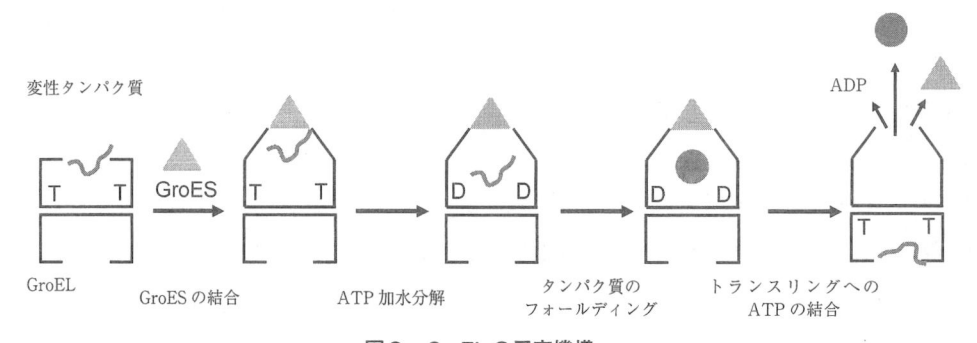

図2　GroEL の反応機構

第 2 章　生体シグナル解析用分子材料群の創製

(A)　　　　　　　　　　　　　(B)

(C)
Helical Protrusion

頂点ドメイン

中間ドメイン

赤道ドメイン

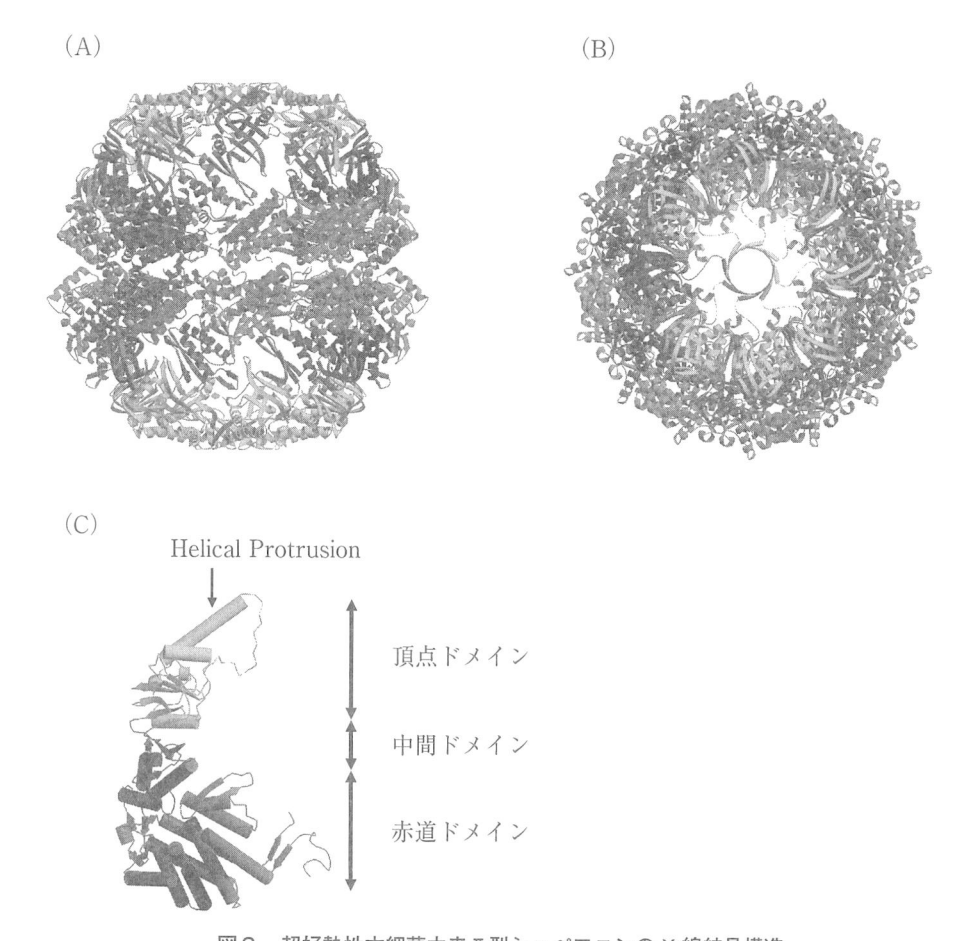

図3　超好熱性古細菌由来Ⅱ型シャペロニンのX線結晶構造
超好熱性古細菌 *T. KS-1* 由来シャペロニン（αホモオリゴマー）のX線結晶構造（PDB code: 1Q2V）側面（A）及び上面（B）からみたリボン図。(C) サブユニットの構造とドメイン。

このシャペロニンの特徴を生かした半導体ナノ粒子キャリアーの構築などは後半で記述する。

5.3　Ⅱ型シャペロニンとプレフォルディン
5.3.1　Ⅱ型シャペロニン

　ここからは私たちが主に研究対象としている2つの分子シャペロンについて紹介する。シャペロニンは全ての生物に存在すると書いたが，大きく2種類に分類されている。GroELなどはⅠ型と呼ばれ，真正細菌や真核生物のオルガネラ（ミトコンドリアと葉緑体）に存在する。真核生物の細胞質や古細菌にはⅠ型とは異なるⅡ型シャペロニンが存在する[4]。Ⅱ型シャペロニンがⅠ型と大きく異なる点は補助因子GroESを必要としないことである。

　この謎は，好酸好熱性古細菌 *Thermoplasma acidophilum* 由来シャペロニンのX線結晶構造解

析の結果により解けた[5]。GroEL との配列の比較から，2 型シャペロニンの頂点ドメインに GroEL には存在しない配列が挿入されているが，X 線結晶構造解析から，その挿入された領域が空洞の"ふた"を形成していることが明らかになった。この領域はその構造上の特徴から Helical Protrusion と命名されている。この結果から，2 型シャペロニンにはビルトイン構造の"ふた（Built-in Lid）"があり，ふたが開いて変性タンパク質を空洞に捕獲し，閉じてフォールディングを促進し，最後にまたふたが開いて構造形成したタンパク質をリリースするというものである。図 3 は我々のグループが解明した超好熱性古細菌 *Thermococcus* sp. strain KS-1 のふたが閉じた状態の構造である[6]。

我々は，AMP-PNP を含む様々なアデニンヌクレオチドによるプロテアーゼ切断パターンと Helical Protrusion に導入したトリプトファンの蛍光の変化から，T. KS-1 シャペロニンの構造変化が ATP の結合により起こることを明らかにした。X 線小角散乱による解析から，ATP 結合型はヌクレオチドフリー型や ADP 結合型に比べ，よりコンパクトな構造をしており，T. KS-1 シャペロニンは，ATP 結合により"ふた"が閉じると考えられる[7]。さらに，Helical Protrusion の機能についても解析を行い，この領域がないと Open 型から Closed 型への構造変化ができなくなること，変性タンパク質との結合能はあるが，ATP 依存的フォールディング活性が無くなることを明らかにした[8]。我々が提唱している古細菌型シャペロニンの反応モデルを図 4 に示したが，まだ不完全なものであり，Helical Protrusion の構造変化における役割やもう

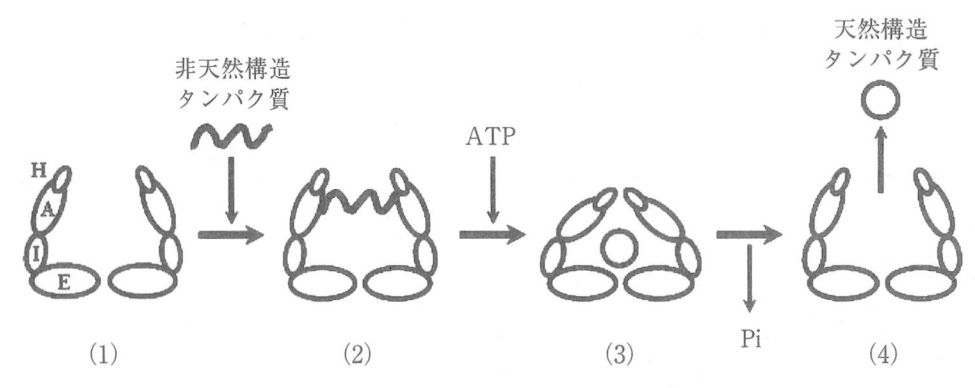

図 4　古菌型シャペロニンの"ふた"の開閉モデル

古細菌のシャペロニンでは，"ふた"の開いた構造のヌクレオチドフリー型 (1) は，非天然構造のタンパク質との結合 (2) に続き，ATP の結合が起こると，"ふた"が閉じるような構造変化が起こり，捕捉したタンパク質のフォールディングを促す状態となる (3)。ヌクレオチドフリー型と ADP 結合型は，分子構造に大きな違いが認められない。ATP の加水分解は，閉じた構造を開いた構造へ戻すのに必要であると考えられる。この際，捕捉したタンパク質のリリースが起こる (4)。なお A, I, E は，それぞれ頂上，中間，赤道ドメインに，H は，Helical Protrusion に対応している。また，GroEL のように"機能的に非対称"であるかどうかは未解明であるため，片側のリングのみを表記した。

第 2 章　生体シグナル解析用分子材料群の創製

一方のリングの機能など解明するべき課題は多く残っている。特に，"ふた"の開閉機構の解明には"ふた"が開いた Open 型構造の解明が不可欠である。T. KS-1 由来シャペロニンに関しても，"ふた"を閉じることができない変異体など様々な結晶の解析を行っているが，全て"ふた"が閉じた Closed 型構造であった。また，他のグループも成功したという報告はない。結晶化に用いる沈殿剤により，Open 型から Closed 型への構造変化が誘導されることが原因のようである。

5.3.2　プレフォルディン

プレフォルディンは，酵母のサイトゾルにおいて細胞骨格の形成に必要な遺伝子 GIM（Genes Involved in Microtuble Biogenesis）として同定され[9]，変性 β アクチンに結合し真核生物の 2 型シャペロニン CCT に受け渡す機能を有することからプレフォルディンと命名された[10]。真核生物のプレフォルディンは 2 つの α タイプと，4 つの β タイプの互いに配列の異なる 6 つのサブユニットで構成される。一方，古細菌プレフォルディンは α と β の 2 種類のサブユニットからなる $\alpha_2 \beta_4$ という比較的シンプルなサブユニット構造をしている。2000 年に解明されたメタン生成古細菌 *Methanobacterium thermoautotrophicum* 由来プレフォルディン（MtGimC）の X 線結晶構造によると，プレフォルディンはクラゲのような形をしており，2 つのバレル構造から 6 つの触手のようなコイルドコイルが突き出している（図 5）[11]。基質タンパク質やシャペロニンとの結合はコイルドコイルの先端部分で起こっていると考えられている。2002 年には，哺乳類由来のプレフォルディンと基質複合体の電子顕微鏡像が得られた。構造は MtGimC と同様であり，基質はクラゲの足の溝の部分に相当するコイルドコイル間に結合していた[12]。

我々は超好熱性古細菌 *Pyrococcus horikoshii* 由来プレフォルディンを用いて，プレフォルディ

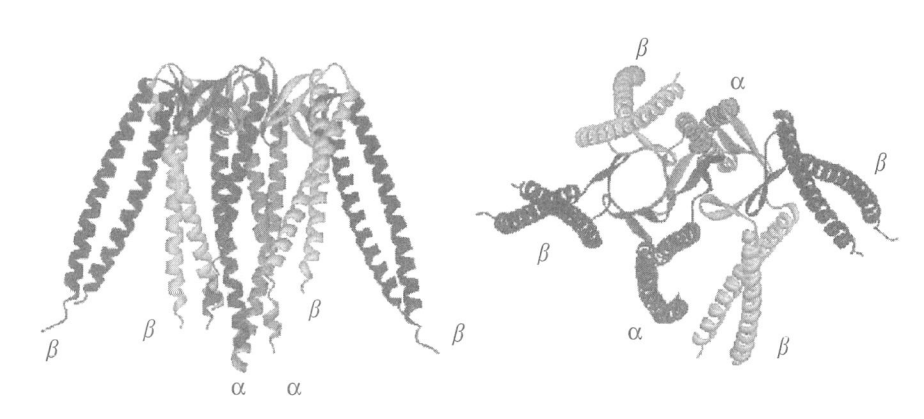

α：α subunit，β：β subunit

図 5　プレフォルディンの構造（左　Side View，右　Top View）

ン，シャペロニン間の協調機構や結合のキネティクスに関する研究を進めている。

超好熱性古細菌 *Pyrococcus horikoshii* 由来プレフォルディンは，ブタ心臓由来クエン酸合成酵素（CS）の熱変凝集を阻害し，酸変性したGFPの自発的凝集を阻害する。また，GFPと結合したプレフォルディンに超好熱性古細菌由来のシャペロニンと共存させ，ATPを加えるとGFPのフォールディングが促進される[13]。以上のことから，プレフォルディンが変性中間状態のタンパク質を捉え，シャペロニンに受け渡すことが機能的に示唆された。

一方，実際にプレフォルディンとシャペロニンが物理的に相互作用していることは，免疫沈降，SPRセンサーによる解析，1分子イメージングなどにより証明している[14]。さらに，シャペロニンとの協同機構解明のために，蛍光顕微鏡を用いたプレフォルディンと基質タンパク質の相互作用の解析を行った。プレフォルディンがガラスに強く結合することを利用し，蛍光標識した基質タンパク質の結合をシャペロニン存在，非存在下で蛍光顕微鏡により測定したところ，シャペロニン存在下では解離速度が4倍程度速くなった[15]。この結果から，プレフォルディンとシャペロニンが協調してタンパク質のフォールディングを促進していることが証明された（図6）。

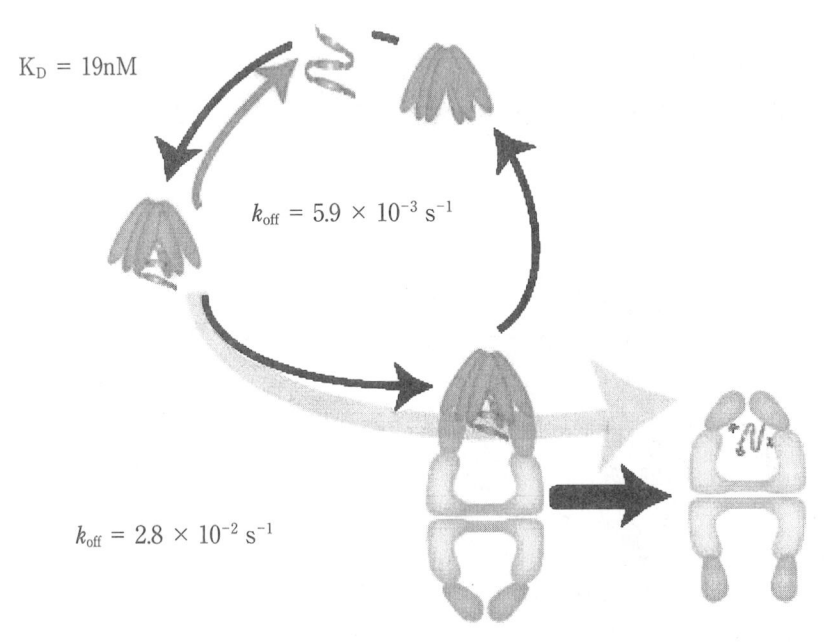

$K_D = 19\text{nM}$

$k_\text{off} = 5.9 \times 10^{-3}\text{ s}^{-1}$

$k_\text{off} = 2.8 \times 10^{-2}\text{ s}^{-1}$

図6 プレフォルディンとシャペロニンを介した蛋白質の折れたたみ介助機構モデル
解離定数，解離速度定数はクエン酸合成酵素（CS）を基質タンパク質に用いたときの値。

第2章　生体シグナル解析用分子材料群の創製

5.4　ナノ粒子

　前節までで述べてきたように，我々は生体分子機械であるシャペロニン，プレフォルディンに着目し，その立体構造，機能などの詳細を明らかにしてきた。これらの生体分子の特徴は，そのサイズと刺激（ATP）応答性にある。我々は最近，シャペロニンが半導体ナノ粒子を取り込み，ATPの添加により放出することを見いだした。本稿の後半部分では，これと関連するタンパク質とナノ粒子との複合化およびその化学的応用について述べる。

　半導体をはじめとする無機材料の物性は，粒子のサイズをナノメートル程度のスケールにまで小さくしていった場合，量子サイズ効果によりバルクではみられない性質を示し始める。具体的には，特徴的な呈色，発光性，触媒活性などを示すことがあり，近年このような微粒子を利用した材料が注目を集めている。ナノ粒子の示す光学的性質の代表的な例は，金ナノ粒子などの金属微粒子で観測される表面プラズモン共鳴による特徴的な可視領域の吸収と，半導体ナノ粒子などにみられる蛍光波長の短波長シフトである。これらの性質はナノ粒子のサイズや環境の変化を敏感に反映して変化し，また光学的あるいは電気化学的特性に優れているため，センシング材料（主としてラベル化材）としての応用が検討されてきた[16]。

　ナノ粒子は表面積が大きく，多くの場合水中で不安定なコロイドを形成するため，ちょっとした環境変化により容易に凝集してしまう。このため，通常は凝集を防ぐため安定化剤でナノ粒子の周りを覆って溶媒中で凝集しないよう安定化させる。半導体ナノ粒子として代表的なCdSやCdSeの場合，短波長側にシフトした蛍光発光がナノ粒子としての大きな特徴であるが，凝集すると系外に排出されてしまうため，この蛍光性を利用できなくなる。生体関連材料としての応用を考えた場合には，とりわけナノ粒子を水中で安定に分散する必要があり，このため種々の安定化剤が開発されてきた。

　ナノ粒子の調製は，一般的には安定化剤の存在下，原料となる無機塩を還元的雰囲気におくことで粒子を成長させる。また1990年代に入り，ナノ粒子形成のテンプレートとしてタンパク質を利用した例もいくつか報告されている。代表的な例は，生体内で鉄イオンを貯蔵することが知られているフェリチンを利用したナノ粒子の形成制御であり，S. Mannらによって先駆的な研究がなされた[17]。タンパク質の大きさがちょうどナノ粒子の大きさと同程度であることから，応用の可能性も多岐にわたる。最近では，タンパク質の2次元結晶化[18]，ウィルスを利用した空間配置の制御[19]，タンパク質をテンプレートとしたナノ粒子の合成など[20]，タンパク質独自の性質を利用したナノ粒子形成制御が報告されている。

5.5　タンパク質とナノ粒子の複合化

　ナノ粒子とタンパク質を複合化する場合，ナノ粒子上に直接担持する方法と，リンカーを介し

てナノ粒子と共有結合的に複合化する方法の 2 通りがある。前者の場合，ナノ粒子への吸着に伴いタンパク質の変性，活性の低下などが起こることが多く，最近では後者により行うことが多い。ナノ粒子と結合しなおかつ，タンパク質の適切な部位と反応し，固定化できるリンカーの開発が重要であり，ナノ粒子側の官能基としてはチオール，ジスルフィド，リン，アルコキシシラン，ハロシラン，タンパク質側の官能基としては，マレイミド，アミン，活性エステルなどを導入したものが報告されている[16]。

多くのナノ粒子は電子線を通さないため，透過型電子顕微鏡により存在を確認することができ，タンパク質の可視化用のラベル化剤として幅広く利用されている。この用途では，特に金ナノ粒子が多く用いられる。金ナノ粒子は，幅広いサイズの粒子が入手可能なことに加え，特にサイズの小さなナノ粒子に関しては，Au_{13}, Au_{55} など，分子量分布を持たない均一な粒子を得ることができることが大きな利点である。また，金ナノ粒子に関しては，後処理として還元的条件下銀イオンで処理することにより銀でコートされたコアシェル型のナノ粒子へと成長させ，コントラストを上げる手法なども知られている[21]。

また，金ナノ粒子は，表面プラズモン共鳴により赤紫色の独特の呈色を示すため，クロマトグラフィーによる検出を目的としたラベル化剤として利用されることも多い。また，表面プラズモン共鳴は BIACORE の測定原理として広く知られているが，感度が高いため，タンパク質のコンホメーション変化の検出例なども報告されている[22]。

一般的に，ナノ粒子表面には多数のリンカー分子が導入されるため，何も工夫しないと一つのナノ粒子上にタンパク質を一つだけ入れることは難しい。しかしながら最近では，統計的な手法や固相合成を利用した手法などにより，一つのナノ粒子上に一つだけリンカー分子が導入されたラベル化剤が報告されている。また，金ナノ粒子に関しては，マレイミド部位を末端に有するリンカーを一つだけ導入したものがラベル化剤としてすでに市販されている[21]。

一方，蛍光ラベル化剤としては，非常に強い蛍光を示すことが知られている，CdS あるいは CdSe ナノ粒子がよく用いられる。これらの半導体ナノ粒子は，可視光領域に極めて特徴的な蛍灯を発する。しかも，その色がナノ粒子のサイズにより大きく変化するため，様々な色のナノ粒子を入手することができる。CdS ナノ粒子などは，蛍光性だけでなく，光化学的な反応性もあるため，蛍光発光条件により不安定化することもある。そこで，初期にはナノ粒子の表面を有機物で覆って安定化していたが，最近では特に発色の安定性を向上させるため，表面を ZnS などでコートしたコアシェル型のナノ粒子が用いられることが多い。ZnS/CdSe 系については市販されているものもある。半導体ナノ粒子の利用法としては，FRET を利用した検出例が多い。強い発光が特徴的に見られるため，その消光の度合い，あるいは発光の発現により物質間の立体的な位置情報を得るのに利用される。

第2章　生体シグナル解析用分子材料群の創製

　ここまで述べてきた例は，タンパク質の化学修飾という形でナノ粒子とタンパク質の複合体を得る例であるが，タンパク質を鋳型として用いてナノ粒子合成を行うと，より直接的に複合体を得ることができる。この手法のメリットはナノ粒子表面に安定化剤を添加する必要がないことにある。数あるタンパク質のうち，筒状タンパク質はナノメートルサイズの空孔を有するものが多く，ナノ粒子のサイズ制御に適している。先駆的な研究は先に述べたS. Mannらによるフェリチンを利用した合成で，酸化鉄ナノ粒子を得ることに成功しているが[17]，他にもフェリチンはいくつかのナノ粒子合成のテンプレートとして利用されている[23,24]。

5.6　シャペロニンとナノ粒子の複合化

　先に述べたシャペロニンはATPに応答して構造変化を起こす分子機械の一種である。また，1分子計測を併用することにより，分子機械の動きそのものをプローブできる可能性が高まる。これまで，ミクロンサイズのスチレンビーズにより分子機械を修飾し，その動きを可視化した例はいくつか報告されているが[25]，ナノ粒子で修飾した例はほとんどない。生体分子機械の機械的な運動性を保持したままナノ粒子と複合化することができれば，新しいタイプのプローブとなる可能性がある。この際，運動性を保ったまま修飾することが重要となる。

　我々は，分子機械の中でもシャペロニンに着目した。シャペロニンは，内部の空孔の直径が4.5 nmほどであり，ちょうどナノ粒子のサイズと同等である。このため，CdSナノ粒子を安定する入れ物として適当ではないかと考えた。水中では不安定なCdSナノ粒子をシャペロニンに内包させることで安定化し，さらにシャペロニンのATP応答性を利用して，必要に応じてこれを放出する，発光性ナノ粒子に刺激応答性を付与した新しい複合体を創製することを目指した。

　ナノ粒子とシャペロニンを複合化する上で重要なポイントは，ナノ粒子の調製に水溶性溶媒を用いることである。さらに，表面を被覆しないでこれを得られればさらによい。幸い，水溶性有機溶媒であるジメチルホルムアミド（DMF）中での安定化剤を含まないCdSナノ粒子調製法が報告されていたため[26]，それに従い，粒径2〜3 nmのナノ粒子を得た。当初，シャペロニンを鋳型としてCdSナノ粒子を調製しようと試みたが，CdSナノ粒子の生成条件でシャペロニンが変性してしまうことが分かったため，シャペロニンのバッファ水溶液中で複合化させることにより，シャペロニン/ナノ粒子複合体を調製することにした。実際には，CdSナノ粒子のDMF溶液とシャペロニンのTrisバッファ溶液を混合することにより，シャペロニン/ナノ粒子複合体の形成を試みた。このナノ粒子は，表面に安定化剤を持たないため，そのままDMF溶液を水中に加えると即座に沈殿を形成してしまう。しかしながら，シャペロニン存在下，Trisバッファ水溶液に加えたところ，シャペロニンが安定化剤として働き，水中でも凝集せずに発光し続けることがわかった。後処理としては，ゲル透過型クロマトグラフィーにより精製するだけで複合体が

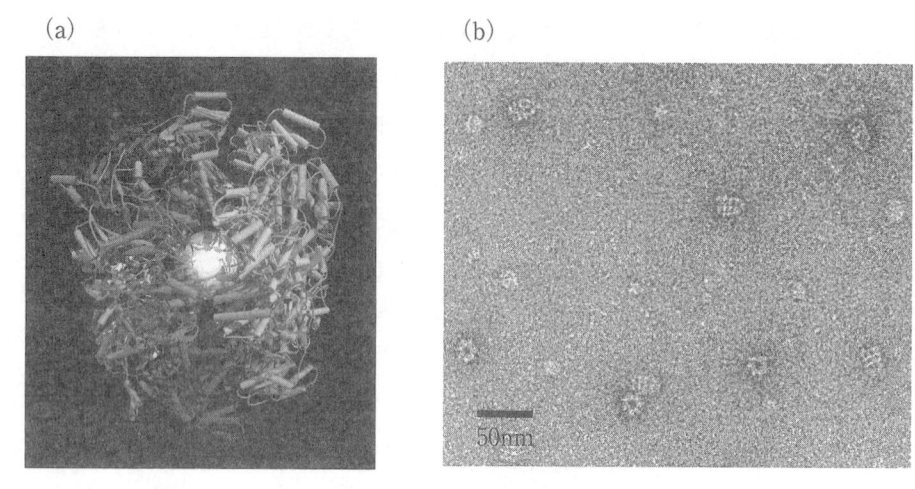

図7 シャペロニン（GroEL）と CdS ナノ粒子の複合体の (a) イメージ図と (b) TEM 像

得られた。ナノ粒子がシャペロニン内部の空孔に本当に取り込まれているか，ということが問題であったが，分析 GPC，光散乱による分子量解析，透過型電子顕微鏡（TEM）像等により確認することができた（図7）。

シャペロニン/CdS ナノ粒子複合体は耐熱性が優れており，大腸菌由来の GroEL との複合体では 40 ℃，高度好熱菌由来の T. th. cpn との複合体では，80 ℃まで加熱に耐えられることが分かった。両者の耐熱温度の違いは，シャペロニンが発現する菌の生存可能温度に相当している。このように安定な複合体であるが，ここに ATP，Mg^{2+} イオン，K^+ イオンを複合体の溶液に添加したところ，たちどころに沈殿が生じ，ナノ粒子特有の蛍光が消失した。これは CdS ナノ粒子が Tris-HCl 水溶液中で凝集したことを示す。ATP に応答してシャペロニンが内包していた CdS ナノ粒子を放出したのである（図8）。以上のように，シャペロニンが人工物である CdS ナノ粒子を変性タンパク質と同様に取り込み，ATP により放出することが分かった[27]。

5.7 ライフサーベイヤ開発に向けて
5.7.1 プレフォルディンの利用

前置きが少々長くなったが，我々の研究の目標について紹介する。プレフォルディンはピンセットのような構造をしており，比較的大きな分子を結合することができる。また，我々の扱っているプレフォルディンは超好熱性菌由来であり高い安定性を保持しており，細胞内で安定に構築することができる。さらに，タンパク質結合領域が構造形成にほとんど影響のない末端なので，構造を保持したまま様々な基質結合能を加えることが可能だと考えている。以上のような背景から，我々は，様々な分子認識能を有するペプチドのために Scaffold としてプレフォルディンを

第2章　生体シグナル解析用分子材料群の創製

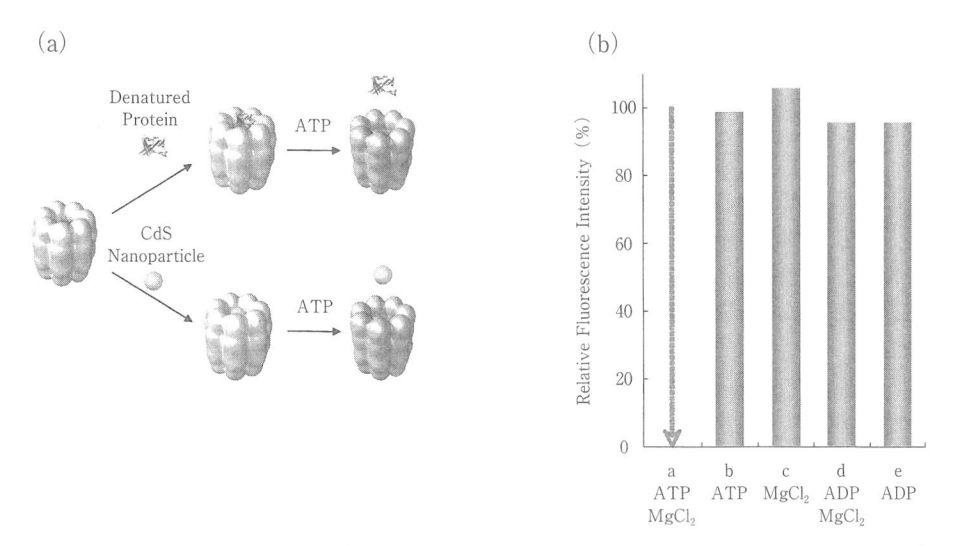

図8　(a) シャペロニン（GroEL）による CdS ナノ粒子取り込みと ATP による放出のイメージ図
(b) 複合体に ATP 等を加えたときのナノ粒子に由来する蛍光強度の変化

利用し，多様な分子認識能を有するツールを開発することを目的にしている。例えば，量子ドットをサイズに分けて捕獲する機能を付与することができるかもしれないと考えている。まだ応用につながる研究成果は出ていないが，末端を少しトリミングするだけで変性タンパク質結合能を無くすことができることを明らかにし，サブユニットの組み合わせを変えることにより基質認識能を変えることに成功した。今後は，何らかのペプチド配列を末端に付加することにより特異的認識能を有するプレフォルディンを構築すると同時に，結合に伴う構造変化のシグナルを検出する方法の開発を試みる予定であり，細胞内で使える新しい分子認識ツール開発のための基盤技術を確立したいと思っている。

5.7.2　シャペロニンを利用したセンシング材料の開発

一方で，シャペロニンのような動きを伴うタンパク質を利用した新しいタイプのセンサー材料を創製できないかと考えている。先に述べたように，シャペロニンが発光性の半導体ナノ粒子を取り込み，ATP を加えるとこれを放出することを見いだしている。ここで，ナノ粒子に分子認識能を持たすことができれば，ATP の添加により必要なタイミングでプローブを放出できるプローブキャリアとしての応用が可能ではないかと考えている。

また，これとは別に，シャペロニンを共有結合を介してナノ粒子と複合化することで，ゲスト分子の取り込みを感知するセンサーとして応用できるのではないかと期待している。

―細胞定量解析の最前線―ライフサーベイヤ構築に向けて―

文　　献

1) 蛋白質 核酸 酵素 2004 年 5 月号増刊, 49 巻 7 号, 細胞における蛋白質の一生 生成・成熟・輸送・管理・分解・病態, 小椋光・遠藤斗志也・森正敬・吉田賢右　編
2) Z. Xu, A. L. Horwich, P. B. Sigler, *Nature* **388**, 741（1997）
3) F. U. Hurtl, M. Hayer-Hartl, *Science*, **295**, 1852（2002）
4) S. Kim, K. R. Willison, A. L. Horwich, *Trends Biochem. Sci.*, **19**, 543（1994）
5) L. Ditzel, J. Lowe, D. Stock, K. O. Stetter, H. Huber, R. Huber, S. Steinbacher, *Cell*, **93**, 125（1998）
6) Y. Shomura, T. Yoshida, R. Iizuka, T. Maruyama, M. Yohda and K. Miki, *J. Mol. Biol.*, **335**, 1265（2004）
7) R. Iizuka, T. Yoshida, Y. Shomura, K. Miki, T. Maruyama, M. Odaka, M. Yohda, *J. Biol. Chem.*, **278**, 44959（2003）
8) R. Iizuka, S. So, T. Inobe, T. Yoshida, T. Zako, K. Kuwajima, M. Yohda, *J. Biol. Chem.*, **279**, 18834（2004）
9) S. Geissler, K. Siegers, E. Schiebel, *EMBO J.*, **17**, 952（1998）
10) I. E. Vainberg, S. A. Lewis, H. Rommelaere, C. Ampe, J. Vekerckhove, H. L. Klein, N. J. Cowan, *Cell.*, **93**, 863（1998）
11) R. Siegert, M. R. Leroux, C. Scheufler, F. U. Hartl, I. Moarefi, *Cell*, **103**, 621（2000）
12) J. Martin-Benito, J. Boskovic, P. Gomez-Puertas, J. L. Carrascosa, C. T. Simons, S. A. Lewis, F. Bartolini, N. J. Cowan, J. M. Valpuesta, *EMBO J.*, **21**, 6377（2002）
13) M. Okochi, T. Yoshida, T. Maruyama, Y. Kawarabayasi, H. Kikuchi, M. Yohda, *Biochem. Biophys. Res. Commun.*, **29**, 769（2002）
14) M. Okochi, T. Nomura, T. Zako, T. Arakawa, R. Iizuka, H. Ueda, T. Funatsu, M. Leroux, M. Yohda, *J. Biol. Chem.*, **279**, 31788（2004）
15) T. Zako, R. Iizuka, M. Okochi, T. Nomura, T. Ueno, H. Tadakuma, M. Yohda and T. Funatsu., *FEBS Lett.*, **579**, 3718（2005）
16) E. Katz, I. Willner, *Angew. Chem. Int. Ed.*, **43**, 6042（2004）
17) F. C. Meldrum, B. R. Heywood, S. Mann, *Science*, **257**, 522（1992）
18) R. A. McMillan, C. D. Paavola, J. Howard, S. L. Chan, Nestor J. Zaluzec, J. D. Trent, *Nature Mater.*, **1**, 247（2002）
19) T. Ueno, T. Kosiyama, T. Tsuruga, T. Goto, S. Kanamaru, F. Arisaka, Y. Watanabe, *Angew. Chem., Int. Ed.*, **45**, 4508（2006）
20) R. M. Kramer, C. Li, D. C. Carter, M. O. Stone, R. R. Naik, *J. Am. Chem. Soc.*, **126**, 13282（2004）
21) H. G. Gilerovitch, G. A. Bishop, J. S. King, R. W. Burry, *J. Histochem. Cytochem.*, **43**, 337（1995）
22) S. Chah, M. R. Hammond, R. N. Zare, *Chem. Biol.*, **12**, 323（2005）
23) R. Tsukamoto, K. Iwahori, M. Muraoka, I. Yamashita, *Bull. Chem. Soc. Jpn.*, **78**, 2075（2005）

24) K. Iwahori, K. Yoshizawa, M. Muraoka, I. Yamashita, *Inorg. Chem.*, **44**, 6393 (2005)
25) A. D. Mehta, R. S. Rock, M. Rief, J. A. Spudich, M. S. Mooseker, R. E. Cheney, *Nature*, **400**, 590 (1999)
26) K. Murakoshi, H. Hosokawa, M. Saitoh, Y. Wada, T. Sakata, H. Mori, M. Satoh, S. Yanagida, *J. Chem. Soc., Faraday Trans.*, **94**, 579 (1998)
27) D. Ishii, K. Kinbara, Y. Ishida, N. Ishii, M. Okochi, M. Yohda, T. Aida, *Nature*, **423**, 628 (2003)

第3章 細胞内生体分子群の動態シグナルの解析

1 細胞内生体分子群の動態シグナルの解析概論

植田充美[*]

1.1 ポストゲノム研究の方向性

　2003年にヒトゲノム配列解析完了により，生命の機能を分子レベルで解明し，さらに，活用していこうとする動きは急である。分子レベルでの生命の理解は，多くの細胞の集団から個別の細胞へ，また，細胞内の個々の分子の働きの動的理解と活用へ，すなわち，アナログ的平均値としての理解から個々の細胞内の分子動態を網羅的に解析し，デジタルで理解することへのシフトが求められている。これまで種々条件下で生体組織から抽出したmRNAやタンパク質や代謝産物を解析することが行われていたが，今後は，個々の細胞単位で時空間を座標とする分子の動態の解析が必要である。個々の細胞では刺激に対してどの様にmRNAが変化し，応答するのか，また，刺激に応答するタンパク質の機能や相互作用はどのように変化するのか，さらに，そのタンパク質により触媒され変換される代謝物や代謝中間体なども一網打尽に解析するツールの開発が必要となってくる。これには細胞に含まれる種々の分子の組成などを組織の平均値としてではなく，細胞間の情報交換など相互作用と刺激応答や個々の細胞内での反応などで変動する分子群すべてを個別の細胞ごとにデジタル的にカウントして全体組成を解析する手法の開発が不可欠となってきた（図1）。

1.2 動態シグナルの解析に向けて

　細胞内生体分子群の動態シグナルの定量化においては，生体・細胞内に存在する種々の情報を担うと思われるすべての物質群（DNA，RNA，タンパク質，ペプチド，代謝産物等）の動態の網羅的定量分析ならびに，定量的データマイニングの創製を行う必要がある。しかし，ゲノムDNAは，RNA，タンパク質，代謝物とゲノム情報の実行の順序に従い複雑性を増し，膨大な多様性による多変数を有するようになる。この化合物群の一斉リアルタイム定量解析のうち，真に詳細な動的解析が必要な鍵物質群は，全体の数パーセントと思われるが，生体分子群の動態解析の実施には，全体を鳥瞰する静的解析から，時空間での詳細な経時サンプリングを伴うフラック

---

[*] Mitsuyoshi Ueda　京都大学大学院　農学研究科　応用生命科学専攻　応用生化学講座
　　　生体高分子化学分野　教授

第3章　細胞内生体分子群の動態シグナルの解析

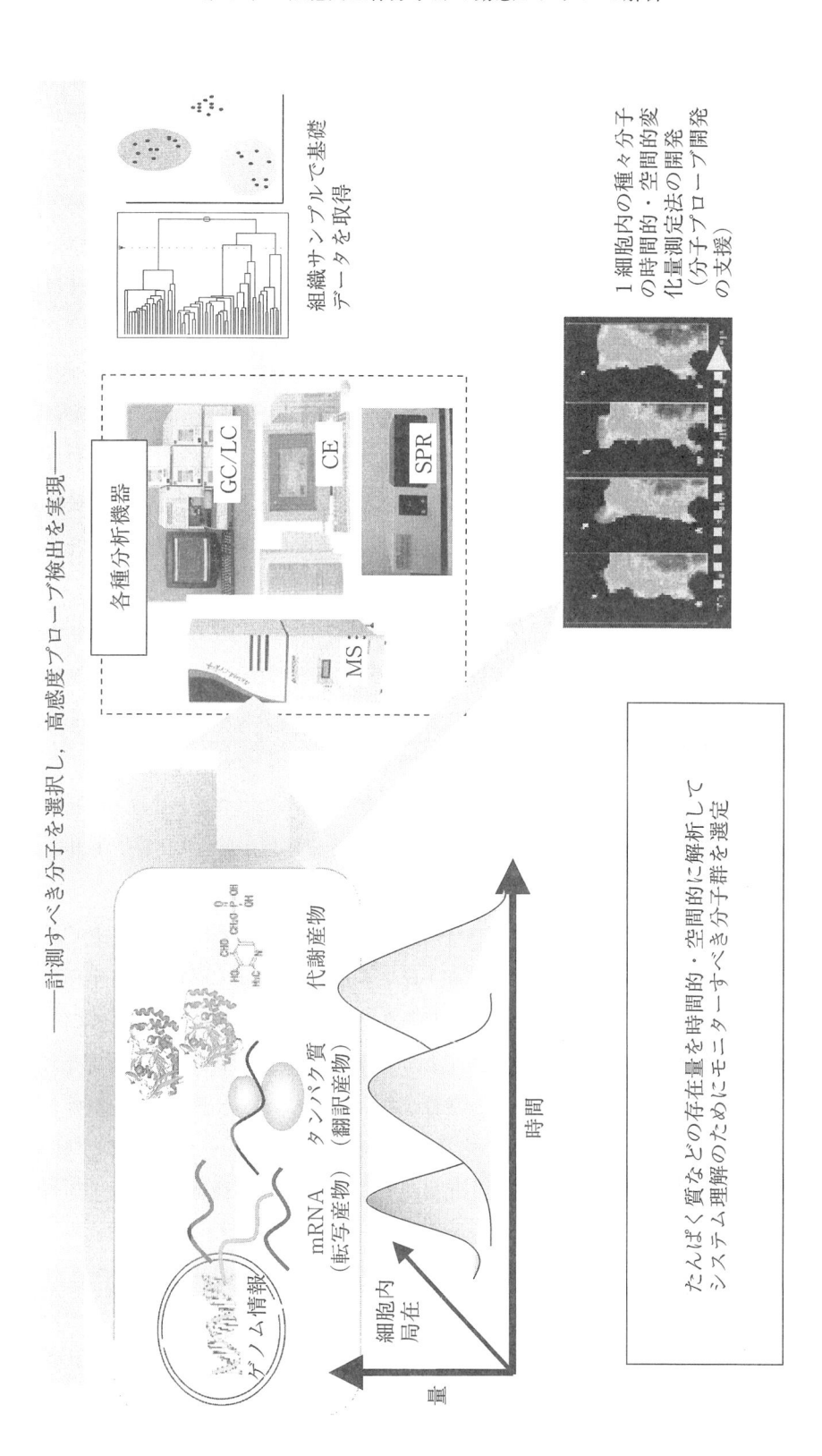

図1　細胞内生体分子群の動態シグナルの解析

一細胞定量解析の最前線―ライフサーベイヤ構築に向けて―

ス解析と，重要な因子の特定，ならびに，それらに関して，リアルタイムに変動を観測するというプロセスが必要である。また，分子プローブなど非侵襲的データをもとに，侵襲的にDNA，RNA，タンパク質，ペプチド，代謝産物等生体成分群を鳥瞰するために必要な網羅的定量測定システムおよび，得られた膨大な量の観測データの定量的マイニングシステムの開発にも取り組む必要がある。これらの結果を基に，ゲノム情報の実行過程に沿った形でDNA，RNA，タンパク質，ペプチド，代謝産物の諸データの相関ならびに統合解析により，種々の生命や生体現象の最重要因子を抽出し，リアルタイム解析の一助とすることもあわせて必要であろう。

具体的には，生体シグナルの定量的で網羅的な解析を行うためには，まず第1に，細胞内で，非侵襲的に，直接機能する分子群の開発および細胞内の種々のシグナル成分を，侵襲的に，細胞外で効率的に分析するための化学材料基盤の構築の両方が必要である。また，化学材料は，その機能の改良が比較的容易で，バイオテクノロジーへの利用や医薬品としての副作用の低減効果も効率的に進められるものに期待が集まる。また，様々な分子スイッチ技術と組み合わせることで，画期的な細胞内センシングシステムの開発が望まれる。

第2に，ポストゲノム時代を迎え，ゲノム情報（SNP情報を含む）とトランスクリプトーム（mRNA）情報との統合解析による遺伝子機能解明研究が進められているが，動植物等の高等生物では，トランスクリプトーム解析だけでは，全ゲノム情報の半分も解明できないことが認識されつつある。細胞内のすべてのタンパク質（プロテオーム）とすべての代謝産物（メタボローム）の情報を加味した統合解析が，上記問題解決の決め手である。このためには，細胞の侵襲的処理と高速LC／CE／MSなどの装置による網羅的な一括定量解析が最良の方法であり，これにより，非侵襲的方法により得られたデータの完全解析が可能となる。

第3に，細胞内のみならず細胞間シグナルの授受メカニズムを明らかにすることも必須なアプローチと考えられる。このためには，ハードおよびソフト面での手法の開発が必要不可欠である。特に，神経細胞ネットワーク，生体防御ネットワークなどに代表されるように数多くのヘテロな細胞からなる細胞集団を対象とし，基本単位である細胞の機能を一細胞あるいはサブセルレベルで解析できる手法およびシステムの開発は緊急性があり，必要である。また，細胞機能を評価するうえでは，細胞間シグナル分子に対する応答解析が重要であり，ハード面の開発が望まれる。さらにこうしたシステムを創薬探索などへ応用展開するうえで，生体情報解析ソフト開発も必要不可欠である。

これらを統合していくライフサーベイヤは，時代を先取りして新たな分野を開拓していくこととそれに必要なツール開発が一体化したプロジェクトの産物である。動態シグナルのバイオ計測技術開発には，計測の基礎となる種々現象の解明と活用が必要不可欠であるが，種々分野の研究者・計測技術の開発などが一体となりすすめる事が必要である。

2 細胞内情報伝達動態のオンライン定量解析に向けて

植田充美*

2.1 はじめに

　ヒトゲノムの解読など，生物のゲノムが次々に解読され，生物学研究は終わったような誤解さえ生まれてきている。実は，これから時代はゲノムをベースにして，生命の機能を分子レベルで時空間の変動を網羅的に理解しようとする方向へと動きが変わってきている。すなわち，分子レベルでの生命の理解は個々の細胞を基本としたシステムの理解つまり，多くの細胞の集団から個別の細胞へ，また，細胞内の個々の分子の働きのアナログ的平均値としての理解から個々の細胞内の分子動態を網羅的に解析し，システムとして理解する方向へシフトしてきている。これまで種々条件下で生体組織から抽出したmRNAやタンパク質や代謝産物を解析するというスナップワンショット研究から，今後は，時空間レベルでその変動を相関しながら追跡していく，いわゆる，1個1個の細胞内単位で生体分子群の動態の連続ショット研究が必要となってきているのである。これには細胞に含まれる種々の分子の組成などを組織の平均値としてではなく，細胞間の情報交換など相互作用と刺激応答や個々の細胞内での反応などで変動する，まさに，個別の細胞に含まれる分子群すべてを個別の細胞ごとにデジタル的にカウントして全体組成を解析する手法の開発が不可欠となってきたのである。

2.2 生体分子群の動態解析

　ヒトの遺伝子は，二万数千と見積もられているが，RNA，タンパク質，代謝物とゲノム情報の実行の順序に従いその総数と種は複雑性を増す。例えば，ゲノム情報の実行の結果である代謝産物は，十万超種と考えられる種類の代謝物が，数%〜数ppbという広い濃度範囲で不安定な状態で存在し，膨大な多様性による多変数を有する。それらの化合物群の一斉リアルタイム定量解析のうち，真に詳細な動的解析が必要な鍵物質群は，全体の数パーセントと思われる。したがって，生体分子群の動態解析の実施は，侵襲的にDNA，RNA，タンパク質，ペプチド，代謝産物等生体成分群を鳥瞰するために必要な網羅的定量測定システムおよび，得られた膨大な量の観測データの定量的マイニングシステムの開発が必要であり，これらの結果を基に，ゲノム情報の実行過程に沿った形で時空間でのDNA，RNA，タンパク質，ペプチド，代謝産物の諸データの相関ならびに統合解析，すなわち，動的リアルタイム解析が真の生命情報の知見としてみなされうるのである。

　　＊　Mitsuyoshi Ueda　京都大学大学院　農学研究科　応用生命科学専攻　応用生化学講座
　　　　生体高分子化学分野　教授

―細胞定量解析の最前線―ライフサーベイヤ構築に向けて―

現在，主に，ゲノム情報（SNP情報を含む）とトランスクリプトーム（mRNA）情報との統合解析による遺伝子機能解明研究が進められているが，動植物等の高等生物では，トランスクリプトーム解析だけでは，全ゲノム情報の半分も解明できないことが認識されつつある。細胞内のすべてのタンパク質（プロテオーム）とすべての代謝産物（メタボローム）の情報を加味した統合解析が，上記問題解決の決め手と考えられており，このためには，細胞の完全な侵襲的破砕と抽出処理，さらに，高速LC／CE/MSなどの装置による網羅的な一括定量解析が現状では，最良の方法であり，これにより，蛍光や化学プローブなどによる非侵襲的方法により得られたデータの完全解析が可能となる（図1）。

2.3 革新的分離ナノ材料の登場

天然，合成有機化合物，医薬品，生体関連物質などの精密分離・分析に広く使用されている化学分析法である高速液体クロマトグラフィー（High performance liquid chromatography: HPLC）は，試料となる混合物の成分物質が固定相との相互作用により異なる移動度をもち，複数のバンドを生じることにより分離が達成される。一般に，HPLCでは多孔性の化学修飾型シリカゲルや有機ポリマーの微小粒子をステンレス製のパイプに均一に充填されたカラムが分離媒体として用いられている。分析において，高速化と高性能分離という相反する命題の克服は，クロマトグラフィーにおけるひとつの大きな目標であり，分析時間短縮，経済的側面などからもその効果は大きい。

HPLCの高性能化は，粒子充填型カラムでは，充填剤粒子の微粒子化により高性能化が達成されてきた。しかし，充填剤粒子の微粒子化は，移動相の流路となる粒子間隙を小さくするのでカラム負荷圧の増大をまねく。そのため，一般的なシステムにおいては，装置的制約から圧力限界が存在し，長さの短いカラムを用いたり移動相流速を調節した使用条件を用いたりしなければならないので，実際的な超高性能分離は困難である。

この欠点を克服する革新的分離ナノ材料，すなわち，新しい分離媒体として，カラム負荷圧の低いモノリス型カラムが開発された[1~3]。モノリスカラムは，流路と骨格が一体となった秩序的なネットワーク構造を有する（図2）。モノリス型カラムの種類としてアガロースゲル，有機ポリマー系，シリカ系が報告されている。またこれらは，流路径と骨格径がある程度独立して制御できるので，粒子充填カラムでは不可能であった小さな骨格と大きな流路を同時に構成することが可能であり，細い骨格による高性能分離と大きい流路にもとづく低いカラム負荷圧での送液，すなわち，高速化を同時に実現することが可能となる。また，HPLCは溶媒を大量に使用する分析法であり，近年では環境などへの負荷を小さくするためシステムの小型化が求められている。モノリスシリカはフューズドシリカキャピラリー中で調製可能であり，LCのマイクロ化への適

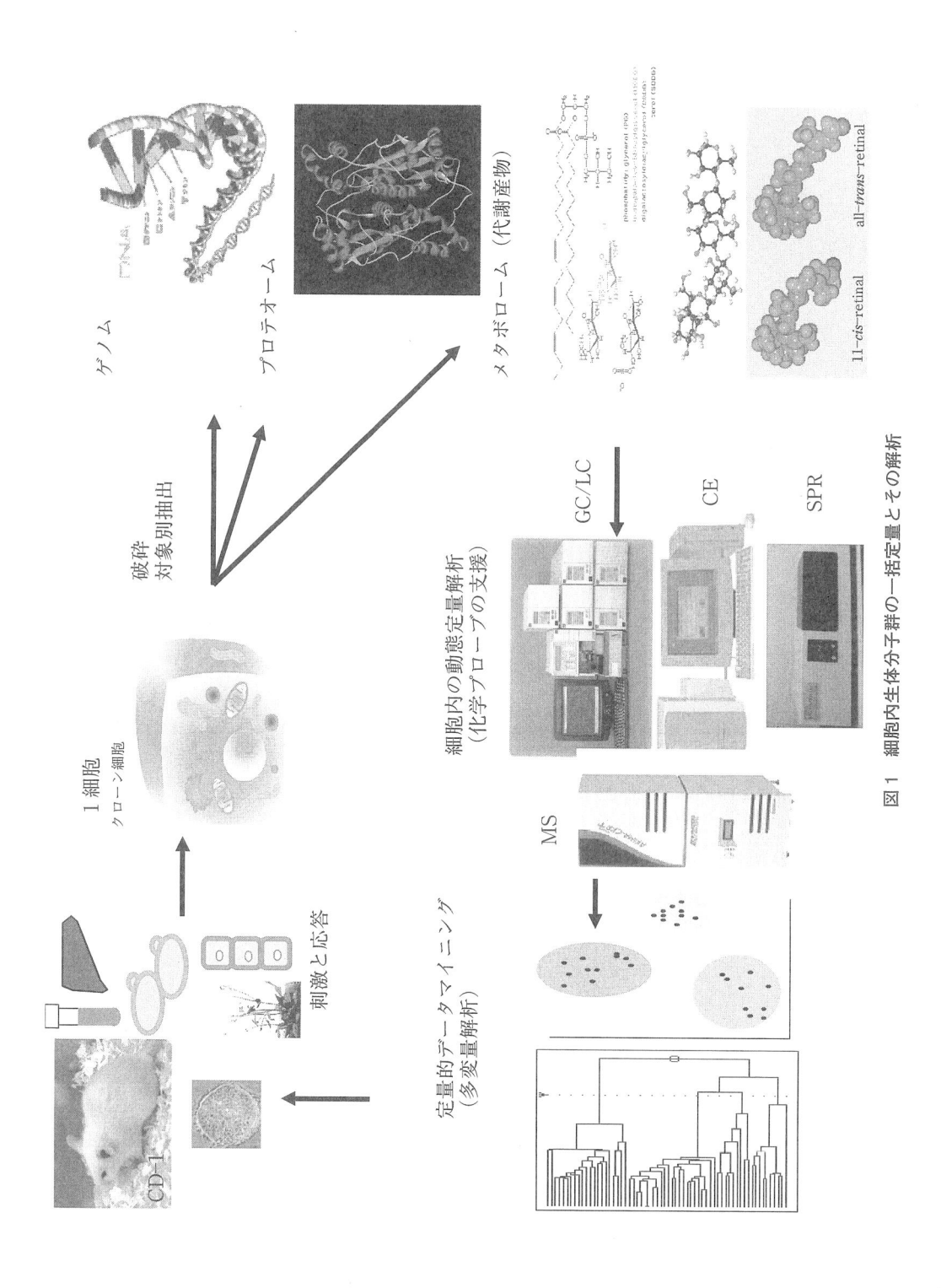

第3章　細胞内生体分子群の動態シグナルの解析

図1　細胞内生体分子群の一括定量とその解析

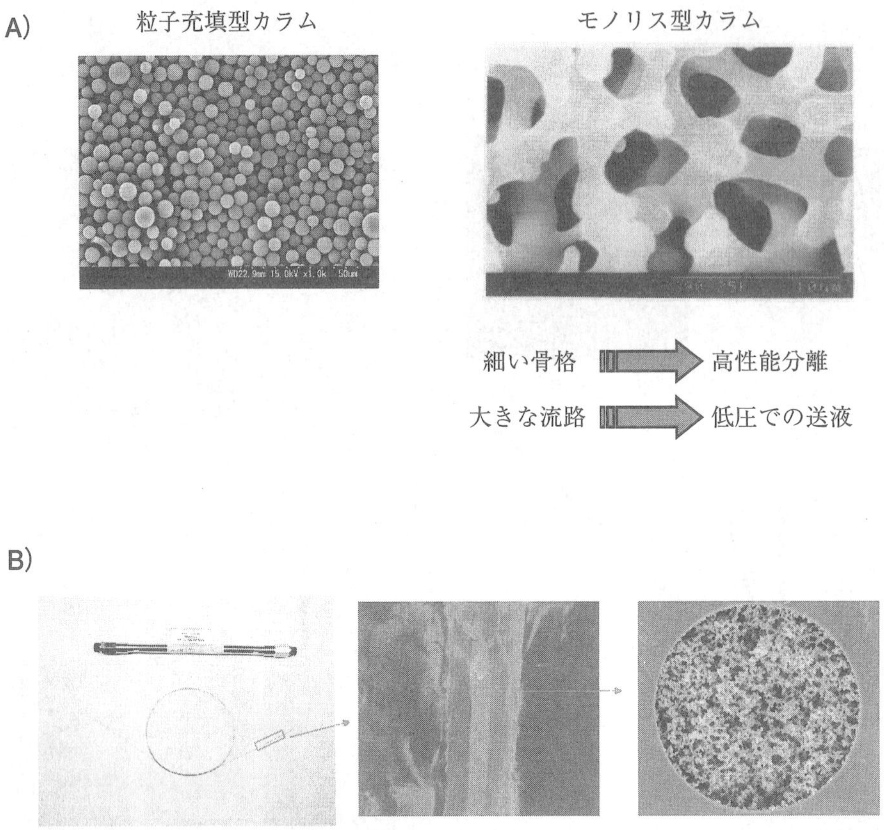

―細胞定量解析の最前線―ライフサーベイヤ構築に向けて―

	Column I.D.	length	V_c (V_0)	Required solvent/hour
Packed column	4.6 mm	25 cm	4 ml (2.4 ml)	50 ml
Monolithic capillary column	0.2 mm	25 cm	8 μl (7.5 μl)	0.25 ml

図2 モノリスシリカ材の特徴と構造
A：モノリスシリカの特徴
B：モノリスシリカキャピラリーカラムの構造と性質

用に非常に適している．キャピラリー中で調製されるモノリスシリカは，シリカ外側にカラム材をコートする必要がなくカラムとして使用することが可能であり，また任意の径と長さで調製することが比較的容易であるなどの利点をもち，最少の溶媒で最高の分離が可能になる（図3）．

モノリスシリカの構造は，相分離とそれに平行して起こるゾル-ゲル転移による骨格の凍結により決定される．すなわち，重合体と溶媒との間で相分離が引き起こされる．この相分離を，連

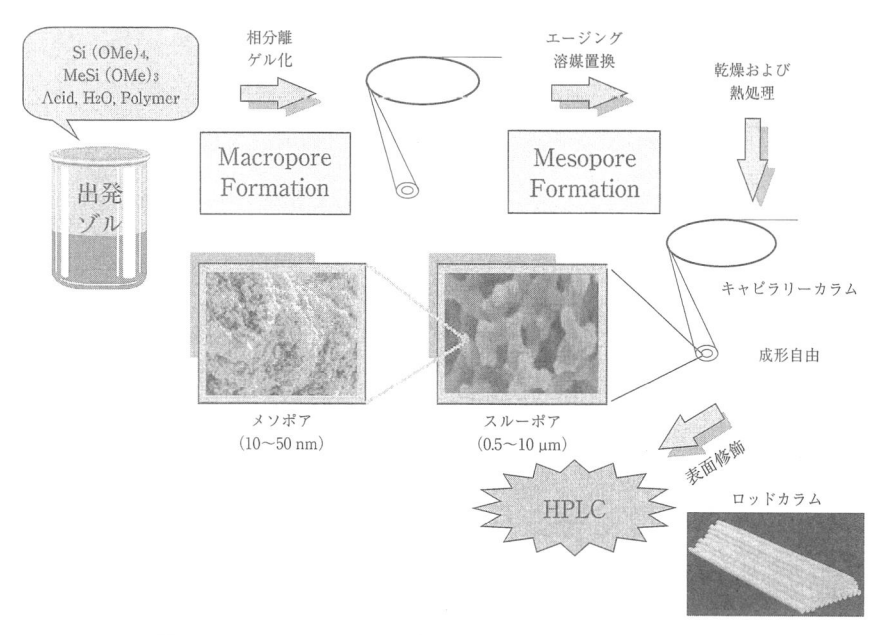

第3章　細胞内生体分子群の動態シグナルの解析

図3　モノリスシリカキャピラリーカラムの製法とその汎用性
（京都モノテック社（水口博義社長）より，すでに上梓されている。）

続的な構造を持つ時間においてゾル-ゲル転移により凍結させ，ネットワーク構造を有するシリカゲルを調製することができる。スルーポア径，シリカ骨格径は，出発原料組成，ゲル化条件により独立にコントロールすることができるとともに，ゲル化後のエージングプロセスでメソポア径をコントロールできる。

　モノリスシリカは，一般に粒子充填型カラムより大きな移動相の透過度を示した。これはモノリスカラムの特徴の一つであり，大きなスルーポアの存在による低いカラム負荷圧をよく表現している。大きなドメインサイズ（スルーポアサイズ）を持つモノリスシリカにおいては，粒子充填型カラムの20倍以上の透過度を示した。モノリスシリカは大きなスルーポアの存在に基づき，非常に低いカラム負荷圧による送液が可能であり，細く長いカラムを使用することで高い理論段数を発現させることができる。総合的な単位圧力あたりのカラム性能を比較すると，モノリスシリカカラムキャピラリーカラムは最適条件下において粒子充填型カラムを超える性能が期待されている（図4）。従って，モノリスカラムにおいて高い理論段数を必要とする場合には大きなドメインサイズ，短時間での高速分離には小さなドメインサイズをもつモノリスカラムが有効であると考えられる。

　以上のような特徴から，モノリス型シリカキャピラリーカラムは従来のカラムと比較して，よ

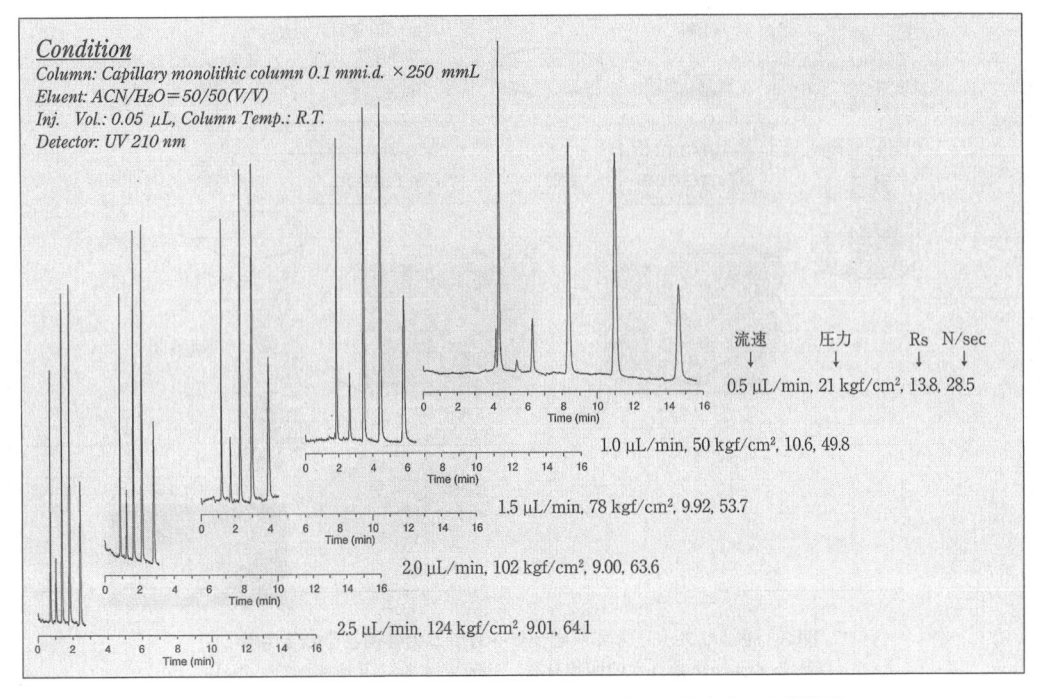

Condition
Column: Capillary monolithic column 0.1 mmi.d. ×250 mmL
Eluent: ACN/H₂O＝50/50(V/V)
Inj. Vol.: 0.05 μL, Column Temp.: R.T.
Detector: UV 210 nm

流速　　　　　圧力　　　　　Rs　　N/sec
0.5 μL/min, 21 kgf/cm², 13.8, 28.5
1.0 μL/min, 50 kgf/cm², 10.6, 49.8
1.5 μL/min, 78 kgf/cm², 9.92, 53.7
2.0 μL/min, 102 kgf/cm², 9.00, 63.6
2.5 μL/min, 124 kgf/cm², 9.01, 64.1

図4　モノリスシリカキャピラリーカラムによる，超高速，高分離例

り微量な試料（ピコからマイクロリットルオーダー）をより短時間に，より高感度で分離，分析できるという，ポストゲノム時代に最適な分離材としてマテリアルイノベーションの先駆的役割を果たしている。

2.4　網羅的動態定量へのHPLCの多次元化

ゲノム情報の進行過程に沿った形で時空間でのDNA，RNA，タンパク質，ペプチド，代謝産物の諸データの相関ならびに統合解析，すなわち，分子種それぞれの動的リアルタイム解析においては，従来の1次元HPLC分離では手に終えないのは明らかで，多成分系をリアルタイムに分離する新しい技術が必要であった。上で述べたモノリスシリカキャピラリーカラムの登場により，この事態は一変した（図5）。すなわち，1次元目で，完全に分離できなかった成分を一定時間ごとにサンプリングして，リアルタイムに2次元目のカラムで再分離することが，2次元目のカラムにモノリスシリカキャピラリーカラムを配置することで，可能になったのである。すなわち，1次元目における1回の分析の間に2次元目のカラムで，連続的に複数分析を終えてしまう短時間，高性能分離の要求をこのモノリスシリカキャピラリーカラムが叶えてしまうのである。

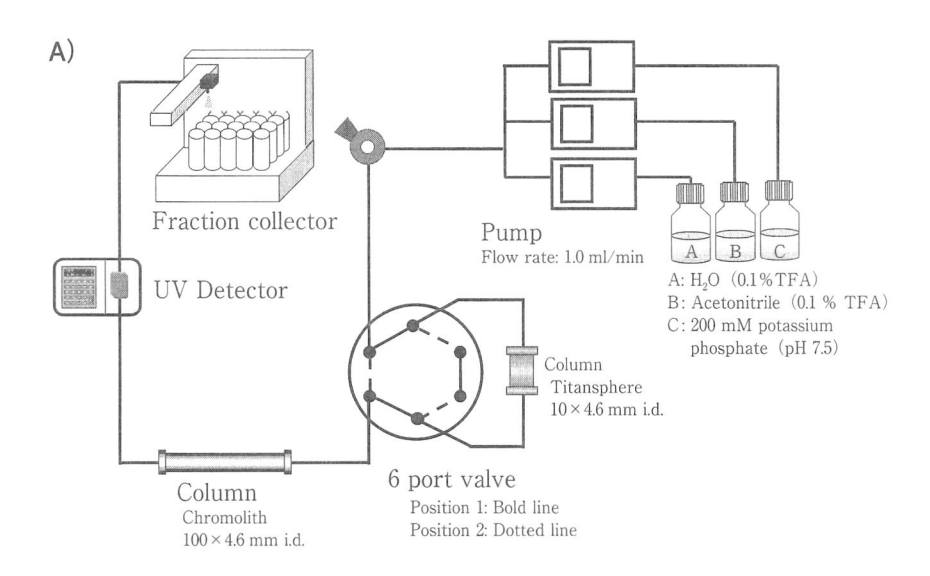

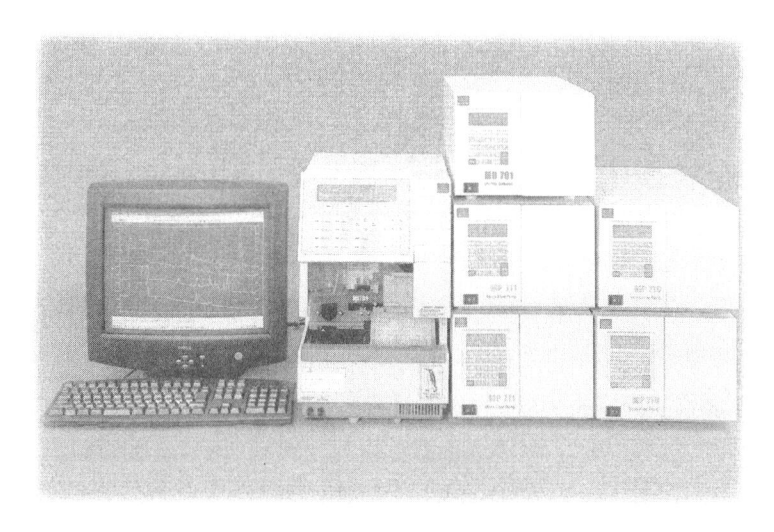

第3章　細胞内生体分子群の動態シグナルの解析

図5　HPLCの2次元化
A：2次元HPLCの基本概略図
B：ジーエルサイエンス社から上梓された自動2次元HPLCシステム

Ionization	MALDI	ESI		
Injection method		Flow	1 D–LC	2 D–LC
Sequence coverage（%）	40	35	58	81

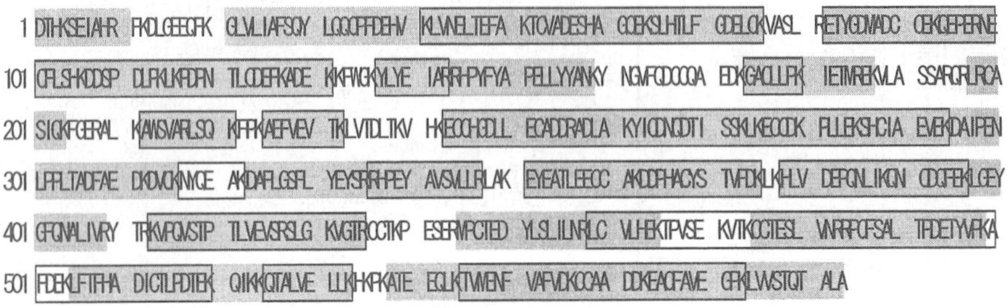

```
  1 DTHKSEIAHR FKDLGEEGFK GLVLIAFSQY LQQCPFDEHV KLVNELTEFA KTCVADESHA GCEKSLHTLF GDELCKVASL RETYGDMADC CEKQEPERNE
101 CFLSHKDDSP DLPKLKPDPN TLCDEFKADE KKFWGKYLYE IARRHPYFYA PELLYYANKY NGVFQDCCQA EDKGACLLPK IETMREKVLA SSARQRLRCA
201 SIQKFGERAL KAWSVARLSQ KFPKAEFVEV TKLVTDLTKV HKECCHGDLL ECADDRADLA KYICDNQDTI SSKLKECCDK PLLEKSHCIA EVEKDAIPEN
301 LPPLTADFAE DKDVCKNYQE AKDAFLGSFL YEYSRRHPEY AVSVLLRLAK EYEATLEECC AKDDPHACYS TVFDKLKHLV DEPQNLIKQN CDQFEKLGEY
401 GFQNALIVRY TRKVPQVSTP TLVEVSRSLG KVGTRCCTKP ESERMPCTED YLSLILNRLC VLHEKTPVSE KVTKCCTESL VNRRPCFSAL TPDETYVPKA
501 FDEKLFTFHA DICTLPDTEK QIKKQTALVE LLKHKPKATE EQLKTVMENF VAFVDKCCAA DDKEACFAVE GPKLVVSTQT ALA
```

図6 牛血清アルブミンのトリプシン分解ペプチドの分析データ
上：配列回収率の比較
下：回収配列の比較（枠—1D–LC（ESI）によるデータ；網かけ—2D–LC（ESI）によるデータ）

　これは，特に，細胞内のタンパク質や代謝産物の網羅的定量分析には，格好の分離手段となる[4]。
　実際に，質量分析機（MS）と組み合わせてとった実験データを比べてみよう。例えば，牛血清タンパク質のトリプシン分解ペプチド断片の分析において，1次元LC／MS（ESI）では，58％の配列断片の回収率であったが，上記のように，2次元目のカラムにモノリスシリカキャピラリーカラムを配置することで，81％の配列断片の回収率を記録した（図6）。この値は，MALDI質量分析やプローブ化などの修飾を加えずに生のサンプルでの最高値を記録した。また，MS分析でのデータも2次元は1次元に比べて，その高分離能を如実に示した。このように，確かに，ペプチド断片の検出を網羅的に調べてみると，その精度の良さは，顕著であった[5]。

2.5　情報伝達分子の動態定量をめざした2次元HPLCの構築

　ゲノムに端を発する上記の一連の生体分子群の生成を支配する細胞内の情報伝達において，キナーゼ／ホスファターゼの組み合わせによるタンパク質のリン酸化／脱リン酸化の変動はきわめて多くの生命現象にみられるのは周知のとおりである。キナーゼは個々の生命現象の数ほど，細胞内に存在するといっても過言ではないが，ホスファターゼの数はそれほどではなく，かなり基質特異性が広いようであり，また，その活性の強力な発現は，キナーゼ活性を時には見失うほどの障害となることを，細胞分子生物学研究者は痛切に感じているのが現実である。現在，細胞内

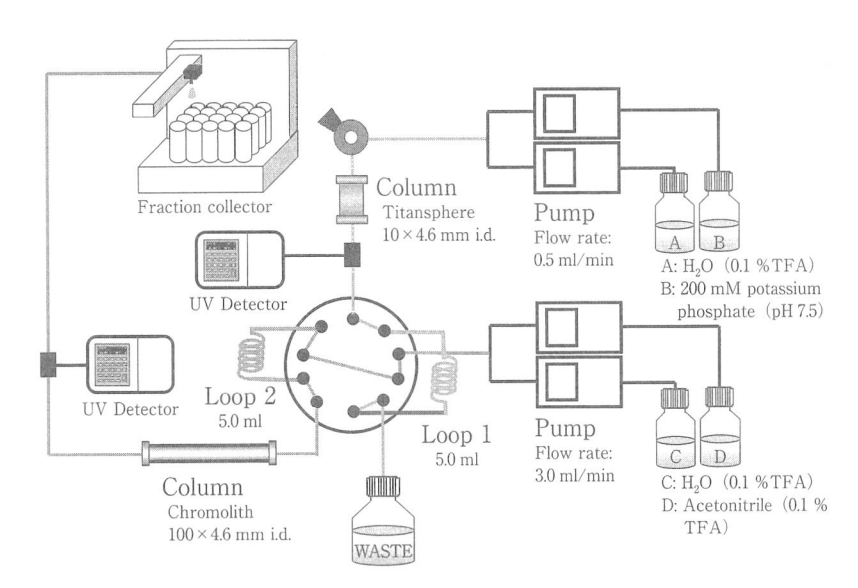

第3章 細胞内生体分子群の動態シグナルの解析

図7 リン酸化タンパク質，ペプチド解析のための2次元HPLCシステムの概略図

の情報伝達におけるタンパク質のリン酸化／脱リン酸化は定性的な研究が主であり，また，遺伝学，すなわち，遺伝子破壊などの実験に依存しているのが現実である。しかし，2次元電気泳動とリン酸化アミノ酸（セリン，トレオニン，チロシンなど）特異的抗体の組み合わせによって，リン酸化／脱リン酸化を受けるタンパク質を実際に細胞抽出液から電気泳動後に一つ一つ分離して同定する手法が手間をかけながらも進行しているのも事実である。

では，細胞刺激による細胞内情報伝達時に変動するキナーゼ／ホスファターゼとその標的タンパク質のリン酸化／脱リン酸化は，どのようにして，網羅的に，簡便に，かつ迅速に，同定と定量をしていけばよいのか。そのひとつのツールとして，我々は，チタニアカラムによるリン酸化タンパク質の分離とそれに共役したモノリスシリカ材を用いたキャピラリーカラムを2次元目に配置した超高速微量分離2次元HPLCの開発によるタンパク質のリン酸化／脱リン酸化の動態の網羅的同定定量をめざしたシステムを構築した（図7）[6]。これは，これからの細胞単位で進んでいくバイオ定量科学の中で，もっともその動態に注目が集まるであろう新しいホスホプロテオミクスの分野の展開につながるものと考えられる。

これまで，リン酸化ペプチドなどの分離に使われてきた素材がいくつか存在したが，どれも定量的な再現性などに不安な一面をのぞかせてきた。我々は，二酸化チタンがリン酸化タンパク質やペプチドに親和性を示すことから，この粒子を充填したカラムを従来の1次元カラムに配置し，

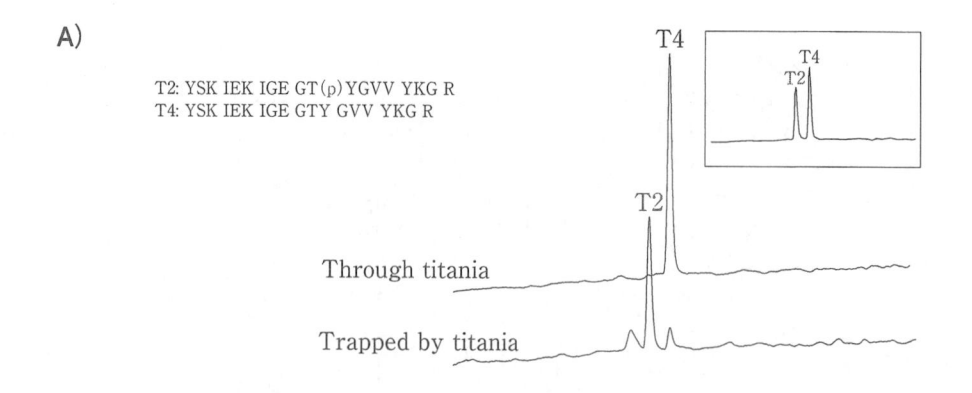

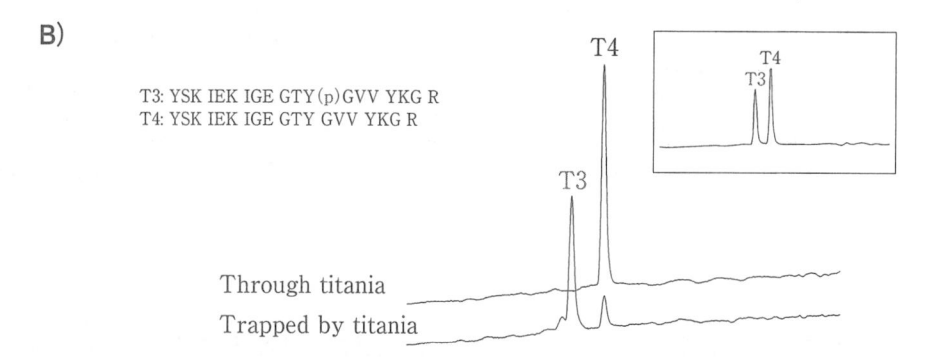

図8 リン酸化ペプチド−トレオニン（A），チロシン（B）の2次元HPLC分離パターン図

2次元目にモノリスシリカ材を用いたキャピラリーカラムを配置した細胞内情報伝達定量用の超高速微量分離2次元HPLCを開発した[6]。

標準ペプチドサンプルを用いた分析では，セリン，トレオニン，チロシンにリン酸基が修飾したペプチド断片をクリアに識別できることが確かめられた（図8）。さらに，β-カゼインのトリプシン分解断片を分離したところ，図9にあるように，2つの断片がリン酸化されていることが判明し，質量分析機でさらに分析してみると，片方はリン酸化されている箇所が1箇所であったが，もう一つは，4箇所がリン酸化されていることが判明した。HPLCでの定量とMSでの同定によりリン酸化修飾が一挙に解析された。この2次元化HPLCシステムは，これからの細胞内情報伝達の動態の定量解析に威力を発揮していくであろう[7]。また，ゲノムの明らかになった生物の生命現象の情報伝達について，新しいホスホプロテオミクスの分野の世界が展開し大きく広がっていくものと期待される。

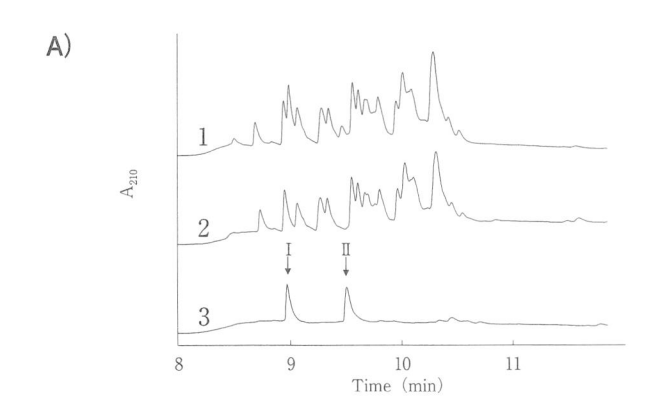

第3章　細胞内生体分子群の動態シグナルの解析

A)

1: Without titania (ID-LC)
2: Through titania (2D-LC)
3: Trapped by titania (2D-LC)

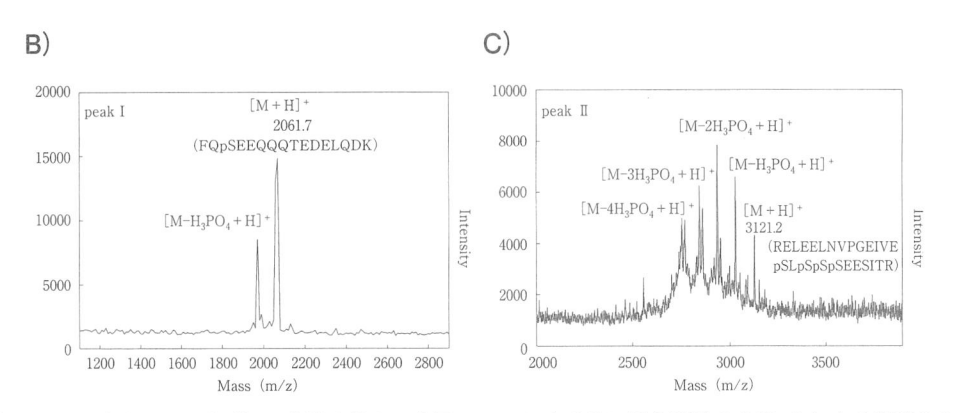

B) peak I
$[M+H]^+$ 2061.7 (FQpSEEQQQTEDELQDK)
$[M-H_3PO_4+H]^+$

C) peak II
$[M-2H_3PO_4+H]^+$
$[M-3H_3PO_4+H]^+$
$[M-H_3PO_4+H]^+$
$[M-4H_3PO_4+H]^+$
$[M+H]^+$ 3121.2 (RELEELNVPGEIVE pSLpSpSpSEESITR)

図9　β-カゼインのトリプシン分解産物の2次元 HPLC によるリン酸化断片の分離（A）と分離断片の質量分析による同定とリン酸化アミノ酸残基の決定（B, C）

2.6　今後の課題

多くの細胞の生体分子群の分離定量分析には，その前段階に立ちはだかる細胞の破砕と前処理，抽出による分離前のサンプル調製は，これまで以上に，しっかり認識されていくべき残存課題となってきた。単純なピュアな均一サンプルの分析とは全く異なった粗混合系からの目的物の分析がその最終目的であることをこれまで以上に考慮していく必要があり，それにより，時空間を加味した真の細胞動態の理解につながっていくものと考えられる。

文　　献

1) 石塚紀生, 水口博義, ナノバイオテクノロジーの最前線, シーエムシー出版, 植田充美監修, 94-100（2003）
2) 石塚紀生, 水口博義, 中西和樹, コンビナトリアル・バイオエンジニアリング, 化学フロンティア第9巻, 化学同人, 植田充美編, 181-186 （2003）
3) 水口博義, 石塚紀生, 中西和樹, 植田充美, *BIO INDUSTRY*, 21, 21-27（2004）
4) 新谷幸弘, 平子敬二, 高野善彦, 古野正浩, *BIO INDUSTRY*, 21, 37-43（2004）
5) H. Morisaka, K. Hata, M. Ueda *et al., Biosci. Biotechnol. Biochem.*, 70, 2154-2159（2006）
6) K. Hata, H. Morisaka, M. Ueda *et al., Anal. Biochem.*, 350, 292-297（2006）
7) 植田充美, 未来材料, 6, 16-24（2006）

3 メタボロミクスの可能性と技術的問題

福崎英一郎[*1], 馬場健史[*2]

3.1 はじめに

ゲノム情報が転写,翻訳過程を経て実行された表現型の一部である『メタボローム(代謝物総体)』を解析することにより,上流のプロテオームおよびトランスクリプトームといったゲノム情報の媒体の流れが将来解明可能であるとの期待感から,メタボローム解析(メタボロミクス)は,ポストゲノム科学の有望技術とみなされている(図1)。

近年,生物に加わった種々の摂動(環境変化,栄養状態変化,遺伝型変化等)がリーズナブルなメタボローム変動として観測された例が報告されるにつれて,有用技術として認知されつつある。さらに,メタボロミクスとそれ以外のオーム科学(トランスクリプトミクス,プロテオミクス等)との統合解析への期待も高まっている[1〜3]。しかしながら,メタボローム変動から微分方程式を解くがごとく,生物に加わった摂動を明確に解き明かすことは,当然のことながら現状不可能である。かといって,世界においてメタボロミクスが無価値なものとみなされてはいるわけではない。アプリケーションの分野では,従来の表現型解析技術では識別不能だった微細な表現型を解析するための精密表現型解析手法としてのメタボロミクスの威力は世界中で周知であり,臨床バイオマーカー探索や有用形質植物育種のためのスクリーニング手段として,実際に欧米の

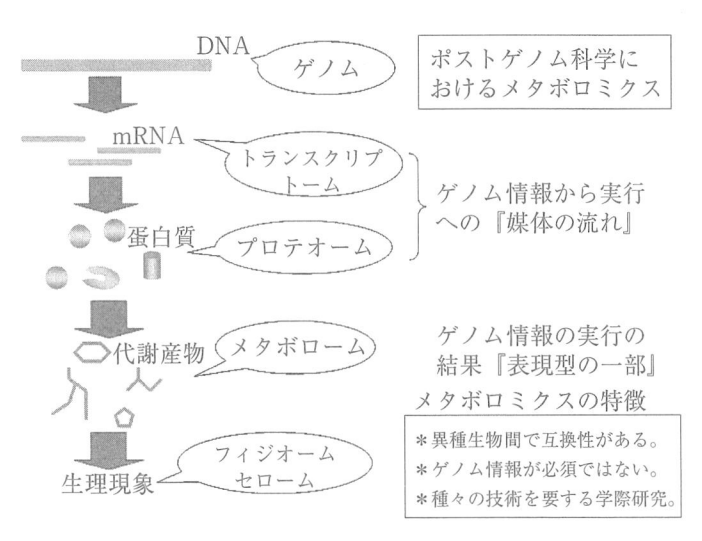

図1 ポストゲノム科学におけるメタボロミクス

---

 *1 Eiichiro Fukusaki 大阪大学大学院 工学研究科 生命先端工学専攻 助教授
 *2 Takeshi Bamba 大阪大学大学院 薬学研究科 附属実践薬学教育研究センター 助手

ベンチャービジネスによって活発に運用されている。

　また，メタボロミクスは，当然のことながら遺伝子配列情報とは独立に運用可能であり，ゲノムプロジェクトが終了していない多くの生物種にも適用可能である。トランスクリプトミクスが適用困難な多くの実用植物や実用微生物がメタボロミクスの重要な運用対象と考えることもできる。一方，メタボロミクスは，多岐にわたる戦術単位から構成される学際領域研究である（後述の図2参照）。各ステップ（生体材料調達，サンプリング，誘導体化，分離分析，データ変換，多変量解析によるマイニング）は，すべてが実験誤差を発生する要素を含むため，標準技術の確立が極めて困難であり，研究対象ごとの各論が展開されている。当該状況が，メタボロミクスの正しい理解を困難とし，一般に普及しない一因となっている。本稿は，メタボロミクス研究手法における技術的問題点をわかりやすく解説する。その上で，メタボロミクスがどのような形でポストゲノム科学に貢献できるかについて，可能性を提示することにより，バイオサイエンスの基礎研究ならびにバイオテクノロジーの応用研究分野の方々にメタボロミクスを正しく理解していただくことを目的とする。

表1　メタボロミクスの分類

分類	定義	主たる用途
①　Target analysis（標的化合物分析）	ある特定の代謝物についての解析。多くの場合，前処理を必要とする微量物質の分析が主眼。通常，数個の代謝化合物を対象とする。	特定の生合成系酵素遺伝子の機能解析等。
②　Metabolite profiling（代謝物プロファイリング）	サンプル調製法および分析法によって制限された特定の代謝物群の同定・定量。通常，十数個〜数十個の代謝化合物を対象とする。	特定代謝の全体経路あるいは，交差経路の機能解明等。現在，本カテゴリーの研究論文がもっとも多い。
③　Metabolomics（代謝物総体解析）	採用した分析手法で観測できるすべての代謝物のノンターゲット一斉定量分析結果をもとにした解析。通常，数十個〜数千個超の代謝物を対象とする。	本来のメタボロミクスに最も近いかたち。現実的には，フィンガープリンティング手法として，遺伝型解析に有用。
④　Metabolic fingerprinting（代謝物指紋解析）	クロマトグラフィー等の分離を行うことなく，代謝物総体に基づくパターンを解析する手法。主に，スペクトラム法を用いる。代謝化合物情報は，得られない。	ハイスループットの比較解析や，クラス分けに有用。他のメタボロミクス手法との併用が原則。

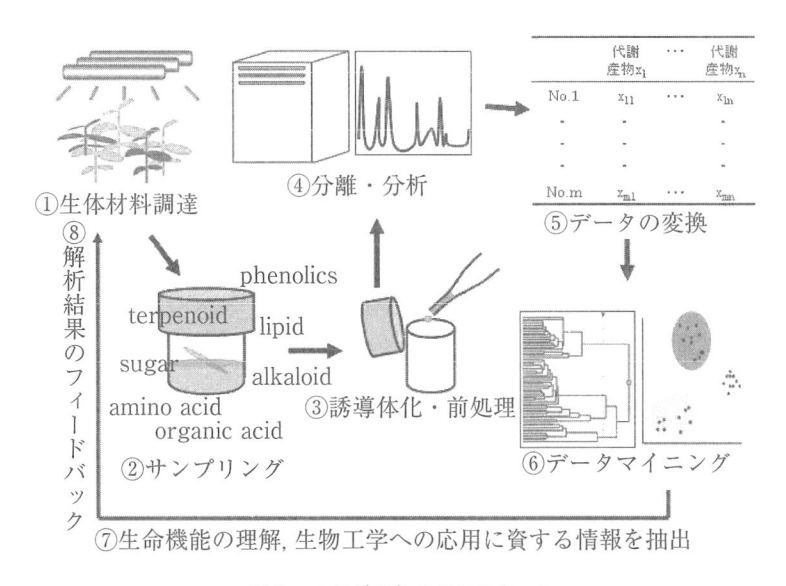

第3章　細胞内生体分子群の動態シグナルの解析

3.2　メタボロミクスの分類

メタボロミクスの最終ゴールは「対象生物に含まれるすべての代謝物の網羅的なプロファイリング」であるが，現実的には，数万超[4]の代謝物すべての一斉分析は，技術的に不可能である。つまり，現状では，真のメタボロミクスを目指した種々の試みが行われているものの，標準技術は未確立な混沌とした状況であると考えるべきである。しかし，なんらかの定義が必要であることから，現状では，Fiehnが提唱した分類[5]が，とりあえず受け入れられている（表1）。

3.3　メタボロミクスにおけるサンプリング，前処理

メタボロミクスは，図2に示した要素から成立しているが，前述のごとく，すべてのステップが，誤差を発生する可能性を有する。ゆえに，正確なメタボロミクス研究を行うためには，各ステップにかかわる，『生物有機化学・分析化学（②～④）』，『インフォマティクス（⑤～⑥）』，『バイオサイエンス（①，⑦，⑧）』分野の高度な技術と洞察を必要とするとともに，各分野のニッチには，多くのノウハウが存在する。以下に，各ステップに関する技術的な問題点を述べる。

メタボローム解析の再現性を議論する際，最も問題となるのが分析対象生物の個体間のバリエーションである。当該問題は，動物よりも植物を材料とするときに，より，重要となる。なぜなら，独立栄養生物である植物は，微生物や動物などに比べてサンプリングの均一性を保つのが困難であるからである。温度，光をコントロールしたはずの人工気象器においても内部位置によって微妙に環境が異なるため，それぞれの個体によって生育に違いが見られる。また，植物栽培に

図2　メタボロミクスのスキーム

一細胞定量解析の最前線—ライフサーベイヤ構築に向けて—

は一般的に土壌を用いるが，使用土壌のロット差により成分が微妙に異なり，また，厳密な水分調節も困難であり，しばしば水分の過不足によるストレスが問題になることがある。植物の個体間のバリエーションを最小にするためには，温度，光，水分の生育環境条件を一定に保つことが重要である。植物メタボローム解析を大規模で行っている，ドイツのマックスプランク研究所やメタノミクス社は，温度，光，水分を精密に制御可能な特別な温室や生育室において植物を育てている[6]。しかし，一般的な小規模でのメタボローム解析においては，コスト面から植物の栽培に人工気象器を用いることになる。問題となる生育環境による影響を最小限にし，個体間のバリエーションを少なくする工夫が必要である。定期的なローテンションや水耕栽培もその一つである。我々は，現在，土壌の代わりにセラミックチューブにより根に直接水分を供給する植物栽培技術により栽培したシロイヌナズナ植物体[7]を用いてメタボローム解析を行っている。当該方法を用いることにより，厳密な水分および栄養分のコントロールが可能となり，メタボローム観測の再現性が向上した。

一般的にはあまり意識されていないが，サンプリングもメタボローム解析の再現性に影響を与える因子を多く含む単位操作である。時として，実験者により解析結果が大きく異なることもサンプリング時の誤差に起因すると思われる。サンプリングの際には，時期（ステージだけでなく，サンプリングの時間についても合わせる），採取部位（同じ大きさの個体であるだけでなく，同じ器官，部位を決める），採取量（質量分析計のダイナミックレンジの問題があるので，なるべくサンプル量をそろえた方が良い）を一定させることが，再現性を高めることになるのは言うまでもない。もちろん，サンプリングの方法やサンプル後の処理などについても，影響を受けやすい代謝物もあるため細心の注意を払う必要がある。

解析の対象となる代謝物の種類，数，含有量などによって使用する機器分析装置を選択する必要があり，それに伴い分析試料の調製法が異なってくる。前記の Target analysis では，抽出操作の後，溶媒分画やミニカラムによる精製を行い，目的代謝物の分離・濃縮を行う。この場合には，抽出・分画のステップが多段階になるため，目的代謝物の欠失および分解に気をつけなければならない。一方，Metabolite profiling では親水性，疎水性，低分子，高分子といった代謝物群としての解析が中心になるため，抽出・分画の操作は少なくなる。しかし，多種多量の代謝物を扱う Metabolite profiling では，Target analysis のように抽出・分画操作における実験誤差を内部標準物質により校正することは現実的に不可能であるため，抽出・分画における再現性について事前に慎重に検討する必要がある。抽出・分画手法については様々であるが，親水性の低分子一次代謝物についてはドイツのマックスプランク研究所のグループにより Metabolite profiling の手法が実用レベルで確立されている[8]。

次に重要なのは，誘導体化・前処理の工程である。供する機器分析によって分析対象代謝物の

第3章　細胞内生体分子群の動態シグナルの解析

誘導体化が必要になる場合がある．分離能，定量性の両方に抜群の性能を発揮する GC/MS は，メタボロミクスにおける主要観測装置だが，揮発性化合物のみが分析可能であるため，高沸点化合物を分析対象とする場合は，シリル化などの誘導体化が必須である．また，熱分解装置や，ヘッドスペースサンプリング装置等も適宜使用される．また，HPLC 分析などで，UV や蛍光による検出を行う際にも，誘導体化が必要な場合がある．分析対象代謝物の誘導体化を行う場合，特異性，効率について再現性あるかどうかが重要である．そのため，誘導体化条件（使用する誘導体化試薬の種類および量，反応条件等）について詳細に検討する必要がある．また，併せて誘導体化物の安定性についても十分な注意が必要で，別途検討が必要である．なお，様々な誘導体法については，成書[9]を参考頂きたい．

3.4 メタボロミクスに用いる質量分析

　メタボロミクスに用いる分析手段は特に限定されないが，定性分析，解像度，定量性のすべてに一定の性能を備えた質量分析が，最も頻繁に用いられる．通常，ガスクロマトグラフィー（GC），液体クロマトグラフィー（LC），超臨界流体クロマトグラフィー（SFC），キャピラリー電気泳動（CE）等の何らかの分離手段と組み合わせて運用し，「保持時間」と「質量分析データ」の両方のデータを代謝物情報とする場合が多い．メタボロミクスでは通常，網羅性を優先するため如何にして高解像度の分離分析系を構築するかが肝要となる．また，未同定のピークも重要データとして取り扱うために，分析の再現性が強く求められる．「解像度」と「再現性」に最も優れた手法として GC/MS が上げられる．GC/MS は，分離手段としては，ほぼ完成したシステムであり，質量分析には通常電子衝撃イオン化（EI）を用いるため，イオン化サプレッションによる定量性低下を受けにくい．質量分析計としては，四重極型（Q-pole）と飛行時間型（TOF）が目的に応じて使い分けられ，高定量解析とハイスループット解析の両方を達成している．

　CE/MS は，イオン性代謝物を観測するのに適した手法でありメタボロミクスにおける重要手法のひとつであるが，残念ながら GC/MS ほど一般化した観測手法とは言えず，実用運用には若干のノウハウが必要である．特に，アニオン分析は，質量分析計側からバイアル側に生じる電気浸透流によって質量分析計側から溶液が逆流し，絶縁ゾーンが形成されやすいため，特別の工夫が必要である．電気浸透流回避のために，カチオンを内面に被覆したキャピラリーを用いた方法や，エアーポンプで強制的に送液する優れた分析手法が曽我らにより開発されている[10,11]．我々も，極性を反転させることにより，未修飾のキャピラリー管でも分析可能なアニオン分析システムを開発し，実用化を試みている[12]．

　HPLC は，低分子から高分子まであらゆる化合物に対応したすぐれた分離分析系だが，これま

で，ピークキャパシティーがGCやCEに比して悪かったので，メタボロミクスでの運用は制限されてきた。近年，中西・田中らによってこれまでの粒子充填型とは異なる一体型（モノリス）のシリカゲルカラムが開発され，従来型のカラムの理論段数を遥かに凌駕するシステムが出現した[13,14]。著者らは，モノリスシリカゲルカラムを連結することによって分離能を向上させることに成功し，これまでHPLCでは分離が困難であったポリプレノール異性体の分離に成功している[15]。また，シリカゲルのモノリス構造は，50〜200 μm I.D.のフューズドシリカチューブ中においても形成も可能であり，1 m以上のキャピラリーモノリスシリカゲルカラムも試作されており，シロイヌナズナの代謝物分析で有用性を証明している[16]。また最近，田中らにより，モノリスキャピラリーカラムを用いた二次元マイクロHPLCシステムが開発され，従来のHPLCの10倍を超えるピークキャパシティー（>1000）を実現しており，メタボロミクスの分析手法として極めて有用と思われる[17〜19]。この新しいシステムの実用化に向けた開発を期待したい。さらに，超高解像度ナノHPLCシステムに追随した高速スキャン性能を有するMS/MS装置の開発も望まれる。

最近，超臨界流体を媒体とするクロマトグラフィー（超臨界流体クロマトグラフィー（SFC））がHPLCで分離困難な疎水性化合物の分離に有用であることから注目されている。さらに，疎水性高分子の分離にも有用であることが示されており，これまで対象とされていなかった高分子代謝物の解析にも威力を発揮すると思われる[20,21]。

近年開発されたフーリエ変換イオンサイクロトロン質量分析計（FT-ICR-MS）等の高解像度質量分析計を用いて，精密質量数を観測し，クロマトグラフィーによる分離を行うことなく，多数の代謝物を同時一斉分析する試みがなされている[22]。これらの方法論は，目的によっては，極めて有用である。

3.5　質量分析計を用いる場合の定量性について

「定量性」についてであるが，定量性は当然のことながら用いる検出系のダイナミックレンジ（直線性範囲）に依存するので，目的に応じて適切な検出器を採用する必要がある。もう一つ，忘れてはならない重要なポイントが夾雑物による影響である。メタボロミクスにおいて最も頻繁に使用される検出系は質量分析であるが，質量分析は，イオン化時の環境によってイオン化効率に差が生じる「イオン化サプレッション」という致命的な現象により定量性が損なわれる。イオン化サプレッションの最も重要な原因は，イオン化室にサンプルが導入されるときに，同時に存在する夾雑物であり[23,24]，完全回避は，クロマトグラフィー等による各サンプルの完全時間分離が必要であるが，困難である。そこで，便宜的にイオン化サプレッションによる悪影響を回避する手法として，近年，安定同位体希釈法による相対定量分析を行う試みが検討されている。当

第 3 章　細胞内生体分子群の動態シグナルの解析

該手法は，安定同位体標識化物を内部標準として用いて標的化合物（非標識化物）とクロマトグラフィー等で同時溶出させ，質量分析計により分離しそれらのピーク面積比から相対的な定量を行おうとするものである。本ケースでは，イオン化サプレッションは起こるのであるが，内部標準同位体化合物と標的化合物とでほぼ同一にイオン化サプレッションが起こるため，正確な相対定量が達成されるという原理である。プロテオームにおいては Isotope coded affinity tags (ICAT)[25] がよく知られている。著者らも 13C メチル化標識によるポストラベル化法のメタボロミクスへの応用を検討している[26]。また，煩雑なポストラベル化ではなく，同位体化合物を栄養源として植物に取り込ませることにより，標識を行う方法論も可能である。例は少ないが，^{34}S を用いた硫黄代謝研究[27] が報告されており，我々も含窒素化合物の取り込み[28,29] を検討している。酵母が対象であるがインビボ 13C 標識の例も報告されている[30]。図 3 にインビボ安定同位体標識による安定同位体希釈法の概念を示した（図 3）。もし，観測ターゲットが絞り込める場合は，アイソトポマー（同位体化合物）を合成して，内部標準として分析系に添加することにより標準化することが，もっとも確実な定量方法である。ちなみに，前述の FT-ICR-MS によるクロマトレス分析等は，高解像度を優先した結果，イオンサプレッションによる定量性の低下を容認したシステムといえる。

3.6　メタボロミクスに用いられる質量分析以外の分析手法

紫外部検出法および電気化学検出法は，質量分析計に比べて感度は劣るが，夾雑物の影響を受けにくい。これらのクラシカルな方法が未だに用いられるのは，感度を犠牲にして，定量性を優先する必要があるからに他ならない。また，フーリエ変換核磁気共鳴分析（FT-NMR）やフーリエ変換赤外分光（FT-IR），フーリエ変換近赤外分光（FT-NIR）等の分光分析を用いる方法もメタボロミクスの手法として有用であるので，若干，言及したい。NMR は古くから化合物の構造決定の手段として利用されてきた。近年，様々な測定手法が開発され，それらを利用して植物においても多くのメタボローム解析が行われている[31～33]。NMR はクロマトグラフ

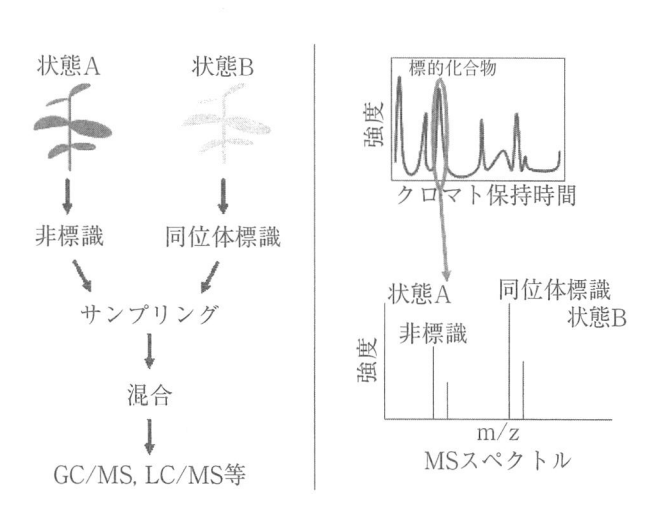

図 3　安定同位体希釈を利用した精密相対定量システム

ィーによる分離操作を必要とせず，代謝物の総体として評価するMetabolic fingerprintingの手法として最も利用されている。一方，感度が低く他の分析計と比べて多くの試料を要するという欠点を有している。最近では，フローセルを用い各種の液体クロマトグラフィーと連結したLC-NMRの測定技術が構築され，化合物のキャラクタリゼーション等の詳細な解析が可能になっている。Target analysisやMetabolite profilingへの利用も検討されており[34, 35]，今後，メタボローム解析の有用なツールとなると思われる。混合物の測定に有用なNMRの手法の一つとして，FT-IR（フーリエ変換赤外分光光度計，Fourier transform infrared spectrometer）は化合物の赤外吸収を測定するもので，古くから構造解析に用いられている分析手段である。FT-IRは，NMRと同じく代謝物の総体として評価するMetabolic fingerprintingの手法として利用されている。NMRと同様に分離操作を行わないため，混合物における化合物の同定は難しいが，特徴的な官能基を有する化合物については定量も可能である。実は，赤外吸収スペクトルを用いたクラスタリングは工業原料や食品などの混合物の解析にかなり以前から利用されており，その有用性は示されている。簡便で，スループットが高く，クラスタリングを目的とする場合には威力を発揮する。植物においても，トマトやシロイヌナズナ等代謝物のMetabolic fingerprinting解析に利用した例が数例報告されている[36, 37]。また，最近では顕微鏡を結合した顕微FT-IRを用いた組織切片上におけるマッピング解析[38]やイメージングが可能になり，組織内におけるMetabolic fingerprinting解析や代謝物の局在の解析のための強力なツールとなりえるだろう。

3.7 メタボロミクスにおけるデータ解析

複数の変量のデータを同時に扱うメタボロミクスにおけるデータの解析には，複数の変量間の関係（相関）を解き明かすことができる多変量解析の手法を用いることが多い。多変量解析は，コンピュータの発展とともに，手軽に使えるツールになりつつある。メタボロミクス以外のオーム科学（ゲノミクスやトランスクリプトミクス）では，すでに，多くの実用運用例が報告されている。多変量解析を行うためには，種々の分析手法により得られた生データ（主としてクロマトグラム）を数値データに変換する必要があるが，メタボロミクスでは，当該第一ステップが極めて重要となる。クロマトグラフィーあるいは，電気泳動等により観測したデータは，ピークを同定し，ピーク面積を積分することにより，ピークリストを作成すれば，それがそのまま多変量解析に適用可能なマトリクスになる。その場合，説明変数は代謝物名で，目的変数は各代謝物のピーク面積になる。分離が不十分な場合，質量分析データにおけるピークの重なりを多変量解析により分離することが原理的には可能である。GC/MSを用いた系においては，実際にコエリューションした代謝物ピークをMS情報からデコンボリューションする方法論が開発されており，抽出スペクトルを用いた高精度のピーク同定が可能になっている[39]。比較的，分離能に優れ，

第 3 章　細胞内生体分子群の動態シグナルの解析

イオン化サプレッションの影響が少ない GC/MS については，デコンボルーションは有用な手法だが，イオン化サプレッションの影響を強く受けるエレクトロスプレーイオン化（ESI）や大気圧化学イオン化（APCI）を用いる CE/MS や LC/MS では，デコンボルーションの運用には注意が必要である。

　観測対象生物により，観測される代謝物の種類は異なるために，観測対象生物毎にピークリストの整備が必要なのだが，ピークリスト作成には煩雑で時間を要するピーク同定作業を伴う。また，代謝改変等により，デッドエンドの代謝物が変化し，ピークリストに無い代謝物が観測される事態が生じた場合，新たに生じたピークを見落とす可能性がある。危険回避のためには，マスクロマトグラムの目視によるチェックが安全確実であるが，技術的な問題が多く，一般的な方法ではない。

　そこで，我々は，GC/MS クロマトグラムの結果をスペクトロメトリーと同様のデータ処理に供することによる解決策を開発した。具体的には，クロマトグラムの保持時間を独立変数とし，対応するピーク強度を従属変数としたマトリクスを作成し，サンプル間で，データセット（個々のサンプルのデータの数）を標準化する作業を行い，ピークリストを作ることなく，多変量解析を実施し，クラスター分離に寄与したピークを集中的に同定するシステムを開発した[40]。当該操作は，一般に，前処理の善し悪しがその後の解析の成否を左右することもしばしばある。前処理法は，①ノイズ除去法，②ベースライン補正法，③ resolution enhancement 法，④規格化法，などに分けることができる。一般的にスペクトルデータに用いられる代表的な前処理法として，スムージング，差スペクトル，微分処理，ベースライン補正，波形分離，中央化とスケーリングなどがある。当該方法は，代謝物フィンガープリンティングにも適応可能である（図 4）。最近，Moritz らのグループにより，GC-MS クロマトグラムのデータ処理に関する優れた論文が発表されているので参照されたい[41]。

　多変量解析によるデータマイニング手法には重回帰分析，判別分析，主成分分析，クラスター分析，因子分析，正準相関分析などがあり，データ構造や解析の目的によって選択される。現在，メタボロミクスで，もっともよく用いられている多変量解析手法は，探索的データ解析（Exploratory Analysis）であり，その目的は，膨大な量のデータの特性を調査し，データが含んでいる情報の内容を判断することにある。また，探索的データ解析では，回帰分析や分類のモデルを構築する前に，データセットの可能性を確認できる。探索的データ解析の手法として主成分分析（Principal Component Analysis: PCA），階層的クラスター解析（Hierarchical Cluster Analysis: HCA）および自己組織化マッピング（Self Organizing Mapping; SOM）がもっとも頻繁に用いられる[42]。また，フィンガープリンティングにおいては，探索的データ解析の他に，種々の多変量解析手法が用いられる。その中で，SIMCA（Soft Independent Modeling of Class

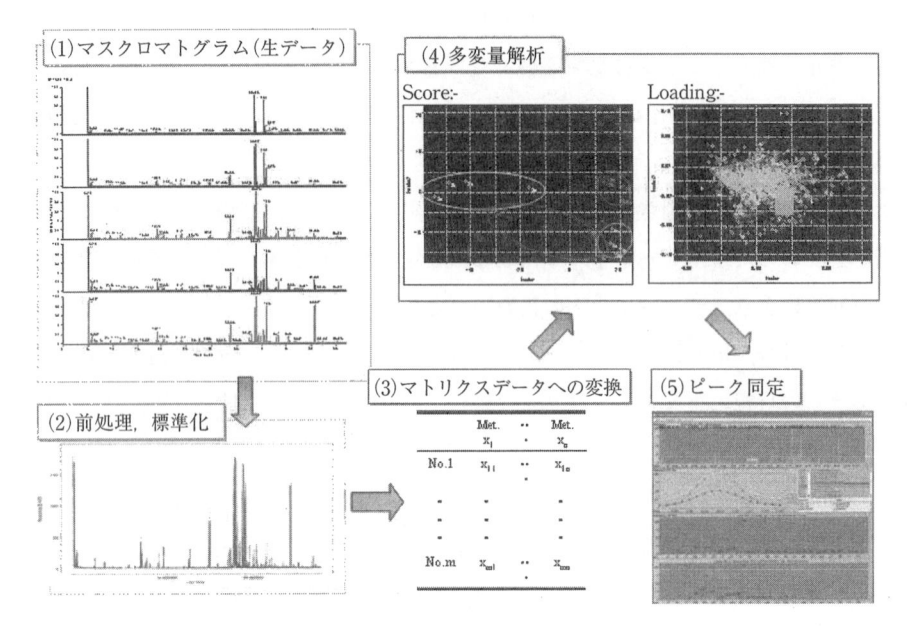

図4 データマイニングの新手法

Analogy）は，トレーニングセット（既知試料）の各カテゴリーに作成した主成分モデルを用いて，未知試料を分類する手法であり，メタボロミクスに有用な解析手法と思われる。その他，KNN（k-nearest neighbor）等の分類手法や，主成分回帰（Principal Component Regression: PCR）や，PLS回帰分析（Partial Least Squares Regression）等の回帰分析手法も有用と思われる。

3.8 メタボロミクスのツールとしての可能性

メタボロミクスと他のオームサイエンス（プロテオミクス，トランスクリプトミクス等）とを連携解析することにより，遺伝子機能をハイスループットで解析する技術が標準化され，一般に普及するまでには，もうしばらく時間がかかると思われる。それまでは，メタボロミクスが全く役に立たないかと言えばそうでもない。目的を限定すれば，メタボロミクスは，強力な新手法として有用であり，すでに，各人が研究室内で運用可能な技術である。以下に，運用における留意点を列挙するとともに，ツールとしての可能性を考察したい。

定量性と解像度の両方が，メタボロミクスの重要なスペックであるが，どちらが重要であるかは，目的がバイオマーカー探しか，フィンガープリンティングかのどちらを優先するかによって異なる。明確な表現型の違いに連動する代謝産物（バイオマーカー）を探索する場合は，少々，定量性を犠牲にしても，解像度とスループットを優先すべきである。システムとしては，必然的

第3章 細胞内生体分子群の動態シグナルの解析

に，FT-ICR-MSが現状での最善の選択となる。逆に，フィンガープリンティングを優先して，未知のサンプルのクラス分けを行いたい場合は，解像度を犠牲にして，定量性と再現性を重視すべきである。結果として，システムとしては，GC-MS，FT-IR等が好適となる。

　ある程度，作業仮説が立案できており，関心のある代謝経路あるいは，代謝物の目安がある場合は，フォーカスして，Target analysisあるいは，Metabolite profilingを考えるべきである。当該ケースでは，少数の変異株あるいは，形質転換体同士を野生株も加えて比較する場合が多いと思われるので，必要に応じて，生育条件を変更したり，タイムコースサンプリングを行うことにより，植物に加わる摂動の種類を増やすことも有用と思われる。表現型の差異が明確だが，代謝がどうなっているかの作業仮説が立案できない場合は，ノンターゲットによる網羅的なバイオマーカー探索を行うことが有用と思われる。

　代謝フィンガープリンティングは，クラス分け・分類の手法であるが，運用次第では，もっとも重要なメタボロミクスのアイテムとなる。バイオサイエンスの分野に限らず，食品，食品素材，生薬，香料等のあらゆる機能性他成分素材の分析，品質検定，工程改善，管理工学等への応用展開が可能と思われる。

3.9　おわりに

　冒頭でも述べたが，メタボロミクスは，将来有用な技術と思われるが，技術的に発展途上であり，標準的な運用方法も確立されていない。従って，バイオサイエンス研究者がメタボロミクスを研究手法として利用するためには，従来手法では解決困難な研究課題の中から，メタボロミクスが解決手法として有望と思われるテーマを見つけ出してくる必要がある。これは，ハードウエアだけが，市場に出現して，ソフトウエアは，ユーザーとメーカーが共同で開発していく状況に似ている。確立されていない方法論を研究に用いることを躊躇される方が多いと思われるが，未確立の今だからこそ，独自の運用方法を開発し，競争者に先んじて，ご自分の研究を大きく推進できる可能性がある。数多くのバイオサイエンスの研究者がメタボロミクスに興味を示し，ツールとして使われることを期待したい。

文　　献

1) D. Edwards and J. Batley, *Trends Biotechnol*, **22**, 232-237 (2004)
2) K. Saito, *Tanpakushitsu Kakusan Koso*, **48**, 2199-204 (2003)

3) W. Weckwerth, *Annu Rev Plant Biol*, **54**, 669-689 (2003)
4) R.A. Dixon and D. Strack, *Phytochemistry*, **62**, 815-6 (2003)
5) O. Fiehn, *Plant Mol Biol*, **48**, 155-71 (2002)
6) R.N. Trethewey and E.t. Fukusaki, *Bio Industry* (*ed. Japanese*), **21**, 41-47 (2004)
7) E. Fukusaki, T. Ikeda, D. Suzumura and K. Akio, *J. Biosci. Bioeng.*, **96**, 503-505 (2003)
8) O. Fiehn, *Original homepage*, URL, http,//www.mpimp-golm.mpg.de/fiehn/blatt-protokoll-e.html
9) K. Blau and J. M. Halket, *Handbook of derivatives for chromatography*, 2nd edition, ed. K. Blau and J.M. Halket. 1993, Chichester, John Wiley & Sons, Ltd.
10) T. Soga, Y. Ohashi, Y. Ueno, H. Naraoka, M. Tomita and T. Nishioka, *J Proteome Res*, **2**, 488-94 (2003)
11) T. Soga, Y. Ueno, H. Naraoka, K. Matsuda, M. Tomita and T. Nishioka, *Anal Chem*, **74**, 6224-9 (2002)
12) K. Harada, E. Fukusaki and A. Kobayashi, *J. Biosci. Bioeng.*, in press (2006)
13) N. Tanaka, H. Kobayashi, N. Ishizuka, H. Minakuchi, K. Nakanishi, K. Hosoya and T. Ikegami, *J Chromatogr A*, **965**, 35-49 (2002)
14) N. Tanaka, H. Kobayashi, K. Nakanishi, H. Minakuchi and N. Ishizuka, *Anal Chem*, **73**, 420A-429A (2001)
15) T. Bamba, E.-i. Fukusaki, Y. Nakazawa and A. Kobayashi, *J. Sep. Science*, **27**, 293-296 (2004)
16) V.V. Tolstikov, A. Lommen, K. Nakanishi, N. Tanaka and O. Fiehn, *Anal Chem*, **75**, 6737-40 (2003)
17) N. Tanaka, H. Kimura, D. Tokuda, K. Hosoya, T. Ikegami, N. Ishizuka, H. Minakuchi, K. Nakanishi, Y. Shintani, M. Furuno and K. Cabrera, *Anal Chem*, **76**, 1273-81 (2004)
18) S. Wienkoop, M. Glinski, N. Tanaka, V. Tolstikov, O. Fiehn and W. Weckwerth, *Rapid Commun Mass Spectrom*, **18**, 643-50 (2004)
19) T. Ikegami, E. Fukusaki and N. Tanaka, *Capillary HPLC*, in *Plant Metabolomics*, K. Saito, R.A. Dixon and L. Willmitzer, Editors. 2006, Springer-Verlag, Berlin. p. 49-63
20) T. Bamba, E. Fukusaki, S. Kajiyama, K. Ute, T. Kitayama and A. Kobayashi, *J Chromatogr A*, **911**, 113-7 (2001)
21) T. Bamba, E. Fukusaki, Y. Nakazawa, H. Sato, K. Ute, T. Kitayama and A. Kobayashi, *J Chromatogr A*, **995**, 203-7 (2003)
22) A. Aharoni, C.H. Ric de Vos, H.A. Verhoeven, C.A. Maliepaard, G. Kruppa, R. Bino and D.B. Goodenowe, *Omics*, **6**, 217-34 (2002)
23) C. Mueller, P. Schaefer, M. Stoertzel, S. Vogt and W. Weinmann, *J Chromatogr B*, **773**, 47-52 (2002)
24) R. King, R. Bonfiglio, C. Fernandez-Metzler, C. Miller-Stein and T. Olah, *J. Am. Soc. Mass Spectrom.*, **11**, 942-950 (2000)
25) D.K. Han, J. Eng, H. Zhou and R. Aebersold, *Nat Biotechnol*, **19**, 946-51 (2001)
26) E.i. Fukusaki, K. Harada, T. Bamba and A. Kobayashi, *J. Biosci. Bioeng.*, **99**, 75-77 (2005)

第3章 細胞内生体分子群の動態シグナルの解析

27) J.D. Mougous, M.D. Leavell, R.H. Senaratne, C.D. Leigh, S.J. Williams, L.W. Riley, J.A. Leary and C.R. Bertozzi, *Proc Natl Acad Sci USA*, **99**, 17037-42 (2002)

28) K. Harada, E. Fukusaki, T. Bamba and A. Kobayashi, *In vivo ^{15}N-Enrichment of Metabolites in Arabidopsis cultured cell T87 and its application to metabolomics. in 6th Annual Plant Sciences Institute Symposium titled "3rd International Congress on Plant Metabolomics"*. 2004. Ames, Iowa, USA

29) J.K.Kim, K. Harada, T. Bamba, E. Fukusaki and A. Kobayashi, *Biosci Biotechnol Biochem,* in press (2005)

30) L. Wu, M.R. Mashego, J.C. van Dam, A.M. Proell, J.L. Vinke, C. Ras, W.A. van Winden, W.M. van Gulik and J.J. Heijnen, *Anal Biochem*, **336**, 164-71 (2005)

31) N.J.C. Baileya, M. Ovenb, E. Holmesa, J.K. Nicholsona and M.H. Zenkc, *Phytochemistry*, **62**, 851-858 (2003)

32) J.L. Ward, C. Harris, J. Lewis and M.H. Beale, *Phytochemistry*, **62**, 949-957 (2003)

33) K.-H. Ott, N. Aranibar, B. Singh and G.W. Stockton, *Phytochemistry*, **62**, 971-985 (2003)

34) J.L. Wolfender, K. Ndjoko and K. Hostettmann, *Phytochem Anal*, **12**, 2-22 (2001)

35) J.L. Griffin, *Curr Opin Chem Biol*, **7**, 648-54 (2003)

36) E. Gidmana, R. Goodacreb, B. Emmettc, A.R. Smitha and D. Gwynn-Jonesa, *Phytochemistry*, **63**, 705-710 (2003)

37) H.E. Johnson, D. Broadhurst, R. Goodacre and A.R. Smith, *Phytochemistry*, **62**, 919-928 (2003)

38) T. Bamba, E. Fukusaki, Y. Nakazawa and A. Kobayashi, *Planta*, **215**, 934-9 (2002)

39) J.M. Halket, A. Przyborowska, S.E. Stein, W.G. Mallard, S. Down and R.A. Chalmers, *Rapid Commun Mass Spectrom*, **13**, 279-84 (1999)

40) E. Fukusaki, K. Jumtee, T. Bamba, T. Yamaji and A. Kobayashi, *Z Naturforsch [C]*, in press (2006)

41) P. Jonsson, J. Gullberg, A. Nordstrom, M. Kusano, M. Kowalczyk, M. Sjostrom and T. Moritz, *Anal Chem*, **76**, 1738-1745 (2004)

42) E. Fukusaki and A. Kobayashi, *J Biosci Bioeng,* **100**, 347-54 (2005)

4 細胞・個体レベルでストレスをサーベイする

浦野泰照 [*1], 高木昌宏 [*2]

4.1 はじめに

　現代社会は，物質・情報に溢れた豊かな状態である。しかしそのような中で，時間に追われる忙しい仕事や，価値観の多様化や世代間のギャップによる人間関係の諸問題等が，処理しきれない問題として残り，結果的にストレスを増強している。そして様々なストレスが，日頃の良くない生活習慣の積み重ねを生み，糖尿病，脳卒中，心臓病，高脂血症，高血圧，肥満と言った近年増加している「生活習慣病」のリスクを高め，今では日本人の3分の2がこれらの疾患が原因で死亡していると言われ社会問題にまで発展している。もちろん，我々人間に限らずすべての生物は，常に様々なストレスに晒されながら生きている。生物にはストレス防御機構が存在しており，それらが的確に機能していれば良いのだが，処理しきれなくなると細胞レベルでの死滅を招き，細胞障害の蓄積が組織・個体レベルでの疾患，老化や死滅へと繋がる。外来性の刺激は，薬剤・放射線・紫外線・環境物質・温度変化・低酸素状態・感染等，色々な種類が存在する。しかし細胞内では，共通したシグナルに変換されて伝わっている部分もあり，「酸化的ストレス」がその代表である。機能性食品の分野で，最近マスコミなどを通しても良く紹介される活性酸素種（Reactive oxygen species: ROS）の蓄積や，より反応性の高い活性酸素種の生成，さらには炎症に代表される一酸化窒素やパーオキシナイトライトのような活性窒素種も酸化ストレスと類似した状態を細胞に起こし，疾患等の原因となっている。もちろん，ストレスの種類に応じてその強度，伝達経路は様々であるが，活性酸素種，活性窒素種や細胞内カルシウムなど，いくつかの鍵になる物質を的確に追うことができれば，細胞や組織・個体のストレス状況を的確に把握することができ，また種々のストレスがもたらす変化や，ストレスの増幅・減衰のメカニズム，そして生活習慣病などストレスが関与する疾患発症のメカニズムの解明やその治療法に対する指針も得られると考えられる。

　ここでは，細胞・個体レベルでストレスをサーベイすることを目的とした研究例を紹介しながら，ストレスとその防御メカニズムについて触れる。

[*1] Yasuteru Urano　東京大学大学院　薬学系研究科　薬品代謝化学教室　助教授／JSTさきがけ

[*2] Masahiro Takagi　北陸先端科学技術大学院大学　マテリアルサイエンス研究科　教授

第 3 章　細胞内生体分子群の動態シグナルの解析

4.2　蛍光プローブ（小分子蛍光プローブ）

　先にも述べたが，生物は様々なストレスに曝されつつ，これに適切に応答して生命を維持している。細胞内外の刺激により，どのようなストレスが，どのタイミングで，どの場所に誘導されるかを明らかにすることは，生命科学の本質に迫るものであり，現在も多くの研究者が精力的に研究を行っている。この生物の本質に迫るためにはもちろん「武器」が必要であり，HPLC，電気泳動，ELISAなど，数多くの分析技術がこれまでに開発され，生物研究領域に供給されてきた。特に近年は，各種技術の進歩に伴って，細胞レベルでの詳細な機能解析が盛んに行われている。しかしながらこれらの分析技術は，細胞抽出液などを対象とするものであり，「生きている」状態の生物試料を「生きたまま」観察するには不向きであった。

　このような中，「生きている」細胞を「生きたまま」観測する技術として，蛍光プローブ，蛍光顕微鏡を用いた観察手法が開発された。この手法は，蛍光顕微鏡下で生きている細胞の挙動・応答を直接観察できるため，細胞内外情報伝達系の解析など生物機能解明のための最も強力な手法として，近年盛んに用いられるようになってきている。さらにレーザー共焦点蛍光顕微鏡をはじめとするハードウェアの進化により，時空間分解能，感度などがここ数年の間に激的に進歩したことも，本技法の優位性をますます高めている。その原理を図1左上に簡潔にまとめた。観測対象生理活性分子（▽）の生成・消去を検出する場合に，ほとんどの生理活性物質は無色であるため，光学顕微鏡でただ観察してもその動きを知ることはできない。ここで▽と反応・結合することで蛍光が現れる分子（蛍光プローブ）を細胞内に存在させることで，▽の動きを蛍光の変化として追うことが可能となる。すなわち蛍光顕微観察において，ソフトウェア的性質を持つ蛍光プローブは，ハードウェアである顕微鏡と同じ重みで重要な役割を持っており，その種類の多さはそのまま観測することができる分子の数となる。例えばCa^{2+}プローブ Fluo-3，Fura-2無くしては，Ca^{2+}のセカンドメッセンジャーとしての役割がここまで理解されることはなかったであろう。このような意味で有用な蛍光プローブは生物現象の理解に決定的な役割を果たすが，本当の意味で有用な「使えるプローブ」は実は非常に少ない。これは，これまでの蛍光プローブはほぼすべて，Fluo-3以来全く変化のない単一の経験則に依存して開発されていることに原因がある。つまり新たな蛍光プローブの開発という観点から見ると，Fluo-3，Fura-2以来ブレークスルーと言える進歩はなく，普遍的な開発原理と呼べるものは存在しなかった。

　ここでは，このような現状を打破し，目的の機能を有する蛍光プローブを論理的に精密に設計することを目標とした研究について述べる。特に，光誘起電子移動（Photoinduced Electron Transfer: PeT）を設計原理とする蛍光プローブの論理的なデザイン法の確立について説明し，実際このデザイン法に基づいて種々のプローブの開発にも成功した例について紹介する。特に，生活習慣病との関連でも近年着目されている各種酸化ストレスを特異的に検出・可視化できる蛍

光プローブの開発について，そのデザイン法の概要とともに紹介する。

4.3 PeTによる蛍光特性の制御

蛍光プローブとは，観測対象分子と「特異的に」反応・結合することで，その蛍光特性が大きく変化する機能性分子である。すなわち，「特異的な反応・結合」を「蛍光特性の変化」に結びつけることができて初めて，論理的な開発が可能となる。しかし残念ながら，任意の化合物の蛍光特性を予想することは，量子化学の進歩した現在でもほぼ不可能であるため，これまでは主にtrial and error方式でプローブの開発は行われてきた。ではtrial and errorを回避し，論理的に「観測対象分子との反応，結合」を「蛍光特性の変化」に結びつけるにはどうしたらよいのであろうか？　その有効な方法として，蛍光を発する部位とそれ以外の部位（標的分子と反応する部位）とを分け，蛍光団の蛍光量子収率を蛍光団以外の部分によりコントロールする方法が挙げられる。具体的には，蛍光団の近傍に強い電子供与体を配置すると，励起蛍光団からの蛍光発光よりも速くPeTが起こり，蛍光を発しなくなる事象が物理化学領域ではよく知られており，プローブ設計の基本原理として有効であると考えられる。しかしこれまでのPeT研究の対象のほとんどはアントラセンをはじめとする紫外域の蛍光団であり，有名な蛍光の教科書には長波長励起蛍光団ではPeTによる蛍光制御は不可能であるとの記述も存在するほどであった。

4.4 フルオレセインを母核とする蛍光プローブの論理的なデザイン

紫外光領域で機能する蛍光プローブは，励起光の照射による生細胞の障害が大きく，また自家蛍光も強く観測されてしまうため，生物領域研究に用いることは難しく，実用性に乏しいと言わざるを得ない。よって真に実用的な蛍光プローブを開発するためには，500 nm程度以上の長波長の可視光で機能することが必須条件となる。このような長波長励起蛍光団においてもPeTによる蛍光のコントロールは可能と考え，フルオレセインをターゲットとした物理化学的検討をまず試みた。フルオレセインは水系溶媒中で高い蛍光量子収率を持ち，かつ生体に対する毒性も少ないため，蛍光プローブの母核として理想的な分子の1つである。実際，フルオレセインを蛍光母核とするプローブは比較的多く開発されてきたが，論理的にデザインされた例はなく，そのほとんどはアミノフルオレセインの蛍光量子収率が非常に低いことを利用しているのが現状であった。

種々のフルオレセイン誘導体を合成しその蛍光特性を精査することで，一見リンカー構造の見あたらないフルオレセインではあるが，実は分子をベンゼン環部位と蛍光団であるキサンテン環部位の2部位に分けて考えることが可能であり（図1左下），分子内PeTによりその蛍光特性を精密に制御可能であることを見出した[1~3]。具体的には，ベンゼン環部位の電子密度がある値よ

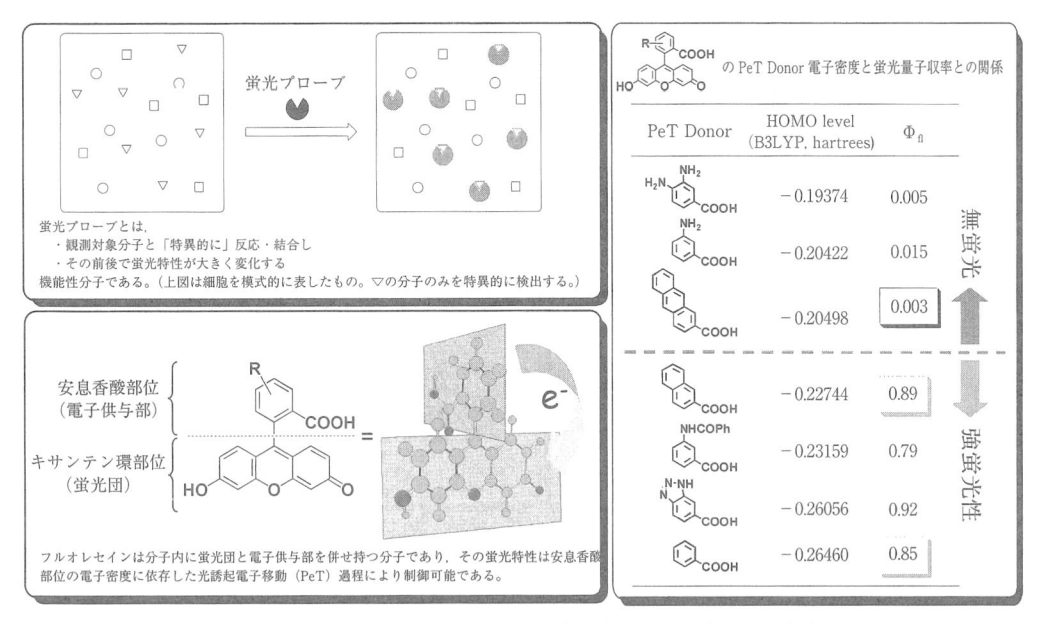

第3章 細胞内生体分子群の動態シグナルの解析

図1 蛍光プローブとはどのような機能性分子か？（左上）．代表的な長波長励起蛍光分子であるフルオレセインは2部位に分割して考えることができ（左下），その蛍光量子収率は光誘起電子移動により精密に予測することが可能である（右）

りも大きいフルオレセイン誘導体はほぼ無蛍光であり，電子密度がそれよりも低いとフルオレセインと同等の強い蛍光を発することが明らかとなった（図1右）．本知見は，どのようなフルオレセイン誘導体であっても，量子化学計算によりベンゼン環部位の電子密度を求めることで，その蛍光量子収率を正確に予測可能であることを示す画期的なものである．さらに本知見を最大限に活用することで，蛍光プローブの論理的なデザインが初めて可能となった．すなわち，フルオレセインに標的分子と反応する蛍光マスク部位を組み込み，この電子状態が標的分子との特異的な反応・結合により変化し，蛍光を発するようになるというプローブデザイン法を確立した（図2左上）．言い換えるならば，ある検出対象分子に特異的であり，かつ反応の前後で電子密度が変化する化学反応が存在すれば，その反応部位自身は全く蛍光を持たなくてもそれを蛍光On/Offの変化に論理的に結びつけ，蛍光プローブ化することが可能となった．本プローブ設計法は，もちろんフルオレセイン以外の蛍光団にも適用可能な汎用性の高い設計法である．実際ローダミン，BODIPYなどの蛍光特性を精密に制御することに成功し，例えばBODIPY骨格のNO蛍光プローブDAMBO-pH[4]などの開発にも成功している．以下筆者らの設計法に基づく代表的な開発例である，フルオレセイン骨格を持つ活性酸素種検出蛍光プローブについていくつか紹介する．

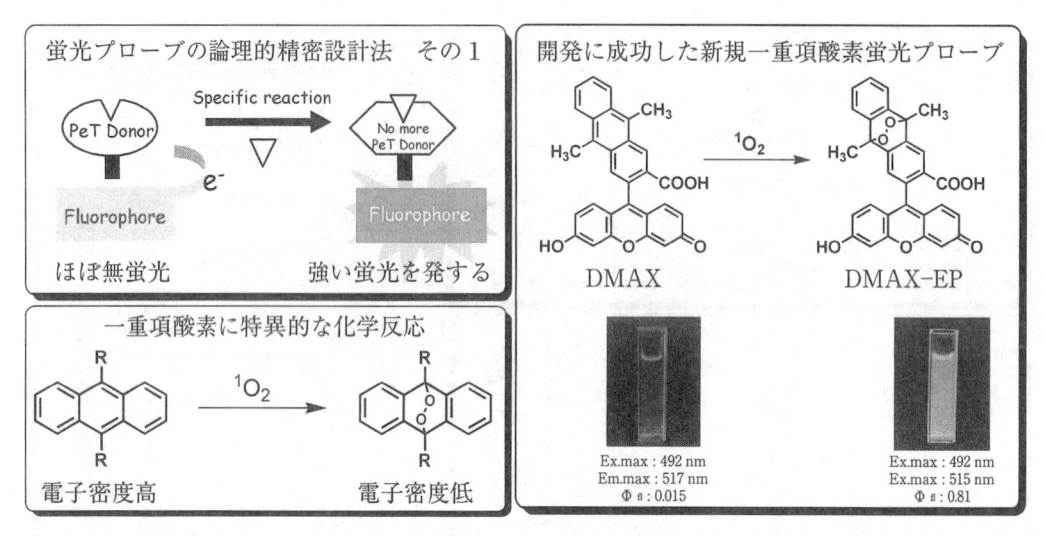

図2 確立した蛍光プローブの論理的設計法その1（左上）。開発に成功した一重項酸素蛍光プローブの概要（右）とその鍵反応（左下）

4.5 活性酸素種を種特異的に検出可能な蛍光プローブの論理的開発

活性酸素種（ROS）は，炎症，ガンなど多くの疾患に関わるとされ，また近年では細胞内情報伝達物質としての役割も持つとの指摘もあり，ますます注目を集めている。一口に ROS と言っても，スーパーオキシド，過酸化水素，ハイドロキシルラジカル，一重項酸素など多くの種が存在し，これらはそれぞれ特徴的な化学反応性を持つことから，生体内においても異なる役割を持つ可能性も高い。ROS 検出用蛍光プローブは，筆者らの研究以前にもいくつか開発され，中でもジクロロフルオレセインの2電子還元体である DCFH が広く用いられてきた。しかしながら DCFH には ROS 間の特異性は全くなく，また励起光を当てるだけで ROS の有無にかかわらず大きく蛍光が増大してしまう欠点を持っており，生物学的に意味あるデータを得ることは困難であった。そこで筆者らは，上述の蛍光プローブデザイン法を活用し，ある特定の活性酸素種のみを検出可能な蛍光プローブの精密設計を試みた。以下，一重項酸素（$^1O_2$）蛍光プローブ，OH ラジカルなどの高い活性を持つ ROS を特異的に検出可能な蛍光プローブ，パーオキシナイトライト（$ONOO^-$）などによるニトロ化ストレスを特異的に検出可能な蛍光プローブの開発について紹介する。

4.5.1 一重項酸素（$^1O_2$）蛍光プローブ（DPAX, DMAX）

$^1O_2$ は，2重結合への特異的な付加反応（ene 反応）を引き起こすことがよく知られている特色ある ROS の1つであり，その生体内での発生，役割，影響に注目が集まっている。この ene 反応の代表的な基質としてアントラセンが挙げられるが，ene 反応前後で大きな電子密度の変化

第3章 細胞内生体分子群の動態シグナルの解析

を伴うことが計算から予測された（図2左下）。そこでこの化学反応を上述のプローブデザイン法と組み合わせ，ジフェニルアントラセンをベンゼン環部位とする $^1O_2$ 蛍光プローブ DPAX[5]，および図2右に示したジメチルアントラセンをベンゼン環部位とする DMAX[1] を設計，開発した。写真からも明らかな通り，DMAX は $^1O_2$ との反応前はほぼ無蛍光であるが，$^1O_2$ と反応することで顕著な蛍光増大が観測され，デザイン通り $^1O_2$ 蛍光プローブとして機能することが確かめられた。ene 反応は $^1O_2$ 特異的な反応であり，またその反応性も高いため，DMAX を用いることで $^1O_2$ を特異性高く，高感度に検出することが可能となった。もちろん，このような長波長で機能する $^1O_2$ 蛍光プローブは今回我々が開発したものが初めてである。

4.5.2 OH ラジカルなどの高い活性を持つ ROS を特異的に検出可能な蛍光プローブ（HPF, APF）

次に，OH ラジカルなどの高い活性を持つ ROS（highly reactive oxygen species，以下 hROS）に対する蛍光プローブ HPF，APF を紹介する。前述した通り，ROS には非常に多くの種類があり，その反応性も大きく異なるはずであるが，生物領域研究では現在でも「酸化ストレス」として一括りに扱われることがほとんどである。例えば，過酸化水素自身はほとんど酸化力を持たないが，OH ラジカルは強い酸化力を持つ。よってもし両者が生細胞内で等量産生したならば，細胞に与える酸化ストレスは後者の方が圧倒的に大きいはずである。そこでここでは新たに，後者のような強い酸化力を持つ ROS（hROS）のみを検出可能な蛍光プローブの開発に着手した。まず hROS 特異的な化学反応として，図3左下に示したジアリルエーテル類の ipso 置換反応を採用した。この反応は，P450 の酸化活性種や OH ラジカルなどの hROS では進行するが，過酸化水素などその他の ROS では進行しないことが明らかとなっており[6]，プローブの hROS 特異性を確保するのに最適であると考えた。この化学反応はエーテル結合の開裂を伴うものであるため，この特徴を生かすことが可能な第2のプローブ設計法をまず確立した（図3左上）。これは，PeT による蛍光消光に必要な電子密度の高い部位を hROS との反応により開裂する結合により蛍光団に導入することで，hROS との反応前は非常に蛍光が弱く，かつ hROS 特異的に電子密度の高い部位が蛍光団から切り離されることで蛍光が回復することを狙ったものである。実際この設計法に則り，図3右に示した2種の新規蛍光プローブ HPF，APF の開発に成功した[7]。HPF，APF により検出可能な ROS を図3内の表にまとめたが，従来用いられてきた DCFH がほぼ全ての ROS と反応するのに対して，これら2種のプローブが hROS のみを特異的に検出可能である事がお分かりいただけるかと思う。例えば HPF や APF を用いれば，NO とパーオキシナイトライトを区別して検出することが可能であり，また両者の反応性が若干異なることを利用すれば次亜塩素酸の特異的検出も可能である。さらに HPF，APF の最大の特長として，光依存的な蛍光の増大が全く見られないことも挙げられる。DCFH は可視光が当たるだけで顕著な蛍

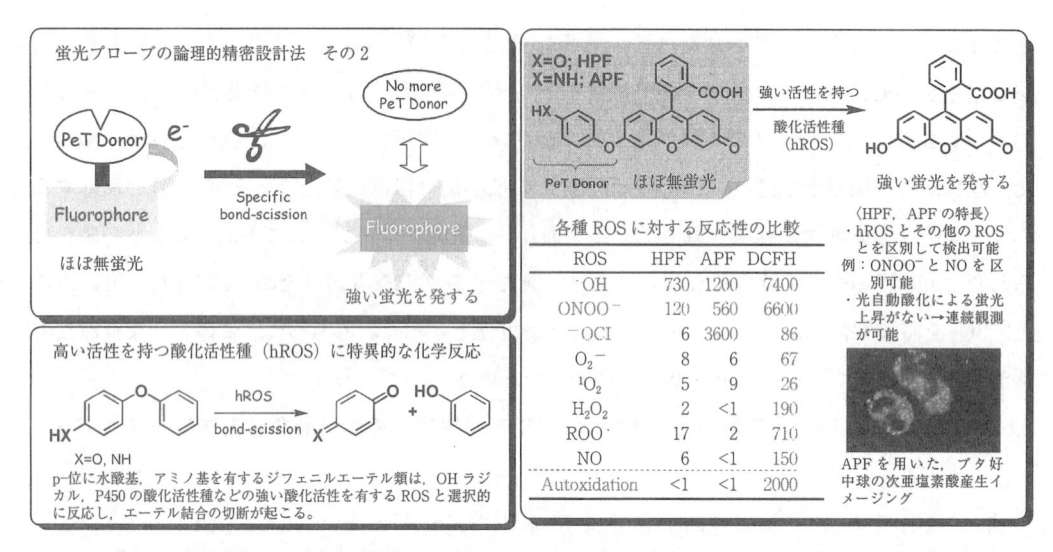

図3 確立した蛍光プローブの論理的設計法その2（左上）。観測対象である高い活性を持つ活性酸素種に特異的な化学反応（左下）と，開発に成功した活性酸素種蛍光プローブの特長（右）

光の増大が見られてしまうため，試料調整には細心の注意が必要なばかりでなく，同一視野の連続観測は不可能であるという大きな欠点を有していた。今回開発に成功したHPF，APFはいずれも可視光照射では全く蛍光が変化しないため，同一細胞内でのhROS産生を系時的に，信頼性高く検出することが可能となった。HPF，APFは国内では第一化学薬品から，海外ではMolecular Probesなどから発売されており，既にこの特長を生かした研究が論文として報告されるようになってきた。今後，HPF，APF類を用いることで，酸化ストレス研究が大きく展開することが期待される。

4.5.3 パーオキシナイトライト（ONOO$^-$）などによるニトロ化ストレス検出蛍光プローブ（NiSPYs）

ONOO$^-$は生体内においてNOとO$_2{}^-$との反応によって形成され，タンパク質や脂質，核酸等の生体成分に対し，酸化やニトロ化のストレスを惹起する高反応性の活性窒素種であり，様々な病態への関連が注目されている（図4上）。ONOO$^-$の検出に用いることのできる既存の蛍光プローブとしてDCFHやDHR-123が知られているが，これらのROS選択性は極めて低く，また観測の際の励起光照射だけでも蛍光が著しく増大してしまうという致命的な欠点を抱えていることは既述した通りである。ここでは，ONOO$^-$は芳香族化合物のニトロ化反応を引き起こすという特異な反応性を有していることに着目し，ニトロ化されることで初めて高蛍光性となるプローブを精密に分子設計し，開発することで，ONOO$^-$の高選択的な検出が可能となると考え，研究に着手した。しかしながら一般に，ニトロ基は各種蛍光団の蛍光を消光させる特殊な効果を有していると考えられており，実際ニトロフルオレセインなどはほぼ無蛍光であることが知られてい

第3章　細胞内生体分子群の動態シグナルの解析

る。そこで，ニトロ基の消光能はその強い電子吸引性に起因して芳香族化合物のLUMOエネルギーレベルを極めて低くするためであり，結果としてニトロベンゼン部位がPeTの電子受容部として機能するためにほぼ無蛍光となっているとの仮説を立て，まずこの検証を行った。その結果，蛍光団部位，ニトロベンゼン部位の電子密度を適切に制御することで，ニトロ基を分子内に有するにもかかわらず高蛍光性のBODIPY誘導体を作成することに成功した。すなわち，ニトロ基は

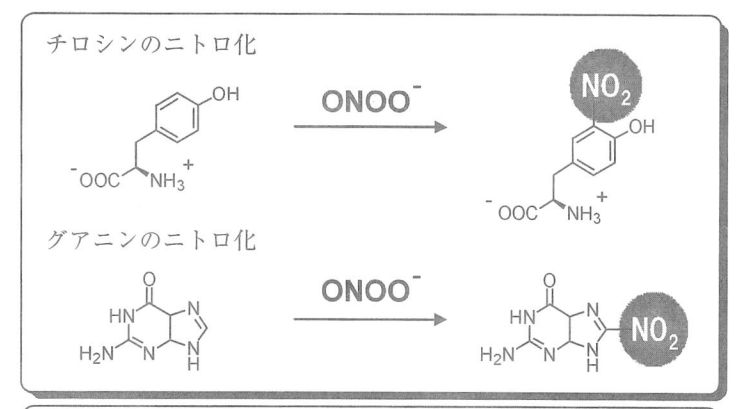

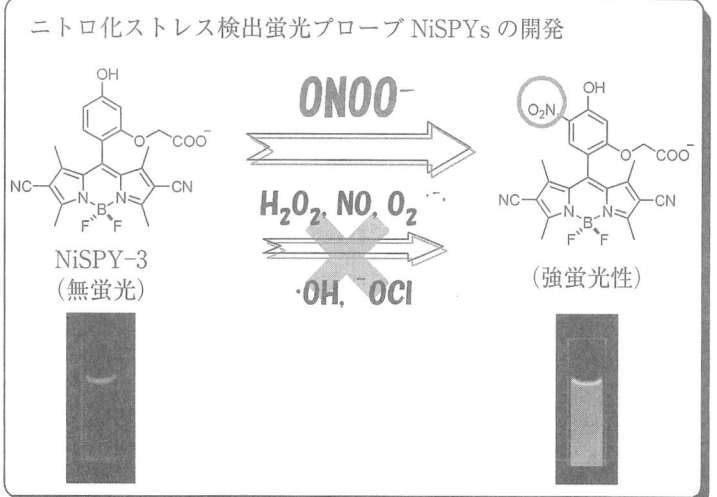

図4　ニトロ化ストレスによる芳香族生体分子のニトロ化反応例（上）と，ニトロ化ストレスを特異的に検知する蛍光プローブ NiSPYs の開発（下）

蛍光消光を引き起こす特殊な効果を有するわけではなく，その強い電子受容性に基づくPeT過程が優先するために消光が起こることが強く示唆された。そこで次に本知見と，上述のプローブ分子設計法に基づきBODIPYの分子構造を最適化し，ニトロ化反応前はほぼ無蛍光であり，ニトロ化されることで高蛍光性となる新規蛍光プローブ（NiSPYs）をデザイン，開発した[8]。本プローブは，中性リン酸緩衝液中においてほぼ無蛍光であり，またONOO$^-$との反応により蛍光性が著しく増大することが確認された。さらに本プローブは，ニトロ化反応を動作原理としていることから，他のROSではほとんど蛍光上昇が観測されず，極めて高選択的な蛍光プローブであることも明らかとなった（図4下）。

以上述べてきたように，PeTを基本原理とした蛍光プローブの論理的なデザイン法が確立で

きている。この原理に基づくことで各種酸化ストレスを区別して検知可能な蛍光プローブ群の開発に成功した。筆者らはこれらの酸化ストレス検知蛍光プローブ以外にも，β-ガラクトシダーゼやアルカリフォスファターゼなどのレポーター酵素活性を高感度に検出するプローブなどの開発にも成功しており（文献[9~11]参照），現在もこれらの設計概念に基づき，さらに多種多様な生体反応の可視化を目指し，種々の蛍光プローブを鋭意開発中である。

4.6 蛍光タンパク質

組織・個体レベルでの分子イメージング法として，代表的なのは，PET（positron emission tomography: 陽電子放射断層撮影），MRI（magnetic resonance imaging: 磁気共鳴画像），CT（computed tomography: コンピュータ断層撮影）など，医療現場の最先端で利用されている技術を挙げることができる。しかし実際の研究室レベルでの実験においては，これらの手法は高額な実験機器と特殊な技術を必要とするので，広く用いられているとは言えない。研究室レベルで広く用いられている手法は，蛍光・光学イメージング法である。ここまで述べてきたように，小分子蛍光プローブは，信号伝達において重要な役割を担う細胞内カルシウムイオン動態や，酸化的ストレスを引き起こす活性酸素種など，細胞内における様々な標的の時空間的解析を目指した研究に極めて威力を発揮してきた。今後も数多くの知見を得ることに貢献し，また，論理的な設計戦略によって，様々な新しいプローブが今後も開発されると期待できる。しかし蛍光プローブに常につきまとう問題点として，より詳細な情報を得る目的で利用するには，温度や細胞内での環境変化（pHやクラウディングなど）により解離定数や蛍光寿命が変化する点を考慮する必要がある。また，マイクロインジェクションなどの方法で，組織・細胞に蛍光プローブを運ばなくてはならない点も問題点として残る。最近は，膜透過性の蛍光プローブも種々開発されているが，膜で仕切られている細胞小器官間の移動や，漏出について考慮する必要がある。

このような状況下，細胞・組織・個体レベルのイメージングにおいて蛍光タンパク質は，分子標識タグ（例えば融合タンパク質）として分子の挙動を追う，プロモーター下流に挿入して発現プロファイルや転写活性化部位を調べる，あるいは以下に詳しく述べる蛍光共鳴エネルギー移動（FRET: Fluorescence Resonance Energy Transfer）のアクセプターやドナーとして利用することができる。

蛍光タンパク質研究の歴史は，1960年代にオワンクラゲから発見されたGFP（green fluorescent protein）に始まる。その後，遺伝子の単離，変異導入によるカラーバリエーション（BFP（青），CFP（シアン），YFP（黄色））が作られ，また刺胞動物などから数多くの新しい蛍光タンパク質が発見され，バイオイメージングに関する研究が盛んに展開されている[12]。ここで紹介する蛍光タンパク質法と，先に紹介した小分子蛍光プローブ法は，どちらもイメージン

第3章　細胞内生体分子群の動態シグナルの解析

グにおいて極めて重要な方法であり，簡単に優劣を比較できるものでは無い。小分子蛍光プローブは，分子量が小さく，細胞内で直ぐに効果を発揮する。上述の通り，戦略的な化学修飾との組み合わせにより，様々な標的に対応した，使いやすいプローブの設計が可能である利点がある。蛍光タンパク質は，青から赤まで，様々な蛍光を発するタンパク質が開発され，マルチカラーイメージングや蛍光共鳴エネルギー移動（FRET）を利用するイメージングが可能となったことで広く利用されている。遺伝子操作で簡単に導入でき，発現部位のコントロールも可能，インジェクションの難しい場所（組織）での解析にも有用であると言う利点がある。いずれの蛍光イメージング法においても，望むように蛍光を発しない場合や，導入することにより生体機能が損なわれ，実際の生理的な条件を反映していない場合がある。どの蛍光イメージング法を用いるかについては，それぞれの研究者の対象とする標的や，細胞，組織，個体の種類に応じて適切に判断する必要がある。

4.7　蛍光共鳴エネルギー移動（FRET: Fluorescence Resonance Energy Transfer）

蛍光共鳴エネルギー移動（以下 FRET）とは，一方の蛍光分子（ドナー）から他の蛍光分子（アクセプター）へ励起エネルギーが移動する現象で，エネルギー移動の量は，ドナー・アクセプター蛍光分子間の距離の6乗に反比例すると言われている。例えば50％のエネルギー移動が起きる距離は，数 nm であり，多くのタンパク質1分子の大きさに匹敵すると考えられ，この距離は様々な生命現象を解明する上で，極めて重要な意味を持ち，生きた細胞中での微小な分子間距離を推定できる貴重な手段となっている。したがって，FRET を利用して，広範な生命現象の背景にある分子レベルでの活性化・不活化，結合・解離，構造変化の細胞・組織・個体レベルでの時空間的変化を解析しようとする試みが広く為されている[13]。

4.8　カメレオン

外部刺激に対して細胞が応答する過程としては，各刺激に対応して特定の小分子細胞内仲介物質（二次メッセンジャー）が細胞内に生成され，生成された二次メッセンジャーが細胞の応答反応を引き起こすといった連鎖反応が生じる。細胞は様々な二次メッセンジャーを各応答に応じて使い分けており，Ca^{2+} や cyclicAMP（cAMP），cyclicGMP（cGMP），inositol trisphosphate（IP_3），diacylglycerol（DAG）等が挙げられる。Ca^{2+} は，細胞内メッセンジャーとして重要かつ多様な役割を持っている。例えば，Gタンパク連結型受容体を介するシグナル伝達においては，シグナル分子とGタンパク連結型受容体との相互作用により活性型となったGタンパクαサブユニットが，ホスホリパーゼCを活性化し，イノシトールリン脂質からイノシトール1, 4, 5-トリスリン酸（IP_3）を細胞内に拡散させて，IP_3 が Ca^{2+} の細胞内貯蔵に関わる小胞体内の Ca^{2+}

チャンネルに結合してチャンネルを開いてCa^{2+}を細胞質中に放出させる[14]。つまり外部刺激によって通常Ca^{2+}濃度が低く保たれている細胞質中にCa^{2+}が動員される。外部刺激がおさまると，細胞内Ca^{2+}は，細胞外に汲み出される，または，小胞体内のCa^{2+}ストアに汲み込まれ，元の濃度に戻り応答反応は止まる。このようなCa^{2+}をメッセンジャーとして動員する系は，細胞の増殖・分化・死滅など，すべての生理的応答において重要な役割を担っている。

　細胞内Ca^{2+}に関する研究において小分子蛍光プローブであるFura-2やFluo-3が用いられ，数多くの知見が得られたことについては，既に述べたとおりである。細胞内カルシウムを検出する目的で，蛍光指示タンパク質「カメレオン」が開発された[15~17]。このカメレオンは，FRET現象を用いた最初の蛍光タンパク質としても知られている。カメレオンの構造は，短波長と長波長の2つの改変型GFP（CFP，YFP）をカルモジュリ（CaM）連結した構造をもつ（図5）。そのため，特定波長の励起光を照射するとCa^{2+}非存在下ではCFP蛍光を発するが，Ca^{2+}存在下では蛍光共鳴エネルギー移動（FRET）によってYFP蛍光を発する。カメレオンを用いれば，CFP，YFPの蛍光量とFRET時のYFP蛍光量を差し引く事で定量的にCa^{2+}濃度を測定することもできる。Ca^{2+}を捕らえる反応が可逆的であるため，細胞内で消費される事なく，長期間に渡り細胞内Ca^{2+}の濃度変化を追跡できるといった従来のCa^{2+}指示薬にはない特徴は，細胞・組織・個体レベルでのCa^{2+}濃度のイメージングに優れた利点である。

4.9　モデル生物としてのゼブラフィッシュ

　現在，ヒトモデル生物としてマウス，ショウジョウバエ，ゼブラフィッシュ，アフリカツメガ

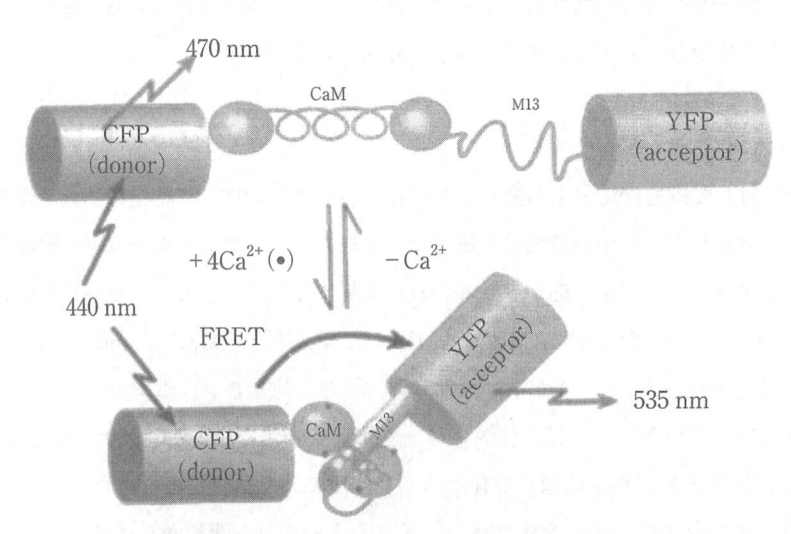

図5　カルシウム指示蛍光タンパク質（カメレオン）の構造（参考文献13より改変）

第3章 細胞内生体分子群の動態シグナルの解析

エル，線虫等多くの生物が研究に使用されている。中でも近年，ゼブラフィッシュを使った実験系が注目されている。ゼブラフィッシュ（*Danio rerio*）とは，インド原産コイ目コイ科ダニオ属に属する体長約5cmの小型熱帯魚である。その特徴は，「飼育が容易，多産，世代交代期間が短い，ゲノム解析がほぼ終了している」等遺伝学に適した特徴を持つ。また，EST（expressed sequence tag）の配列決定により，ヒトとゼブラフィッシュのゲノムに80％以上相同な遺伝子がある事が明らかとなっている。さらに，「母体外で受精・発生し，その発生は早く，発生期間を通して胚が透明であるため顕微鏡解析が容易に行える」等，発生学の研究に適した特徴も備えている[18]。発生学実験の材料としてこの様な特徴を持ったゼブラフィッシュ胚は，遺伝子注入や胚操作が容易である。目的とする遺伝子の機能解析には受精卵へのRNAやDNAの微量注入が行われるが，直径約0.6mmのゼブラフィッシュ受精卵への注入は比較的簡便である。適当なプロモーターと組み合わせたDNAコンストラクトを注入した個体を成体まで育てると，5から20％の魚がその遺伝子を染色体に組み込んだ生殖細胞を持ち（germline chimera），そして交配で得られた子孫の中から全細胞が外来遺伝子を持つトランスジェニック魚が得られる[19]。

現在までに胚発生のあらゆる過程（原腸形成，体節形成，中軸中胚葉，神経管の前後軸・背腹軸等）で異常を示すゼブラフィッシュの突然変異体がそれぞれ見つかっている。これらの変異体の中にはヒトの遺伝病のモデルになるものも含まれている。例えば，ヒトの先天的心臓疾患に相当する心臓・循環器系の変異体や，胎児性の発生異常で生じる単眼症に相当する突然変異体がある[20]。このように胚発生が母胎内で進行するほ乳類では不可能である発生初期の異常を示す変異体のスクリーニング研究で，ゼブラフィッシュの特徴を生かした研究が広く行われている。

4.10 ゼブラフィッシュを用いた細胞内カルシウムイオンイメージング

カメレオンにより，受精3～33時間までの細胞内Ca^{2+}モニタリングから，発生におけるCa^{2+}は，各形態形成で非常に動的であり，時間的・空間的に変化している事が分かった。

4.10.1 胞胚後期～原腸形成後期

受精4時間後，ほぼ均一にCa^{2+}濃度が観察された（図6）。受精5～7時間にかけて将来的に頭部になる部位（推定頭部）から推定腹側にかけてCa^{2+}濃度上昇が観察され，受精8時間後，推定頭部のCa^{2+}濃度は減少し始め，推定腹部のCa^{2+}濃度は植物極に向かってさらに上昇した（図6）。受精9時間後，背部でもCa^{2+}の上昇が観察された。この時期，胚全体では覆い被せ運動を起こしている。また，背部領域では巻き込み運動に伴って中・内胚葉や外胚葉が明確に分かれる。これらの事は，Ca^{2+}の変動と原腸胚の形成過程に伴う細胞の移動との間に密接な関係があることを示している。

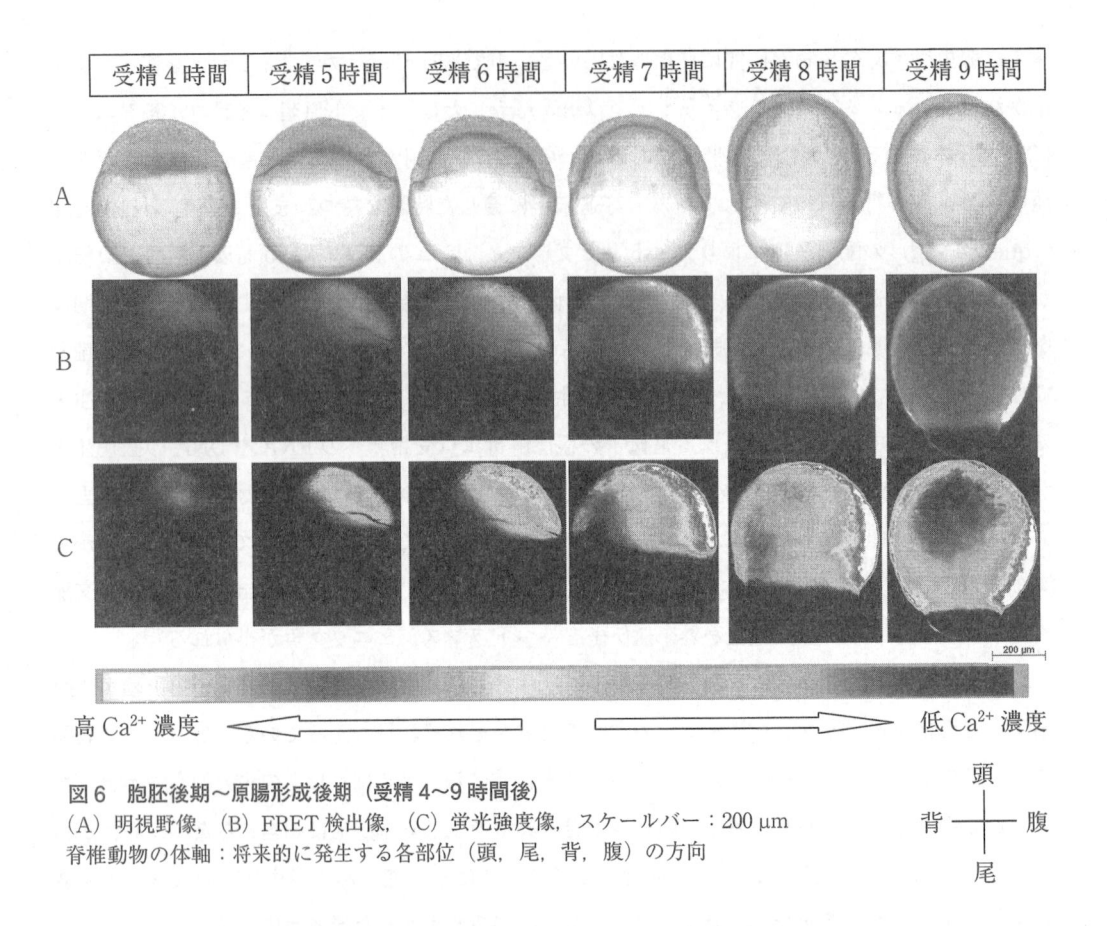

図6 胞胚後期〜原腸形成後期（受精4〜9時間後）
(A) 明視野像，(B) FRET検出像，(C) 蛍光強度像，スケールバー：200 μm
脊椎動物の体軸：将来的に発生する各部位（頭，尾，背，腹）の方向

4.10.2 原腸形成後期〜体節形成初期

受精10時間後の胚で動物極側（頭部側）と植物極側（尾部側）に高いCa^{2+}濃度を示す局在が観察された。受精11時間後，頭部側の高Ca^{2+}局在は，植物側に向かって伸張が見られ，受精12時間で動植物極側を中心に全体的に高いCa^{2+}濃度が観察された（図7）。受精13時間後，尾部と頭部で高いCa^{2+}濃度が観察された（図7）。この頭部の高Ca^{2+}領域は，受精13時間頃から形成される眼の原基の時期や位置と一致する事から，それら細胞群の分化の際にCa^{2+}が関与していると考えられた。

4.10.3 体節形成初期〜中期

受精14〜16時間後，体節形成に伴って尾部に高いCa^{2+}濃度が観察された。また，受精17時間後，頭部の後脳領域で高いCa^{2+}濃度が観察され，尾部においては，全体的に均一なCa^{2+}局在が見られた（図8）。骨形成・骨代謝にWntシグナル伝達経路が重要な働きをする事が分かってきている。Wntシグナルを受け取る膜タンパク質受容体の1つであるLRP-5の変異によって骨の量が大きく変化する事が知られている[21]。よって，受精12〜16時間で，尾部領域の各体節に

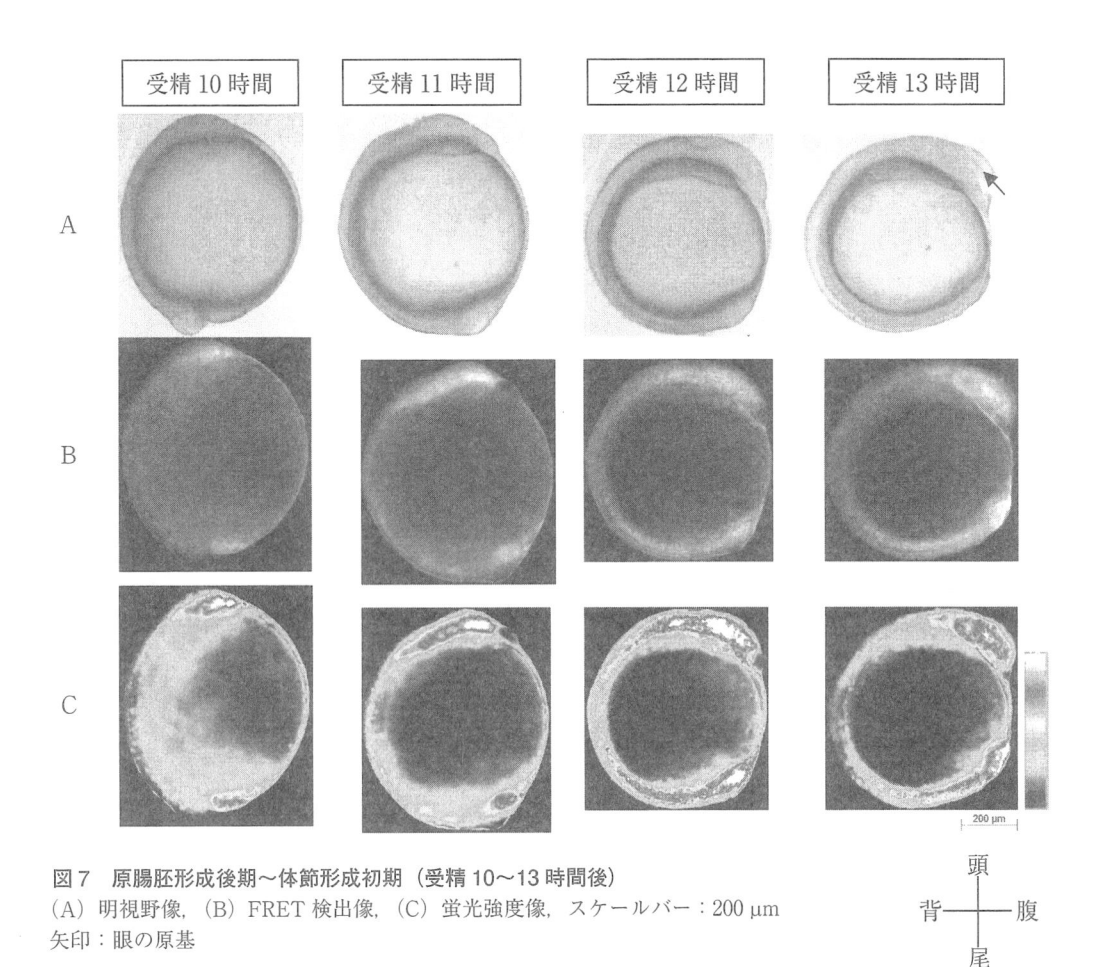

第3章　細胞内生体分子群の動態シグナルの解析

	受精10時間	受精11時間	受精12時間	受精13時間
A				
B				
C				

図7　原腸胚形成後期〜体節形成初期（受精10〜13時間後）
(A) 明視野像，(B) FRET検出像，(C) 蛍光強度像，スケールバー：200 μm
矢印：眼の原基

　　　頭
背　┼　腹
　　　尾

高いCa^{2+}領域が観察された結果は，Wnt/Ca^{2+}シグナルが骨芽細胞の分化に大きく影響している事を示唆している。さらに，尾部のCa^{2+}濃度は，背側よりも腹側近い部位で高かった。これは，腹側化活性を持つWnt/Ca^{2+}シグナルが腹に近い部位でWnt/β-cateninシグナルを阻害している可能性を示唆している。

4.10.4　体節形成中期〜後期

　受精18時間，頭部の菱脳領域から背部にかけて高いCa^{2+}濃度が観察された（図9）。この菱脳周辺での高いCa^{2+}領域は，菱脳が分節化する時期と重なる。また，菱脳分節化には，WntとDelta-Notchシグナル伝達経路が関与する事が最近の研究で明らかとなっている。受精19時間以降，頭部以外の領域のCa^{2+}濃度は，一様に減少していった（図9）。このCa^{2+}濃度の減少は体節形成がほぼ完了した事を意味する。

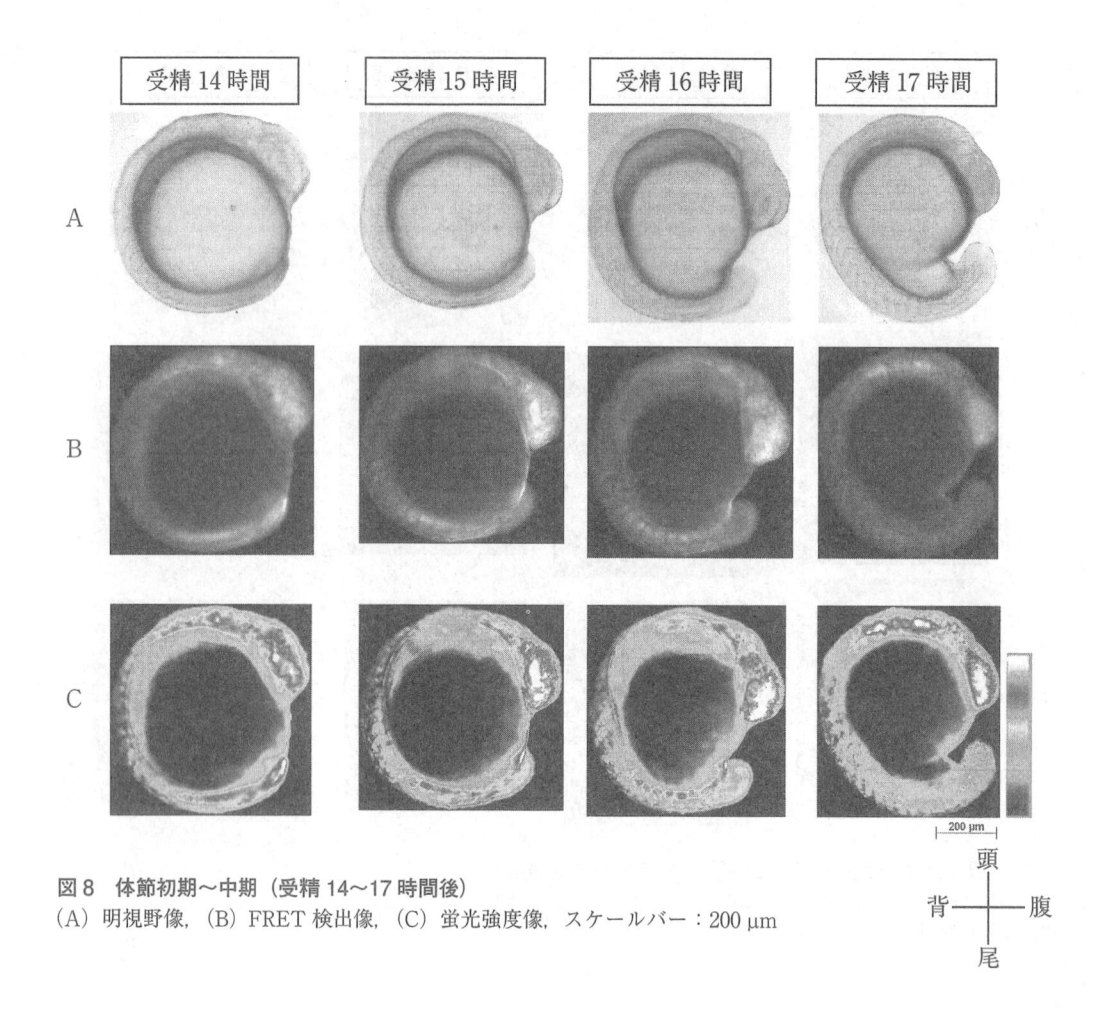

図8 体節初期～中期（受精14～17時間後）
(A) 明視野像，(B) FRET検出像，(C) 蛍光強度像，スケールバー：200 μm

4.10.5 原基形成期

　受精22～26時間にかけて菱脳分節周辺に高いCa^{2+}濃度が観察された（図10）。その後，時間と共に減少している。受精約26時間から網様体神経や鰓弓神経のような前神経系がより精巧に形成される。菱脳分節の中でも第3～5菱脳分節周辺に最も高いCa^{2+}濃度が観察された（図10）。ゼブラフィッシュにおいて第4菱脳分節には，魚類特有の逃避運動を司る巨大な交差神経マウスナー細胞が受精約26時間後より形成される[22]。さらに，神経誘導や神経の後方化等，神経系の発生に関与するシグナル伝達系としてFGFシグナル伝達経路が知られている。FGFシグナル伝達経路は，通常膜上に存在する受容（FGF receptor: FGFR）に結合する事で細胞内領域のチロシンキナーゼを活性化し，Ras-MAP kinaseカスケードを経て核内の転写制御に至る。また，同時にIP_3を活性化しCa^{2+}の動員を引き起こす経路が存在する[23]。よって，ゼブラフィッシュ胚の菱脳分節においてCa^{2+}の上昇は，神経原基から神経が誘導される際にFGFシグナル伝達経

第3章 細胞内生体分子群の動態シグナルの解析

| 受精18時間 | 受精19時間 | 受精20時間 | 受精21時間 |

A

B

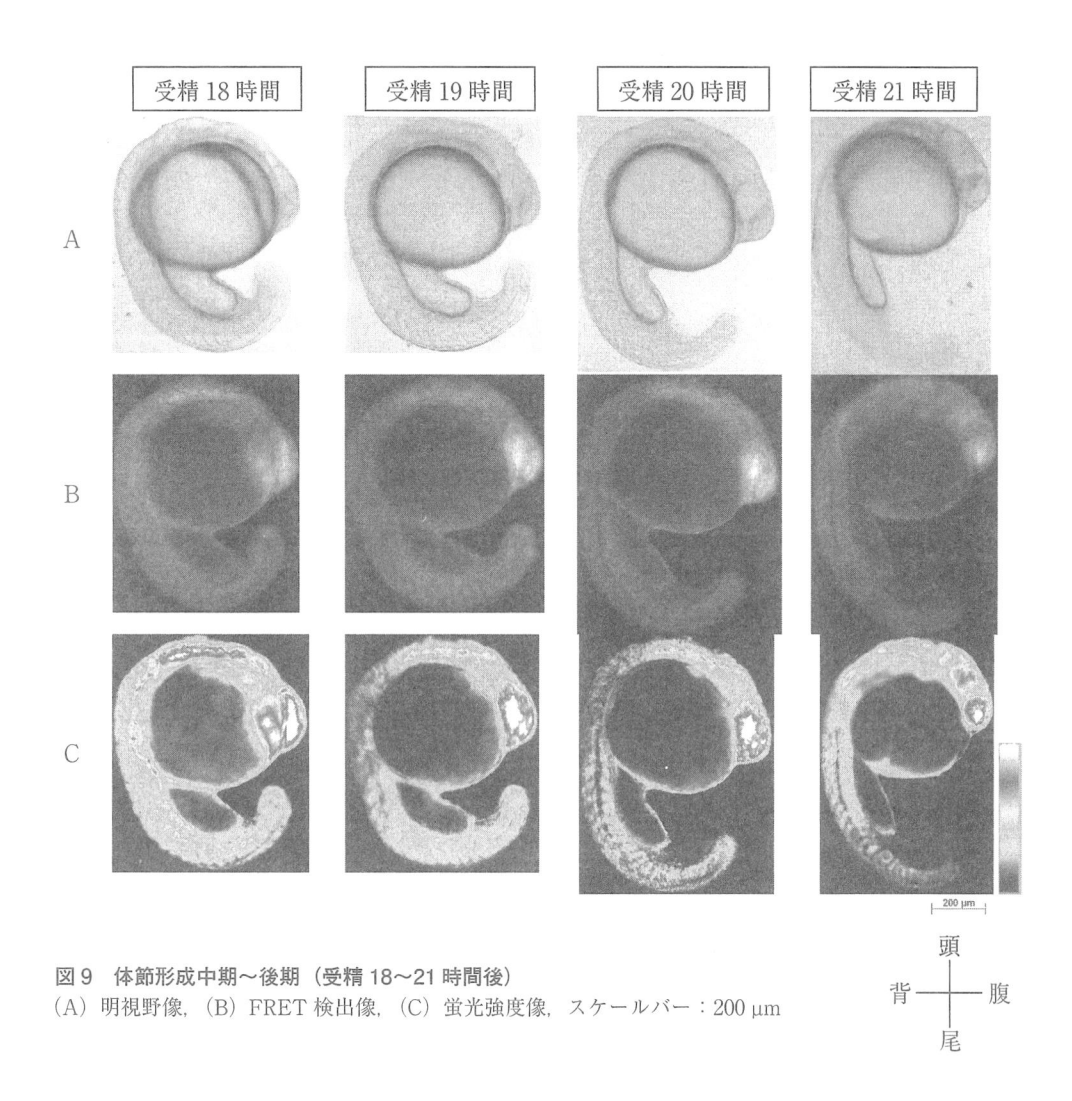

C

200 μm

図9 体節形成中期～後期（受精18～21時間後）
(A) 明視野像，(B) FRET検出像，(C) 蛍光強度像，スケールバー：200 μm

頭
背 ― 腹
尾

路を活性化し，IP_3 を介した Ca^{2+} の動員を引き起こしたものと思われる[24]。

4.11 形態形成異常と細胞内カルシウムイオン

　カメレオンを用いる利点は，長時間に渡る細胞内カルシウムイオンのモニタリングが可能である点である。当然ながら，個体レベルでの外的なストレスへの応答や，遺伝的奇形の場合でも，細胞内カルシウムイオン濃度変化を，この方法で追うことができる。

　図11に示すのは，神経外胚葉の発生調節に必須の因子として知られている kheper に異常のある奇形について，カルシウムイオン濃度をモニタリングした結果である。

　正常胚の場合に，非対称な分布を示していた蛍光シグナルが，明確な非対称性を示していないことがはっきりと分かる。酸化ストレスの場合にも，同様，形態形成異常は，同時に細胞内カル

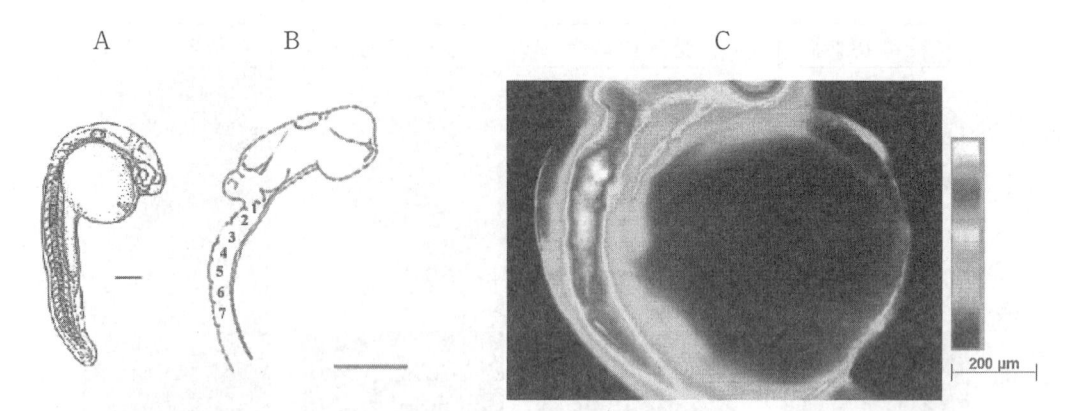

図10 受精26時間後の菱脳分節

高濃度のCa^{2+}は，第3～5菱脳分節に局在していた。
(A) 受精26時間のゼブラフィッシュ図，(B) 分節化している菱脳の図，(C) ゼブラフィッシュ菱脳分節の蛍光強度増，スケールバー：200 μm
(A, Bはhttp://www.shigen.nig.ac.jp:6070/zf_info/zfbook/zfbk.html より改変)

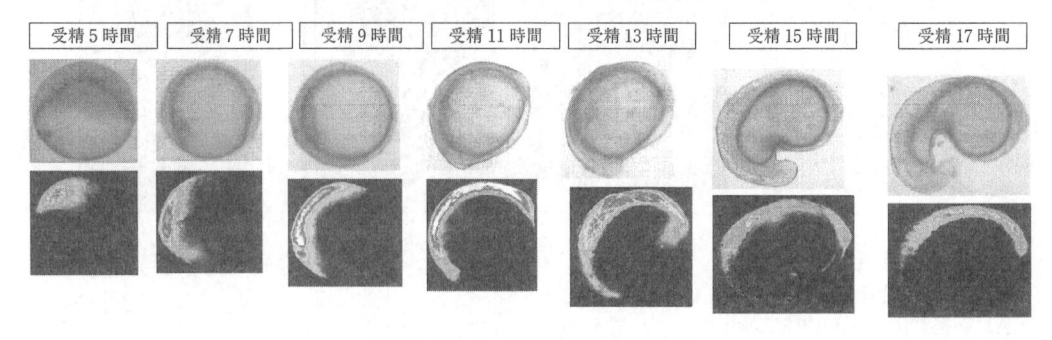

図11 Kheper変異胚のCa^{2+}動態

シウムイオン濃度分布の異常として現れると考えられる。

4.12 おわりに

これまで見てきたように，小分子蛍光プローブや蛍光タンパク質は，いずれも非常に有効な細胞や個体情報をモニタリングする道具として，すでに成立している。ストレスに関しては，ストレスマーカーを探す研究も活発に行われており，それは同時に蛍光プローブや蛍光タンパク質のターゲットが今後も増え続けることを意味している。先に述べたように，経験的な設計方法から，理論的・戦略的設計法への展開が図られていることより，この分野が，生物学と化学の境界領域として，さらなる発展が期待できる。また，ここでは詳しく述べなかったが，可視化法に関しても，蛍光だけでなく，化学発光法や色素を用いない無染色法に関する研究成果も，着実に増えて

第3章　細胞内生体分子群の動態シグナルの解析

いる。このように，イメージング関連分野は，生物学のみならず，プローブのデザインが関わる化学，検出方法が関わる物理学のスムーズな連携によって初めて成り立つ，典型的な学際領域であると言える。

文　　献

1) K. Tanaka *et al., J. Am. Chem. Soc.*, **123**, 2530-2536（2001）
2) T. Miura *et al., J. Am. Chem. Soc.*, **125**, 8666-8671（2003）
3) T. Ueno *et al., J. Am. Chem. Soc.*, **126**, 14079-14085（2004）
4) Y. Gabe *et al., J. Am. Chem. Soc.*, **126**, 3357-3367（2004）
5) N. Umezawa *et al., Angew. Chem. Int. Ed.*, **38**, 2899-2901（1999）
6) Y. Urano *et al., J. Am. Chem. Soc.*, **119**, 12008-12009（1997）
7) K. Setsukinai *et al., J. Biol. Chem.*, **278**, 3170-3175（2003）
8) T. Ueno *et al., J. Am. Chem. Soc.*, **128**, 10640-10641（2006）
9) Y. Urano *et al., J. Am. Chem. Soc.*, **127**, 4888-4894（2005）
10) M. Kamiya *et al., Angew. Chem. Int. Ed.*, **44**, 5439-5441（2005）
11) 浦野泰照, 化学, **61**（9）, 23-27（2006）
12) R. Tsien, *Ann. Rev. BioChem.*, **67**, 509-544（1998）
13) A. Miyawaki, *Dev. Cell*, **4**, 295-305（2003）
14) V. Bugaj *et al., J. Biol. Chem.*, **280**, 16790-16797（2005）
15) A. Miyawaki *et al., Nature*, **388**, 882-887（1997）
16) A. Miyawaki *et al., Proc. Natl. Acad. Sci. USA.*, **96**, 2135-2140（1999）
17) T. Nagai *et al., Proc. Natl. Acad. Sci. USA.*, **101**, 10554-10559（2004）
18) A. Schier *et al., Ann. Rev. Genet.*, **39**, 561-613（2005）
19) D. Beis *et al., Trends Cell Biol*, **16**, 105-112（2006）
20) N. Wada *et al., Development*, **132**, 3977-3988（2005）
21) J. Gonzalez-Sancho *et al., Mol. Cell Biol.*, **24**, 4757-4768（2004）
22) M. Rhinn *et al., Development*, **132**, 1261-1272（2005）
23) B. Sarmah *et al., Dev. Cell*, **9**, 133-145（2005）
24) R. Koster *et al., J. Neurosci.*, **26**, 7293-7304（2006）

5 植物細胞の環境ストレス応答の分子機構

吉田和哉 [*1], 仲山英樹 [*2]

5.1 はじめに

　地球環境の再生・修復や，塩害地および海水の農業利用による食糧増産，さらにはバイオ燃料の原材料となる植物バイオマス増産に役立つ植物の開発等，様々な環境ストレス耐性植物の作出に期待が寄せられている。有力な手段となる分子育種技術（遺伝子組換え技術）は，分子生物学，細胞生物学，生理学，生化学，生物有機化学などのあらゆる科学的知見に立脚している。中でも，植物の生産性を低下させる主要な環境ストレスである塩・乾燥ストレスについては，それらに対する適応機構に関して多くの研究が行われており，関与する遺伝子群が多数同定され，細菌，酵母および植物に共通する機構も明らかにされている[1,2]。これまでに同定された機能性分子は，浸透圧ストレス耐性を賦与する機能分子（細胞の浸透圧調節や脱水時の生体分子と生体膜保護に機能している適合溶質の生合成系酵素のタンパク質），光酸素ストレス耐性を賦与する機能分子（活性酸素消去系酵素のタンパク質），イオンストレスに対する耐性を賦与する機能分子（イオンホメオスタシス制御に直接関与するイオン輸送系のタンパク質），塩・乾燥ストレスの適応応答に関与するシグナル伝達分子（塩・乾燥ストレスに応答した遺伝子群の発現を制御するシグナル伝達系のタンパク質）等がある。これらの分子情報を元に，細胞が持つストレス適応機構のモデルが考えられているが，その全貌が明らかになったわけではない。今後は，新規機能性分子の探索とともに，ストレス応答における遺伝子発現制御から代謝変動までを細胞レベルで定性かつ定量的に計測すること，即ちライフサーベイが重要である。そのためには，細胞に対する情報インプット（ストレス信号入力）からアウトプット（細胞応答）までを一元的に解析する方法論，例えば，ゲノム情報を元にしたマイクロアレイ解析による遺伝子発現変動データとメタボローム解析による代謝変動データの統合的精査等が必要である（図1）。本稿では，植物の塩ストレス応答に関する知見，および環境ストレス応答の解析モデル細胞となる好塩性微生物の解析結果を紹介し，細胞の環境ストレス応答に関するライフサーベイヤ研究の必要性と展望を考察する。

5.2 植物細胞の塩ストレス応答機構

　生物は，その生長や生存を制限する各種のストレスを自然環境から絶えず受けている。特に，地下に根を張った植物は自ら移動できないため，自然環境から被るストレスの影響は深刻である。植物の生産性は，環境ストレスによって大きく左右されるが，病気や害虫による農作物の損失は

　[*1] Kazuya Yoshida　奈良先端科学技術大学院大学　バイオサイエンス研究科　助教授
　[*2] Hideki Nakayama　奈良先端科学技術大学院大学　バイオサイエンス研究科　助手

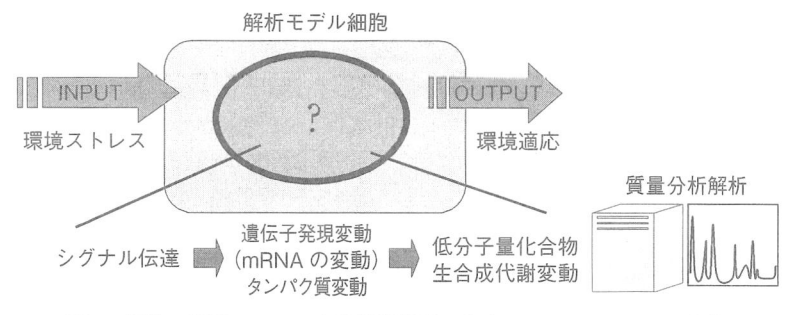

第3章　細胞内生体分子群の動態シグナルの解析

図1　細胞の環境ストレス応答機構解明のためのライフサーベイヤ解析

収穫率で平均10％未満であるのに対し，旱魃や塩害などの物理化学的な環境因子が引き起こす損失は，最高収穫率の平均65％以上にも達するといわれている。また，地下水には多量に含まれるカルシウムイオンやマグネシウムイオン以外にも，少量のナトリウムイオンが含まれている。そのため，水分が土壌から蒸散すると，主成分であったカルシウムイオンやマグネシウムイオンは炭酸塩となって土壌中に沈殿して不溶化するのに対し，沈殿しないナトリウムイオンは土壌溶液の主要な毒性成分として濃縮される。

　高塩環境では，細胞外の水ポテンシャルが低下し，細胞の脱水が誘導される。このような浸透圧ストレスによる細胞の脱水により，植物細胞が膨圧を失って原形質分離を引き起こし，不可逆的な細胞膜変性等の致命的な損傷を受ける。植物細胞は浸透圧ストレスによる細胞の膨圧変化を引き金として，浸透圧ストレス応答のシグナル伝達経路を活性化し，浸透圧ストレスを回避するための適応応答を行っている。その代表的な応答として，植物ホルモンのアブシジン酸（ABA）の生合成が誘導され，ABAを介したシグナル伝達経路を活性化することにより，気孔を閉鎖して葉面からの水分の蒸散を抑える。さらに，浸透圧ストレスに加えて，ナトリウムをはじめとする毒性イオンが細胞外から細胞質ゾル内へ多量に流入して蓄積することによって，細胞内タンパク質の変性や代謝酵素の反応阻害が引き起こされる。さらに，イオンストレス下の植物ではイオン恒常性の崩壊による必須栄養イオンの吸収阻害が起こり，さらに，二次的な活性酸素ストレスが生じるなど複合的かつ致命的な損傷を受けることになる（図2）。

　植物細胞が塩ストレスに適応するためには，水分の確保，浸透圧の調節，活性酸素の消去，そして塩の排除・隔離を行う仕組みが必要である。生理的レベルの適応として，①気孔の閉鎖によって水分の蒸散を抑える，②塩類輸送の制御によって余分な塩類を根や茎の上部，葉柄，花茎に押し止める，③分裂組織や発達途中の葉，若い果実に到達する塩類を減らすなどの適応機構が知られている。植物における塩の輸送機構については，原形質膜や液胞膜上のナトリウムイオン／プロトン対向輸送タンパク質およびカリウムイオン輸送タンパク質の関与が示されている。細胞内では，多量の塩類を液胞に取り込んで細胞の膨圧を維持するのと同時に，毒性イオンを隔離す

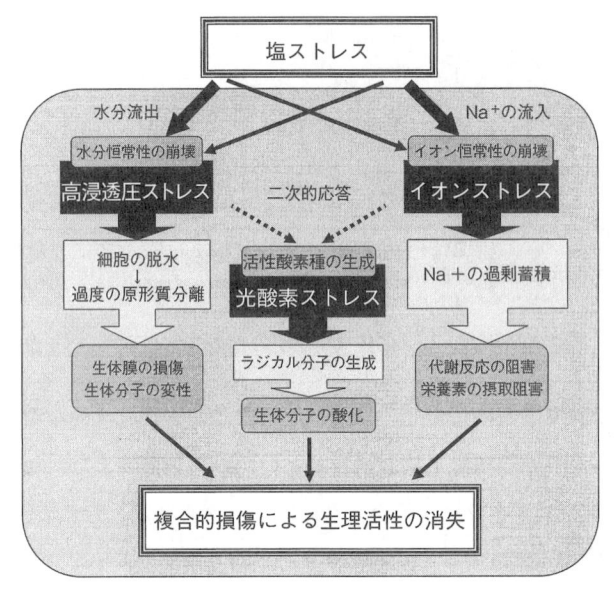

図2　塩ストレスに曝された植物細胞内で生じる複合的な損傷

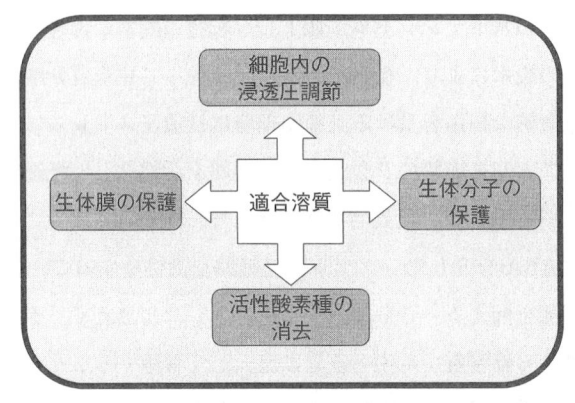

図3　塩ストレス応答における適合溶質の多面的な機能

ることによって細胞質ゾルや葉緑体などのオルガネラ内への塩類の蓄積を抑制する機構が知られている。浸透圧ストレス条件下で細胞の膨圧維持に利用される浸透圧調節物質は，その存在が大腸菌から酵母，高等植物に至るまで広く知られており，カリウムイオンやナトリウムイオンなどの無機イオンや適合溶質と呼ばれる水溶性の低分子有機化合物が浸透圧調節に機能している（図3）。さらに，適合溶質は，タンパク質の保護，膜の安定化，活性酸素の消去，および核酸の T_m 値を低下させることによってDNA複製や転写，翻訳の保護などの機能を持つことが示唆されており，塩・乾燥ストレスから細胞を保護するために重要な役割を担っている（図4）。

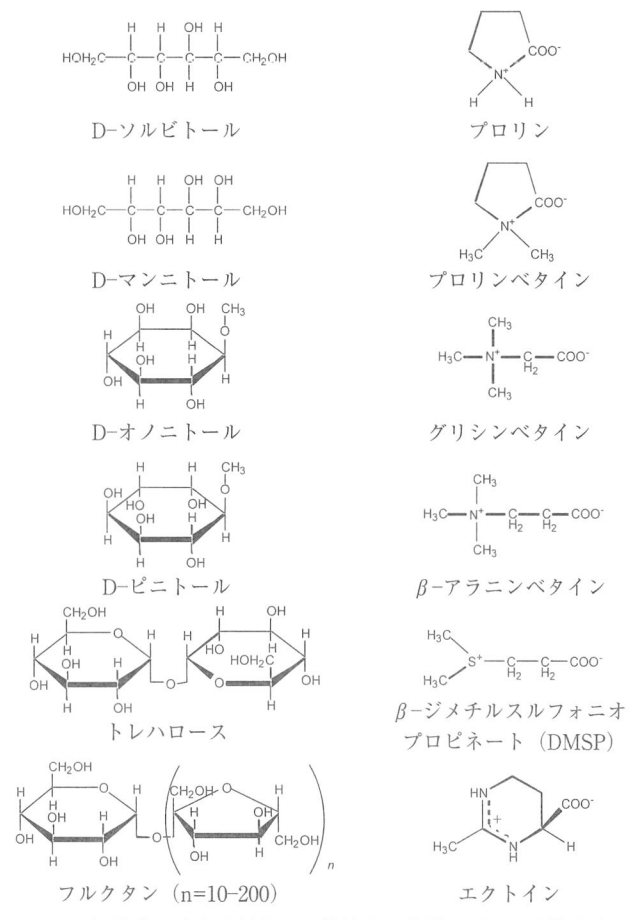

第3章 細胞内生体分子群の動態シグナルの解析

図4 細胞内で適合溶質として機能する多様な低分子有機化合物

5.3 ナトリウムイオンストレス

　ナトリウムイオン（Na^+）が毒性を示す要因として，多量の Na^+ による細胞内の酵素機能の阻害やカリウムイオン（K^+）やカルシウムイオンなどのイオン輸送における動力学的な平衡状態の崩壊が，生理学的な解析によって示されている。細胞レベルでのイオンバランスを正常に保とうとするイオン恒常性制御機構は，全ての植物で耐塩性に重要な役割を担っていると考えられ，それらの分子機構を解明する研究が活発に行われている。植物細胞が塩ストレスに曝されると，細胞外の塩によって水ポテンシャルは減少し，細胞質ゾルには過剰な塩が蓄積する。このような環境に適応するためには，原形質膜を通した外部イオンの流入量が液胞へ隔離できる許容量でなければならない。そのため，Na^+ の細胞内への取り込みと液胞への隔離に関わる原形質膜および液胞膜のイオン輸送系タンパク質の役割が重要である。また，塩ストレス環境における高濃度 Na^+ が，根の原形質膜を介したカリウムイオン摂取を競合阻害することから，Na^+ は K^+ と同じ

機構によって摂取されると予想されている[3, 4]。K^+ は植物の 3 大必須元素の 1 つとして細胞内に最も高濃度に蓄積する一価陽イオンで，原形質構造や膜電位の維持，陰電荷の中和，pH，浸透圧の調節に作用しているため，K^+ 摂取阻害も Na^+ 毒性の大きな要因となっている。

植物の根には，低 K^+ 濃度（1 mM 未満）で機能する高親和性の K^+ 摂取系（K_m 値 10–30 µM）と高 K^+ 濃度（1 mM 以上）で機能する低親和性の K^+ 摂取系が存在する。一般に，低親和性の K^+ 摂取系は高親和性の摂取系よりも K^+/Na^+ 選択性が低く，Na^+ は主に低親和性の K^+ 摂取系から流入すると考えられている。出芽酵母（*Saccharomyces cerevisiae*）では，高塩条件下で高親和性 K^+ 摂取系を活性化すると共に低親和性の K^+ 摂取系を抑制することによって，K^+/Na^+ 摂取系のカリウムイオン選択性を高める仕組みが備わっている[5]。タバコ細胞においても，高塩環境下で高親和性の K^+ 摂取系が活性化されることが示されており[4]，原形質膜上の K^+/Na^+ 摂取系の K^+ 選択性を高めることが，ナトリウムストレス耐性にとって重要であると考えられる。

5.4 植物のカリウム／ナトリウムイオン輸送を担う分子群

生体膜は，両親媒性のリン脂質二重層構造である。細胞外のイオンは溶液中において水分子に囲まれた状態で存在するため，疎水性の脂質二重層を透過することはできない。そのため，細胞内外のイオンは，脂質二重層に埋め込まれたチャネルあるいは輸送体と呼ばれる特殊なタンパク質によって輸送される。イオン輸送の選択性は，単にイオンの直径に依存しているわけではなく，輸送分子内に存在するイオンのふるいとして働く溝（選択性フィルター）の存在が重要であると言われている。植物における K^+/Na^+ 輸送に機能する分子群の遺伝子クローニングおよび機能解析によって明らかにされた知見を以下に概説する。これらの知見を元にした植物細胞の Na^+ 輸送システムについては，図 5 に示すようなモデルが考えられている。

植物の K^+/Na^+ 輸送を担う分子としては，K^+，カチオン/H^+（CPA）ファミリー，HKT ファミリー，KUP/HAK/KT ファミリー，LCT などが知られている[6]。植物は，動物においてシェーカーチャネルと呼ばれている膜電位依存型カリウムイオンチャネルファミリーに属するチャネルを有しており，高度に保存された Gly–Tyr–Gly 配列（GYG モチーフ）が K^+ 選択性フィルターを形成することが知られている。また，チャネルは原形質膜上だけでなく，液胞膜上にも存在しており，細胞内の K^+ 輸送にも機能している。CPA ファミリーに属する Na^+/H^+ アンチポーターは，原形質膜に存在して細胞外への Na^+ 排出と長距離輸送を行っていると考えられている SOS1，および液胞膜に存在し，細胞質から液胞への Na^+ 隔離に機能する NHX1 が有名である。植物体において遺伝子工学的に *NHX1* 遺伝子を高発現させると，液胞への Na^+ 隔離能の向上によって植物体の塩ストレス耐性が向上することが報告され[7]，Na^+ 輸送システムの改良が耐塩性植物の分子育種技術となることを世界で最初に実証された。その後，我々の研究グループでは，

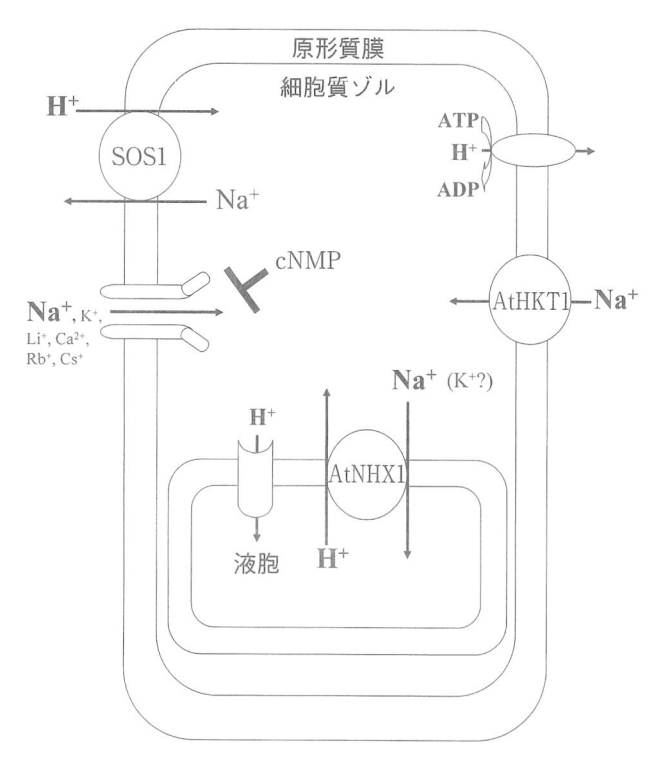

第3章 細胞内生体分子群の動態シグナルの解析

図5 植物細胞におけるナトリウムイオン輸送モデル
Horie and Schroeder: *Plant Physiol.*, **136**, 2457 (2004) より改変。

出芽酵母における Na^+ の細胞外排出を担っている Na^+ 排出ポンプ（Ena1=Na-ATPase）を高発現させることによって植物細胞の耐塩性を向上させられることを報告した[8]。即ち，*ENA1* を発現させたタバコ細胞（*Nicotiana tabacum*, BY2）は，Na^+ に対する耐性が顕著に増加する（図6）。

5.5 HKTファミリーとHAKファミリーのカリウムイオン輸送能

植物で最初の高親和性 K^+ 輸送体（high-affinity K+ transporter: HKT）の遺伝子は，コムギ（*Triticum aestivum*）から単離され[9]，電気生理学実験等の結果から，TaHKT1 は Na^+ 駆動力とした高親和性の Na^+/K^+ 共輸送体であることが判明した。我々は，イネ（*Oryza sativa*）の *HKT1* 遺伝子を，通常品種である Nipponbare（ジャポニカ種）から *TaHKT1* 遺伝子に相同性の高い1種（*OsHKT1*），耐塩性品種の Pokkali（インディカ種）から2種（*OsHKT1*, *OsHKT2*）を単離した。電気生理実験や出芽酵母を用いた解析の結果，OsHKT1 は Na^+ 輸送体，OsHKT2 分子は K^+Na^+ 共輸送体であることを明らかにした[10]。HKTの構造は，アミノ酸配列情報から8個のTMSと4個のPドメインを有することが予想され，実際にシロイヌナズナのAtHKT1を用いたトポロジー解析によって証明されている[11]。植物の塩ストレス耐性とHKT分子の関連につい

ては，TaHKT1のイオン選択性に関する解析から，分子内にK$^+$選択部位（結合部位）とNa$^+$選択部位が別々に存在し，高Na$^+$条件下ではK$^+$選択部位においてNa$^+$がK$^+$の結合を競合阻害するためにNa$^+$–Na$^+$輸送が起るモデルが提唱されている[12]。K$^+$輸送を行うタンパク質は，Pループと呼ばれる種を越えて保存されたドメインを持っており，その中に高度に保存されたグリシン残基が存在する（図7）。イオン輸送特性の異なる2種のイネHKT分子のうち，K$^+$輸送活性を示すOsHKT2ではPループ内のグリシンが保存されていたが，K$^+$輸送能が検出されないOsHKT1ではセリンに置換されている[13]。シロイヌナズナのAtHKT1もK$^+$輸送能が検出限界以下で同じグリシンがセリンに置換されていた[14]。さらに，OsHKT1のセリンをグリシンに置き換えた変異型分子（OsHKT1–S88G）はK$^+$輸送活性が認められ（図8）[15]，OsHKT1–S88Gを導入した酵母はOsHKT1導入酵母に比べて耐塩性が向上する。これらのデータは，K$^+$/Na$^+$輸送体のK$^+$選択性が細胞の塩耐性と密接に関係することを示唆している。

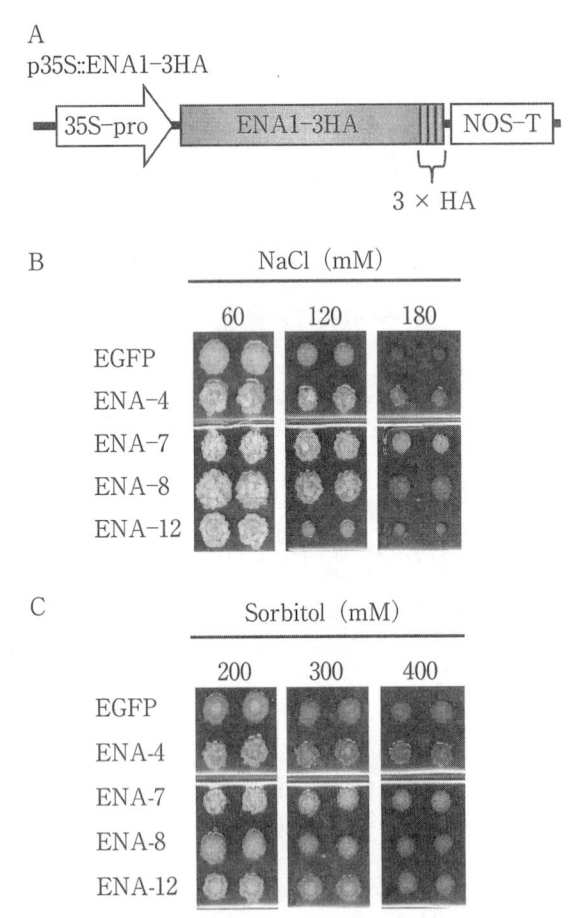

図6 出芽酵母のナトリウムイオン排出ポンプをタバコ培養細胞に導入した実験
A. タバコ培養細胞に導入したENA1発現ベクター
35S–pro: 植物の高発現プロモーター（カリフラワーモザイクウイルス35S RNA遺伝子のプロモーター），HA: タンパク質検出用のペプチドタグ，NOS–T: nos遺伝子ターミネーター
B. 120 mM NaCl存在下でENA1発現細胞（クローン4, 7, 8）は，対照細胞（EGFP）に比べて顕著な増殖能を示す。クローン12は，導入遺伝子が発現しないサイレンシングライン。
C. ENA1発現細胞は，高浸透圧ストレス耐性は示さない。

植物のKUP/HAK/KTファミリー輸送体は，シロイヌナズナでは13種，イネでは17種の存在が報告されている[16,17]。植物のHAK輸送体は12個のTMSを有することが知られているが，イオン選択性に機能する領域は同定されていない。これまでに，様々な植物種からHAK遺伝子がクローニングされているが，解析された多くのHAKがK$^+$輸送能を有すること，および根毛

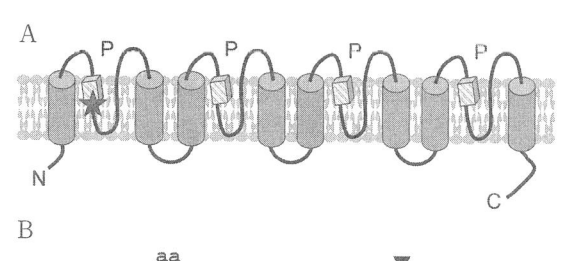

第3章 細胞内生体分子群の動態シグナルの解析

図7 HKT分子の構造
A. HKTタンパク質のドメイン構造の模式図
8個の膜貫通ドメイン（TMS：円柱）と4個のPループドメイン（P）から構成される。
B. 第1Pループ（Aの★）におけるアミノ酸保存配列。
K^+輸送活性のある分子は，▼で示す位置のグリシン残基が保存されている。

図8 OsHKTのカリウムイオン輸送活性検定

A. 出芽酵母を宿主とした検定システム
高親和性カリウムイオン輸送体遺伝子（*TRK1, TRK2*）が欠損した変異型酵母宿主中で各 *OsHKT* 遺伝子を発現させる。各形質転換酵母を低濃度（0.1 mM）K^+培地で培養すると，導入したOsHKT分子が高親和性カリウムイオン輸送活性を有する場合のみ酵母が増殖する。
B. 形質転換酵母の増殖検定
OsHKT2およびOsHKT1S88Gを導入した酵母が，低濃度のカリウムイオン培地で増殖する。

で発現している分子が多いことから，いくつかのHAKは根毛におけるK^+摂取であることが予想されている[18]。我々の研究グループでは，イネのOsHAK2とOsHAK5をコードするcDNAをクローニングしており，両OsHAKの高親和性K^+輸送能を示すと共に，OsHAK2がNa^+輸送能をも有していることを明らかにした。また，*OsHAK*遺伝子を高発現させることによってタバコ細胞のK^+摂取能を向上させられることから，OsHAKは環境中から細胞内へK^+を取り込む活性を有すると考えている（図9）。但し，OsHAKが有するNa^+輸送能の意味や塩ストレス耐性における役割は，今後解くべき重要な課題である。

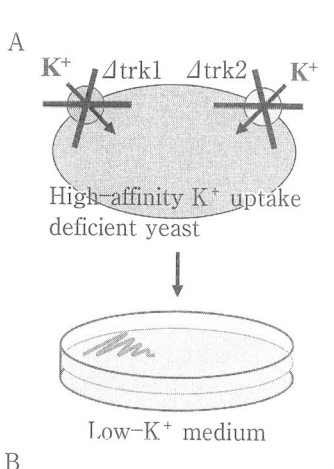

―一細胞定量解析の最前線―ライフサーベイヤ構築に向けて―

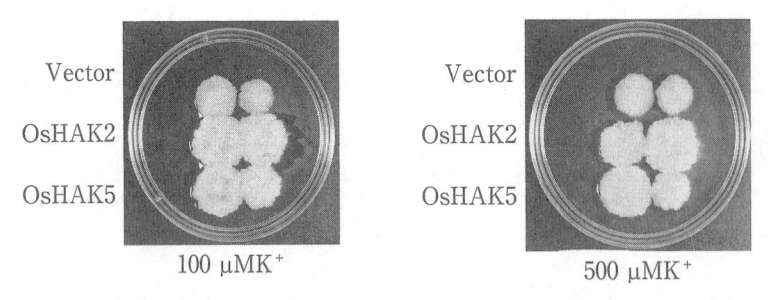

図9 植物細胞におけるOsHAKのカリウムイオン輸送活性
OsHAK2, OsHAK5遺伝子を発現するタバコ培養細胞は、低濃度のカリウムイオン条件下で対照細胞に比べて増殖能が高い。

5.6 環境ストレス応答のライフサーベイヤ解析に適したモデル細胞

ここまで、植物の塩ストレス適応機構について概説してきたが、最初に述べたとおり、仕組みの全体が明らかにされたわけではない。また、ストレス信号入力から細胞応答に至る仕組みを明らかにするためのライフサーベイ研究には、多細胞系である植物を調べる前に単細胞系のモデル細胞を用いた解析が有用だと考えられる。ここで用いるモデル細胞は、様々な環境ストレスに対して柔軟に応答できるような生物が適している。タイ東北部の塩土から分離されたハロモナス (Halomonas elongata OUT30018株) は、培地中の食塩濃度が21％ (3.6 M) でも旺盛に生育する中度好塩性細菌である (図10)。塩ストレスなどの高浸透圧ストレス条件に曝されることによって、H. elongata株細胞内では、環状アミノ酸の一種であるエクトイン (1, 4, 5, 6-tetrahydo-2-methyl-4-pyrimidinecarboxylic acid, ectoine) の生合成が誘導され、高濃度のエクトインが蓄積される[19]。エクトインは適合溶質として機能し、細胞内の浸透圧調節および細胞内構成分子保護などによって細胞の耐塩性に寄与していると考えられている。エクトインの生合成は、リジンやトレオニン合成系の中間代謝物であるアスパラギン酸-β-セミアルデヒド (aspartate-β-semialdehyde, ASA) から、2, 4-ジアミノ酪酸 (L-2, 4-diaminobutyric acid, DABA)、$N\gamma$-アセチル2, 4-ジアミノ酪酸 ($N\gamma$-acetyl L-2, 4-diaminobutyric acid, ADABA) を経る3段階の酵素反応で行われている (図11)[20]。これら3種の酵素をコードする3遺伝子 (ect遺伝子：ectA, ectB, ectC) は、ポリシストロン性のオペロンを形成している。さらに、3個のect遺伝子をタバコ培養細胞で発現させると、形質転換細胞中にエクトインの蓄積が確認され、蓄積量に応じて細胞の高浸透圧ショックストレス抵抗性が向上した[21]。また、ハロモナスは、カドミウム、亜鉛、銅などの金属に対して、pH依存的な耐性を示すことも明らかになり、金属ストレスに対する応答機構も興味深い。

このような特徴を有するハロモナスを、環境ストレス適応機構を解明するためのモデル細胞と

第3章　細胞内生体分子群の動態シグナルの解析

図10　好塩性細菌ハロモナス（H. elongata）が単離されたタイ東北部の塩土と H. elongata の電子顕微鏡写真

図11　ハロモナスのエクトイン生合成経路
EctA: L-2,4-diaminobutyric acid transaminase, EctB: L-2,4-diaminobutyric acid acetyltransferase, EctC: L-ectoine synthase

して利用するために，ゲノムの全塩基配列を決定した。ゲノムを構成する塩基対は 4,066,209 bp，GC 含量は 63.4 % で，50 アミノ酸以上のペプチドをコードする翻訳可能領域は 3,645 個存在した。アミノ酸配列から Na^+ の細胞外排出に機能すると考えられるタンパク質（イオン輸送体）をピックアップすると，いくつか特徴的な分子の存在が示唆された。現在，ゲノム塩基配列情報を元に設計したゲノムタイリングアレイを用いて，様々な環境条件における遺伝子発現様式をゲノム上の全遺伝子を対象に解析している。

5.7　おわりに

ここまで，細胞の環境ストレス応答機構について我々の研究データを中心に紹介した。主要な環境ストレスである塩ストレスに対する細胞応答の全容解明を目指して，モデル生物を対象としたマイクロアレイ解析やプロテオーム解析が世界中で進められている。しかしながら，細胞応答の最前線で糖類，アミン，アミノ酸，脂質などが働いていることを考えると，網羅的な代謝変動解析，即ち，環境適応機構をデジタル精密計測する技術開発が必須である。本章の3節で紹介さ

―細胞定量解析の最前線―ライフサーベイヤ構築に向けて―

れているメタボローム解析は，解析対象や目的に応じた最適化が必要で，環境ストレス応答機構解析への適用は，前項でも述べたように，まずモデル単細胞を用いた方法論の確立，次にモデル植物への応用という道筋が妥当であろう。但し，多細胞生物では特定の1細胞を対象とした解析ではなく，機能的意味のある組織レベルの解析を行うことになる。メタボローム解析によって，重要な機能分子が見えてくれば，その分子の動態を視覚的に追跡できるプローブも有用な解析ツールとなる。一方で，植物の塩ストレス耐性にとって重要なK^+/Na^+恒常性制御については，いくつかのイオン輸送体やイオンチャネルの機能が細胞レベルでわかり始めた段階で，植物体内での各イオン輸送分子の役割はほとんどわかっていない。イオン輸送体やイオンチャネルのハイスループットな機能解析，あるいは，非侵襲的にイオンの動きを見るシステムといったライフサーベイヤ技術の開発が研究のブレークスルーとなることは間違いない。

文　　献

1) 仲山英樹，吉田和哉,「植物代謝工学ハンドブック（NTS）」(2002)
2) K. Yoshida, *J. Biosci. Bioeng.*, **94**, 585 (2002)
3) J. I. Schroeder, J. M. Ward & W. Gassmann, *Annu. Rev. Biophys. Biomol. Struct.*, **23**, 441 (1994)
4) A. A. Watad, M. Reuveni, R. A. Bressan & P. M. Hasegawa, *Plant Physiol.*, **95**, 1265 (1991)
5) R. Haro, M. A. Banuelos, F. J. Quintero, F. Rubio & A. Rodriguez-Navarro, *Physiol. Plant.*, **89**, 868 (1993)
6) 吉田和哉, 化学と生物, **43**, 719 (2005)
7) M. P. Apse, G. S. Aharon, W. A. Snedden & E. Blumwald, *Science*, **285**, 1256 (1999)
8) H. Nakayama, K. Yoshida & A. Shinmyo, *Biotechnol. Bioeng.*, **85**, 776 (2004)
9) D. P. Schachtman & J. I. Schroeder, *Nature*, **370**, 655 (1994)
10) T. Horie, K. Yoshida, H. Nakayama, K. Yamada, S. Oiki & A. Shinmyo, *Plant J.*, **27**, 129 (2001)
11) Y. Kato, M. Sakaguchi, Y. Mori, K. Saito, T. Nakamura, E. P. Bakker, Y. Sato, S. Goshima & N. Uozumi, *Proc. Natl. Acad. Sci. USA*, **98**, 6488 (2001)
12) W. Gassmann, F. Rubio & J. I. Schroeder, *Plant J.*, **10**, 869 (1996)
13) P. Berthomieu, G. Conejero, A. Nublat, W. J. Brackenbury, C. Lambert, C. Savio, N. Uozumi, S. Oiki, K. Yamada, F. Cellier, F. Gosti, T. Simonneau, P. A. Essah, M. Tester, A. A. Very, H. Sentenac & F. Casse, *EMBO J.*, **22**, 2004 (2003)
14) P. Maser, B. Eckelman, R. Vaidyanathan, T. Horie, D. J. Fairbairn, M. Kubo, M. Yamagami, K. Yamaguchi, M. Nishimura, N. Uozumi, W. Robertson, M. R. Sussman & J. I.

Schroeder, *FEBS Lett.*, **531**, 157 (2002)
15) P. Maser, Y. Hosoo, S. Goshima, T. Horie, B. Eckelman, K. Yamada, K. Yoshida, E. P. Bakker, A. Shinmyo, S. Oiki, J. I. Schroeder & N. Uozumi, *Proc Natl Acad Sci USA*, **99**, 6428 (2002)
16) P. Maser, S. Thomine, J. I. Schroeder, J. M. Ward, K. Hirschi, H. Sze, I. N. Talke, A. Amtmann, F. J Maathuis, D. Sanders, J. F. Harper, J. Tchieu, M. Gribskov, M. W. Persans, D. E. Salt, S. A. Kim, G M. L. uerinot, *Plant Physiol.*, **126**, 1646 (2001)
17) M. A. Banuelos, B. Garciadeblas, B. Cubero & A. Rodriguez-Navarro, *Plant Physiol.*, **130**, 784 (2002)
18) S. J. Ahn, R. Shin & D. P. Schachtman, *Plant Physiol.*, **134**, 1135 (2004)
19) H. Ono, M. Okuda, S. Tongpim, K. Imai, A. Shinmyo, S. Sakuda, Y. Kaneko, Y. Murooka, & M. Takano., *J. Ferment. Bioeng.*, **85**, 362 (1988)
20) H. Ono, K. Sawada, N. Khunajakr, T. Tao, M. Yamamoto, M. Hiramoto, A. Shinmyo, M. Takano, & Y. Murooka, *J. Bacteriol.*, **181**, 91 (1999)
21) H. Nakayama, K. Yoshida, H. Ono, Y. Murooka, & A. Shinmyo., *Plant Physiol.*, **122**, 1239 (2000)

6 酵母細胞内シグナル定量解析の創薬への応用

石井　純 [*1]，近藤昭彦 [*2]

6.1 はじめに

　近年，世界の製薬分野における市場競争は激化の時代を迎えており，様々な企業間でM&Aが繰り返されている。これは，1つの新薬を開発するのに臨床も含めて10〜15年という非常に長い年月と膨大な開発費を要することが一因となっている。新薬候補を見つけ出すのは万に一つの確率とも言われ，たとえ候補として開発が進んだ物質でも様々な要因により途中で開発中断を余儀なくされることもある。こうした状況から一つの新薬が市場に出るまでには多くの難関があり，欧米のメガファーマと呼ばれる製薬企業に研究開発型志向が強いのは，多くの開発候補品をストックしておかねばならないからであろう。特に，ポストゲノム時代が叫ばれるようになった頃から，製薬分野での候補物質探索の在り方は大きく変化してきており，それに伴い研究開発費も膨れ上がってきている。欧米のメガファーマの研究開発にかける費用は桁違いであるが，このように研究開発費や販売網を拡大することによる生き残りを賭けた闘いが世界的に繰り広げられており，この波は例外無く日本の製薬企業にも及んできている。こういった流れに呼応して，日本の製薬企業もグローバル展開を試みつつ，研究開発費の確保に乗り出してきている。現状の段階においても，新薬開発力を維持するには少なくとも1,000億円以上の開発費用を投資しなければ難しいと言われており，日本においてはこの条件を満たす製薬企業はほんのわずかである。

　ここで，近年の医薬品業界の市場に目を向けてみると，Gタンパク質共役型受容体（G protein-coupled receptor：GPCR）が創薬の分子標的約500種類の内，およそ半数近くを占めており，医薬品の売上高上位50種類をみてもGPCR関連のものが多数を占めている[1]。また，ヒトゲノム解析終了に伴って遺伝子数の予測が行われたが，ヒトの総遺伝子数約30,000〜40,000種類の内，およそ1,000種類がGPCRをコードしているであろうと考えられており，嗅覚系のレセプターを除いても創薬の分子標的となり得るGPCRはまだ数多く存在するようである。しかしながら，内因性のリガンドが不明なオーファン受容体が数多く存在し，これらのリガンドを同定して生理機能を明らかにすることは，基礎研究のターゲットとしてだけでなく創薬のターゲットとしても非常に重要であり，様々な機関で研究が行われている。こうした状況から，医薬品開発におけるターゲットとしてGPCRは非常に魅力的であると言える。

　このような状況を踏まえ，我々のグループでは特に初期投資に必要な膨大な研究開発費を必要とせず低コストでGPCRに対するリガンドを選別（スクリーニング）できるシステムの開発に

[*1]　Jun Ishii　神戸大学　工学部　技術補佐員

[*2]　Akihiko Kondo　神戸大学　工学部　応用化学科　教授

第3章　細胞内生体分子群の動態シグナルの解析

取り組んでいる。

6.2　コンビナトリアル・バイオエンジニアリングによるリード化合物探索

　近年の創薬研究では，コンビナトリアル・ケミストリーという手法を用いて作製した数万～数百万種類の化合物をライブラリーとしたスクリーニングによって，医薬品のリード化合物の候補となり得る標的遺伝子に対するアゴニスト（作動薬）やアンタゴニスト（拮抗薬）を探索する方法が主流となっている（図1A）。ハイスループットスクリーニング（HTS）技術の進歩に伴う自動化ロボットなどの開発により化合物ライブラリーの作製やアッセイ処理能力は格段と進歩したが，これらの手法を導入あるいは維持するためには膨大なコストがかかる。また，どれほどの化合物ライブラリーを有しているかが研究成果に大きく影響するため，研究開発費の投資額に応じて得られる新薬候補の数も変わってくる可能性が高い。このようなシステムを導入することが難しい機関においても同等レベルのライブラリーを低コストでスクリーニング可能なシステムを開発するべく，我々は無限の多様性を秘めたライブラリーを作成できるコンビナトリアル・バイオエンジニアリングを用いたライブラリーの作製方法に着手した。

　コンビナトリアル・バイオエンジニアリングとは，PCR（Polymerase chain reaction）等により作成したランダムなDNA配列を微生物などの細胞に導入することによって，生細胞の転写・翻訳機構と増殖性を利用して機能性分子群（ペプチドライブラリー）を産み出す一連の手法である（図1B）。例えば，nアミノ酸残基に相当するDNA配列をPCRによりランダム化した場合，理論上最大20^n種類の多様性を持ったライブラリーが作成可能となる[2]。つまりコンビナトリアル・バイオエンジニアリングにより，ほぼ無限に近いバリエーションのペプチドリガンドライブラリーを低コストかつ迅速に作成することが可能となる。具体的に説明すると，コンビナトリアル・ペプチドライブラリーとは，ランダムな遺伝子配列を有するプラスミドを含むDNA溶液を用いて形質転換を行うことによって作製され，それぞれ異なる遺伝子配列を有するプラスミドが導入された細胞群のことである。この細胞群はそれぞれの細胞が異なるペプチドあるいはタンパク質を発現するため，ペプチドライブラリーと呼ばれるのである[2]。

　GPCRに対するスクリーニングは動物細胞強制発現系を用いたセカンドメッセンジャー（Ca^{2+}イオン，cAMPなど）を指標としたアッセイや，RI標識したリガンドなどを用いた結合アッセイなどにより行われるのが一般的である。我々はコンビナトリアル・バイオエンジニアリングによるペプチドライブラリーの特徴を最大限に活かすために，微生物でありながら単細胞の真核生物である酵母細胞を宿主として用いたヒトGPCRアッセイ系を構築することにした。酵母細胞は他の真核生物と同様，細胞膜上にフェロモン応答性のGPCRを持っており，細胞内のヘテロ三量体Gタンパク質と共役して細胞内へとシグナルを伝達する。このシグナル伝達は酵母の接

化学合成により
化合物ライブラリーを作成

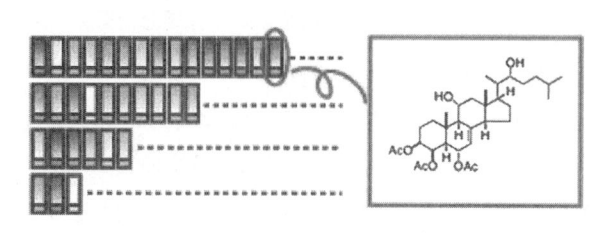

数万〜数百万種の
化合物ライブラリー

図1A　コンビナトリアル・ケミストリーによる
低分子化合物ライブラリー

PCRにより
ペプチドライブラリーを作製

nアミノ酸残基

20種の
天然
アミノ酸

$\times 20$　$\times 20$　$\times 20$　$\times 20$　$\times 20$　　$\times 20$　$\times 20$

20^n種のペプチドライブラリー

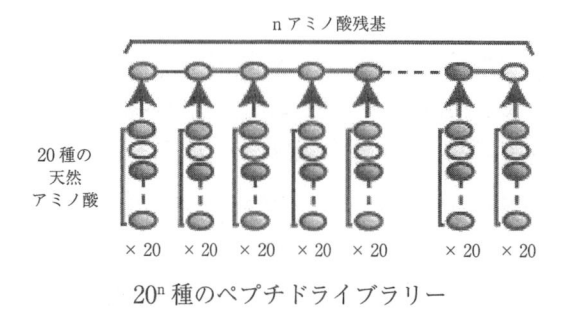

図1B　コンビナトリアル・バイオエンジニアリングによるペプチドライブラリー

合が起こる際に引き起こされる応答であるが，例えば酵母内在性GPCR（Ste2）の代わりに発現させたヒトGPCRが酵母Gタンパク質と共役し，このシグナル経路を活性化するケースもあることがすでに報告されている[3〜6]。そのため，シグナル伝達経路により発現が誘導される遺伝子にレポータータンパク質を融合しておけば，レポーター発現によりアゴニスト結合の検出が可能となる（図2）。また，天然リガンドとの競合反応によりレポーター発現が抑制されるようにするか，致死性のレポーターなどを選択することにより，アンタゴニストについても検出が可能である。このように，酵母細胞を用いたヒトGPCRアッセイ系が構築できれば，ペプチドライブラリーによるリガンドスクリーニングが可能となる。またリガンドに限らず，例えばヒトGPCRをランダム化することにより大規模なランダム変異機能解析にも応用することができる。

上述のように酵母で発現させたペプチドライブラリーをGPCRのリガンド探索に応用するわけであるが，解析方法として各細胞を異なる試験管で培養してそれぞれアッセイする手法では，ハイスループットに処理することが難しい。そこで，この酵母ライブラリー群を1細胞ずつ定量解析できるシステムの構築に取り組んだ。具体的なストラテジーについては次節で述べるが，1細胞解析が可能となれば，HTSへの応用の可能性が広がる。

第3章　細胞内生体分子群の動態シグナルの解析

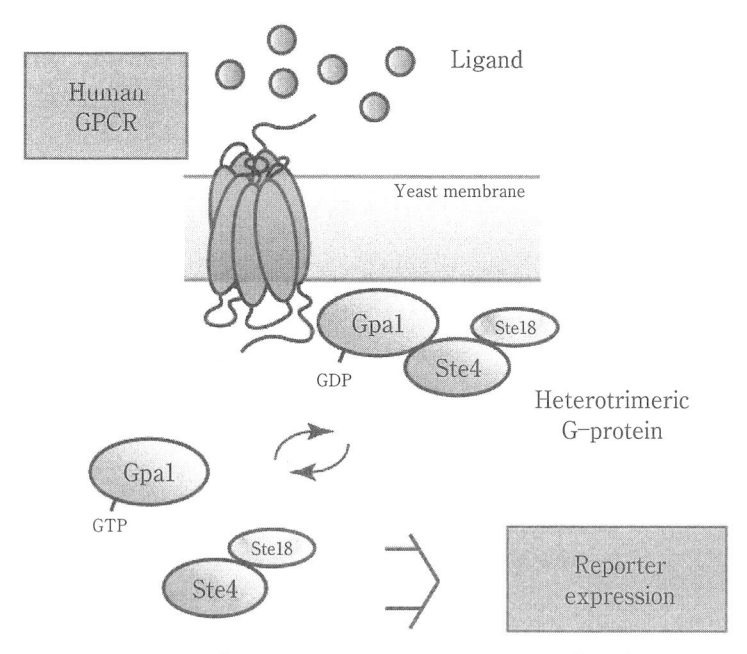

図2　レポーターによるヒトGPCRのリガンド検出系

6.3　リガンド表層ディスプレイによる検出システム

　酵母細胞の表層を固定化の足場として様々なタンパク質がディスプレイされているが[2,7]，GPCRは細胞膜上に存在するため，リガンド候補であるペプチドライブラリーを細胞表層にディスプレイすれば，表層は絶好の反応場として捉えることができる。上述のようなGPCRアッセイが可能な酵母細胞の表層にペプチドリガンドをディスプレイして固定すると，ペプチドリガンドを生産した細胞上のGPCRとのみ反応を起こすと考えられるため，アゴニスト活性を持つペプチドを生産する細胞のみシグナルが伝達されてレポーターを発現することになる。したがって，レポーターとして蛍光タンパクを用いればフローサイトメーター（FCM）やナノチャンバーアレイなどによる解析が可能となり，細胞ごとに全くランダムなペプチド配列を生産させる酵母コンビナトリアルライブラリー群の1細胞解析が可能となる。この手法を用いれば，異なる試験管で培養しなくても一度に大量のペプチドライブラリーをアッセイすることが可能で，アゴニスト活性を有するペプチドを取得できるためのHTSとして非常に有効な手法と考えられる（図3）。

　ただし，この酵母ペプチドライブラリーによるGPCRリガンドスクリーニングにおいて，一つ注意が必要なのは，得られた候補がすべてヒトあるいは動物で発現したGPCRに対して活性をもつかどうかは保証されていないことである。あくまで酵母でのスクリーニングは候補を絞り込むための1次スクリーニングであり，得られた候補物質について動物細胞による検証アッセイ

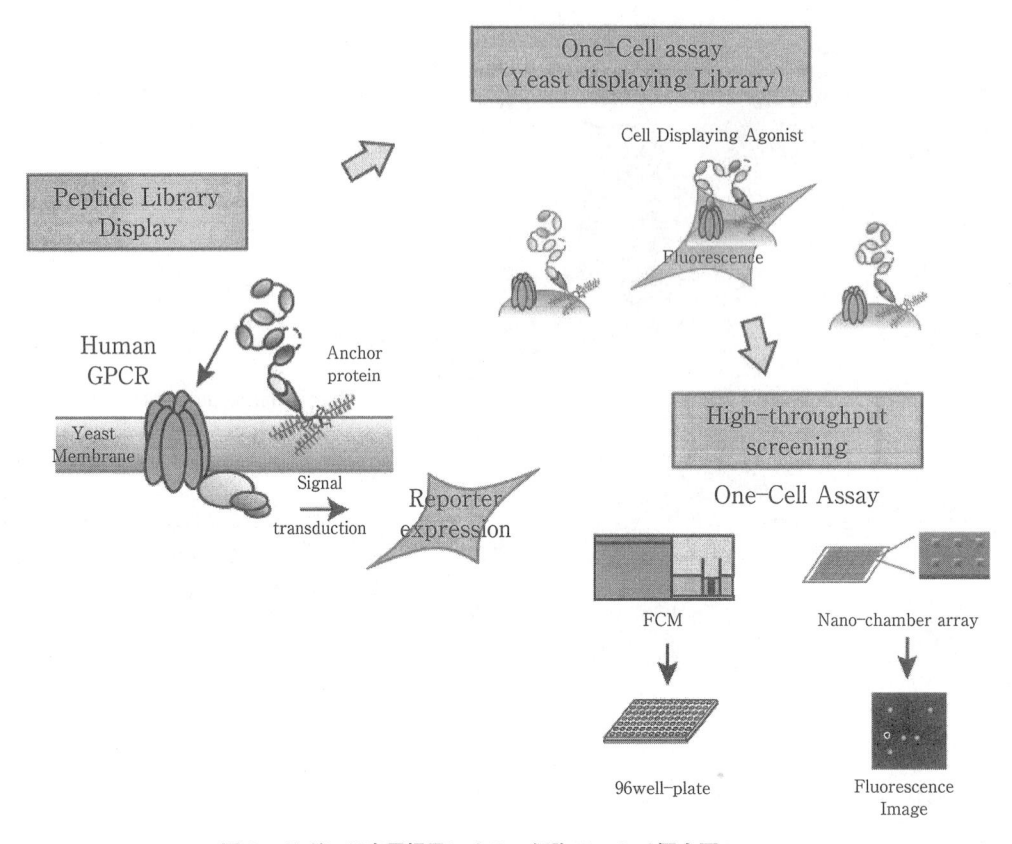

図3　リガンド表層提示による一細胞アッセイ概念図

を行う必要があると考えている。しかしながら，莫大な費用のかかる化合物ライブラリーを保有していなくても候補物質をスクリーニングすることができ，さらに絞り込まれた候補のみをアッセイすればよいので非常に低コストに大規模なライブラリーをアッセイできる点で魅力的である。近年は立体構造データベースの拡充や計算手法の進展により，SBDD（Structure-Based Drug Design）やCADD（Computer-Aided Drug Design）などといった手法が新薬開発にも取り入れられている。こういったコンピューターによるシミュレーションを用いれば，得られたペプチドリガンドを基に重要な骨格構造や官能基を予測することも可能であるため，薬剤としての低分子化合物の設計も行えるであろう。この様な観点から，ペプチドリガンドライブラリーの創生では強固な立体構造を持つペプチド骨格の利用が有用である。これは，ライブラリーから得られるペプチドが規定の立体構造を持つため，ファルマコフォアとその空間配置を容易に決定でき，ペプチドから低分子リード化合物の設計ができるためである。コンビナトリアル・バイオエンジニアリングで創生したライブラリーは無限の多様性を秘めるため，オーファンを含めた各種GPCRに対し，ペプチドリガンド，そして良質のリード化合物を取得できる可能性が高まり，新薬開発

第3章 細胞内生体分子群の動態シグナルの解析

に大きく貢献することが期待される。

6.4 酵母シグナル伝達を利用した GPCR アッセイのための蛍光検出系

酵母 a 型細胞の細胞膜に存在する Ste2 は，接合因子である α-factor をリガンドとする GPCR である。この Ste2 および α-factor を GPCR とリガンドのモデルとして，酵母 a 型細胞のシグナル伝達を利用したリガンド検出系の構築を試みた[8]。

Ste2 は α-factor が結合することにより，細胞質内に存在するヘテロ三量体 G タンパク質と相互作用を起こす。Ste2 と相互作用した三量体 G タンパク質は GDP-GTP 交換反応により，Gα（Gpa1p）および Gβγ（Ste4p／Ste18p）複合体のサブユニットに解離する。解離した Gβγ 複合体は MAP キナーゼ（MAPK）という一連のカスケードを活性化し，活性化された MAPK カスケードはさらに転写因子である Ste12 の活性化を引き起こし，最終的に Far1p のリン酸化および Fus1p の発現を引き起こす。この一連の反応の流れがフェロモン応答性による酵母内のシグナル伝達である（図4）[4, 5, 8, 9]。Far1p はリン酸化されることにより細胞周期を抑制するタンパ

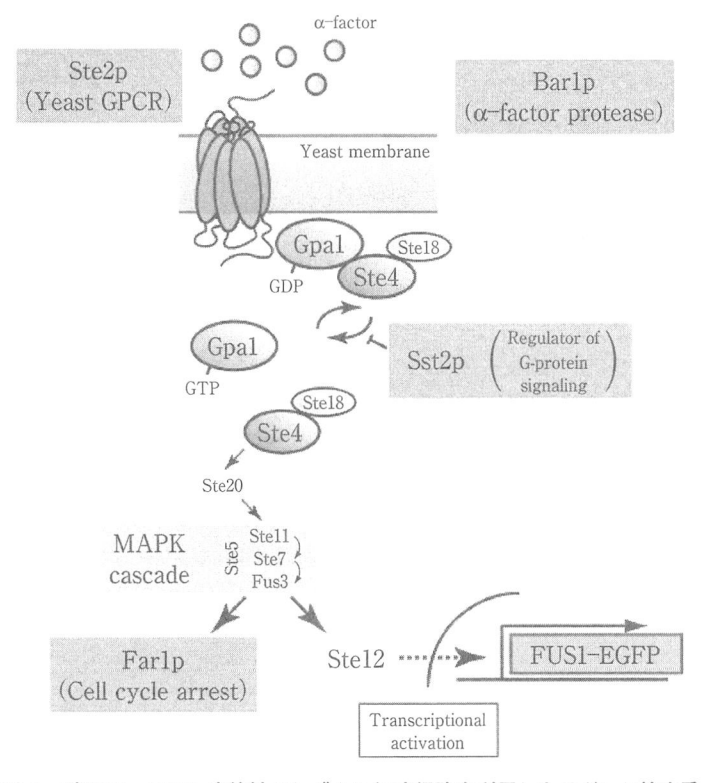

図4　酵母フェロモン応答性のシグナル伝達経路を利用したリガンド検出系

ク質であり，Fus1pはその詳細な機能については不明とされている。また，酵母内にはGタンパク質のGDP-GTP交換反応を制御するタンパク質としてSst2pが存在する。さらに，酵母a型細胞はα-factor中のアミノ酸配列を特異的に認識し分解するBar1pというプロテアーゼを生産する（図4）。

まず，リガンド（アゴニスト）結合の検出を可能にするために，レポーターとして緑色蛍光タンパク質（EGFP）を用いたリガンド検出系の構築を行った。一般的に，酵母を用いたGPCRアッセイ系ではレポーターとしてlacZなどの酵素が多く用いられているが，酵素をレポーターとした系では，レポーターの発現量が低い場合でも酵素反応の時間を変えることによりシグナルを増幅することができるため検出が可能となり，さらに定量化も可能であるというメリットがある。しかし我々は，HTSに応用することを視野に入れ，レポーターとして蛍光タンパク質を使用した検出系の構築を試みた。前述のように，蛍光検出系ではFCMやナノチャンバーアレイなどのCCD解析により，高速な定量解析と目的細胞の分取が可能となる。ただし，蛍光タンパク質は測定と定量化が簡便である代わりに発現量に応じた蛍光量しか得られないため，同じ発現量であれば酵素ほどの検出感度は得られない。そのため我々は，蛍光タンパク質の中でも最もよく使用されており，蛍光輝度の高い緑色蛍光タンパク質（EGFP）をレポーターとして用いることにした。

シグナル伝達により発現が誘導されるFus1pを利用し，Fus1-EGFP融合タンパク質として発現するよう酵母ゲノム上のFUS1をコードする遺伝子を組換えた（図4）。この酵母細胞はリガンドであるα-factor存在下においてのみシグナルを伝達しEGFPを発現するため，EGFPの蛍光を検出できるならばアゴニスト結合の検出が可能となる。この酵母細胞を用いて，α-factorを添加した細胞と添加していない細胞に分けてFCMにより蛍光を測定し，レポータータンパク質（EGFP）の発現量を比較した。

さらにシグナル伝達に関与する各種タンパク質（Bar1p, Far1p, Sst2p）を欠損することにより，レポーターの発現挙動あるいは細胞の生育挙動が変化すると考えられるため，各種遺伝子破壊株を構築し，レポータータンパク質（EGFP）の発現量を指標としてFCM解析を行うことにより，スクリーニングに適した遺伝子破壊株を検討した（図5A, B）。結果として，*FAR1*破壊株はα-factor存在下においても細胞周期抑制が起こらずに細胞が増殖した。また，*BAR1*破壊株においては，α-factorの分解が抑えられてレポーター発現の時間が引き延ばされた。Bar1pはα-factor中のアミノ酸配列を特異的に認識するが，ペプチドライブラリーを構築する際には，*BAR1*を含めたプロテアーゼをコードする遺伝子破壊株が有効となるであろう。また，*BAR1*および*FAR1*を破壊していない株においては，細胞周期が最も同調した時間（約12時間後）においてレポーターの発現量が最大を迎えた後に，シグナルが不活性化されてレポーターの発現が引き起こされ

第 3 章　細胞内生体分子群の動態シグナルの解析

```
wild-type          ：野生株
bar1Δ far1Δ        ：BAR1 及び FAR1 遺伝子破壊株

※両株ともゲノム上の FUS1 遺伝子は FUS1-EGFP に改変
α-factor の添加により Fus1-EGFP を生産

FCM により 1 万個の細胞の蛍光強度を測定
```

```
縦軸：細胞数
横軸：EGFP 蛍光強度

□ without α-factor
  (Control)

) with α-factor
```

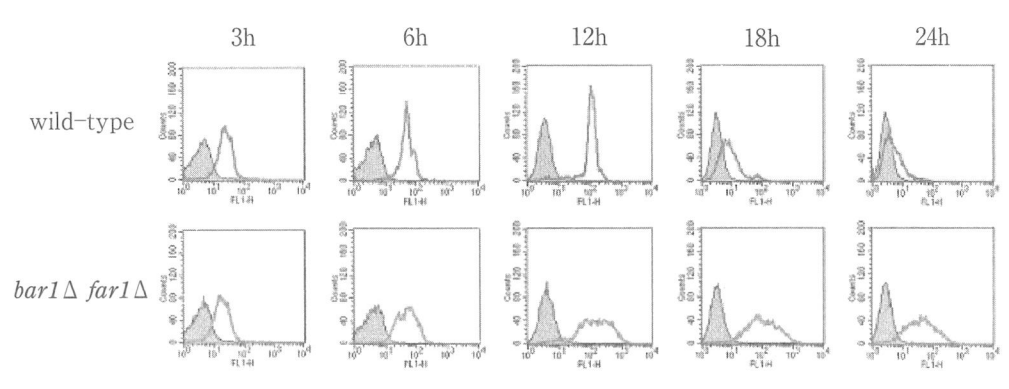

図 5A　FCM によるシグナルの経時・定量解析例

なくなったが，*BAR1*・*FAR1* 両遺伝子破壊株においては 24 時間培養後においても十分なレポーター発現が確認された（図 5A）。また，*SST2* 破壊株においては α-factor に対する感受性が高まり，低濃度の α-factor を検出することが可能であった（図 5B）。

以上のようにアゴニスト検出用の酵母細胞は，シグナル伝達に関与するタンパク質を欠損あるいは改変することによりドラマティックにアゴニスト結合に応答するレポーター発現の挙動が変化するため，創製する酵母株の検討は HTS を開発する上で非常に重要なファクターであることが示唆された。

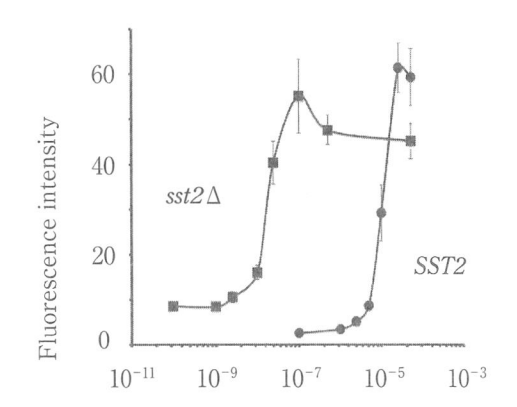

図 5B　SST2 遺伝子破壊が濃度反応曲線に与える影響

6.5　酵母でシグナル伝達を可能とするヒト GPCR 発現

今回のシステムを開発する上で重要かつ難しい課題の一つは機能的なヒト GPCR と酵母のシ

グナル伝達経路をカップリングする発現システムの開発であろう。酵母でシグナル伝達を可能とするヒトGPCR発現についてはいくつかの成功例があり[4~6]，我々はその情報を取り入れながら開発を進めている。具体的な発現方法としては，

① ヒトGPCRをネイティブの状態で発現させ，酵母のGタンパク質と共役させる
② GPCRをヒト／酵母のキメラに改変する
③ Gタンパク質をヒト／酵母のキメラに改変する

の3つが主に考えられている。GPCRは一般的に7回膜貫通型構造を有するといわれており，その結晶構造解析は非常に難しくロドプシンの結晶化に成功して以来，いまだ成功例がない状態である。ただし，アミノ酸配列をもとにした各種ドメインへの変異導入による機能解析については多くの論文が報告されており[10~12]，これらの情報を参考にしつつ，より広範なGPCRについて酵母細胞で機能的に発現可能なシステムを開発することが重要である。

我々は，前述した*EGFP*遺伝子配列を*FUS1*遺伝子座に組込んだ酵母細胞を用いてヒトGPCRの発現を試みた。酵母GPCRをコードしている*STE2*遺伝子を破壊した細胞に，ヒトのソマトスタチンレセプターをコードしている*SSTR5*遺伝子を発現するプラスミドを導入して培養を行い，リガンドであるソマトスタチン（S-14）を添加することによりアッセイを行った（図6）。SSTR5は酵母のGタンパク質と共役することがすでに報告されており[11]，実際SSTR5をコードする遺伝子を発現させるだけでリガンド結合によるGPCRの共役が起こり，酵母内シグナル伝達経路を活性化してEGFPの発現が引き起こされ

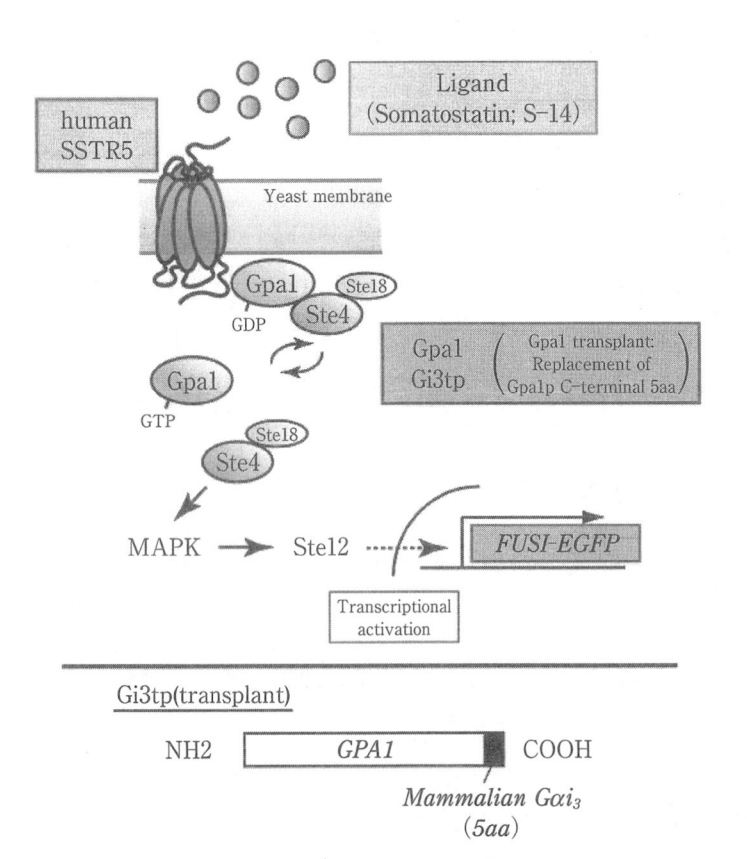

図6 ヒトGPCRアッセイ系概念図

第3章 細胞内生体分子群の動態シグナルの解析

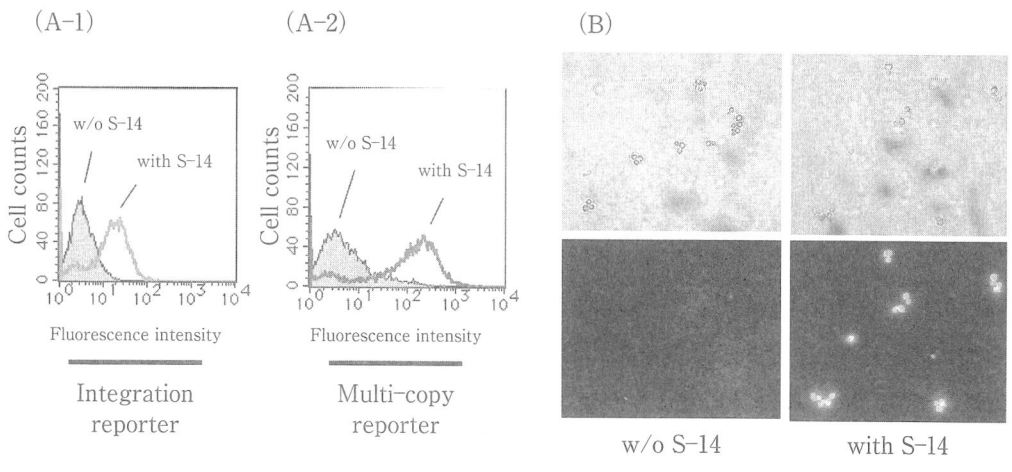

(A-1) Integration reporter
(A-2) Multi-copy reporter
(B) w/o S-14 / with S-14

図7 ヒトSSTR5の蛍光レポーターアッセイ

た（図7A-1）。我々の系で利用しているレポーターは蛍光タンパクでありFCMでは十分に検出可能であるが，より汎用的な測定機器での測定を可能とするため，ゲノムに組込んでいるレポーターをプロモーター領域からマルチコピー型のプラスミドに乗せ替えたところ，FCMによる検出蛍光値が大幅に改善され蛍光顕微鏡でも十分に観察できるようになった（図7A-2, B）。また，Gpa1pのC末端側142aaをヒトGαと交換したキメラ型Gαあるいは Gpa 1 pのC末端5aaをヒトGαと交換した移植（transplant）型Gαを，*GPA1*遺伝子を破壊した細胞に導入して数種類のヒトGPCRについてアッセイを行った報告があるが[11]，特に移植型Gαが様々なGPCRと共役を示したようである。これは，ヒトGタンパク質のα-サブユニットに相当する酵母Gpa1pのC末端側がGPCR（Ste2p）と相互作用することから行われた研究であるが，広範なGPCRと共役するため非常に有効な方法である。現在我々は，SSTR5シグナリングに得意的なGαがGiファミリーであることから，Gpa1pのC末端5aaをヒトGi3のC末端5aaと交換したGi3tp（transplant）を発現するプラスミドを構築し（図6），Gpa1を欠損させた株に導入してアッセイを行ったが，Gpa1pよりもGi3tpの方がヒトSSTR5との共役が向上することを確認できた。現在SSTR5以外のGPCRについても発現を試みているが，動物細胞でのアッセイ系と比較した時の正確性や発現の局在性についても今後検証していく予定である。

6.6 おわりに

今回のシステム創製にあたって，リガンドディスプレイ法には，細胞膜上に存在するGPCRとの反応性が良いことと，一細胞のみでの反応が起こることが求められる。現在，我々は既存の細胞表層ディスプレイ法を用いてアゴニスト検出に対する機能性の比較評価を行っているが，ペ

プチド添加系と同様に，ペプチド表層提示系においてもシグナル伝達によるレポーター発現をすでに確認している。ディスプレイ法はGPCRとの反応性に強く影響すると考えられるため，今後，よりアゴニストスクリーニングに適した手法を確立していく予定である。

　本稿で紹介したものは一例であり，色々なアイデアでのコンビナトリアル・バイオエンジニアリング創薬システムの実現が期待される。コンビナトリアル・バイオエンジニアリングで創生したライブラリーは無限の多様性を秘めるため，オーファンを含めた各種GPCRに対し，ペプチドリガンド，そして良質のリード化合物を取得できる可能性が高まり，新薬開発に大きく貢献することが期待される。また，創薬研究には開発力とスピードが必須であり，様々な革新的技術や情報が求められている。世界中のイノベーティブな研究により，21世紀のライフサイエンスを支えるこの分野がより発展することを願っている。

　本稿で紹介した内容は，黒田俊一助教授（阪大），藤井郁雄教授（大阪府大），植田充美教授（京大）との共同研究成果である。

文　　　献

1) A. Wise *et al.*, *Drug. Discov. Today.*, 7, 235-246（2002）
2) 植田充美ほか，コンビナトリアル・バイオエンジニアリングの最前線，第4章，シーエムシー出版（2004）
3) L. A. Price *et al.*, *Mol. Cell. Biol.*, 15, 6188-6195（1995）
4) S. J. Dowell and A. J. Brown, *Receptors. Channels.*, 8, 343-352（2002）
5) J. Minic *et al.*, *Curr. Med. Chem.*, 12, 961-969 （2005）
6) J. Brown, A., *Yeast.*, 16, 11-22（2000）
7) A. Kondo and M Ueda., *Appl. Microbiol. Biotechnol.*, 64, 28（2004）
8) J. Ishii, *et al.*, *Biotechnol. Prog.*, 22, 954-960（2006）
9) E. A. Elion *Curr. Opin. Microbiol.*, 3, 573-581（2000）
10) M. Dosil *et al.*, *Mol. Cell. Biol.*, 20, 5321-5329（2000）
11) M. J. Duran-Avelar *et al.*, *FEMS Microbiol Lett.*, 197, 65-71（2001）
12) Y. H. Lee *et al.*, *J. Biol. Chem.*, 281, 2263-2272（2006）

7 細胞内遺伝子発現検出用の蛍光バイオプローブの設計と合成

阿部　洋[*1]，古川和寛[*2]，常田　聡[*3]，伊藤嘉浩[*4]

7.1 はじめに

ヒトゲノム解析が終了し，個々の対象における遺伝子発現の解析が重要になった。その膨大な遺伝子情報を解析するためにDNAチップが開発され，基礎生物学研究のみならず，臨床医学や環境分野などへの応用が進んでいる。一方，一細胞ゲノミクス[1])や細胞内の可視化技術[2])が脚光を浴び始めている[3])。特に，細胞内イメージングは，近年の光学顕微鏡と蛍光プローブの開発に伴い，感度や解像度が向上し進歩が著しい。近い将来，遺伝子発現解析のための一般的な手法ともなりえる。細胞内解析用バイオプローブと細胞外解析用DNAチップは，それぞれ異なるサンプルを解析対象とする。バイオプローブは，ゲノムDNAから転写されたmRNAを細胞内で直接イメージングし，発現解析する。一方，DNAチップはmRNAを細胞内から抽出し，RT-PCR（reverse transcriptase polymerase chain reaction）により変換・増幅したcDNAをサンプルとして用いるのが一般的な方法である。細胞に注目すると，バイオプローブは非破壊的方法で，DNAチップによる解析は破壊的方法といえる（図1）。バイオプローブを用いる細胞内イメージングは遺伝子発現がいつ，どこで起こるかを明らかにできるため，細胞内現象の解明を可能

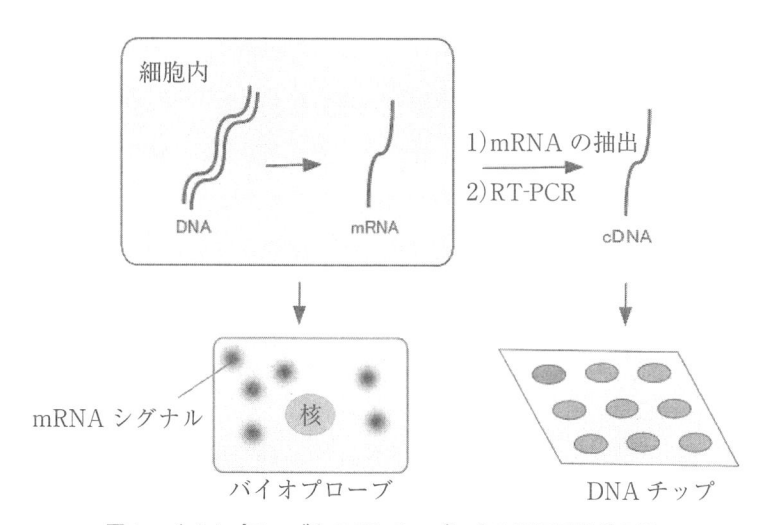

図1　バイオプローブとDNAチップによる遺伝子解析の違い

---

*1　Hiroshi Abe　（独)理化学研究所　伊藤ナノ医工学研究室　研究員
*2　Kazuhiro Furukawa　早稲田大学大学院　理工学研究科　応用化学専攻　博士後期課程
*3　Satoshi Tsuneda　早稲田大学　理工学術院　助教授
*4　Yoshihiro Ito　（独)理化学研究所　伊藤ナノ医工学研究室　主任研究員

にする強力なツールとなる[3,4]。そのため，近年様々なバイオプローブが開発されてきた。本稿では，細胞内遺伝発現を可視化・解析するための蛍光性バイオプローブのこれまでと今後の展望について解説する[4]。

7.2 蛍光性バイオプローブを用いた細胞内イメージング
7.2.1 蛍光性核酸プローブの設計と合成

　細胞内RNAを検出できるバイオプローブは，核酸を基本構造とする蛍光修飾型DNAプローブが一般的である。プローブの長さは，15～30塩基で，その配列認識特異性は核酸配列の相補性に由来する。遺伝子多型を解析する場合は一塩基の違いを区別する必要があり，より短いプローブ長（15～20塩基）が要求される。

　核酸プローブは，核酸自動合成機を用いて化学合成される。そして，蛍光化合物をプローブに導入する場合には，2つの方法がある。1つは，化学合成による直接法である。現在，核酸合成はアミダイト法が主流であり，蛍光化合物をプローブに導入するための蛍光性アミダイトユニットがGlen Research Incなどで市販されている。例えば，市販蛍光性アミダイトには，フルオレセイン，TAMRA，Cy3，Cy5などがあり，目的に応じて様々な波長領域を選択できる（図2）。これら蛍光化合物は，アミダイトの種類により，核酸プローブの5'末端，3'末端，あるいは鎖の内部に導入することができる。この蛍光性アミダイトを核酸自動合成機に装着することにより，任意の部位に蛍光色素を導入したプローブ作製が可能になる。蛍光化合物を導入するもう一つの方法として，ポスト修飾法がある。これは，化学反応基であるアミノ基やチオール基を持つ核酸プローブをまず合成した後で蛍光化合物を化学反応させることにより合成される。化学反応性の蛍光化合物は，多数市販されており，Molecular probe Incなどから手に入れることができる。一般的に，ポスト修飾法は煩雑ではあるが安価である。

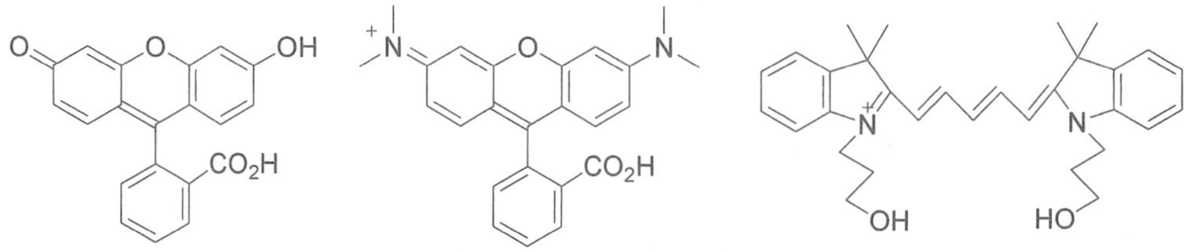

fluorescein
EX = 494 nm, EM = 525 nm

TAMRA
EX = 565 nm, EM = 580 nm

Cy5
EX = 646 nm, EM = 662 nm

図2　核酸プローブに導入できる蛍光性化合物

第3章　細胞内生体分子群の動態シグナルの解析

7.2.2. 細胞内遺伝子検出（Fluorescence In situ hybridization, FISH 法）

細胞内の遺伝子発現を観測するために，FISH 法が広く知られている（図3）[5]。これは，十数年前から生物学的研究に使われているもっとも標準的な手法である。プローブには，蛍光基で修飾された，標的 RNA 鎖に相補的な DNA 鎖が用いられる。手順は，次のようになる。まず細胞をホルムアルデヒドなどの薬品で固定化する。この固定化処理により細胞は死ぬが，その後の実験処理による細胞構造の崩壊を防ぐことができる。次に，界面活性剤などで処理し，細胞膜を透過性にすることにより，蛍光性 DNA プローブを細胞内に導入する。蛍光性 DNA プローブは，細胞内で標的 RNA に特異的に結合するが，通常，過剰量用いられるため，高いバックグラウンド蛍光を発する。標的 RNA の蛍光シグナルのみを観測するために，余分なプローブは洗浄される。この洗浄操作のために，細胞は固定化され，膜透過処理される必要がある。死細胞ではあるがこれまでに FISH 法を用いて，大腸菌内の 16S リボソーマル RNA（rRNA）や，ヒト細胞内 28S rRNA や mRNA の細胞内局在化解析が多数報告されている[6,7]。

7.2.3　生細胞内遺伝子検出

FISH 法が化学固定化した細胞を用いるのに対し，生きたまま細胞内を観察しようとする取り組みが最近活発に研究されるようになってきている。生細胞内を観察するためには，FISH 法のように洗浄ができないため，標的特異的な蛍光シグナルだけを観測し，非特異的な蛍光シグナル（バックグラウンド蛍光）を排除することが重要な課題になる（図3）。この目的のために，標的 RNA 依存的に蛍光シグナルを発生するプローブが開発されてきた。蛍光共鳴エネルギー移動（Fluorescence Resonance Energy Transfer; FRET）を基礎にした FRET プローブ，蛍光消光

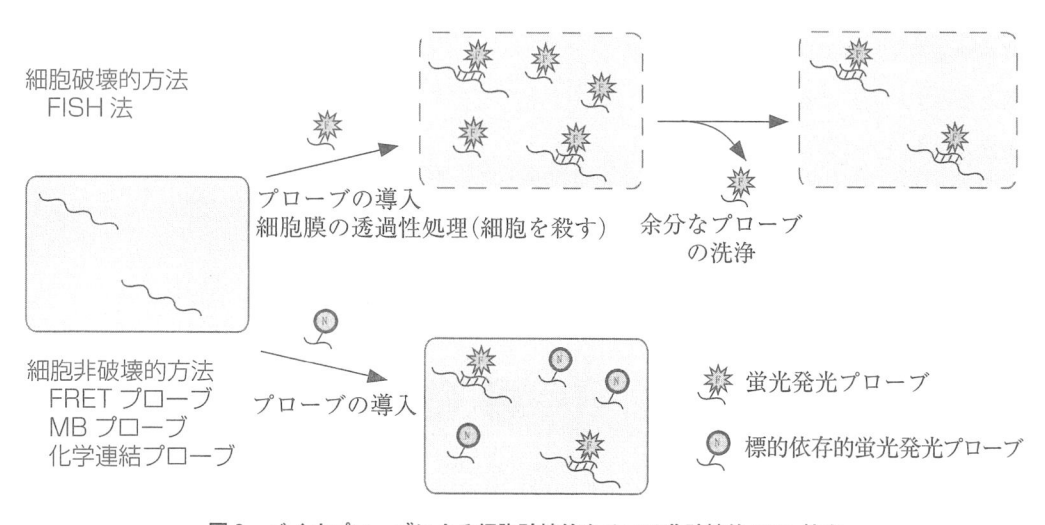

図3　バイオプローブによる細胞破壊的あるいは非破壊的 RNA 検出

剤を蛍光のオン／オフに用いるモレキュラービーコンプローブ（Molecular Beacon; MB），そして化学連結プローブ（Chemical Ligation）などである（図4）。これらの検出法は，各々バックグラウンド蛍光の排除の仕方に特徴がある。以下に各手法について紹介する。

(1) FRET法

FRET法による遺伝子配列検出法は，Cardulloらにより1988年に報告された[8]。FRETプローブは，FRET原理に基づき，蛍光ドナー（D）が修飾されたDNA鎖と蛍光アクセプター（A）が修飾されたDNA鎖の2つのプローブからなる。既報では，フルオレセセイン（D）とローダミン（A）が用いられ，DNA配列の検出に成功している。2つの蛍光プローブが標的RNA鎖上に隣り合って結合する時のみ，蛍光共鳴エネルギー移動（FRET）が起こり，アクセプターから蛍光シグナルが発生する。そのため，FRETプローブは標的核酸配列（DNA及びRNA）特異的に蛍光シグナルを発生することができる。FRETの効率は，Försterの式に従い距離の6乗に反比例するが，一般的に20～100Åの間では有効である。そのため，FRETプローブの設計は，プローブの任意の部位に蛍光化合物を導入することで容易に行える。FRETプローブを細胞内RNA発現の観測に応用する場合，観測蛍光波長をアクセプター分子に絞ることにより，余分なプローブの洗浄なしに，バックグラウンド蛍光を比較的低くすることが可能である。

FRETプローブによる生細胞内mRNAの観測は，Tsujiらにより初めて報告された[9]。BoDIPYおよびCy5の蛍光色素でラベルされたFRETプローブを用いて，プラスミドベクターの導入により転写されたc-fos mRNAを，生細胞内で検出した。細胞内では，短鎖DNAプローブは急速に核内に濃縮され，細胞質内に存在するRNAのイメージングに問題となっていた。この報告では，分子量の大きいアビジンをFRETプローブに結合させることにより，核内への濃縮を防ぐことに成功した。

(2) Molecular Beacon法（MB法）

モレキュラービーコン法（MB法）は，1996年にTyagiとKramerらにより報告された画期的な蛍光オン／オフ型核酸配列検出プローブを

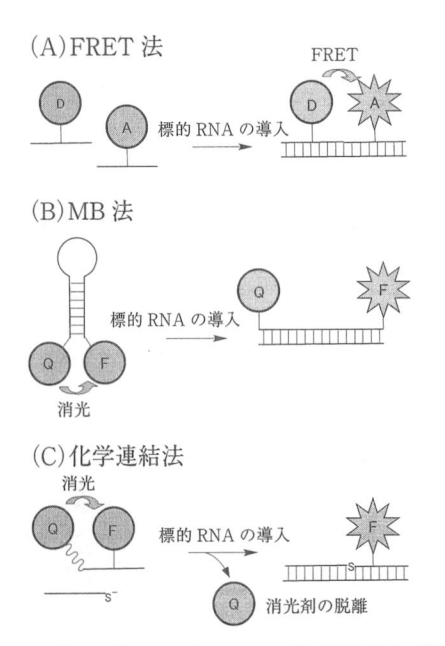

図4 バイオプローブによる標的RNA配列特異的シグナル発生

第3章 細胞内生体分子群の動態シグナルの解析

用いる方法である[10]。MBプローブは，蛍光消光基（Q）と蛍光基（F）を一本鎖DNAの両末端にもつ。DNA鎖はステム及びループの二次構造を形成し，QとFは近い距離に存在するように設計されているため，標的RNA不在下ではプローブ上の蛍光は消光されている。しかし，プローブが標的核酸（RNA或いはDNA）に結合し二本鎖を形成すると，プローブ上のQとFは距離的に遠くなり蛍光を発する。初報では，EDANS（F）とDABSYL（Q）のペアによるプローブにより，DNA配列の検出を報告している。MB法は，蛍光基と消光基の組み合わせにより，複数色の蛍光プローブによる同時マルチ検出を可能とする[11]。また，近年，BHQシリーズなど多数の蛍光消光性化合物が開発されており，長波長の蛍光色素を持つプローブの設計も可能になっている。すでに，試験管内でのリアルタイムPCR用の核酸配列検出プローブとして市販されている。

標的依存的に蛍光発生するMBプローブは細胞内mRNAの観測に適用しやすい。1998年には，MatsuoらやSokolらのグループにより内因性の細胞内mRNA発現の観測が報告されている[12,13]。

（3）化学連結法

Koolらにより報告されたDNA化学連結法は，MB法とは全く異なるメカニズムで標的RNA依存的に蛍光を発生する[14]。プローブは2つのDNA鎖から構成され，1つはホスホロチオエート基を末端に有し，もう一つは蛍光消光基と蛍光基の両方を有する（図5）。これらプローブは標的核酸（DNAあるいはRNA）不在下では蛍光を発することはない。しかし，標的核酸存在下では，2つのDNAプローブは隣あって結合し，蛍光を発するようになる。本手法において，5'末端に位置する蛍光消光剤（ダブシル基）は有機化学反応における脱離基の役割を果たし，2つのDNAプローブの連結反応を助けている。この反応メカニズムが化学連結法の名前の由来である。このDNA化学連結法を用いて，生きている大腸菌内の16SリボソーマルRNA（16S rRNA）の可視化や，四色の蛍光プローブを用いるSNPs検出に成功している[15]。

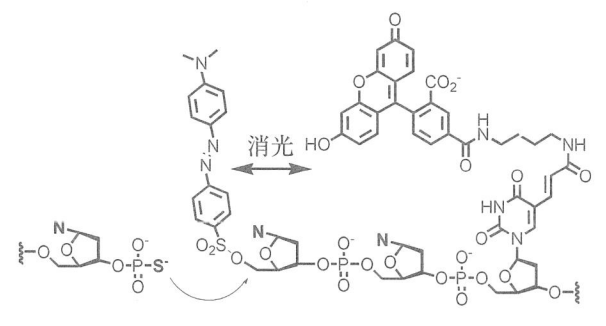

図5　QUALプローブによる化学連結反応

―細胞定量解析の最前線―ライフサーベイヤ構築に向けて―

　化学連結法の特徴は，前述の FRET プローブや，MB プローブが標的存在下で一過的なシグナルを与えるのに対して，連結生成物が生じることにより永久的なシグナルを与えることである。Kool らは，この性質を利用することにより，DNA 化学連結反応の触媒回転により，標的 RNA に対して複数の連結生成物を作り出し，蛍光シグナルを増幅することにも成功した（図6)[16]。これは脱離基でもある消光剤（ダブシル）と核酸プローブの間に数個の炭素鎖を導入することにより可能となった。連結反応の結果として生じる生成物は，標的 RNA と形成する二本鎖において，導入された炭素鎖によりバルジ構造を形成する。このバルジ構造が生成物二本鎖を不安定化することにより，蛍光性の生成物は標的 RNA から解離する。その結果，新たなプローブが標的 RNA に結合できることになり，反応サイクルが回転するため，蛍光シグナルの増幅が起こる。反応回転の結果，約 100 倍のシグナル増幅が可能になる。この universal linker プローブは，酵素や試薬等を用いることなしに，反応が進行するために細胞内で蛍光シグナルを増幅することができるのである。

　しかしながら，この universal linker プローブも，ダブシル基の加水分解によりわずかなバックグラウンド蛍光が発生する問題をもっていた。そこで，このバックグラウンド蛍光をなくすために，さらに，universal linker プローブに FRET システムが導入された[17]。消光システムと FRET システムを組み合わせることにより，さらに低いバックグラウンド蛍光を獲得することに成功した。新たな QFRET プローブ（Quenched FRET）は，低いバックグラウンド蛍光能を有するとともに，化学連結反応の回転による蛍光シグナル増幅能を持つ究極のシステムとなった[17]。内因性 28Sr RNA を標的とした QFRET プローブを導入したところ，細胞核内に明るいスポッ

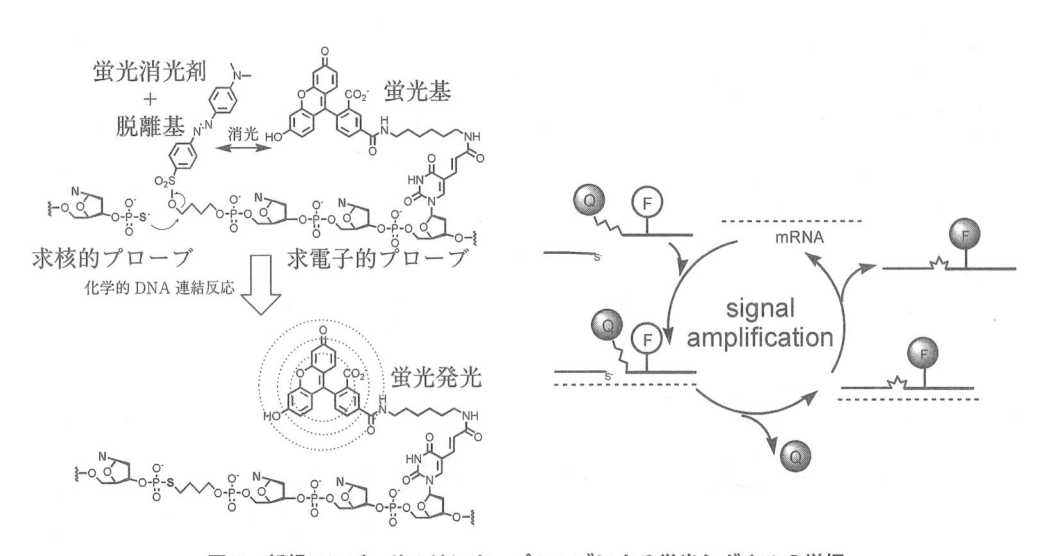

図6　新規ユニバーサルリンカープローブによる蛍光シグナルの増幅

第3章　細胞内生体分子群の動態シグナルの解析

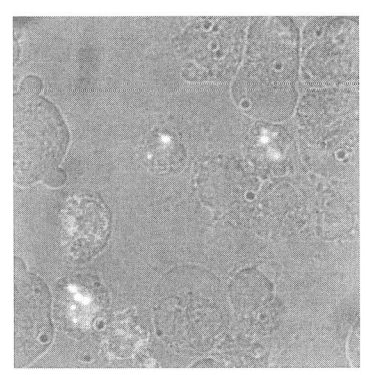

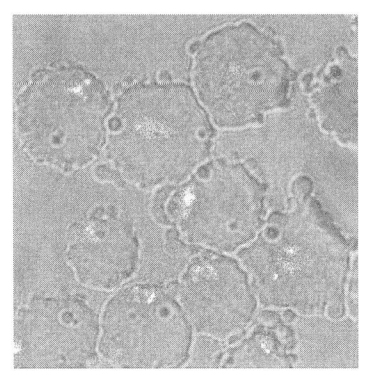

28Sr RNA　　　　　　　　　Beta-actin mRNA

図7　QFRETプローブによるヒト生細胞内RNAのイメージング

トが観測された（図7）。28S rRNAは細胞核内の核小体中で生合成され，もっとも高い濃度で存在していることが知られており，局在化したこのシグナルは核小体付近に位置していると考えられた。さらに，内因性ベータアクチンmRNAを標的としたプローブを細胞内に導入すると，細胞質内にそのシグナルが観測された（図7）。mRNAは通常，核内で転写され細胞質内に運ばれタンパク質に翻訳され，分解される。興味深いことに，ベータアクチンプローブからのシグナルは非常に限定された部位に局在化しており，生物学的に何らかの意味を持つ可能性がある。このようにQFRETプローブは細胞内RNAのイメージングに有効であることが示された[17]。

さらに，Koolらは，生細胞内における可視化だけでなく，RNA発現の定量化を検討している[17]。フローサイトメトリーを用いて，細胞内に導入されたQFRETプローブからの蛍光シグナルを計測し，定量した（図8）。28S rRNAの蛍光強度は，GAPDHより約10倍高くなった。これは，細胞内RNAの存在量を反映していると考えられる。さらに，種々のmRNAの蛍光シグナルによる定量化に成功している。

7.3　既法の問題点

既法の特徴について解説したが，それぞれの手法には問題点が存在する。FISH法は，最も汎用されている手法であるが，余分なプローブのバックグラウンド蛍光を除くために細胞を殺し，内部を洗浄する必要がある。この洗浄法については，これまで多数のプロトコールが報告されているが，高い技術が要求される。また，この操作によって，細胞内情報が失われる可能性もある。

一方，近年開発されたFRETプローブ，MBプローブや化学連結プローブは生きている細胞内にそのままプローブを導入することにより，洗浄などの操作を経ずにRNAを直接観察できるのが大きな利点といえる。これらの方法は，いずれもバックグラウンド蛍光を抑えるために

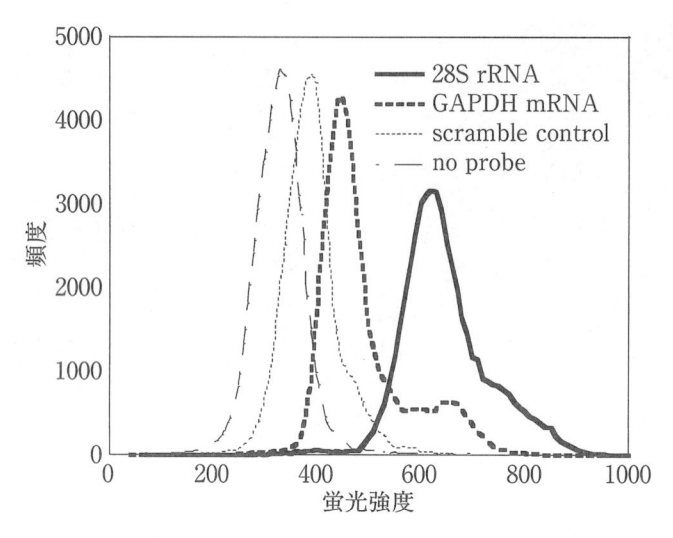

図8 フローサイトメトリーによる生細胞内RNAの定量

FRET原理や蛍光消光効果を巧みに用いている。そして，少なくとも比較的，存在量の多いRNAの観測に利用されている。しかしながら，細胞内mRNAなどの微量RNAは，2～3コピーしか存在しないものもあり，その観察を可能にする技術へのハードルは高く，さらにバックグラウンド蛍光を低く抑える必要がある。FRETプローブでは，原理的にアクセプター分子（A）由来の蛍光波長のみを観察するが，ドナー（D）からの蛍光が重なることやアクセプターの直接励起などにより，バックグラウンド蛍光が生じる。MBプローブは，原理的には標的RNAとの結合時のみ蛍光を発するが，細胞内には様々な核酸結合性タンパク質や非特異的結合性タンパク質が存在し，これらがMBプローブに結合することにより，プローブに構造変化が起こり，バックグラウンド蛍光が生じることが報告されている[7]。また，化学連結法においては，蛍光消光剤の加水分解により発生するバックグラウンド蛍光の問題が指摘されている。

さらに，種々のmRNAの定量化が試みられているが，1つのmRNAでも標的部位が異なれば，その蛍光強度にばらつきがあることが明らかになっている。これは，プローブの標的部位への近づきやすさに関係があると考えられる。細胞内RNAは複雑な高次構造をとっているため，プローブの結合に影響を与える。mFoldによりRNAの2次構造を計算し[18]，その結果から比較的プローブが結合しやすいと期待されるループ部分を標的部位として選択することが行われているが，同じRNAでもループ部分が異なる場合，蛍光強度にばらつきが観察されることから，プローブの理論設計は今後の重要な課題である。

第3章　細胞内生体分子群の動態シグナルの解析

7.4　これから細胞内検出への展開が期待される検出法

この他にも遺伝子検出のためのいくつかの蛍光発生システムが研究されている。これまでは in vitro 測定しか報告例がないものの，これから細胞内での測定も可能になることが期待される方法を以下にいくつか紹介する。

7.4.1　RNA アプタマーと蛍光物質の反応を利用した検出

RNA アプタマーは，RNA の核酸としての高次構造を利用することにより，抗体のようにふるまい，in vitro は当然のこと，細胞内でも機能を発揮する分子である。1999 年に Grate らは，マラカイトグリーン（Malachite Green, MG）と呼ばれる低分子化合物に対する RNA アプタマーを SELEX 法により獲得した[19]。MG は，通常の条件下では蛍光を発することはないが，粘度の高い溶媒中や低温度条件下では蛍光を発することで知られる分子である。MG のこのような性質を利用して，Kolpashchikov らは，MG RNA アプタマーの配列を，2 本の RNA プローブに分け，さらに標的配列に特異的な配列をそれらの末端に付加することにより，MG を用いた核酸の検出系として応用した（図9）[20, 21]。完全な相補鎖と一塩基相違のテンプレートを用いた場合の蛍光強度を比較した結果，ほぼ 20 倍以上の S/N 比が得られ，in vitro での核酸の検出系として，十分適用できる感度および特異性を持つということを報告している。

プローブが天然の RNA であることから，生細胞内において発現させることができ，細胞内での微量な遺伝子検出にも展開可能と考えられる。

7.4.2　コンフォメーション変化を利用した蛍光発生システム

細胞内の低分子 RNA による転写・翻訳の制御機構は，自然界でも行われている。例えば，RpoS mRNA は，普段はリボソーム結合部位（Ribosome Binding Site, RBS）が活性化しないようにステム-ループ構造をとっており，ループ部分に短鎖 RNA が結合するとステム部が開き，

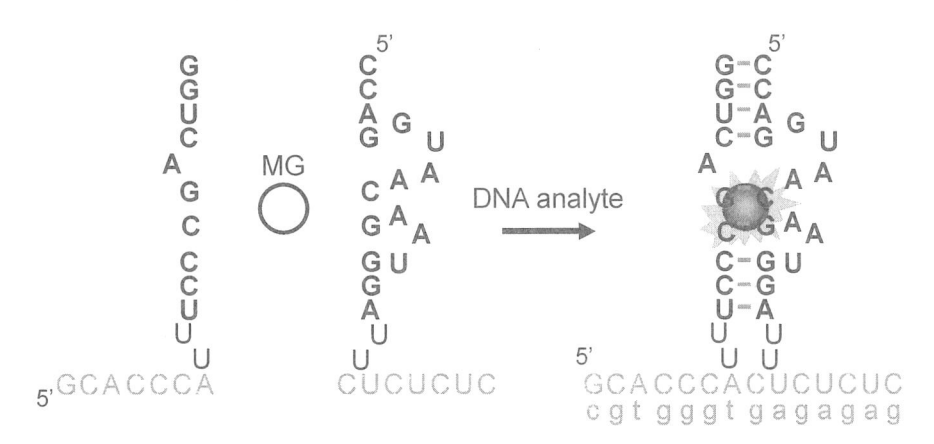

図9　マラカイトグリーン MG 結合アプタマーによる蛍光シグナル

RBSが活性になり，RpoS mRNAおよびタンパクが転写・翻訳されるという機構を持つ[22]。この機構を人為的に制御し，転写制御[23]や核酸の検出[24]に応用した試みが報告されている。

SandoらはSandoらは，標的DNAがモレキュラービーコン型のmRNAプローブのステム-ループ部に結合することにより，ステム部が開き，その下流に配置してあるルシフェラーゼ遺伝子の翻訳産物を化学発光分析することによりリボレギュレーター機構を用いた核酸の検出系を構築した（図10）[24]。この手法も，検出用プローブが天然型のRNAであることから，プラスミドを用いて細胞内で容易に発現させることができる。細胞内生体分子との相互作用によるバックグラウンドシグナル発生の可能性があり，高いS/N比を得るためには更なる改良が必要になると思われるが，検出系自体の細胞内への導入は比較的容易であり，更なる展開が期待される。

7.4.3 量子ドットを用いた検出系

量子ドット（QDs）は，広い励起スペクトルと極めてシャープな蛍光スペクトルを持つことから，革新的なバイオイメージング技術のツールとして期待されている。有機系の蛍光化合物と比べ，約20倍の蛍光強度を持ち，さらに蛍光消光に対する安定性も飛躍的に向上している。

In vitro での検出例としては，複数種のQDsを利用することにより，シグナルをバーコード化した，遺伝子発現のハイスループット解析が有名である。Hanらは，割合を規定した3色のQDsを1.2 μmのポリスチレン製マイクロビーズに封入した[25]。ビーズ内のそれぞれのQDsは，その存在比をコントロールすることにより，10段階のシグナル強度をもつことから，最大1000種類のバーコードの組み合わせを持つ。このビーズをオリゴDNAに結合することにより，標的核酸の同定に応用している（図11）。生体内への適用も進んでおり，QDsを用いたタンパク質や抗原のイメージングが活発に行われ，ガン細胞の特異的な検出なども行われている[26,27]。しかしながら，筆者らが知る限り，これまでのところQDsを用いて細胞内の核酸を検出したとの報告はなされていない。優れた蛍光特性を持つQDsではあるが，細胞内検出に応用する上で，そのサイズの大きさが問題として残る。

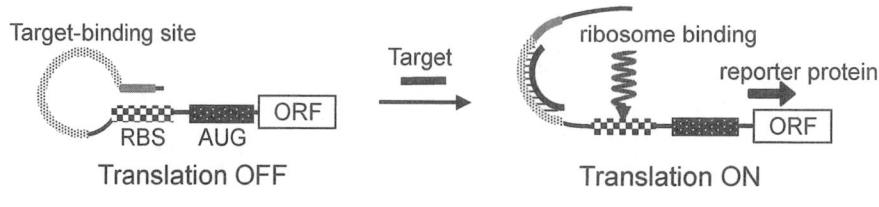

図10 リボレギュレータシステムを利用した核酸配列検出

第3章　細胞内生体分子群の動態シグナルの解析

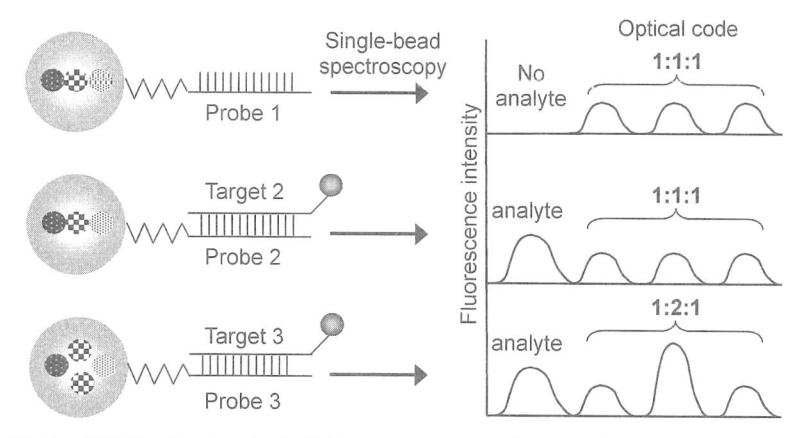

図11　量子ドット（QDs）を利用したバーコードシグナルに基づく遺伝子配列解析

7.5　今後の展開

　蛍光バイオプローブを用いる細胞内遺伝子発現の可視化技術は，現段階では，細胞内 RNA 発現のリアルタイム可視化や局在化の解析等の基礎研究での応用が報告されているものの，まだ一般的な技術にはなっておらず，まだまだ発展の余地がある。しかしながら，将来は，バイオプローブによる簡便な診断法への利用も期待される。紹介した手法がその期待に答えられる可能性は十分あるが，各々の問題点の克服と更なる技術革新が必要である。ここでは，バイオプローブにおける分子デザインのみを解説したが，本技術においてはバイオプローブと分光学的技術の発展が両輪となって進むことが必要である。両技術の融合により大きなブレークスルーが生まれることを大いに期待したい。

文　　献

1) Hutchison, C. A., 3rd & Venter, J. C. *Nat Biotechnol,* **24**, 657–8（2006）
2) Lang, P., Yeow, K., Nichols, A. & Scheer, A. *Nat Rev Drug Discov,* **5**, 343–56（2006）
3) Shav-Tal, Y., Darzacq, X. & Singer, R. H. *Embo J,* **25**, 3469–79（2006）
4) Dirks, R. W. & Tanke, H. J. *Biotechniques,* **40**, 489–96（2006）
5) Levsky, J. M. & Singer, R. II. *J Cell Sci,* **116**, 2833–8（2003）
6) Behrens, S., Fuchs, B. M., Mueller, F. & Amann, R. *Appl Environ Microbiol,* **69**, 4935–41（2003）
7) Molenaar, C., Marras, S. A., Slats, J. C., Truffert, J. C., Lemaitre, M., Raap, A. K., Dirks, R. W., Tanke, H. J., Dirks, R. W., Molenaar, C. & Tanke, H. J. *Nucleic Acids Res,* **29**, E89–9

(2001)
8) Cardullo, R. A., Agrawal, S., Flores, C., Zamecnik, P. C. & Wolf, D. E. *Proc Natl Acad Sci USA,* **85**, 8790-4 (1988)
9) Tsuji, A., Koshimoto, H., Sato, Y., Hirano, M., Sei-Iida, Y., Kondo, S. & Ishibashi, K. *Biophys J,* **78**, 3260-74 (2000)
10) Tyagi, S. & Kramer, F. R. *Nat Biotechnol,* **14**, 303-8 (1996)
11) Tyagi, S., Bratu, D. P. & Kramer, F. R. *Nat Biotechnol,* **16**, 49-53 (1998)
12) Matsuo, T. *Biochim Biophys Acta,* **1379**, 178-184 (1998)
13) Sokol, D. L., Zhang, X., Lu, P. & Gewirtz, A. M., *Proc Natl Acad Sci USA,* **95**, 11538-43 (1998)
14) Sando, S. & Kool, E. T. *J Am Chem Soc,* **124**, 2096-7 (2002)
15) Sando, S., Abe, H. & Kool, E. T. *J Am Chem Soc,* **126**, 1081-7 (2004)
16) Abe, H. & Kool, E. T. *J Am Chem Soc,* **126**, 13980-6 (2004)
17) Abe, H. & Kool, E. T. *Proc Natl Acad Sci USA,* **103**, 263-8 (2006)
18) Zuker, M. *Nucleic Acids Res,* **31**, 3406-3415 (2003)
19) Grate, D. & Wilson, C. *Proc Natl Acad Sci USA,* **96**, 6131-6 (1999)
20) Babendure, J. R., Adams, S. R. & Tsien, R. Y. *J Am Chem Soc,* **125**, 14716-7 (2003)
21) Kolpashchikov, D. M. *J Am Chem Soc,* **127**, 12442-3 (2005)
22) Majdalani, N., Cunning, C., Sledjeski, D., Elliott, T. & Gottesman, S. *Proc Natl Acad Sci USA,* **95**, 12462-7 (1998)
23) Isaacs, F. J., Dwyer, D. J., Ding, C. M., Pervouchine, D. D., Cantor, C. R. & Collins, J. J. *Nat Biotechnol,* **22**, 841-847 (2004)
24) Sando, S., Narita, A., Abe, K. & Aoyama, Y. *J Am Chem Soc,* **127**, 5300-1 (2005)
25) Han, M., Gao, X., Su, J. Z. & Nie, S. *Nat Biotechnol,* **19**, 631-5 (2001)
26) Wu, X., Liu, H., Liu, J., Haley, K. N., Treadway, J. A., Larson, J. P., Ge, N., Peale, F. & Bruchez, M. P. *Nat Biotechnol,* **21**, 41-6 (2003)
27) Gao, X., Cui, Y., Levenson, R. M., Chung, L. W. & Nie, S. *Nat Biotechnol,* **22**, 969-76 (2004)

第4章　細胞間ネットワークシグナルの解析

1　細胞間ネットワークシグナルの解析概論

民谷栄一*

　生体の有する高次機能を分子レベルで理解し，これを応用展開していくため，生体を構成する基本単位である細胞の機能に焦点をあて，一細胞レベルでの解析を可能としつつ，生体機能を発現するのに不可欠な細胞間のネットワーク形成を視野に入れた細胞集団を定量評価する網羅的な解析手法の提案および実施展開が不可欠である。こうした解析手法を展開するには，ハード面においては，最新のマイクロ／ナノ微細加工技術を用いた一細胞アレイチップ，細胞集団を対象とする計測方法，ソフト面においては，網羅的細胞解析アルゴリズムの開発などが基盤となる。こうした研究を推進するために分析化学，生化学，微細加工，生体情報解析などを専門とする境界領域の研究者の連携をはかり，たとえば，①一細胞の分解能を有する細胞集団チップ（40万個の細胞配置も可能），網羅的細胞シグナル応答解析　②ペプチドシグナルアレイチップによる細胞レセプタ分子の解析，ドラッグの探索，機能予知プログラムの設計　③集積型電極システムと神経細胞ネットワーク集団解析　④MEMS先端技術を用いたパッチクランプアレイなど細胞シグナルチップ開発と解析などの研究課題が有用であろう（図1参照）。

　生体機構を理解するうえで細胞内のみならず細胞間シグナルの授受メカニズムを明らかにすることは，本質的に必須なアプローチと考えられる。特に，神経細胞ネットワーク，生体防御ネットワークなどに代表されるように数多くのヘテロな細胞からなる細胞集団を対象とし，基本単位である細胞の機能を一細胞あるいはサブセルレベルで解析できる手法およびシステムの開発は有用性があり，必要である。例えば，生体防御に関わる免疫細胞ネットワークでは，B細胞集団が10の8乗もの種類の抗体を生成できるが，1種類の細胞からは1種のモノクローナル抗体を生成しており，同時に極めて大きな数の細胞集団を1個レベルで解析できなければ免疫ネットワーク全体を理解し，これを利用するには至らない。また，細胞機能を評価するうえでは，細胞間シグナル分子に対する応答解析が重要であり，アレイ上に配置された集積型電極やパッチクランプ細胞内電極などのハード開発が望まれる。これらを解決する研究手法および視点に本システムの特色および独創性がある。さらにこうしたシステムをバイオセンシングやドラッグ探索などへ応

　＊　Eiichi Tamiya　北陸先端科学技術大学院大学　マテリアルサイエンス研究科　教授

―細胞定量解析の最前線―ライフサーベイヤ構築に向けて―

神経細胞マイクロアレイ電極
細胞集団の活動解析

細胞ネットワークアレイ解析

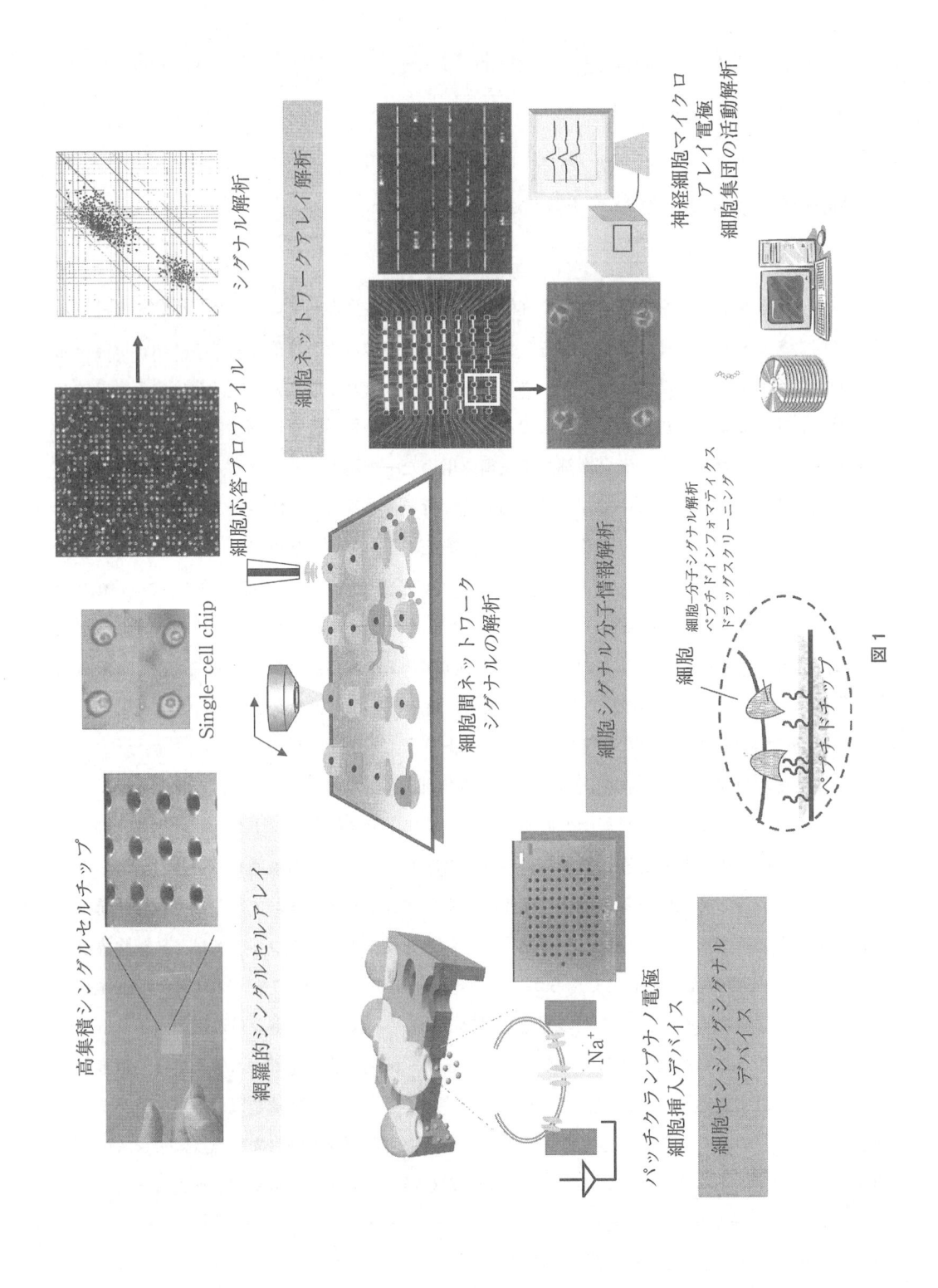

シグナル解析

細胞応答プロファイル

Single-cell chip

細胞間ネットワークシグナルの解析

細胞シグナル分子情報解析

細胞－分子シグナル解析
ペプチドバイオインフォマティクス
ドラッグスクリーニング

細胞

ペプチドチップ

高集積シングルセルチップ

網羅的シングルセルアレイ

パッチクランプナノ電極
細胞挿入デバイス

細胞センシングシグナルデバイス

図1

第4章　細胞間ネットワークシグナルの解析

用展開するうえで，候補分子集団の設計およびチップへの配置とそのアッセイ手法の開発にも展開するもので，予想される結果および意義は高く，関連分野に与える波及効果はきわめて大きいと考えられる。

　なお，研究される細胞間ネットワーク解析デバイスを用いて人工的に設計したシグナル検出分子群を用いた網羅的細胞シグナルの検出，解析の実施へと展開される。さらに，細胞間シグナル分子としての機能を網羅的解析により得られた情報をもとに細胞シグナル物質の相互作用推定モデルを構築するとともに，これらに関するルールを抽出することで，シグナル伝達分子のリード化合物の設計を可能にするデザイナブル（設計可能な）ネットワークを構築し，新規機能性シグナル伝達分子の設計を図ることを目的としており，この点においては細胞内情報との連携が有用である。最終的には，本研究が目指すライフサーベイヤの設計のための基礎知見として統合されると考えている。

2 細胞チップを用いた遺伝子／シグナル分子解析

山村昌平[*1], 斉藤真人[*2], 民谷栄一[*3]

2.1 はじめに

　生体を構成する基本単位である細胞は，遺伝子やタンパク質の発現だけでなく，代謝産物の生成，免疫系，増殖分化などの様々な生命活動の制御を行っており，その機能解析研究を進めることは生体反応機構の解明だけでなく，医療・診断分野に大きく貢献するものと思われる。近年では，細胞を単なる生体分子の集積体あるいは集団機能としてではなく，高い情報能や複雑な応答性を有する生命体分子として個々の細胞すなわち一細胞レベルで解析する手法にも注目が集まっている。また，個々の細胞がネットワークを形成し，互いにシグナル伝達などを行うことによって，組織や器官さらには個体における基幹システムとして機能していることから，それらの網羅的かつ一細胞レベルでの解析が必要であり望まれている。このような解析技術を成し得るためには，細胞レベルさらには分子レベルでの高度な操作技術が必要であるが，近年の半導体製造技術等によって培われたマイクロ・ナノテクノロジー分野における微細加工技術の進歩に伴って，複雑でかつ緻密なデバイス作製が可能となり，ハイスループットな生体試料の高感度解析を目指したバイオチップデバイスの研究が盛んに進められている。最近では，DNAチップ，プロテインチップなどによる遺伝子やタンパク質の検出，解析だけでなく，高精度な細胞の操作および解析の可能性も広がってきており，その解析ツールの1つとして細胞チップが注目されている。細胞チップは，これまで行われてきたシャーレやチューブ中におけるバルク反応系では不可能であった一細胞レベルでの解析や，検出自体が困難である微量サンプルの測定，さらには簡便かつ迅速に検出および解析できるシステムとして期待される。また，細胞チップの開発に伴って，一細胞レベルにおける分離，破砕，培養等の操作技術および検出・解析技術が向上することにより，個々の細胞における代謝反応機構の解明，遺伝子・タンパク質の発現，相互作用などといった学術的な知見だけではなく，ドラッグスクリーニングや医療診断などにも応用できることが期待される。本稿では，マイクロアレイチップを用いて遺伝子増幅反応を行い，一分子あるいは一細胞レベルでその増幅産物を検出するシステムや一細胞レベルでのシグナル応答解析が可能なシングル細胞チップについて紹介すると共にその展望についても述べる。

[*1] Shohei Yamamura　北陸先端科学技術大学院大学　マテリアルサイエンス研究科　助手
[*2] Masato Saito　文部科学省　知的クラスター創成事業「とやま医薬バイオクラスター」博士研究員
[*3] Eiichi Tamiya　北陸先端科学技術大学院大学　マテリアルサイエンス研究科　教授

第4章　細胞間ネットワークシグナルの解析

2.2　細胞機能解析を目指したチップデバイス
2.2.1　マイクロアレイチップを用いた遺伝子解析システム

　DNA チップをはじめとするマイクロアレイチップの開発の進展に伴い，遺伝子を検出するチップデバイスは多数報告されており，目的の DNA を特異的に増幅できる PCR と組み合わせた検出手法も研究されている。最近では，一枚のチップを用いて複数の遺伝子増幅を行えるだけでなく，数コピーレベルでの遺伝子増幅も可能となっている。臨床検査，遺伝子診断等への応用を想定した場合，現在求められているニーズとしては，例えば，出生前診断として，母胎血にわずかに含まれる胎児由来の有核赤血球からの遺伝子診断や，特定の抗原に特異的に反応する極少数の B 細胞の抗体遺伝子等を解析することによって，細胞診断を行うことや，特異的なモノクローナル抗体の作製できることが期待されている。また近年，HIV，SARS 等のウィルスや O157，サルモネラ等の細菌といった毒性の高い病原性微生物の出現によって，これらが繁殖する前に早期検査，診断することが求められている。以上の検査診断を実現するためには，一細胞レベルでの遺伝子解析技術が必要であり，診断・医療分野をはじめとして需要が益々高まっている。近年，一細胞を分離，検出するシステムの研究が試みられているが，一細胞の分離，破砕，遺伝子増幅をすべてチップ上で行った例はない。また，一細胞あるいは一分子レベルでの高感度な測定システムの報告は少なく，それと同時にハイスループット解析できるシステムは殆どない。そこで当研究室では，低コピー数での遺伝子増幅およびその増幅産物の検出をマイクロアレイチップ上で解析するシステムの開発を進めている。遺伝子増幅すなわち PCR を行うチップデバイスとしては，基板上にエッチングなどの微細加工技術によりチャンバーアレイを作製し，その微小な反応層中で PCR を行う方法と，マイクロ流路を用いて反応溶液を移動させながら必要な温度変化を行って PCR を行う方法と，以上の2種すなわち，マイクロチャンバーアレイとマイクロ流路を組み合わせた手法の大きく3つに分類される。しかしながら，いずれの手法も溶液量が微量になることから試薬の導入が困難であり，複雑なバルブやポンプなどを必要とする場合が多く，ユーザーにとっても操作が必ずしも簡単ではない。そこで本研究では，複雑な作り込みを必要としないマイクロチャンバーアレイチップと微量な溶液を扱うことができるナノリッターディスペンサーの組み合わせによる新規手法を開発し，その手法によってオンチップでの PCR システムを構築している。ナノリッターディスペンサーを用いることによって，隣接するサンプルのコンタミネーションも問題にならず，試料導入も機械的に行えることから，導入する位置，量ともに正確である。また，微量な試料を的確に導入できることから，高価な試薬や貴重なサンプルの解析も可能である。さらに，短時間に多数のサンプルを一枚のチップ上に導入できることからハイスループット解析には適していると考えられる。自動化という面では，ユーザーにとっても煩雑な操作を削減できる点において利点がある。

一細胞定量解析の最前線―ライフサーベイヤ構築に向けて―

　本報告では，まずマイクロチャンバーアレイチップを用いて，標的遺伝子を増幅し，定量的に検出できるシステムの確立を目指した．それと同時に複数のサンプルの同時検出，すなわちハイスループット解析の可能性を検証した．まずは，微量のDNAの定量解析を行えることを目指して，そのモデル系として病原性微生物の遺伝子および病原性微生物そのものをマイクロチャンバーアレイチップによって検出可能であるかを検討した．

　病原性微生物による食中毒や感染症疾患は増加傾向にあり，特に近年ではO157をはじめとする病原性大腸菌や*Salmonella*属や*Campylobacter*属など少数の菌体で発症する食中毒細菌の被害が増えており，より高感度に検出することが求められている．これらの早期治療や2次感染防止のためには，従来の培養を用いた検査のように長時間を必要とする方法ではなく，簡便，迅速かつ高感度に微生物を検出する必要がある[1]．また，集団感染等で多数の検体の迅速な検出が求められる場面では，多くの人手と費用がかかるために，検出機器の縮小化および高集積化が望ましい．そこで本研究では，マイクロチャンバーアレイ上でPCRを行うことによって，迅速かつ簡便に複数の病原性微生物の遺伝子を検出することを目的とした．また，ナノリッターディスペンサーを用いることによって，多数のサンプルを迅速にマイクロチャンバーアレイに導入できる手法も取り入れることによって，システムの自動化についても検討した．既に，著者らは，種々のマイクロチャンバーアレイをフォトリソグラフィーなどの微細加工技術にて作製し，これを用いてPCRやタンパク質合成などを実現している[2〜10]．これらのマイクロチャンバーアレイは，1つのチャンバーの大きさが10〜500 μm程度であり，チャンバーの数も10^3〜10^5程度まで作製することができる．チップ材料はシリコン基板，ガラス，透明なポリマー材料（ポリジメチルシロキサン（PDMS），ポリスチレン等）が用いられている．

　本報告では，マイクロチャンバー（650 μm × 650 μm × 200 μm，容量約50 nL）を24 × 52（1248）個並べたシリコン製のチャンバーアレイチップ（図1）を用いて病原性微生物の検出実験を行った．まず，複数の病原性大腸菌の標的遺伝子を，一枚のチップ上で，1度のPCR反応で同時に検出することを目指した．本実験では3種類の鋳型DNAを横3つのエリアに，5種類

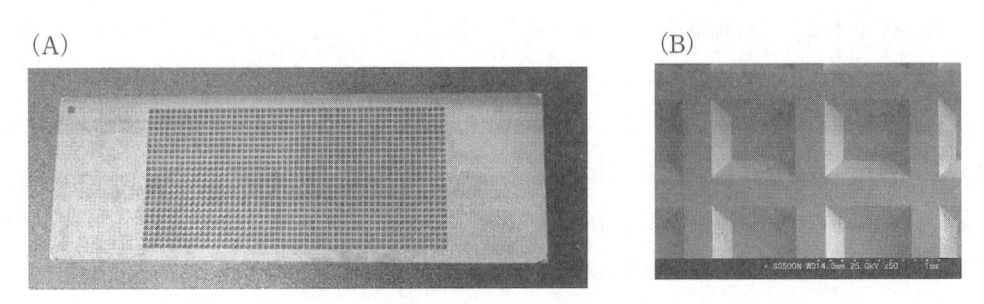

(A)　　　　　　　　　　　　　　　　(B)

図1　オンチップPCRを行うためのマイクロチャンバーアレイチップ

第4章 細胞間ネットワークシグナルの解析

のプライマーを縦5つのエリアにそれぞれ分けてPCRを行った．使用した鋳型DNAはO26: H11，O103: H2，O157: H7を用い，プライマーおよびTaqManプローブはSiga-toxin1, Siga-toxin2をそれぞれコードするstx1，stx2，およびO26，O111，O157それぞれの血清型に特異的な遺伝子をコードするeae26，eae111，eae157を用いた．標的遺伝子に特異的なプライマーおよびプローブを含む溶液を，ナノリッターディスペンサーによって40 nLずつ，各チャンバーに導入した．プライマー溶液乾燥後，チップ表面をミネラルオイルで覆った．ミネラルオイルは，PCR等を行う時の蒸発や乾燥を防ぐ蓋の役目を担っている．次に，プライマーが導入されているチャンバー中に，再びナノリッターディスペンサーを用いて，異なる鋳型DNAを含むPCR反応液40 nlをミネラルオイルの上からオイルを貫通させるように導入し，PCR反応を行った（図2）．標的遺伝子の増幅確認のため，マイクロアレイスキャナーおよび蛍光顕微鏡による観察

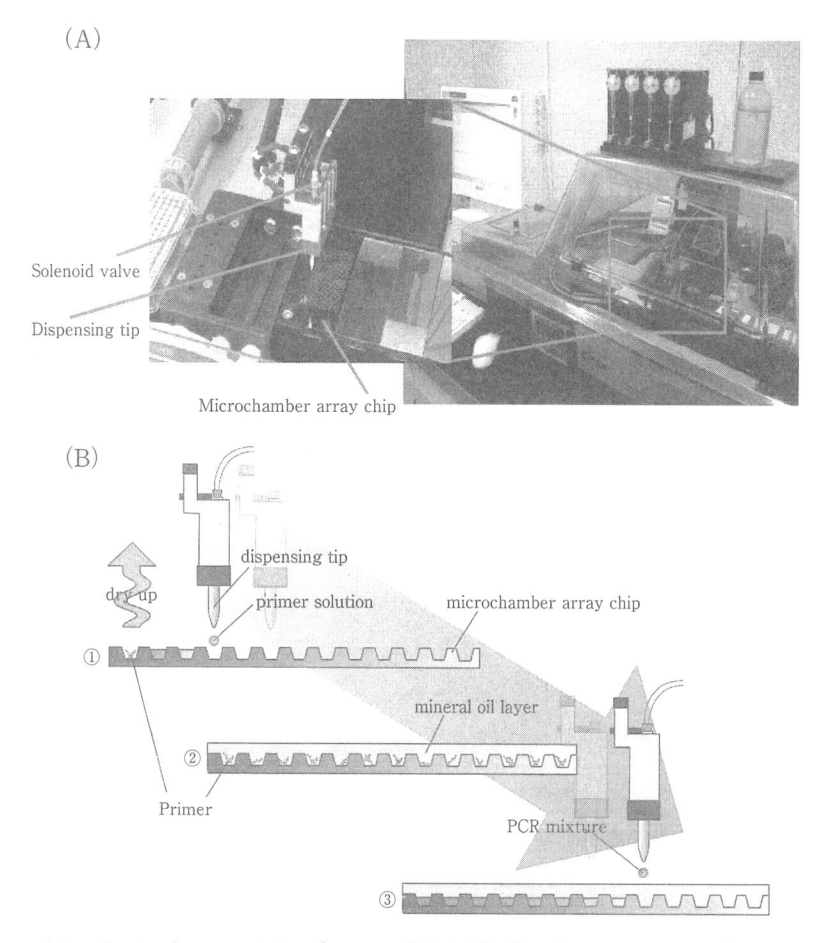

図2 マイクロチャンバーアレイチップにPCR溶液などを導入するナノリッターディスペンサー
（A）ナノリッターディスペンサー，（B）PCRを行うための溶液導入方法

―一細胞定量解析の最前線―ライフサーベイヤ構築に向けて―

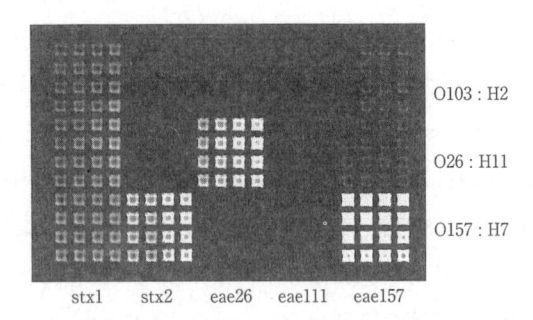

図3 マイクロチャンバーアレイチップ上でのPCRによる複数の病原性大腸菌遺伝子の増幅

を行った。蛍光観察により得られた結果を（図3）に示した。異なるプライマーをあらかじめチップに導入しておくことで，複数のDNAを同時に検出することに成功した。eae26, eae157 はそれぞれO26, O157に特異的であり，対応するマイクロチャンバー領域の標的遺伝子の増幅が確認された。stx1では3つの鋳型DNA全てが，stx2ではO157:H7がそれぞれ増幅していることが蛍光検出により確認された。これにより，微生物の血清型の決定およびスクリーニングに有効であることが示唆された。

次に，異なるターゲットとして病原性細菌である *Campylobacter jejuni* を標的遺伝子として，特異的なプライマーのみを含む溶液をナノリッターディスペンサーによって，各チャンバーに40 nLずつ導入した。室温で溶液を乾燥した後，チップ全体をミネラルオイルで覆い，プライマーを導入したチャンバーにターゲットを含むPCR反応液をオイル層の上から貫通させて導入し，PCR反応を行った。標的遺伝子の増幅はSYBR Greenを用いた蛍光検出により確認し，マイクロアレイスキャナーを用いて検出した。テンプレートとしては微生物のゲノムDNA，もしくは微生物細胞を直接，チップ上に添加し，PCRを行った。テンプレートとして病原性微生物のゲノムDNAを添加し，チップ上でPCRを行った結果，標的遺伝子の増幅による蛍光強度の増大が検出された（図4）。また，多量の糞便抽出DNAを含む系においても，同様に標的遺伝子の検出を行うことができた。その際の検出感度は0.1 copy/chamberであり，0.1〜20 copy/chamberの範囲での定量性も確認できた。さらに，微生物細胞を直接チップ上で検出するために，微生物検査のモデル系として，*Campylobacter jejuni* に特異的な hippuricase 遺伝子断片を組み込んだ組換え大腸菌を作製した。標的遺伝子を組み換えた微生物細胞をナノリッターディスペンサーによって直接チップ上に展開してPCRを行った場合においても，ゲノムDNAの時と同様に0.1 cell/chamberの濃度まで検出することができた（図5）。さらに，夾雑物として大腸菌野生株を多量に加えた系においても同様な実験を行った結果，標的遺伝子の増幅が確認でき，定量性も見られた。以上の結果より，1枚のチップ上でのPCRによって，病原性微生物の検出ができたことで簡便，迅速，安全な新規の微生物検査法となり得る可能性が示された。

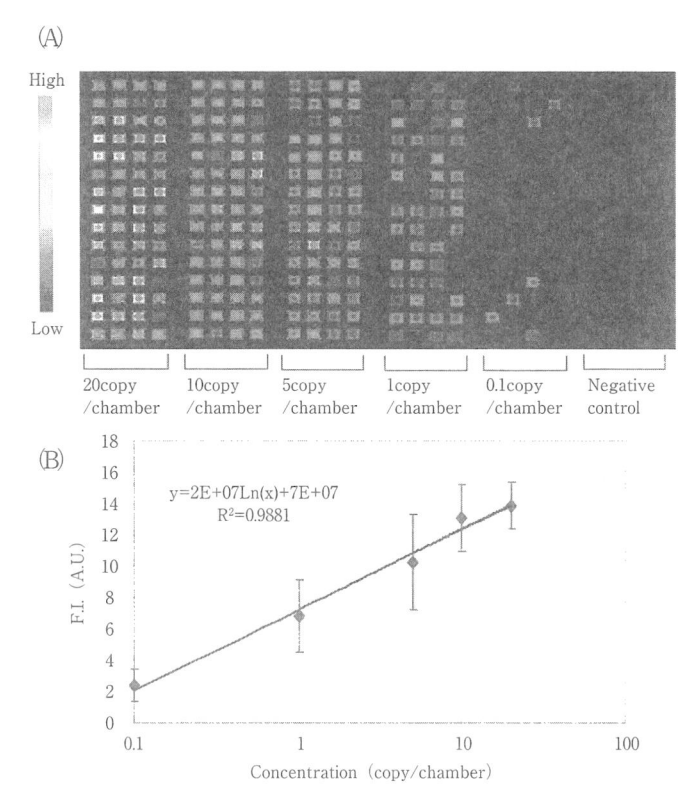

第4章　細胞間ネットワークシグナルの解析

図4　マイクロチャンバーアレイチップ上でのPCRによる病原性微生物遺伝子の検出
（A）マイクロアレイスキャナーによる *Campylobacter jejuni* の遺伝子の検出，（B）検出結果

これまでに，チップを用いたPCRによる遺伝子検出としてはいくつか報告例があるが，上記でも簡単に述べたように，今回報告したアレイ型と流路型のチップに大別される．アレイ型のPCRチップとしては，1つのチャンバーが100 pl以下といった極微量でのマイクロチャンバーアレイのものも報告されている[2,3,11]が，複数の異なる溶液の分注や，蒸発を防ぐための蓋をするのが困難である．また，カバーガラスをする際にクロスコンタミネーションも懸念される．スライドガラスを密着させて密閉する方法[12]（カバースリップ法）もとられているが，サンプルの導入や微小なチャンバー内での反応制御に限界がある．一方，流路型のPCRチップとしては，将来的に細胞を破砕してPCRを行うなど一連の各反応行程をチップ中で行えるメリットがあるものの，多数のチャンネル，バルブ，ポンプなどを用いて送液を制御するもの[13]や，プローブDNAを固定化した電極を埋め込み検出するシステム[14]など，複雑でかつ特殊な機器や装置を必要とし，操作が煩雑なものが多い．また，多種多様なサンプルをハイスループットに解析することは困難である．それに対して，本研究によって開発したマイクロチップを用いたPCRシステム[4,5]では，ナノリッターディスペンサーを用いてPCR溶液が導入でき，複数のサンプルを

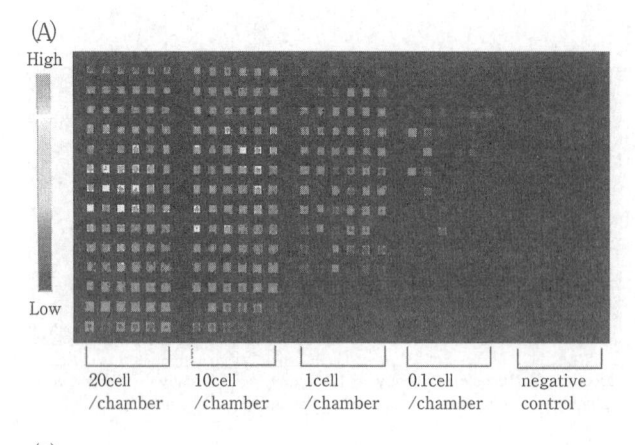

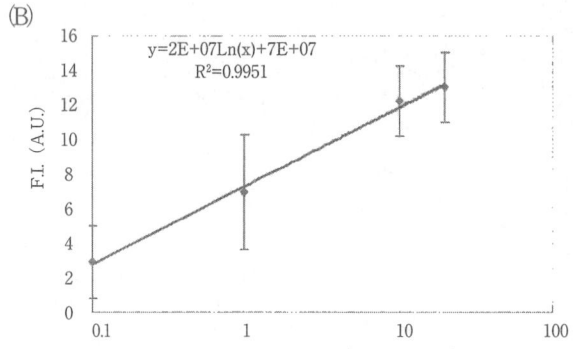

―細胞定量解析の最前線―ライフサーベイヤ構築に向けて―

図5 マイクロチャンバーアレイチップ上での PCR による病原性微生物の検出
(A) *Campylobacter jejuni* に特異的な遺伝子断片を組み込んだ組換え大腸菌の検出
(B) 検出結果

同時に一枚のチップ上で検出できる点で，簡易でかつハイスループットな解析が可能であり，上記の結果からも定量検出可能な高感度なシステムである。

以上より，一枚のマイクロチップ上で，複数の病原性微生物を検出できるだけでなく，微量の遺伝子も定量検出できることが示された。また，ナノリッターディスペンサーを用いて，多数のサンプルを自動的に導入でき，マイクロチャンバーアレイチップでハイスループットな解析ができる可能性が示唆された。

2.2.2 細胞チップを用いた細胞シグナル解析

免疫システムにおいて中心的役割を担うBリンパ球細胞は，外部からの病原体となる異物あるいは抗原を認識する抗体分子を生成する。B細胞は多くの人の場合，10^8 以上の種類の抗体を生産できるとされており，その多様性をもって様々な抗原に対応していると考えられている。B細胞は，1個の細胞が産生する抗体は1種類であり，これをモノクローナル抗体と呼んでいる。通常の抗体作製の方法においては，抗原を動物に感作させて，その後体内で産生する抗体を入手する方法が用いられている。この場合には，複数のB細胞が産生する抗体の混合物として得ら

第4章 細胞間ネットワークシグナルの解析

れるため，いわゆるポリクローナル抗体が得られることになる。ガン細胞や特定のウィルスの測定や診断をする場合には，特異性の高い認識の優れたモノクローナル抗体の方が有利と考えられている。一方，モノクローナル抗体を入手する方法としてハイブリドーマを用いる方法が知られているが，煩雑な操作と時間を要するばかりか，B細胞とミエローマ細胞を融合させることによって抗体産生細胞をスクリーニングするため，融合した細胞のみがスクリーニングの対象となり，必ずしもすべての抗原に対して特異性の高いモノクローナル抗体が得られるとは限らない。そこで著者らは，細胞チップを用いた新規モノクローナル抗体の作製に関する技術の研究開発を進めており，以下にこの方法について示す。

既に著者らは，種々のマイクロチャンバーアレイチップをフォトリソグラフィーなどの微細加工技術を用いて作製しており，例えば，細胞サイズに合わせたマイクロチャンバー（直径10 μm程度）を構築し，10^5個以上のマイクロチャンバーを一枚のチップ上に集積化することができている。したがって，各マイクロチャンバー上に多数のB細胞を1個ずつ配置し，その後，特定の抗原刺激における応答を調べることにより，その刺激に特異的な単一B細胞を直接選別することが可能となる。これにより，細胞を採取してその抗体遺伝子を解析できれば，任意の抗原に対するモノクローナル抗体を作製することができると考えられる。既に図6に示すような1細胞の配置できるマイクロチャンバーが20万個以上集積したマイクロアレイチップをナノリソグラフィー技術であるLIGAプロセスによって作製し，抗原刺激前後の細胞内カルシウムシグナル応答の測定に成功している[8~10]。こうしたマイクロアレイを用いたシステムは，細胞1個ずつの

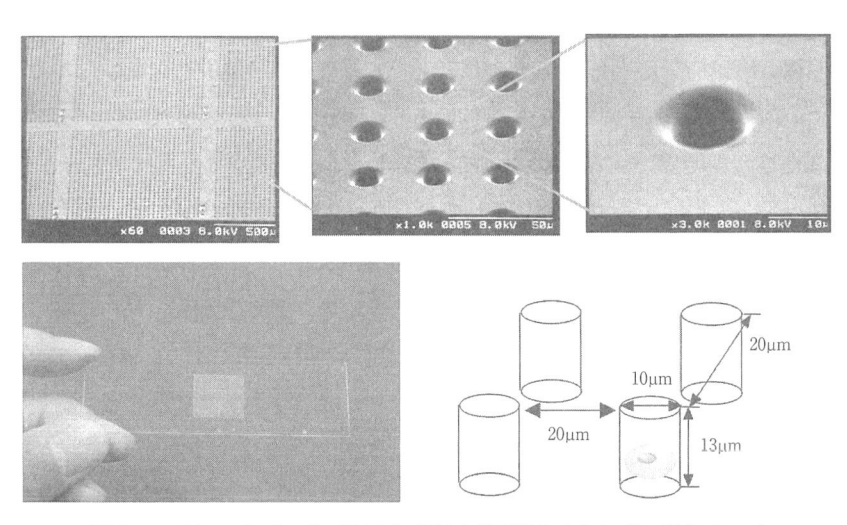

図6 マイクロチャンバーが20万個以上集積化したシングル細胞チップ
各マイクロチャンバーに一細胞のみが収納されるように設計されており，表面処理によってチャンバー内のみに細胞を固定化するように制御している。

―細胞定量解析の最前線―ライフサーベイヤ構築に向けて―

解析を一度にかつ大量に行える点が特徴である。既存の細胞分析技術としてセルソーターを用いるフローサイトメトリー法があるが，これとの相違は，セルソーターは，単位時間あたりに解析できる細胞数は多いが，本研究で用いるB細胞のような刺激前後の応答を比較するような場合，セルソーターでは，刺激前後の細胞集団を別々に調製して測定するため，特定の細胞を一細胞レベルでその応答を比較することは不可能であり，あくまでも統計的な細胞集団解析しか行えない。また，セルソーターは高速で細胞を流すため，測定感度に限界があり，非特異的に反応する細胞も約0.1％以上の確率で出現することが知られている。したがって，その測定限界以下の極めて低い割合の特異的な細胞のスクリーニングおよび解析は困難である。一方，本研究によって開発したシングル細胞チップでは，個々の細胞が収納できる20万個以上のマイクロチャンバーアレイをチップ基板上に構築しており，0.001％以下の細胞も検出可能であるばかりでなく，独立したマイクロチャンバー内に単一細胞が別々に配置され，その空間的な座標についてもデーター化されている。そのため，マイクロチャンバーアレイに配置された全細胞を網羅的に細胞1個ずつのレベルで刺激前後の応答の比較解析が可能になる。実際に得られた結果の例を図7（A）に示す。これより，刺激後の細胞集団の中に，コントロールと比べて大きな応答を示した細胞が存在することが明らかになった（図7（B））。さらに，解析によって得られた抗原刺激に特異的な単一細胞をマイクロマニピュレーターによって回収することにも成功しており，回収されたB細胞は1細胞PCRにより，特定の抗体の抗原認識部位の遺伝子配列を増幅，入手することが可能である（図8）。この遺伝子を解析すれば，抗原認識部位の構造についてのデーターが得られる。このようにして，特定のモノクローナル抗体を生成するB細胞が入手できれば，特定の抗体分子を選択して入手することが可能となる。また，抗体分子の遺伝子を入手することも可能であるため，この遺伝子をクローニング，あるいはタンパク質合成系に適用することにより，所定のモノクローナル抗体を作製入手することも可能である。現在このような検討が進められている。

　近年，チップテクノロジーの発展によって，緻密でかつ複雑な構造を有する様々なチップデバイスが可能となり，DNAチップに代表されるマイクロアレイだけでなく，流路（フロー）型のチップデバイスも盛んに研究開発されている。その理由としては，流路型チップの特徴として，アレイ型チップとは異なり溶液交換などが容易であるため，細胞の分離やパターニング培養などに用いられており，それ以外にも様々なアッセイ等にも期待されており，細胞破砕[15]，細胞融合[16]，エレクトロポレーション[17]なども試みられている。さらに将来的には，前処理，分離，検出などを一枚のチップ上ですべて行おうとすること（ワンチップ化）が目指されており，micro Total Analysis System（μTAS）と呼ばれ期待されている。当研究室においても，流路型チップを作製し，独自のセルソーティング技術と連携させ，一細胞レベルでの網羅的細胞解析システムの開発を進めている[18]。開発されたマイクロ流路型細胞チップは，オイル溶液と細胞溶

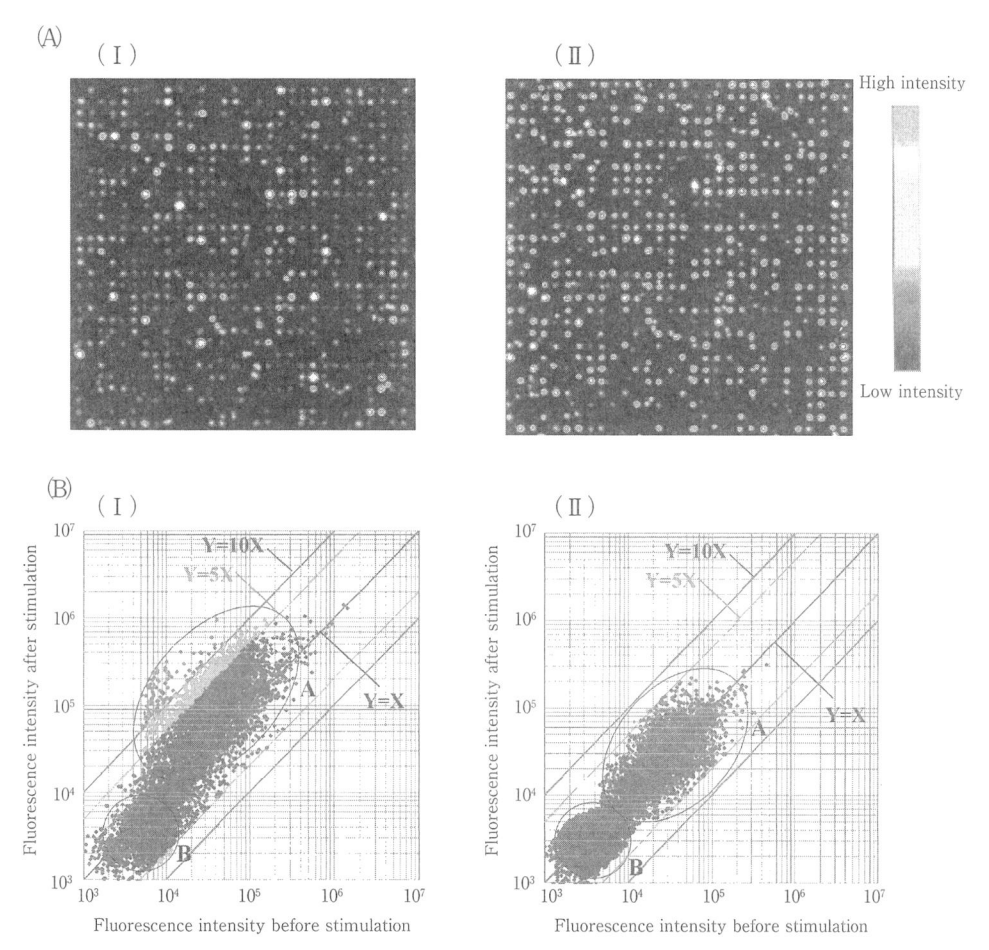

第4章　細胞間ネットワークシグナルの解析

図7　シングル細胞チップ上での単一細胞の網羅的解析
(A) 抗原刺激前（Ⅰ）および刺激後（Ⅱ）におけるチップ上の単一B細胞の細胞内カルシウムシグナルの検出結果．刺激後に多くのB細胞において蛍光強度の増加で示される細胞内カルシウム濃度の増大が確認できる．(B) 抗原特異的な単一B細胞の網羅的解析．（Ⅰ）抗原刺激によって活性化したB細胞の集団，刺激後に5倍以上の活性を示した細胞集団（赤），刺激後に10倍以上の活性を示した細胞集団（青），（Ⅱ）コントロール物質による刺激の結果．

液を別々の流路から送液し，二相液が合流したフローチャンネル中でピコリッターレベルの二相液のコンパートメント流体を交互に作成し，細胞溶液をオイル溶液によって一細胞ごとに分離する従来にない原理を用いて，流路内で多数の単一細胞を同時に検出するシステムの開発に成功している（図9）．また，オイル溶液によって形成される単一細胞のみを含む各コンパートメント流体の挙動を解析し，各コンパートメント中で刺激応答する一細胞の定量検出が可能なシステムも構築している（図10）．これまでに報告されている流路型の細胞チップは，一細胞のみを分離することは可能であるが，多数の単一細胞を同時に検出することは極めて困難である．また一細

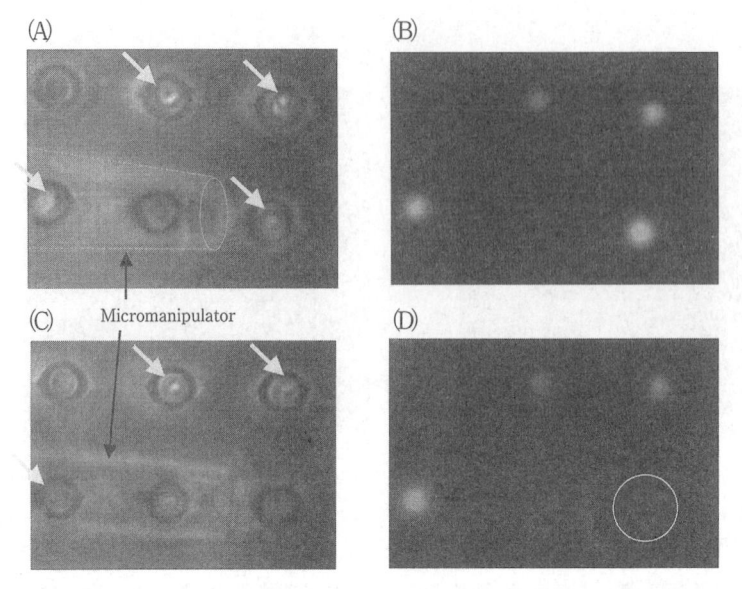

―細胞定量解析の最前線―ライフサーベイヤ構築に向けて―

図8 マイクロマニピュレーターを用いたシングル細胞チップからの単一細胞の回収
単一細胞の回収前における蛍光顕微鏡下の明視野像（A）および蛍光像（B），
回収後の明視野像（C），蛍光像（D）。

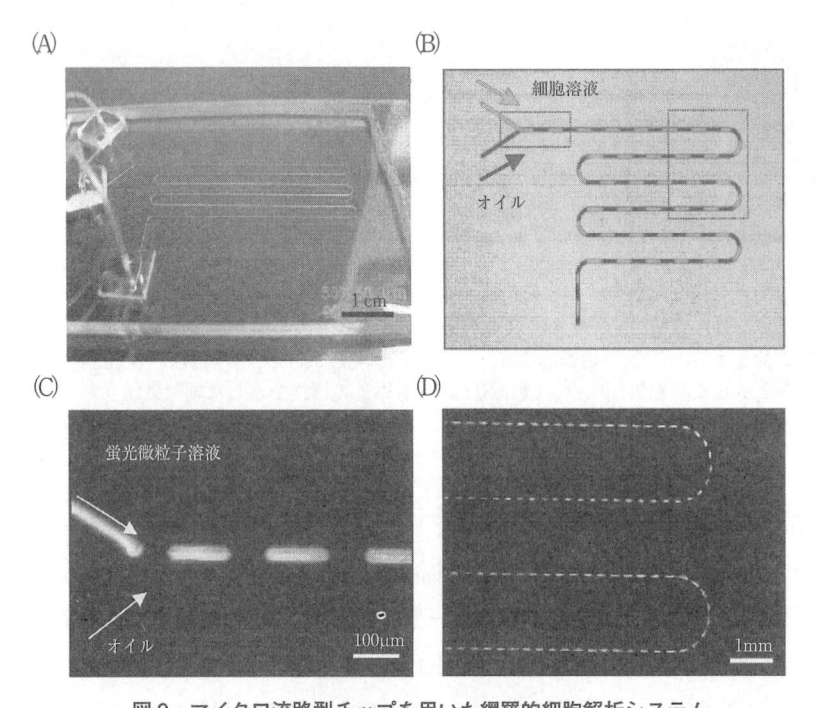

図9 マイクロ流路型チップを用いた網羅的細胞解析システム
（A）PDMS-Glass 製のマイクロ流路型チップの概観，（B）マイクロ流路型チップ
におけるオイルと細胞溶液からなるコンパートメント流体の形成の模式図，（C,
D）蛍光微粒子を用いた際のチップ流路中のコンパートメント流体形成の様子。

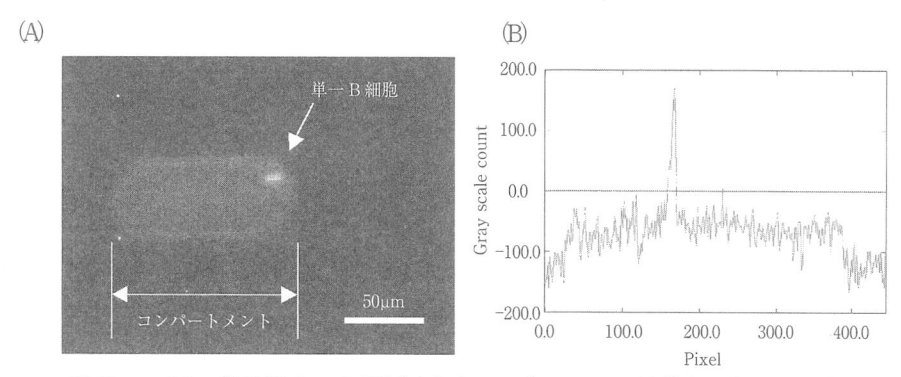

第4章 細胞間ネットワークシグナルの解析

図10 マイクロ流路型チップで形成されたコンパートメント流体中の単一細胞解析
(A) マイクロ流路型チップにおける細胞溶液のコンパートメント流体中の単一B細胞
(B) マイクロ流路中におけるコンパートメント流体中の単一細胞の蛍光シグナル解析結果

胞の解析を目指した流路型チップがいくつか存在するが，ポンプ，弁，複雑な流路構造などを必要とし，高度なテクニックと煩雑な操作を求められると思われる[19]。その他にも，微小電極[20]やマイクロマニピュレーター[21]などの特殊な道具や複雑なシステムを必要とする場合が多く，ハイスループットな集団解析を行えるものは殆どない。それに対して，本研究にて開発されたマイクロ流路型細胞チップは，2つのポンプの圧力流のみを利用して容易に二相液のコンパートメント流体を形成することができ，それによって細胞溶液を多数の一細胞に分離できるシステムを実現している。これによって，これまで流路型チップでは困難であったハイスループットな解析も可能となるばかりでなく，上記でも紹介したマイクロアレイ型のシングル細胞チップでは，困難であった解析後の分取さらには遺伝子増幅反応などといった一連の操作も一枚のチップ上で可能になることが期待される。本マイクロ流路型細胞チップシステムのさらなる開発によって，新しいセルソーティングシステムとして期待されるだけではなく，将来的には細胞操作および解析システムのワンチップ化が期待される。

2.3 まとめ

今後，チップテクノロジーのさらなる発展によって，より高機能でかつ高感度な細胞チップの開発が進められれば，一細胞レベルで高精度かつ網羅的に細胞解析を行うことが可能となり，これまでバルク系では解析できなかったことやフローサイトメトリーをはじめとする従来の解析システムでなし得ない知識や情報が得られることが期待される。それによって，個々の細胞の遺伝子やシグナル分子などの機能発現や相互作用といった学術的な知見を得られるだけでなく，個々の患者の診断を目指したテーラーメード医療といったものや薬剤などのスクリーニング技術などに大きく貢献することが期待される。

―細胞定量解析の最前線―ライフサーベイヤ構築に向けて―

文　　献

1) 本田武司ほか，細菌性病原因子研究の基礎的手技と臨床検査への応用，日本細菌学会教育委員会，p.169-208，菜根出版（1993）
2) H. Nagai, Y. Murakami, Y. Morita, K. Yokoyama and E. Tamiya, *Anal. Chem.*, **73**, 1043-1047（2001）
3) H. Nagai, Y. Murakami, Y. Morita, K. Yokoyama and E. Tamiya, *Biosens. Bioelectron.*, **16**, 1015-1019（2001）
4) Y. Matsubara, K. Kerman, M. Kobayashi, S. Yamamura, Y. Morita, Y. Takamura and E. Tamiya, *Anal. Chem.*, **76**, 6434-9（2004）
5) Y. Matsubara, K. Kerman, M. Kobayashi, S. Yamamura, Y. Morita and E. Tamiya, *Biosens. Bioelectron.*, **20**, 1482-90（2005）
6) T. Kinpara, R. Mizuno, Y. Murakami, M. Kobayashi, S. Yamamura, Q. Hasan, Y. Morita, H. Nakano, T. Yamane and E. Tamiya, *J. Biochem.*（Tokyo）, **136**, 149-54（2004）
7) Y. Akagi, S. Ramachandra Rao, Y. Morita and E. Tamiya, *Science and Technology of Advanced Materials*, **5**, 343（2004）
8) S. Yamamura, H. Kishi, Y. Tokimitsu, S. Kondo, R. Honda, S. Ramachandra Rao, M. Omori, E. Tamiya and A. Muraguchi, *Anal. Chem.*, **77**, 8050-8056（2005）
9) S. Yamamura, S. Ramachandra Rao, M. Omori, Y. Tokimitsu, S. Kondo, H. Kishi, A. Muraguchi, Y. Takamura and E. Tamiya, *Proceedings of Micro Total Analysis System*（*μTAS*）2004, **1**, 78（2004）
10) 民谷栄一，山村昌平，森田資隆，鈴木正康，岸裕幸，村口篤，バイオセンサーチップと抗体エンジニアリング，バイオインダストリー（シーエムシー出版），**20**, p.60（2003）
11) J. H. Leamon, W. L. Lee, K. R. Tartaro, J. R. Lanza, G. J. Sarkis, A. D. deWinter, J. Berka, K. L. Lohman, *Electrophoresis*, **24**, 3769-3777（2003）
12) R. Moerman, J. Knoll, C. Apetrei, L. R. van den Doel, G. W. K. van Dedem, *Anal. Chem.*, **77**, 225-231（2005）
13) J. Liu, C. Hansen, S. R. Quake, *Anal. Chem.*, **75**, 4718-4723（2003）
14) M. Bowden, L. Song, D. R. Walt, *Anal. Chem.*, **77**, 5583-5588（2005）
15) M. T. Taylor, P. Belgrader, B. J. Furman, F. Pourahmadi, G. T. A. Kovacs and M. A. Northrup, *Anal. Chem.*, **73**, 492（2001）
16) M. Yang, C. W. Li and J. Yang, *Anal. Chem.*, **74**, 3991（2002）
17) Y.Huang and B. Rubinsky, *Sensors and Actuator A.*, **104**, 205（2003）
18) S. Ramachandra Rao, S. Yamamura, Y. Takamura and E. Tamiya, *Proceedings of Micro Total Analysis System*（*μTAS*）2004, **1**, 61（2004）
19) T. Thorsen, S. J. Maerkl, S. R. Quake, *Science.*, **298**, 580-4（2002）

第 4 章　細胞間ネットワークシグナルの解析

20) W. H. Huang, W. Cheng, Z. Zhang, D. W. Pang, J. K. Cheng and D. F. Cui, *Anal. Chem.*, **76**, 483 (2004)
21) I. Suzuki, Y. Sugio, H. Moriguchi, Y. Jimbo and K. Yasuda, *J. Nanobiotechnology.*, **2**, 7 (2004)

3 細胞の磁気ラベル・磁気誘導を用いた組織構築

本多裕之[*1], 井藤 彰[*2], 清水一憲[*3], 伊野浩介[*4]

3.1 はじめに

生体内において，ひとつの細胞は周囲の細胞と複雑なネットワークを形成しており，様々な影響を互いに与えながら存在している。特に，組織や臓器を形成している細胞にとって周囲の細胞とのネットワークは重要であるため，ある一細胞が，周囲の細胞とどのようなネットワークを形成し，どのように影響しあっているかということを理解することは非常に重要である。*in vitro* でそのネットワークや相互作用を解析し理解するためには，細胞を，生体外でありながら，まるで生体内に存在するかのような状態で培養する必要があると思われる。言い換えると，細胞にとって，たくさんの細胞が集積し三次元的な組織や臓器といった構造体を形成していることが，本来の状態であるなら，そのような状態を生体外で作り出さなければいけないということである。

生体外で，組織や臓器を再建する技術にティッシュエンジニアリングがある。ティッシュエンジニアリングは1990年代，LangerとVacantiによって提唱された[1]。彼らは，ヒトの耳の形に形成したポリグリコール酸に軟骨細胞を播種し，ねずみの背中に移植した。ヒトの耳を背中に持つねずみがテレビで放映されると大きな反響を呼び，ティッシュエンジニアリングの名が世界中に広まるのに時間はかからなかった。それ以来，ティッシュエンジニアリングは多くの研究者により世界中で研究されており，その技術の進歩はめざましいものとなっている。

そのような中，筆者らはナノ磁性微粒子（Magnetic nanoparticles）と磁力（Magnetic force）を用いたティッシュエンジニアリング（Tissue Engineering）技術"Mag-TE"を開発した[2]。Mag-TEは，磁性微粒子であるマグネタイトを細胞内に取り込ませることによって細胞を磁気ラベルし，磁力で細胞を目的の位置に誘導することによって，細胞を任意の場所に配置・接着させて，細胞を高密度に集積させたり，細胞シート（三次元的に細胞が重層した組織）を構築したりする手法である[3~5]。

これまでに本手法を用いて，肝様組織の構築[2]，培養表皮細胞シートの構築[6]，血管などの管状組織の構築[7]などに成功してきた。本稿では，細胞間ネットワークの解析という点に主眼を

---

*1 Hiroyuki Honda 名古屋大学大学院 工学研究科 化学・生物工学専攻 教授

*2 Akira Ito 九州大学大学院 工学研究院 化学工学部門 助教授

*3 Kazunori Shimizu 名古屋大学大学院 工学研究科 化学・生物工学専攻 博士課程後期2年

*4 Kosuke Ino 名古屋大学大学院 工学研究科 化学・生物工学専攻 博士課程後期1年

第 4 章　細胞間ネットワークシグナルの解析

置き，電気的な細胞間ネットワークの再構築を目指した心筋細胞シートの構築[8]，間葉系幹細胞シートを用いた骨組織の構築[9]，皮膚繊維芽細胞シートを用いた血管内皮細胞ネットワークの構築[10]，三次元担体を用いた生体組織構築法の開発[11] の 4 点について紹介する。

3.2　機能性磁性微粒子

磁束密度の高い方へ引き寄せられる性質をもつ磁性微粒子は，磁気分離の分野において盛んに研究が行われてきた。近年，その用途は医療分野にも広がり，MRI の造影剤などにも利用されてきている。マグネタイト（Fe_3O_4）は，鉱物として自然界に存在し，生体内にも微量に存在している生体に無害な磁性微粒子である。

筆者らはナノメートルサイズのマグネタイト磁性微粒子を標的の細胞へ特異的に集積させることができる磁性微粒子封入リポソームの開発を行ってきた[12～14]。細胞にマグネタイトを取り込ませて磁気ラベルするための材料として，マグネタイトカチオニックリポソーム（Magnetite cationic liposome, MCL）を用いた（図1）[12]。MCL は，マグネタイトを内水相に封入した直径約 150 nm の正電荷リポソームであり，その組成は，正電荷脂質である TMAG（N-(α-トリメチルアンモニオアセチル)-ジドデシル-D-グルタメートクロライド）と二種類のリン脂質，DLPC（ジラウロイルホスファチジルコリン）と DOPE（ジオレオイルホスファチジルエタノールアミン）をモル比（1：2：2）で混合したものである。MCL の表面は正電荷に帯電しており細胞の表面は負電荷に帯電しているため，MCL は静電的相互作用により細胞膜に結合し，膜融合あるいはエンドサイトーシスにより，内封したマグネタイトが細胞内に導入される（図1）。

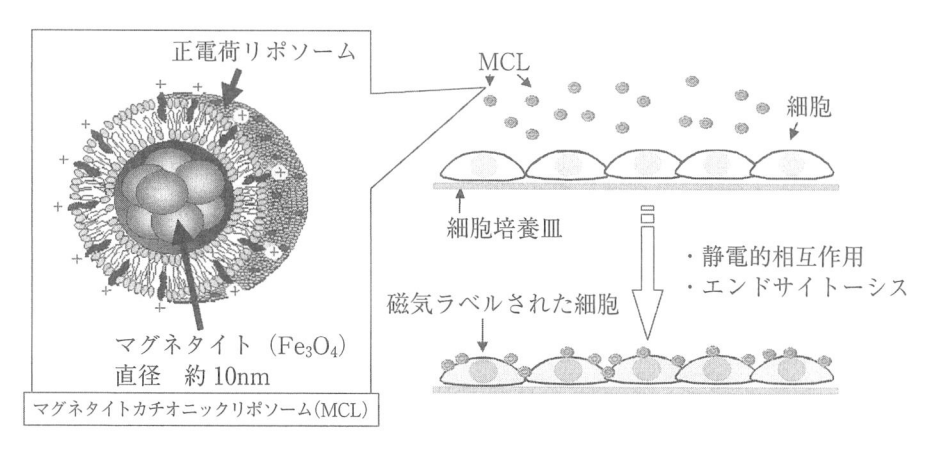

図 1　細胞の磁気ラベル

3.3 心筋組織の構築

心臓は，生体内で一定のリズムで拍動し，体全体に血液を送り出すポンプとして働く重要な臓器である。心臓の機能が不全になると致命的であり，心臓病は日本人の三大死因の一つとして知られている。心臓は，活動電位の興奮がコネキシン43に代表されるギャップ結合といわれる細胞間の結合を介して他の細胞に伝わることで拍動している。つまり，心臓が正常に機能するためには，ギャップ結合などの心筋細胞間ネットワークが非常に大切である。筆者らは，Mag-TEにより心筋細胞シートを作製し，細胞間ネットワークを生体外で構築することを試みた。

ラット2日齢の心筋細胞を初代培養し，磁気ラベルを行った。MCLを一細胞あたり25, 50, 100 pgのマグネタイト量になるように添加したところ，細胞内マグネタイト量は添加後4時間で最大値となり，その量は添加したマグネタイトの約20％（5.2 pg/cell, 9.5 pg/cell, 19.8 pg/cell）であった。その際，心筋細胞の生細胞数に変化がなく，心筋細胞の活動電位の伝達速度に影響がなかったことから，一細胞あたり100 pg以下のマグネタイト量では，MCLは心筋細胞に毒性を示さないことが示唆された。

続いて，磁気ラベルされた心筋細胞を用いて心筋細胞シートを作製した。作製には，細胞が接着しないように加工された細胞培養皿を用いた。磁気ラベルした心筋細胞をトリプシン処理で回収し，培養皿底面の裏側に円柱型のネオジ磁石（0.4テスラ，直径3 cm）を配置して，その上に1×10^6 cells/cm^{2}の濃度で細胞を播種した。一般に，培養細胞を積み上げても，その上下の細胞同士が接着して重層化することはないが，筆者らが開発したMag-TEでは，培養皿底面に磁石を配置しておくことで，磁気ラベルした細胞をその位置に集積させて，上下の細胞同士の結合を促進させることが出来るため，心筋細胞シートを構築することが出来る（図2）。さらに，細胞が接着しない培養皿を用いているため，培養皿底面の磁石をはずし，上方から他の磁石を近づけることで，作製した細胞シートを容易に回収することが出来る。作製12時間後の心筋細胞シートは図3のようになった。また，組織体は培養を続け細胞同士の結合が強固になるにつれ周囲か

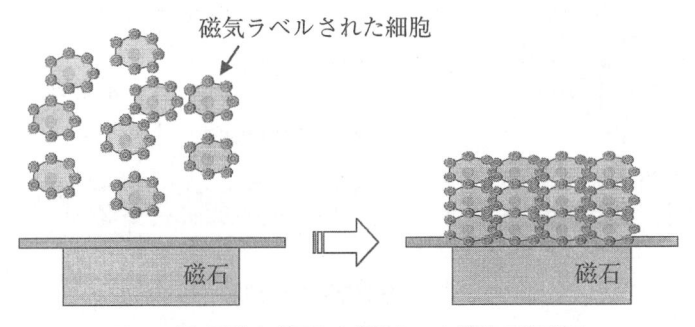

図2 磁気誘導を利用した細胞シート構築の概略図

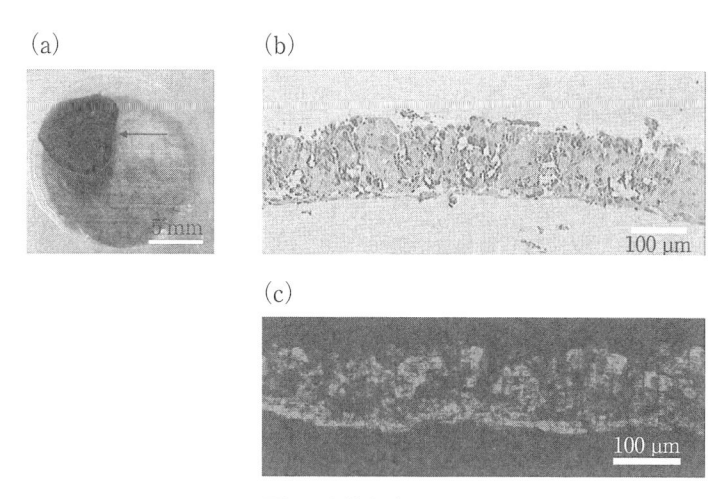

第4章　細胞間ネットワークシグナルの解析

図3　心筋細胞シート
(a) 作製 12 時間後の心筋細胞シート
(b) 心筋細胞シート断面のヘマトキシリン・エオシン染色
(c) 心筋細胞シート断面のコネキシン 43 の蛍光免疫染色

ら収縮した．組織体の断面のヘマトキシリン・エオシン染色を行ったところ，作製した心筋細胞シートは約 8 層の細胞層からなることが分かった（図3）．

続いて，心筋細胞間ネットワークが Mag-TE により作製した心筋細胞シート内部で構築されているかを調べた．上述したように，生体の心筋細胞間にはギャップ結合があり，活動電位を伝達するネットワークを形成している．そこで，コネキシン 43 に対する抗体を用いた蛍光免疫染色により，心筋細胞シートの内部にギャップ結合が存在するかを調べた．その結果，図3に示すように，Mag-TE により作製した心筋細胞シート内部にギャップ結合が存在することが分かった．さらに，作製した心筋細胞シートで活動電位の興奮が伝播されているかどうか調べた．活動電位の測定には，集積化電極（MED64, Panasonic 製）を用いた．MED64 は 64 個（縦横 8×8）の微小電極が測定プローブ上の縦横約 3 mm の中に存在し，それぞれの微小電極での電位の変化を経時的に測定することが出来るというものである．測定プローブの下にネオジ磁石を配置し，微小電極上に心筋細胞シートを作製した．作製して 48 時間後に電位の変化を測定したところ，ほとんどの微小電極で電位の変化が確認された．また，電位の変化を示す波形は，図4のように右から左にずれていくことが分かった．波形のずれより，活動電位の伝達速度を算出したところ約 9.1 cm/s となった．このことから Mag-TE により作製した心筋細胞シートの内部には，電気的なつながりが存在することが分かった．

以上のように，筆者らは，Mag-TE により三次元的な細胞組織である心筋細胞シートを構築した．心筋細胞シート内部にはギャップ結合と電気的つながりが存在したことから，心筋組織が

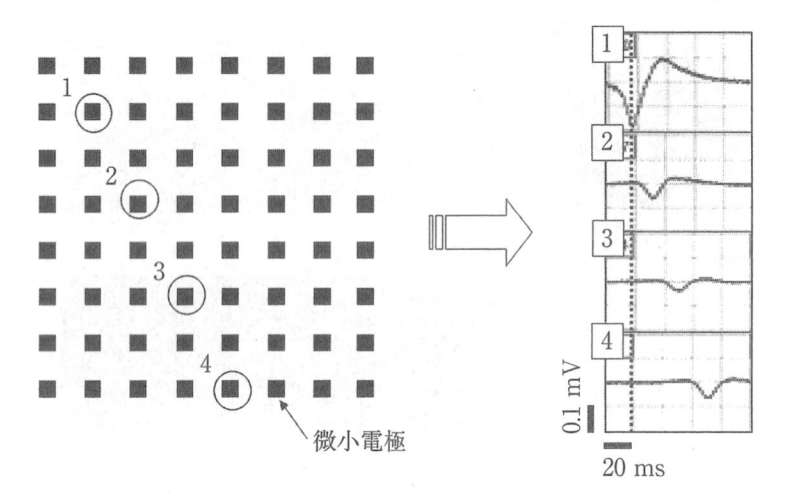

図4 集積化電極による活動電位の測定

本来持つ細胞間ネットワークを生体外で構築し計測することに成功したと考えられる。

3.4 間葉系幹細胞を用いた骨組織の構築

　間葉系幹細胞は，骨芽細胞，骨細胞，軟骨細胞，平滑筋細胞，腱細胞などに分化することが知られている体性幹細胞であり，比較的容易に採取できるため有効な細胞源としてティッシュエンジニアリングにおいて注目を集めている。二次元培養における間葉系幹細胞の性質や分化の仕組みなどについては，徐々に解明されつつあるが未だ解明されていない部分が多く残されており，三次元培養での特性については，解明されていない部分がさらに多く残されていると考えられる。そこで筆者らは，Mag-TE により磁気ラベルした間葉系幹細胞の三次元細胞組織構造である細胞シートを作製し，*in vitro*, *in vivo* における分化の性質について調べた。

　まず初めに，MCL を用いて間葉系幹細胞の磁気ラベルを行った。一細胞あたり 100 pg のマグネタイト量になるように MCL を添加したところ，細胞内マグネタイト量は約4時間後に最大 20 pg となった。その際，細胞増殖阻害は見られず，骨芽細胞，脂肪細胞などへの分化能にも影響がなかったことから，一細胞あたり 100 pg の濃度では MCL は間葉系幹細胞に毒性を示さないことがわかった。

　続いて，磁気ラベルした間葉系幹細胞を用いて細胞シートを作製した。作製した間葉系幹細胞シートは，約10層の間葉系幹細胞が重層した均一な細胞シートであった。次に，作製した間葉系幹細胞シートの骨芽細胞への分化能を確認した。間葉系幹細胞シートを骨芽細胞分化誘導培地で培養し，骨芽細胞への分化マーカーであるアルカリフォスファターゼの発現量をリアルタイム

第4章　細胞間ネットワークシグナルの解析

RT-PCR法により経時的に観察したところ，非誘導培地で培養した間葉系幹細胞シートのアルカリフォスファターゼ発現量と比較して，誘導開始7日目以降に顕著に向上することが分かった（図5a）。また，誘導培地，非誘導培地で21日間培養した間葉系幹細胞シートの断面のvon Kossa染色（骨基質であるリン酸カルシウムの黒色染色）を行ったところ，誘導培地で培養した間葉系幹細胞シートのみで，リン酸カルシウムの沈着が確認された（図5b）。また，Mag-TEで作製した間葉系幹細胞シートが *in vivo* で骨芽細胞への分化能を示すかどうかを調べた。ラットの頭蓋骨に直径6 mmの骨欠損部分を作製し，間葉系幹細胞シートを移植した。移植14日後に，移植した部分で骨組織が再生しているかを調べたところ，コントロールの間葉系幹細胞シート移植なしのラットでは，骨芽細胞，骨細胞が見られなかったのに対し，間葉系幹細胞シートを移植したラットでは，移植した部分に骨芽細胞，再生骨が観察された（図6）。

以上のように，Mag-TEで作製した間葉系幹細胞シートは *in vitro*, *in vivo* においても骨組織に分化することがわかった。上述したように，間葉系幹細胞は非常に注目されている細胞であるが，三次元培養下での性質や分化の仕組みなどにはまだ解明されていない部分が多く残されている。そのことから，Mag-TEにより作製した間葉系幹細胞シートは，間葉系幹細胞の三次元培養における細胞の分化や細胞間のネットワークを解明していく上で非常に強力な方法であると思われる。

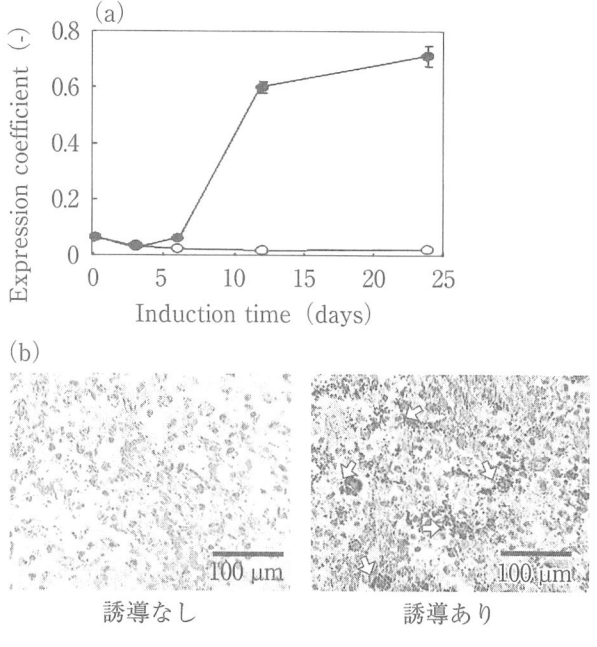

図5　*in vitro* での間葉系幹細胞シートの骨分化誘導
（a）アルカリフォスファターゼ発現量の経時的変化。●誘導あり，○誘導なし。
（b）間葉系幹細胞シート断面のvon Kossa染色。左，分化誘導なし。右，誘導あり。

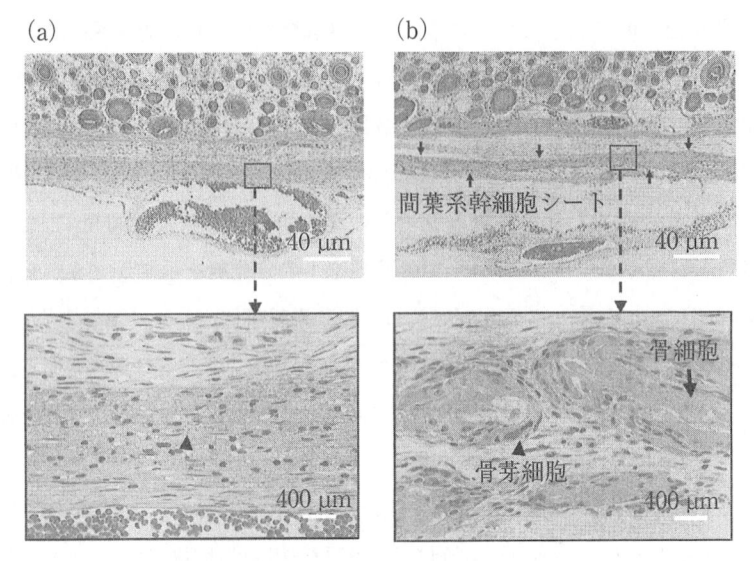

図6　間葉系幹細胞シート移植による骨再生の様子（移植14日後）
(a) シート移植なし。矢印は線維芽細胞による肉芽組織。
(b) シート移植あり。矢印は骨芽細胞と新生骨組織。

3.5　毛細血管を含む三次元組織の構築

　生体中の組織，臓器は複数の種類の細胞から出来ている。特に，毛細血管を形成する血管内皮細胞はあらゆる組織，臓器に含まれており，周囲の組織細胞と密接な相互作用を持っている。また，ティッシュエンジニアリングにおいて数百 μm の厚みを持った三次元細胞組織を作製した場合，内部の細胞まで栄養や酸素が到達しないために，内部の細胞が死んでしまうということが問題になっているが，その問題が三次元細胞組織の内部に毛細血管を含ませることで解決するのではないかと考えられる。そこで筆者らは，磁気ラベルした皮膚繊維芽細胞と血管内皮細胞を用いて細胞シートを作製し，皮膚繊維芽細胞シートの表面及び内部に毛細血管のネットワークを構築することを目指した。

　まず初めに，磁気ラベルした皮膚繊維芽細胞と血管内皮細胞の二種類を混合し，細胞シートを作製した。細胞シート内部に，毛細血管が形成されるためには血管内皮細胞の周りの細胞外マトリックスの種類が重要となる。作製した細胞シートの細胞外マトリックスの種類を調べたところ，フィブロネクチンやコラーゲンタイプIといった毛細血管を形成させるのに重要な細胞外マトリックスの成分が存在していた。また，その細胞シートを継続して培養したところ，内部に毛細血管新生が観察された（図7）。このことから，Mag-TE により作製した細胞シートは毛細血管ネットワーク形成に適していると考えられる。続いて，磁気ラベルした皮膚繊維芽細胞を用いて細胞シートを作製し，その表面上での血管内皮細胞による血管新生を観察した。細胞シート表面に血

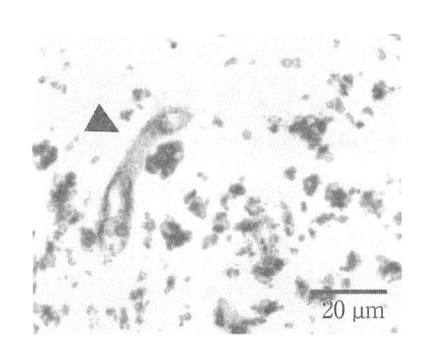

第 4 章　細胞間ネットワークシグナルの解析

図 7　皮膚繊維芽細胞シート内部の毛細血管構造

管内皮細胞を播種して 4 時間後に様子を観察したところ，伸展していない球状の血管内皮細胞が観察された．培養を続け，2 日後に細胞シート表面を観察したところ，血管内皮細胞が毛細血管ネットワークを形成している様子が観察された（図 8）．また，細胞シート断面の血管内皮細胞の染色を行ったところ，毛細血管のような構造が確認されたため，細胞シート表面に播種した血管内皮細胞が，内部に浸潤し，毛細血管を形成したことが示唆された（図 8）．

以上のように，Mag-TE により作製した細胞シートの内部，表面で毛細血管ネットワークを形成させることに成功した．一種類の細胞ではなく，複数種類の細胞間のネットワークを再構築できたことから，Mag-TE による細胞シート構築は細胞間相互作用，ネットワーク解析に非常

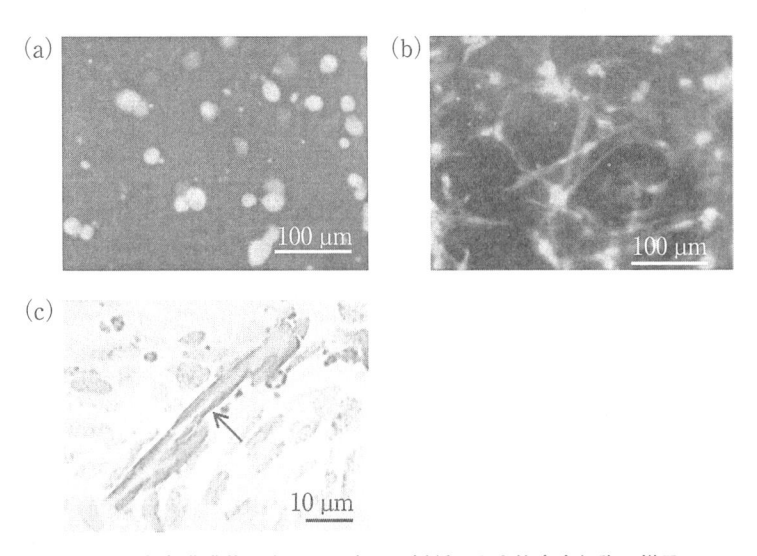

図 8　皮膚繊維芽細胞シート表面に播種した血管内皮細胞の様子
(a) 播種 4 時間後の血管内皮細胞
(b) 播種 2 日後の血管内皮細胞
(c) 皮膚繊維芽細胞シート断面の血管内皮細胞の染色

に有用なツールであると思われる。

3.6 三次元担体への高密度細胞播種法の開発（Mag-seeding）

これまでに心筋細胞，間葉系幹細胞，血管内皮細胞と繊維芽細胞を用いた細胞シート構築について説明してきたが，それらの細胞シートは図2に示したように細胞だけを磁気誘導で集積させたものであった。しかし，生体組織，臓器の再建を目指したティッシュエンジニアリングでは，よく多孔性の三次元担体が細胞の足場として用いられる。その手順は以下の通りである。①生体から細胞を単離する。②十分な数まで細胞を増殖させる。③多孔性の三次元担体に細胞を播種する。④適切な条件下で培養する。一般的に，多孔性の三次元担体に細胞を，効率よく高密度に播種することは難しい。そのため生体から単離，増殖させた貴重な細胞の大部分を無駄にしてしまう可能性がある。また，細胞密度が低いために，細胞同士のネットワークが十分に存在する良い組織が構築できない恐れがある。そこで筆者らは，磁気ラベルした細胞と磁石を用いて多孔性の三次元担体に効率よく高密度に細胞を播種する方法を開発した。本方法では，多孔性三次元担体に細胞を高密度に播種することが出来るため，細胞間のネットワークを十分に保持している三次元細胞組織を構築できる可能性がある。

筆者らは，開発した細胞播種法を Mag-seeding と名づけた。Mag-seeding の概略は図9に示した通りである。Mag-seeding では，多孔性の三次元担体の下に磁石を配置して，上から磁気

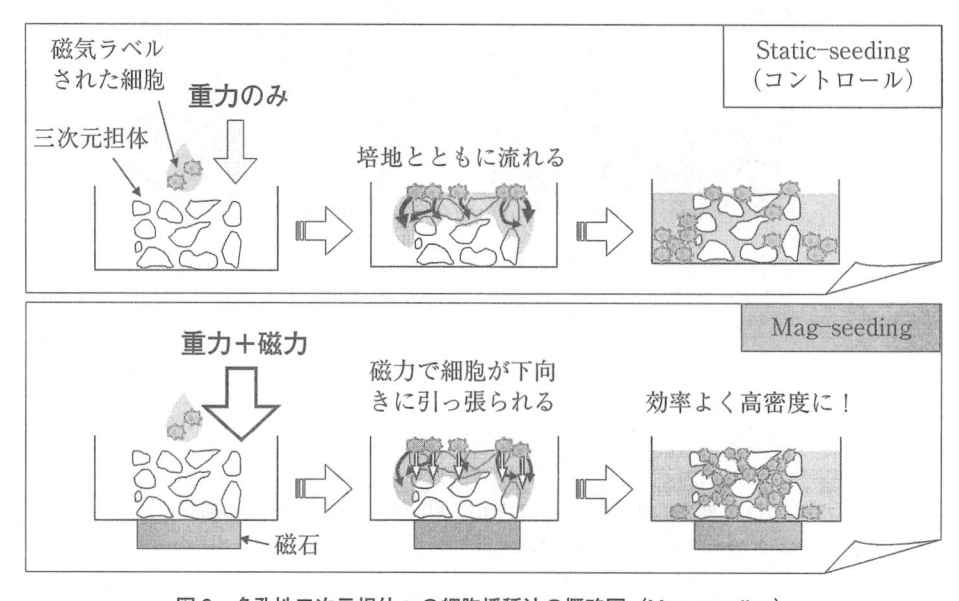

図9 多孔性三次元担体への細胞播種法の概略図（Mag-seeding）

第4章　細胞間ネットワークシグナルの解析

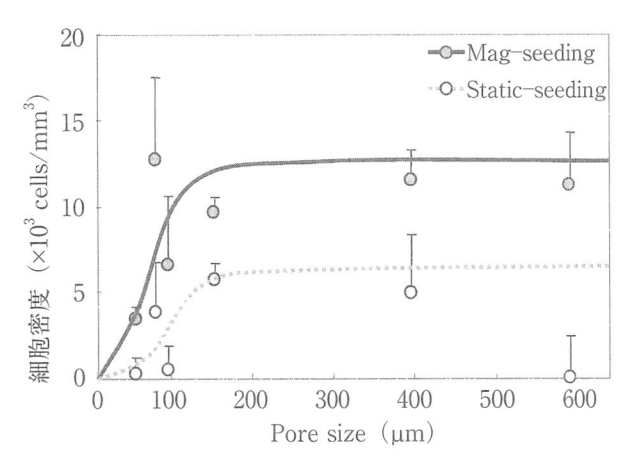

図10　Pore size と担体内部の細胞密度の関係

ラベルした細胞を滴下する。磁気ラベルされた細胞は磁力により，強く三次元担体の方向に引き寄せられる。その結果，細胞は三次元担体の内部もしくは上部に高密度に集積される。一方，Static-seeding（コントロール）では，磁石を配置していないため，細胞が受ける力は重力のみである。そのため，細胞は培地の流れとともに三次元担体の表面や内部を流れてしまい，三次元担体の内部もしくは上部に高密度に集積することはない。

実際に，様々な Pore size（孔径）を持つ多孔性の三次元担体（Pore size 50，75，90，150，400，600 μm）を用いて，Mag-seeding と Static-seeding の細胞播種効率及び担体の細胞密度を調べた。その結果，どの三次元担体を用いた場合でも播種効率が向上した。また，担体の細胞密度は図10のようになり，どの Pore size においても Mag-seeding を用いることで担体内の細胞密度が向上することが分かった。

以上のように，筆者らは，Mag-seeding により多孔性の三次元担体に効率よく高密度に細胞を播種することに成功した。それらの三次元組織の内部には高密度に細胞が存在しているために，細胞間相互作用を十分に保持しており，細胞間ネットワークの解析に有効であるかもしれない。

3.7　おわりに

本稿では，『細胞の磁気ラベル・磁気誘導を用いた組織構築』と題し，筆者らが開発した Mag-TE により心筋細胞シートの構築，間葉系幹細胞シートの構築，毛細血管を含む皮膚繊維芽細胞シートの構築，高密度細胞播種法である Mag-seeding の開発について紹介した。細胞間ネットワークを解析する上で，細胞が生体組織や臓器に似た三次元的な環境に存在することは重要である。今後，Mag-TE の技術を利用して，さらに生体組織や臓器に近い状態を生体外で作り出

し，より複雑な細胞間ネットワークの解明を目指したい。

文　　献

1) R. Langer, J. P. Vacanti, *Science*, **260**, 920-26（1993）
2) A. Ito, Y. Takizawa, H. Honda, K. Hata, H. Kagami, M. Ueda, T. Kobayashi, *Tissue Eng*, **10**, 833-40（2004）
3) A. Ito, E. Hibino, H. Honda, K. Hata, H. Kagami, M. Ueda, T. Kobayashi, *Biochem Eng J*, **20**, 119-25（2004）
4) A. Ito, E. Hibino, K. Shimizu, T. Kobayashi, Y. Yamada, H. Hibi, M. Ueda, H. Honda, *J Biomed Mater Res B Appl Biomater*, **75**, 320-7（2005）
5) A. Ito, E. Hibino, C. Kobayashi, H. Terasaki, H. Kagami, M. Ueda, T. Kobayashi, H. Honda, *Tissue Eng*, **11**, 489-96（2004）
6) A. Ito, M. Hayashida, H. Honda, K. Hata, H. Kagami, M. Ueda, T. Kobayashi, *Tissue Eng*, **10**, 873-80（2004）
7) A. Ito, K. Ino, M. Hayashida, T. Kobayashi, H. Matsunuma, H. Kagami, M. Ueda, H. Honda,*Tissue Eng*, **11**, 1553-61（2005）
8) K. Shimizu, A. Ito, J.K. Lee, T. Yoshida, K. Miwa, H. Ishiguro, Y. Numaguchi, T. Murohara, I. Kodama, H. Honda, *Biotechnol Bioeng*, in press（2006）
9) K. Shimizu, A. Ito, T. Yoshida, Y. Yamada, M. Ueda, H. Honda, Submitted（2006）
10) K. Ino, A. Ito, H. Kumazawa, H. Kagami, M. Ueda, H. Honda, *J Chem Eng Jpn*, in press（2006）
11) K. Shimizu, A. Ito, H. Honda, *J Biomed Mater Res B Appl Biomater*, **77B**, 265-72（2006）
12) M. Shinkai, M. Yanase, H. Honda, T. Wakabayashi, J. Yoshida, T. Kobayashi, *Jpn J Cancer Res*, **87**, 1179-83（1996）
13) M. Shinkai, B. Le, H. Honda, K. Yoshikawa, K. Shimizu, S. Saga, T. Wakabayashi, J. Yoshida, T. Kobayashi, *Jpn J Cancer Res*, **92**, 1138-45（2001）
14) A. Ito, Y. Kuga, H. Honda, H. Kikkawa, A. Horiuchi, Y. Watanabe, T. Kobayashi, *Cancer Lett*, **30**, 167-75（2004）

4 集積化電極による細胞間シグナル計測と解析

神保泰彦＊

4.1 ニューロンのネットワーク

　生体情報処理の中枢である脳はニューロンの集合体である。大脳皮質だけで100億個以上のニューロンが含まれており，それぞれが1,000～10,000のシナプス結合を形成していると言われている。さらにニューロンを上回る数のグリア細胞があり，ニューロン-グリアが連携する現象も近年次々に明らかにされてきている。この多数の細胞がネットワークとして組織され並列動作を行うことが生体情報処理システムの特徴である。ニューロンの動作そのものはミリ秒領域の現象である。現在のPCに搭載されている演算装置がナノ秒の世界で動いているにも関わらず，脳の情報処理に優位性がある領域が多々あることを考えると，生体システムにおいて「ネットワークとしての動作」が本質的な役割を担っていることが想像される。

　「ニューラルネットワーク」という用語は，工学分野における情報処理手法の1つとして既に広く認められている。多入力・1出力の論理素子としてモデル化されるニューロンを多数結合し，その結合強度を最適化することによってパターン認識などに威力を発揮することが実証されている。入力層と出力層だけでなく，中間層を含む構成とすることで複雑な論理動作が表現できること，時間的な履歴を反映した判断も可能になることが示され，その応用範囲はますます広がりを見せている。ここで定式化されている細胞間の結合強度は，生体現象の視点から見ると「シナプス伝達の効率」と結びつくと考えられており，その変化を引き起こす機構—可塑性—は神経科学の分野で現在最も関心を集めているテーマの一つである。

　1973年の長期増強（Long-Term Potentiation）の報告[1]以来，シナプスの可塑性に関して多くの知見が蓄積され，可塑性の導入と発現，維持といったプロセスと，それに関わる代謝，受容体分子の輸送など細胞内過程の解明が進んでいる[2]。一方，脳全体についても計測技術の進歩は著しい。MEG，fMRI，PET，光トポグラフィなど多様な新技術が提案され，脳の機能局在を実証する実験データが多数報告されている[3]。しかしながら，その中間，ネットワークとしての動作の可視化は必ずしも十分な手法が確立されているとは言えない。「ニューラルネットワーク」モデルに基づく予想がむしろ先行しているのが実態である。本節では，この領域に対する新たな計測技術の可能性，集積化技術応用による神経回路活動の可視化につき述べる。

4.2 神経系の信号とその計測

　神経系は電気信号と化学信号を利用して情報表現と処理を行っている。電気信号の実体は膜電

＊　Yasuhiko Jimbo　東京大学大学院　新領域創成科学研究科　人間環境学専攻　教授

一細胞定量解析の最前線—ライフサーベイヤ構築に向けて—

位，細胞膜をはさんで内部と外部との間に存在する電位差である。主として膜に存在するイオンポンプの働きによりイオンの不均一分布を作り出し，拡散とドリフトとの平衡条件から決まる膜電位が維持されることになる。この細胞膜電位を測定するには，細胞内外に一対の電極を置き，電極間の電位差を計測すればよい。ニューロンのサイズ（細胞体の直径がおよそ10～30 μm）に比べて十分小さな電極を用意し，これを細胞内に刺入することにより膜電位の測定が可能になる。ガラス管を細く引き伸ばして内部に電解質溶液を充填した微小電極を細胞に結合させるパッチクランプもしくはホールセルクランプ[4]と呼ばれる手法が現在最も広く用いられている。活動電位だけでなく，閾値以下のシナプス電位，さらには膜上のイオンチャネルを通って流れる微小電流の計測も可能であることから，様々な場面で利用されているが，顕微鏡下でマイクロマニピュレータの操作により細胞に電極をコンタクトさせるという精密操作が求められる手法であるため，多数のニューロンの信号を同時に計測することは困難であり，また測定状態を維持する時間にも限界がある。

これに対し，細胞外記録という手法がある。その名のとおり，細胞の外部にある電極を通して活動計測を行うものである。活動電位が発生する際には細胞膜を通してイオンの流れが起こる。この電流が結果として生じる細胞近傍の電圧降下を検出するのがその原理である。細胞内に電極を刺入するわけではないので細胞に対するダメージがないことが最大の特徴であり，結果として多数の細胞の活動を長時間にわたってモニタすることが可能になる。反面，体積導体中の局所的な電位変化を検出するという性質上，信号強度の低下は避けられない。活動電位の振幅が100 mV程度であるのに対し，この手法で観測される細胞外信号は100 μV程度になる場合が多く，この制約の中で非侵襲性を生かした観測対象を設定する必要がある。

化学信号の実体は神経伝達物質である。活動電位の発生に伴って軸索末端から神経伝達物質が放出され，これがシナプスを形成している他の細胞に結合する。神経伝達物質の膜表面の受容体への結合はイオンチャネルに作用し，流入もしくは流出するイオンが新たな膜電位変化を引き起こすことになる。従来，固定した試料に対する免疫染色によって受容体の種類や存在部位を特定することに限られていた化学信号計測に，近年新たな計測手法が導入されつつある。物質の再取り込み現象を利用した蛍光染色によるシナプス部位の可視化[5]，電気化学的手法によるシナプス伝達物質濃度の直接計測[6]等がその例であり，生きた試料に対する実時間計測が現実のものとなってきた。生体情報処理の理解という視点からは，細胞ネットワークの中で飛び交う電気信号と化学信号の両者を時空間的に長時間に渡って観測することが理想であるが，実際には必要な時間，空間分解能を確保するのは容易でない。空間分解能に優れる画像計測は，時間分解能の向上が難しい。時間分解能に優れる電気信号計測は，空間分解能の確保が難しい。電気化学計測は高感度がその特徴であるが，化学増幅を利用するため時間応答の短縮が難しい。これらの諸条件を

第4章 細胞間ネットワークシグナルの解析

勘案して観測対象に応じた計測法を選択していくことになる。

4.3 集積化電極

　細胞外信号計測に，マイクロ加工技術を利用して作る集積化電極を用いることが提案された[7,8]。平面基板上にニューロンと同程度のサイズの電極を集積化することは製作プロセス的には極めて容易である。製作した集積化電極基板を底面とする細胞培養用容器を作り，その中でニューロン群を育てることにより，多数の細胞が発生する電気信号の時空間計測が可能になる。

　図1に，集積化電極基板を製作する手順の一例を示す。培養細胞の観察に倒立顕微鏡を用いることを想定し，ガラス基板上にIndium-Tin-Oxide（ITO：透明導電性材料）で電極パターンを形成している。電極パターンは，先端の計測部分を除いて絶縁膜で被覆し，さらにガラスリングを接着してシャーレの形状にしている。中心部分を拡大してみると，8×8のマトリクス状に測定点が配置されていることがわかる。この基板上に形成した培養神経回路では，規則的に配列している電極の周辺に細胞体とそこから伸びる多数の神経突起が見える。

　空間分解能の観点からは電極数は多ければ多いほど良い。図の例では，30 μm角の電極が中心間距離180 μmで合計64個並んでいる。電極間距離を短縮し，さらに電極サイズを小さくすれば空間分解能は向上する。電極数を増やすことも含めて加工プロセスで用いるマスクパターンを変更することにより，多様なパターンの設計が可能である。ただし，電極サイズを小さくするとインピーダンスは増大し，S/N比の確保が難しくなる。また，測定点数を増やすと信号の読み出し線が増え，外部測定系の構成も複雑になる。マルチプレクサなど信号処理回路も含めた集積化[9]，光を利用したアドレシング[10]の可能性も含めて様々な試みがなされているのが現状である。一方，時間分解能は事実上電気信号の読み出し速度で決まる。活動電位そのものは幅約1 ms，最大でも毎秒数百回の現象であるが，波形分析を想定する場合には，ある程度高い周波数成分まで記録することが求められる。細胞外計測により記録される活動電位信号は6 kHz程度までの周波数成分を含むとされている[11]ことを考慮すると，最低でも25 kHz程度のサンプリング周波数が必要であり，64点での計測に対しては，毎秒3 MBを越えるデータが発生することになる。測定点数が増えればデータ量はさらに増加する。A/D変換の速度と共に，リアルタイムでのデータ処理，圧縮についても考慮した計測システムの設計が必要である。

4.4 多点電気刺激

　集積化電極基板の特徴の1つは多点電気刺激が可能なことである。電気刺激によって誘発応答記録が可能になり，様々な点から様々なタイミングで刺激信号を印加することにより，神経回路応答の多様な側面が観測されることが期待できる。他の手法にはない魅力的な機能であるが，実

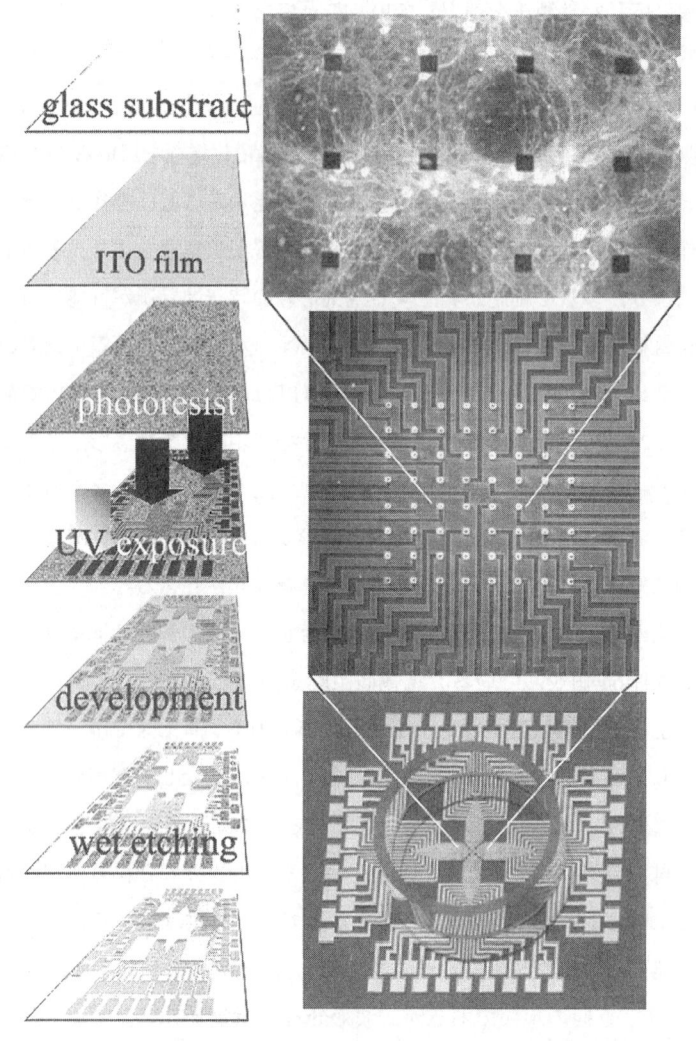

―細胞定量解析の最前線―ライフサーベイヤ構築に向けて―

図1 集積化電極基板の製作プロセスと培養神経回路

用的な観点からは考慮すべき要素がいくつかある。

　標準的な電気生理実験では基準電極として銀塩化銀電極を用いることが多い。不分極性という銀塩化銀電極の特性ゆえに安定した直流電位の測定ができることがその理由である。しかしながら，長時間計測に適用する場合は電極から溶け出すイオンが試料に及ぼす影響が問題になる。金や白金電極を利用すればこの問題は避けられるが，分極性の材料であるため，直流のオフセット電位の存在とその時間変化が無視できない。集積化電極による培養神経回路の計測は長時間測定を行うことが前提であるため，電極／電解質溶液界面のオフセット電位の存在を考慮した計測・刺激系の設計を行うことになる。

第4章　細胞間ネットワークシグナルの解析

　前述のとおり，細胞外計測によって記録される神経活動は振幅約 100 μV のスパイク信号である。100 mV の活動電位が 1/1,000 の信号強度に減衰する理由が体積導体中での観測にあることを考えれば，細胞外からの電気刺激が有効に作用するためにはかなり強力な刺激信号を要することが推測される。集積化電極基板上の培養神経回路という系では，経験的に，0.1 ms，数百 mV 以上のパルスを印加することにより有効な電気刺激効果が得られることがわかっている。観測信号の 1,000 倍の強度を有する信号の印加により大きな雑音が発生することは明らかである。最も強い影響を受ける刺激入力点近傍で最初の応答が起こることを考えれば，刺激信号に伴うアーティファクトに対する対策は必須である。刺激信号が細胞からの信号計測系に伝わらない形での刺激・記録制御系の設計が有効と考えられる。刺激信号印加時にはいったん信号記録計の入力を電極から切り離すという考え方である。

　ここで分極性電極を使用しているためのオフセット電圧が問題になる。電極から切り離された記録系の入力電位をこのオフセット電位に保持しない限り，過渡現象を生じてしまうのである。電極電位が時間的に変動することを考慮して，常にトラッキングを行い，これを保持する回路の付加が有効である。刺激入力側も事情は同じである。もともと存在した直流電位を基準に，それに加算する形での刺激パルスの印加が必要になる。

　刺激終了後に再度電極を信号記録系に接続する。このときもまた，電極電位に注意する必要がある。刺激パルス信号自体の電荷が電極／電解質溶液界面に蓄積されることにより，電極電位が変化してしまうのである。電極／電解質溶液界面は基本的には電気容量としての特性を示し，信号計測系は入力インピーダンスが高いため，注入された電荷の放出には長い時間を要することになる。この現象に対しては，注入された電荷を放出する経路を確保すること，さらに注入される電荷量を最小限に抑えることが有効と考えられる。

　以上の要素を考慮して設計した刺激制御系の構成とその効果を図2に示す。刺激入力・信号記録系と電極とのインターフェイスを3つのスイッチング素子，サンプル＆ホールド回路，それに加算回路で構成しており，それぞれのスイッチの動作は図のタイミングで制御される。SW1のみオンの状態が通常の信号記録モードである。このとき刺激入力系は接続されておらず，また電極電位はサンプル＆ホールド回路により継続的にトラッキングされ，保持されることになる。刺激入力時にはまずSW1をオフにすることによって信号記録系を電極から切り離し，少し遅れてSW3の動作により電極を刺激入力系に接続する。このときサンプル＆ホールド回路の作用により，信号記録系は元の電極電位に保持される。以上の準備が整った後に実際の刺激信号が入力されることになる。刺激パルスはSW2を通じて与えられる保持電位を基準とし，これに加算する形で印加される。さらに，刺激終了後もすぐに初期状態に復帰させるわけではなく，刺激信号印加直前の状態に一定時間保つ。これが刺激により界面に注入された電荷の放出プロセスである。

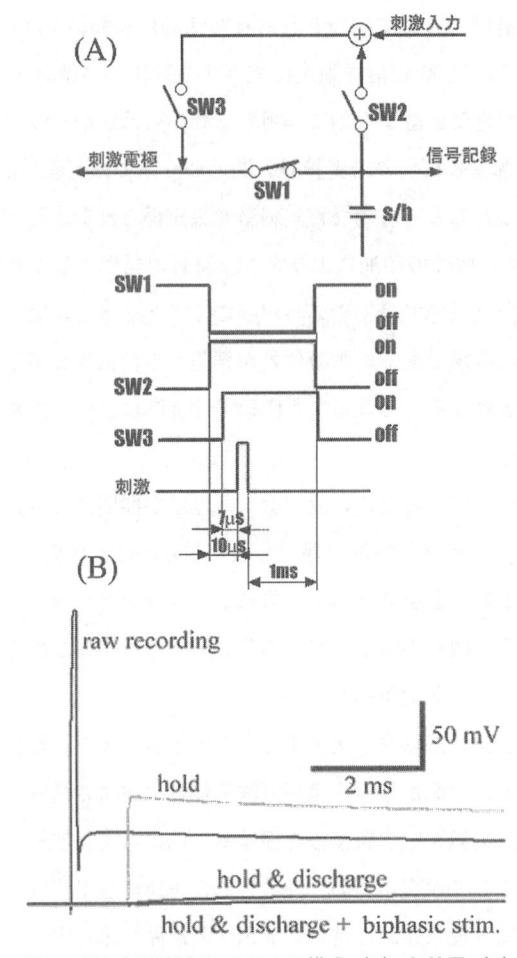

図2 電気刺激制御システムの構成 (A) と効果 (B)

インピーダンスの低い刺激系を通じて放電を行い，刺激前の電極電位に可能な限り近づけることを目的としている。刺激信号自体を双極性のパルスとすることによっても注入電荷を減らす効果が期待できる。

　刺激パルス入力に対するそれぞれの構成要素の効果は (B) に示すとおりである。単純に刺激信号を印加する (raw recording) と，刺激信号そのものが記録系に入力されることになる。通常の測定条件では当然入力は飽和する。さらに，刺激信号終了後も大きな時定数の過渡現象が継続していることがわかる。これが注入電荷による作用である。刺激信号入力時に信号記録系を切り離して保持電位に保つ (hold) ことにより，初期の大きなアーティファクトは消えるが，ゆるやかな変化は残る。低インピーダンス系を通じた放電プロセスの付加 (hold & discharge) により，この過渡現象は顕著に抑制される。さらに刺激信号を双極性パルスにして注入電荷自体を小

第 4 章　細胞間ネットワークシグナルの解析

さくする（hold & discharge+biphasic stim.）ことにより，過渡現象はほとんど無視できるレベルまで抑制されていることがわかる。

　実際の神経活動計測では，100 μV の信号が観測できる条件設定が用いられ，また刺激に伴うアーティファクトの大きさは刺激強度に依存するため，過渡現象が完全に抑制されるということはほとんどあり得ないが，実測の結果，刺激入力点で，刺激終了後数 ms の時点でスパイク信号記録が可能であることが確かめられた。また，刺激強度を 0.1 V 刻みで増加させた際の誘発応答の再現性から，刺激強度の制御性にも優れていることが実証された[12]。

4.5　神経回路活動の計測

　集積化電極基板の大きな特徴は非侵襲性にある。この特徴を利用して長時間計測を行った例につき紹介する。「発生・発達段階の神経回路形成過程において自発的に発生する電気活動の追跡」を目標に計測を実施した。

　大脳皮質を構成するニューロンの数を 100 億，1 つのニューロンが形成するシナプス結合の数を 1,000 とすると，全シナプス数は 10^{13} という膨大なものになる。これだけの数について，結合対象を特定し，結合強度を最適化する情報を遺伝子レベルでコードするのは現実的でない。遺伝子情報に基づいて基本的な構造が形成され，その後は環境との相互作用を反映してシステムとしての最適化を行う機構が備わっていると考える方が自然である。環境との相互作用が脳内で表現されるとき，電気活動が指標となっている可能性が高く，この活動に依存したシナプスの変化—activity-dependent plasticity—が恐らく主要な役割を果たしている。

　18 日胚のラットから大脳皮質を摘出し，集積化電極基板上で培養した。DMEM（Gibco）に血清を添加したものを培養液とし，試料は 37 ℃，CO_2 5 %，水蒸気飽和の条件に保ったインキュベータ中で培養した。培養開始後数時間で神経突起の成長が見られ，1 週間たつと形態的にはかなり複雑なネットワークが形成された。その後，2 ヶ月間にわたって自発電気活動の様子を観察した結果を図 3 に示す[13]。

　培養開始後 3 日の時点で最初の自発電気活動が記録された。培養基板中心付近の限定された領域のみに記録電極があり，かつ初期においては発生する活動電位の時間経過も比較的遅いために測定感度自体が低くなることを考慮すると，さらに早い時期に活動が起こっている可能性もある。この時期の活動の特徴は，発生頻度が低いこと，空間的に広い範囲での同期性は認められないこと，そして信号強度が非常に弱いことである。4 日目になると，空間的に伝播する活動が見えるようになっている。ただし，中にはごく限られた領域のみの活動もあり，また伝播に要する時間が長いことが特徴になっている。記録サイト間ではっきりした時間差が見えている。翌日になると，この遅れ時間は顕著に短縮されてくる。広い範囲に伝播する同期活動が周期的に発生してい

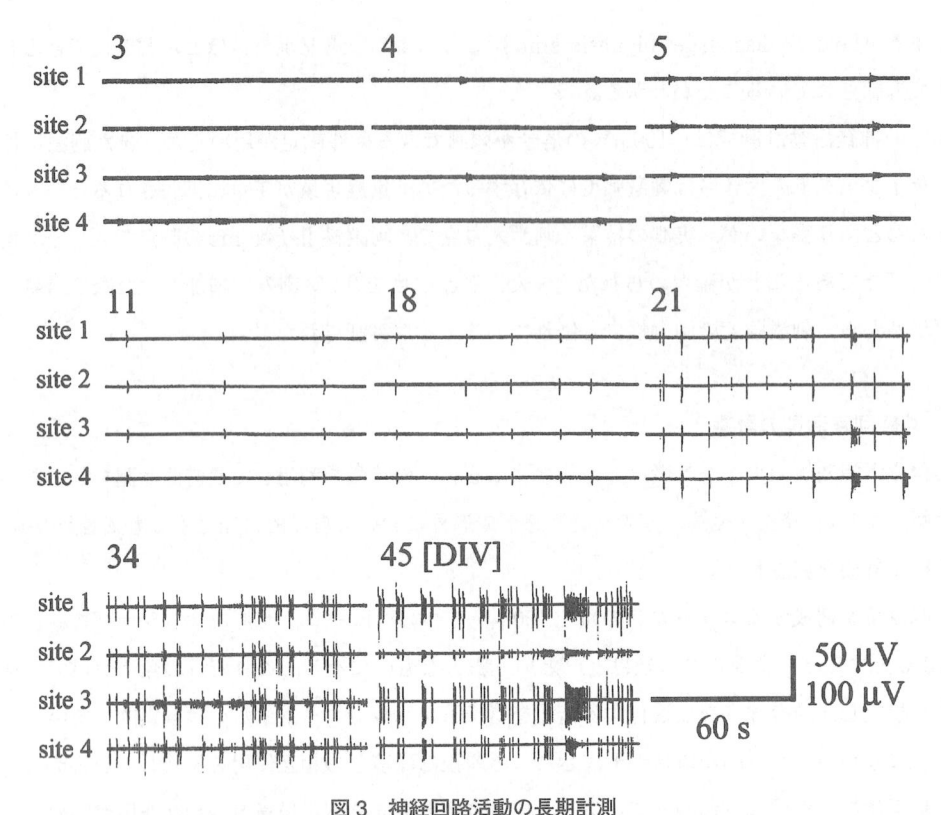

図3　神経回路活動の長期計測
4ヶ所の測定点で記録された電気信号を培養開始からの日数と共に表示している。縦軸は信号強度（電圧），スケールは最初の1週間は50 μV，以後は100 μV。

る様子がわかる。ただし，その頻度は1分に1回以下である。少しずつ信号強度は大きくなっているが，十分なS/N比とは言えない。また，この段階までは1度の活動が数秒継続するバースト的な特性を示しているのが特徴である。

　2週目に入ると，信号強度の増大，活動発生頻度の増加，そしてバースト持続時間の短縮が進んでくる。この傾向は3週目が終了する頃まで続く。3週目の後半からは，再び非同期の成分が混在するようになる。1ヶ月ほどで周期的な同期バースト活動と非同期の活動が共存する安定状態に到達し，以後2ヶ月に至るまで大きな変化は見られないという結果になった。この状態では信号強度も大きくなり，数100 μVに達するスパイクが記録されることも珍しくない。

　発達時期の2ヶ月間にわたって自発的な電気活動が見られること，それが時間経過と共に顕著な変化を示すことが見えてきた。活動発生頻度の変化はシナプス結合の密度と深く関係し，一回のバースト持続時間は個々の細胞の特性，受容体の発現状況を反映した現象である可能性が高い。実際に，興奮性シナプス結合と抑制性シナプス結合の発現時期が異なるという報告もあり，その結果生じる自発電気活動の特性が適切な神経回路形成に影響を及ぼすこともあり得る。さらに，

第4章　細胞間ネットワークシグナルの解析

ここに示した遷移過程をさらに詳細に調べると，培養開始後2週間の時点でいったん活動が弱まる時期があるというデータも得られた[14]。今後，さらに測定データを蓄積することにより，神経回路形成過程において活動依存性変化が果たす役割について理解が深まることが期待できる。

4.6 神経回路活動の解析

　神経回路形成過程での変化を追う例では，信号の発生周期，持続時間など，比較的マクロな視点から特性を記述した。計測された信号波形を詳細に調べてみると，さらにミクロな構造が見えてくる。図4は，細胞外計測信号からラスタープロットと呼ばれる形式での記述を導く手順を示したものである。(A) が記録される典型的な信号波形，一目でわかるのは，複数の振幅のスパイク信号が混在しているということである。ニューロンが発生する活動電位の振幅，時間経過は基本的には細胞ごとに大きく異なることはない。複数の波形は，複数の細胞の寄与によると考えるのが自然である。従って，波形の違いによりスパイクを分類していくことができれば，電極1つでも複数のニューロンの活動時系列を記述できることになる。波形の特徴量を抽出するために，最初にスパイク部分のみを切り出す。図では5σを閾値として抽出を行っている。σはスパイクを含まない部分，背景雑音部分の標準偏差である。5σを超えた信号は，何らかの細胞活動を反映していると考えて，その部分を切り出している。

　切り出したスパイク波形を分類する手法は様々なものがあり得る。ここではリアルタイム処理を意識して，振幅と幅の情報のみを利用する方法を示している (B)。スパイクが検出されるごとに振幅と幅をパラメータとする2次元平面上にプロットしていくのである。同じ波形は同じ点に重ね書きされる。実際には雑音の影響も含めてばらつくので，類似の波形が近くにプロットされてクラスタを形成することになる。これをZ軸に発生頻度をとって3次元表示すると，図のように複数のクラスタが見えてくる。各々がニューロン1個に対応すると考え，細胞ごとのスパイク発生時刻を調べていく。以上の手続きを測定点ごとに行っていくと，中には異なる電極で全く同じタイミングで信号が記録されている場合もある。これは，1つのニューロンの活動が複数の電極で検出されたものと解釈するのが妥当であり，細胞群の活動パターンの記述としてはどちらか一方を選択して採用することになる。

　以上の操作により，分離できたニューロンの発火タイミングを全て並列に表示したものをラスタープロットと呼んでいる (C)。64ヶ所の測定点に対して100個程度のニューロンの活動時系列が記述されていることがわかる。この例は電気刺激に対する誘発応答パターンを示したものであり，刺激印加直後に激しい活動が誘起された後，少し時間をおいて第2, 第3の活動が発生している様子が伺える。また，個々のニューロンごとの発火時刻を調べることにより，信号の伝播経路を推定することも可能である。

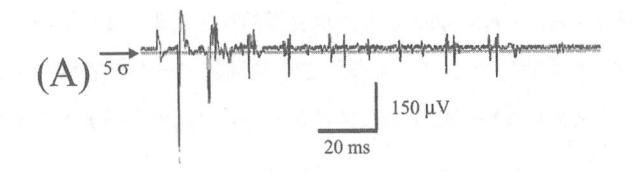

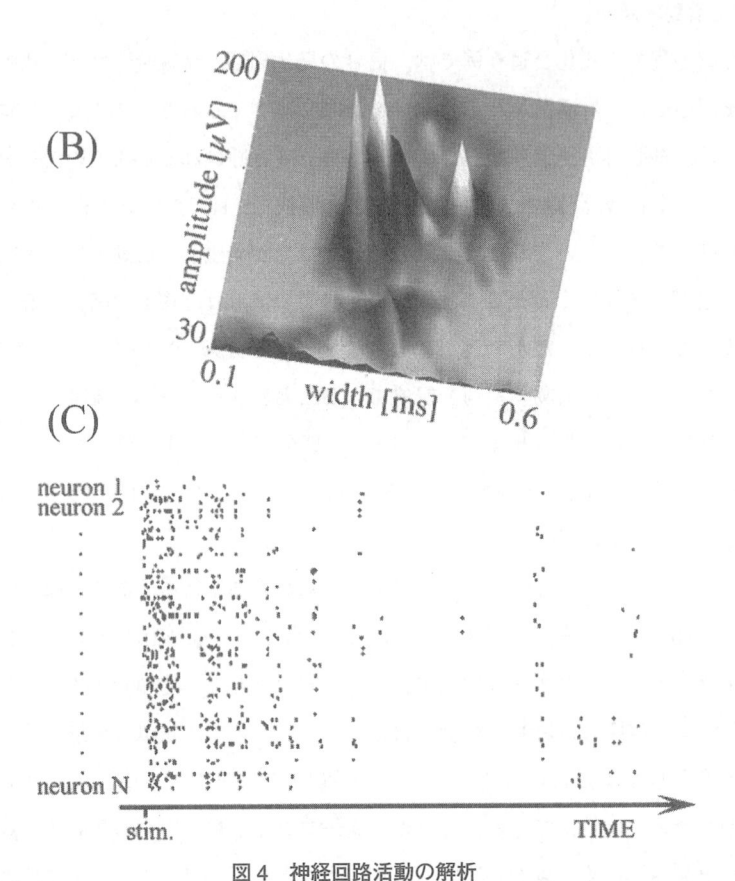

―細胞定量解析の最前線―ライフサーベイヤ構築に向けて―

図4 神経回路活動の解析
(A) 神経スパイクの抽出　(B) スパイクソーティング　(C) ラスタープロット

　図5に，スパイクソーティングにより抽出したニューロン1つの電気刺激に対する応答解析の例を示す[15]。ここではまず電気刺激を特定の1つの電極から十分なインターバルをとって50回印加し，このニューロンがどのようなタイミングでスパイクを発生したかをラスタープロットの形で表示している。刺激条件は一定なので，比較的再現性の良い応答になっている。それでも各回の反応時間に若干のばらつきはあり，ヒストグラムを作ってみると一定の広がりを持った分布が見える。ついで，訓練を行う。同じ刺激を，今度は数10 msという短い時間間隔で数10回連続して入力するのである。これを高頻度刺激と呼ぶ。この訓練を数秒ごとに2分間繰り返した後，最初と同じ十分な時間間隔を取った刺激に対する応答を再度50回記録して，同じ解析を行った

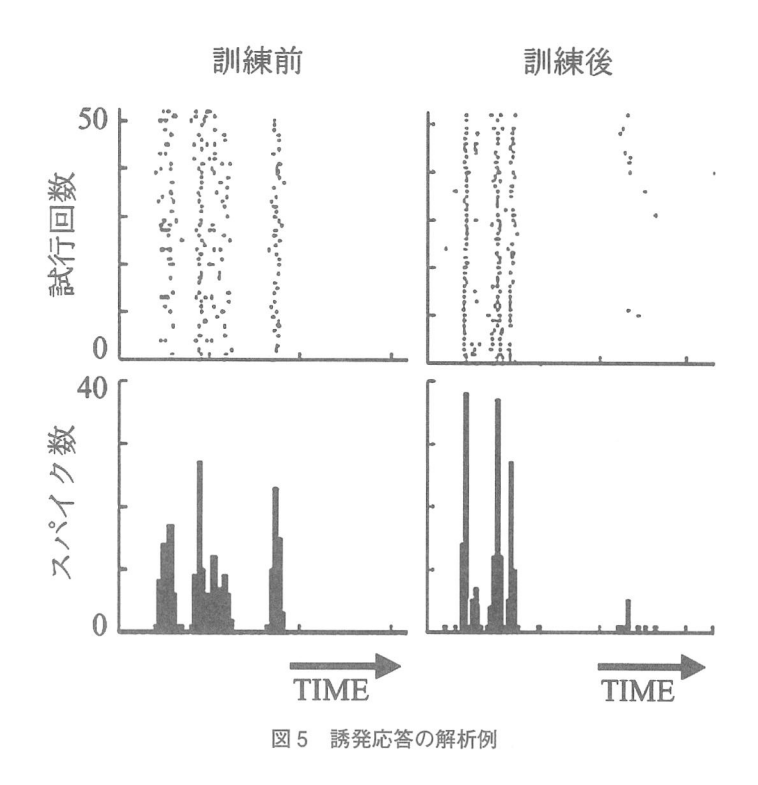

第4章　細胞間ネットワークシグナルの解析

図5　誘発応答の解析例

結果を並べて表示している。

　初期状態と訓練後の状態を比較すると，2つの興味深い変化がよみとれる。1つ目は反応時間である。刺激入力から反応が生じるまでの時間，活動全体に要する時間共，明らかに短縮している。2つ目は応答の再現性である。訓練後は3つのスパイクがほぼ同じタイミングで発生している。ヒストグラム表示でもピークの高さ，広がりともに再現性が増したことを示している。この結果は，ニューロンのネットワークが一定の入力を繰り返し経験した際に起こる変化を表わしており，学習機能に関係する細胞レベルでの現象の可能性があると考えている。

4.7　神経回路・単一細胞同時計測に向けて

　1細胞を対象とする計測技術は日々進歩している。分子生物学をはじめとして細胞内の現象を可視化する手法も新たな展開を見せている。本節で紹介した集積化電極によるネットワーク解析を，それらよりミクロな世界の計測技術と結び付けることにより，本質的に階層性を有する生体システムの機能を，物質レベルの現象と合わせて理解する道が開かれるのではないだろうか。集積化電極による測定の特徴はその非侵襲性にあり，非侵襲性は他の計測手法との併用が容易であることを意味する。光学計測等，様々な手法との同時計測が期待できる。

　スパイクソーティングの適用により，集積化電極による計測信号が個々のニューロンの活動に

一細胞定量解析の最前線—ライフサーベイヤ構築に向けて—

分離できることを示した。しかし，実は分離された活動時系列が，顕微鏡下で可視化されるどの細胞に由来するかは自明ではない。ニューロンは広範囲に多数の神経突起を伸ばしており，細胞体から離れた部分でも十分信号源として機能し得る。血清を含む培養液中では培養日数が増すに従ってグリア細胞が増殖し，ニューロンの形態観察は難しくなる。このような状況に対して，人工的にシンプルな神経回路を作って観察するという手法が考えられる。必要な要素技術は，ニューロンを1つずつ所定の位置に配置すること，そして成長する突起を結合対象に向かって導く技術である。

実は，「神経突起の成長方向制御」という考え方は決して新しいものではない。既に1970年代になされた有名な報告がある[16]。ニューロンは自らが結合すべき標的を認識してそれに向かって突起を伸ばすことが知られており，その際に作用する誘引物質に関する理解を目的として様々な実験が行われたものである。続いて，微細加工技術の進歩を背景にシンプルネットワークを形成しようという試みがなされた。これについても1988年の報告[17]が広く知られている。フォトリソグラフィなどマイクロ加工技術と，基板表面の化学修飾技術を駆使してガイディングパターンを作製し，その基板上で細胞培養を行うことによって形状を制御した細胞ネットワークを形成したというものである。このシンプルネットワークを集積化電極基板上に形成することにより，神経回路・単一細胞の同時計測が可能なはずである。

実際には，安定した電気活動が可能になるまで数週間の間シンプルネットワーク形状を維持することが難しかったり，シンプルネットワークを構成する細胞数が少ないために細胞培養自体が安定しないなど，技術的な問題が少なからずあり，最近に至るまで，シンプルネットワークを利用した神経活動計測はほとんど報告されないまま推移してきた。これに対し，最近，寒天薄膜を加工した3次元構造を利用した細胞培養手法が提案され，シンプルネットワークからの電気活動計測が現実的になりつつある[18]。寒天は様々な性質の材料があり，比較的低融点のものも利用できる。細胞接着性の低い寒天薄膜で集積化電極基板表面を覆い，部分的に溶解除去することによって，限定した位置にのみニューロンを接着させ，突起の成長も誘導することができる。溶解操作は顕微鏡下で赤外レーザ光を照射することにより行う。低融点ゆえに，この溶解操作を細胞の存在下でも行うことが可能であり，細胞の成長状態に合わせて成長方向を導くといった実験が可能になる。基板上の電極位置にニューロンを1つずつ配置し，それらをつなぐ通路内を成長する神経突起によって徐々に結合構造が形成されていく過程を追跡し，同時に特定の電気活動を生じているニューロン，あるいはシナプスを対象にミクロな現象の可視化を行うなどの計測も，近い将来報告されることが期待できる。

第4章　細胞間ネットワークシグナルの解析

文　　献

1) T. Bliss, T. Lomo, *J. Physiol.*（Lond.）, **232**, 331（1973）
2) *Phil. Trans, Biol. Sci.*, **358**（2003）
3) 武田常広, 計測と制御, **37**, 695（1998）
4) O. Hamill *et al.*, *Pflügers Arch.*, **92**, 85（1981）
5) J. Angleson, W. Betz, *Trends in Neurosci*, **20**, 281（1997）
6) N. Kasai *et al.*, *Anal. Sci.*, **18**, 1325（2002）
7) G. Gross, *IEEE Trans. BME*, **26**, 273（1979）
8) J. Pine, *J. Neurosci. Meth.*, **2**, 19（1980）
9) G. Kovacs, *Proc. IEEE*, **91**, 915（2003）
10) V. Bucher *et al.*, *Biosens. Bioelectron.*, **16**, 205（2001）
11) K. Najafi, *IEEE EMBS Magazine*, **13**, 375（1994）
12) Y. Jimbo *et al.*, *IEEE Trans. BME*, **50**, 241（2003）
13) H. Kamioka *et al.*, *Neurosci. Lett.*, **206**, 109（1996）
14) Y. Mukai *et al.*, *Elect. Engng. Jp.*, **145**, 28（2003）
15) T. Tateno, Y. Jimbo, *Biol. Cybern.*, **80**, 45（1999）
16) P. Letourneau, *Dev. Biol.*, **44**, 92（1975）
17) D. Kleinfeld *et al.*, *J. Neurosci.*, **8**, 4098（1988）
18) I. Suzuki *et al.*, *Lab Chip*, **5**, 241（2005）

5 細胞シグナル解析用 MEMS チップ

小西　聡*

5.1 はじめに

　DNA，タンパク質，細胞，生体組織の分析など最近のバイオテクノロジーの研究の成果は，次第に生命の姿をボトムアップ的に明らかにしようとしている。ニューロサイエンスと呼ばれる神経細胞とそのネットワークの研究は，脳のメカニズムをさらに解明する方向に着実に進んでいる。

　バイオテクノロジーが対象とするバイオのサイズは，マイクロからナノにまたがっているが，細胞のサイズは，直径にして 100 μm から 1 μm 程度である。バイオを扱う道具，ツールに関して，本稿では MEMS を取り上げる。MEMS は Micro Electro Mechanical Systems の略であり，従来の電子回路に加えて，様々な機能をもつ機構，構造を搭載したチップ上のシステムのことであり，またその実現技術のことも MEMS として扱われる[1]。MEMS は，電子回路をチップ上に集積化する LSI 技術を援用して発展し，様々な応用分野で実用化が進んでいる。自動車分野への圧力センサや加速度センサの応用，マイクロバルブ，ポンプ，ガスセンサなどの流体分野への応用，マイクロミラーの光学機器への応用，など各分野で浸透してきている。図1に我々が開発したマイクロポンプシステムの写真を載せた[2]。このマイクロポンプは，全て PDMS（シリコンラバー）でできており，3つのメンブレン構造が位相を変えて順々に上下運動して蠕動運動を実現することによりシステム内の流体を輸送することができる。このような流体デバイスのマイクロ化を一つの大きな研究対象としてきた MEMS 分野においても，そのターゲットとしてのバ

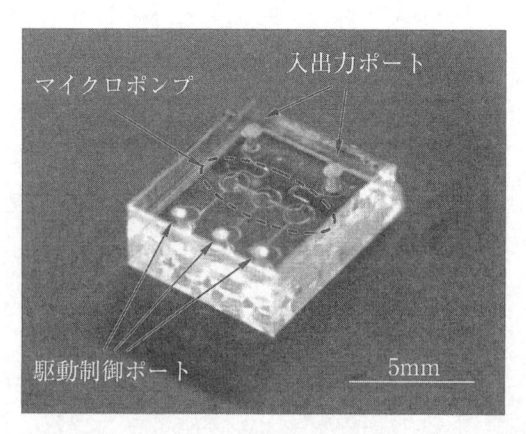

図1　MEMS 技術により製作した数 mm サイズのマイクロポンプ

＊　Satoshi Konishi　立命館大学　理工学部　マイクロ機械システム工学科　教授

第 4 章　細胞間ネットワークシグナルの解析

イオ分野への関心は高まってきており，多くの研究開発が進められている。特に図 2 に示すような，ガラスやプラスチック基板上に微細加工技術により形成した微小な流路や弁，ポンプ，センサなどを搭載した生化学解析用チップは μTAS（Micro Total Analysis Systems の略でマイクロ統合分析システムのこと）と呼ばれている[3]。先に紹介した我々のマイクロポンプも流路や，化学センサなどの他の機能コンポーネントと集積一体化したシステムへの展開が進んでいる。

バイオを扱うツールとしての MEMS の魅力は，やはりそのサイズであろう。我々は，MEMS という LSI 技術を援用した微細加工技術によるデバイス，システム実現技術を用いて，トップダウン的にバイオ分野への貢献を目指して研究に取り組んでいる。特に直径にして 100 μm から 1 μm 程度の細胞は，μm オーダーの微細加工を得意とするトップダウン技術 MEMS にとって整合性が良い対象である。

次に考えられる利点としては，各種機能の集積化である。MEMS は，電気・電子，機械，流体，化学，熱，光学等々といった各種機能デバイス構造をチップ上に集積化しシステム化することを可能とする。バイオへのアプローチにおいても，流体デバイス構造に加え，電極，化学センサ，光学センサなども大いに期待される機能コンポーネントである。バイオを対象とした解析ツールは，バイオとの間で電気，機械，化学，熱，光といった様々な形態の信号の入出力を行うことが期待される。MEMS はこうした信号の入出力機能を備えたチップを実現する可能性を持っている。

さらに付け加えるならば，半導体プロセス特有のバッチプロセスにより小さく，高機能なサブシステムをチップ上に一度に大量に形成することが可能な点が挙げられる。一括大量生産の利点のみならず，アレイ化による機能の実現という新たな可能性も生み出す。例えば，デジタル・マイクロミラー・デバイス DMD（Digital Micromirror Device の略）が，画素として動作するマイクロミラーをバッチプロセスによりアレイ状に配置し，投射型のディスプレイプロジェクタを実現している例などで有効性が実証されている[4]。

本稿では，細胞のシグナル解析用 MEMS チップについて主に取り上げることにする。電気化学的な変化の情報をもとにした細胞挙動の計測，さらには，外部刺激に対する電気化学的な反応を把握することは生体のメカニズムを解明する有効な方法の 1 つである。細胞研究の成果は，細胞操作による細胞融合や

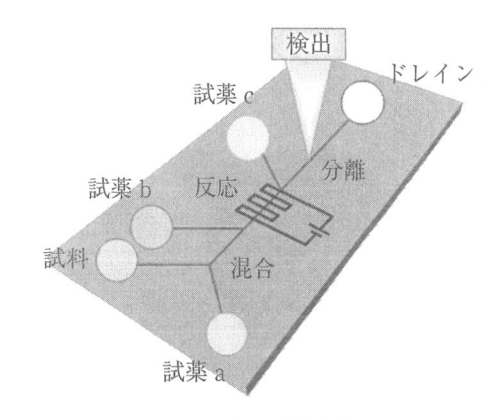

図 2　μTAS の概念図

―細胞定量解析の最前線―ライフサーベイヤ構築に向けて―

先端薬品の開発に代表されるような工学分野やバイオメディカル分野への応用が有望である[5]。さらには，ニューロサイエンスと呼ばれる神経細胞とそのネットワークの理解を通した脳のメカニズムの解明への貢献も期待されている[6~10]。

5.2 細胞の電気的シグナル解析

細胞の電気化学的活動を精密に観察する手法として現在主流になっているのは，パッチクランプ法である[11,12]。パッチクランプ法には，細胞への接触の状況に関して様々な種類がある。図3に示すようにパッチクランプ法では，通常，先端径が数 µm 程度のガラス管微小ピペットを用意し，この先端を顕微鏡下で細胞にアプローチさせ細胞を吸着して計測を行う。しかし，ガラス管微小ピペットの製作や操作に熟練が必要，基本的に一度に単一の細胞しか対象にできない，といった点からスループットが上がらないという課題点がある。我々が研究目標としているような細胞ネットワークの解析に，現状のまま利用するのは困難である。

一方，複数細胞を扱うという観点では，電極アレイを用いた研究が進められ，細胞外からの細胞ネットワークの計測が行われてきた。例として，多点細胞外電位記録システムである MED システム（松下電器産業（株）製）や MEA（Multi Electrode Array）システム（NTT，東京大学）が挙げられる。図4および図5に MED システムの全体構成とチップの写真を，図6に MEA システムのチップの写真を載せた。これらの電極アレイチップには，複数の独立した電極が配列されており，各電極から独立した信号を計測することができる。例えば，MED システムでは64チャンネルの電極によって同時・長時間計測が可能であり，刺激機能も有している。これらの MED システムや MEA システムでは，脳のスライスの解析や，チップ上で培養した神経ネットワークの解析などが行われ，様々な成果を挙げてきている。

以上紹介した，パッチクランプ法や電極アレイシステムには一長一短があり，ライフサーベイヤといった単一細胞に加え，そのネットワークの解析を両立することを目的とする研究においては，従来手法の抱える課題の克服が望まれる。パッチクランプ法には操作性の改善によるスループットの向上が重要となる。また MED システムや MEA システムのような電極アレイにおいては，チップ上にサンプルを載せたり，培養したりすること

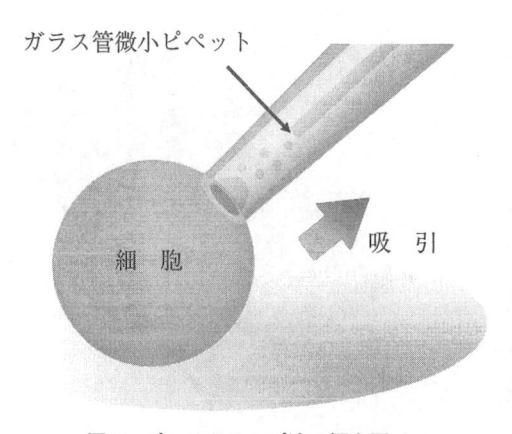

図3 パッチクランプ法の概念図

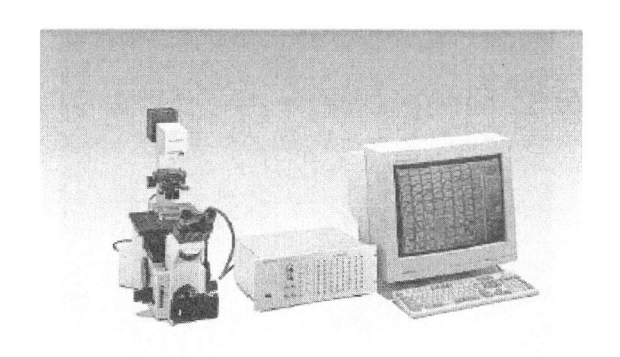

第4章　細胞間ネットワークシグナルの解析

図4　多点細胞外電位記録用 MED システム（松下電器産業（株）製）

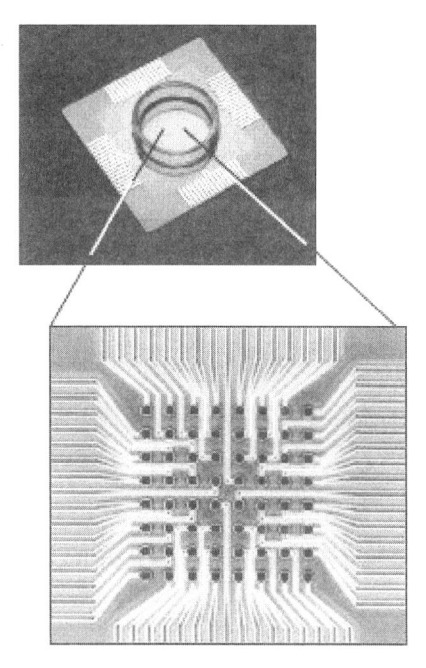

（松下電器産業（株）製）

図5　多点細胞外電位記録用 MED システムのチップ拡大写真

により得られる電極との接触状態をそのまま利用するしかないため，安定した計測には課題が残されている。これらの課題を克服すべく，これまでにいくつかの研究開発が行われてきており，本稿が焦点を当てる MEMS 技術の有効性も認識されている。

　このような背景の下，我々も MEMS 技術をバイオテクノロジー分野に応用することにより，大量のデータの高速収得を可能とする様々な細胞シグナル解析用 MEMS チップの研究開発に取り組んできた。以下では，まず関連した周辺研究の紹介を行い，続いて，我々自身が取り組んで

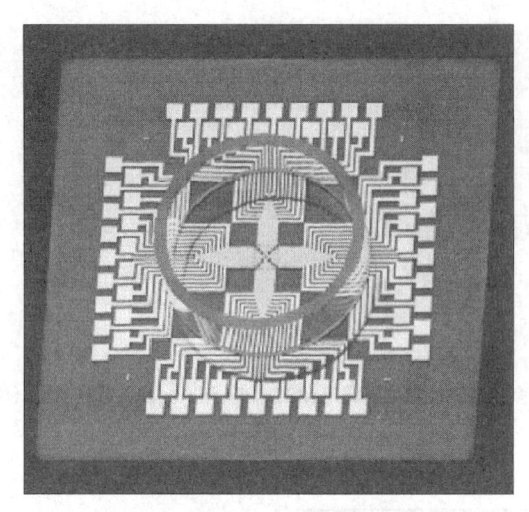

図6 MEA（NTT，東京大学）の例

いる細胞シグナル解析用MEMSチップについて述べていくことにする。

5.3 細胞シグナル解析用デバイスの研究開発動向

　細胞のシグナル解析用デバイスとして，図7に示す多数の貫通孔を有した電極アレイチップが報告されている[13]。このデバイスは基本的には先に紹介したMEAなどと同じものであるが，電極間に多数形成した裏面との貫通孔を通して細胞への物質供給を可能とすることにより，細胞状態の維持管理に関する機能を向上させている。このデバイスでは，従来の電極アレイ構造に加え，多数の貫通孔を有したダイヤフラム構造をMEMS技術により形成している点が特徴的である。比較的早い時期にMEMS技術を細胞シグナル解析用デバイスに応用した研究例の一つと考えられる。

　一方，図8に示すのは，パッチクランプ法の原理を採用して設計されたPDMS（シリコンラバー）製のプレーナパッチクランプデバイスである[14]。PDMS製のパッチクランプ機構を別構造の電極と組み合わせる構成をとっている。PDMSは，μTASの分野などでもモールディングがし易く使い捨て可能な材料として頻繁に用いられている。図1で紹介した我々のマイクロポンプもPDMSのみで構成されている。MEMS技術を用いた吸引孔と電極の一体化などはされていないが，PDMS製の構造を交換可能な構造としてとらえていると考えられ，実用的な側面から重要なアプローチの一つといえる。

　この他にも様々なデバイスが検討されてきており（例えば，15，16），中でもパッチクランプ法をチップ上で実現するプレーナパッチクランプデバイスの研究開発は今後も進んでいくものと

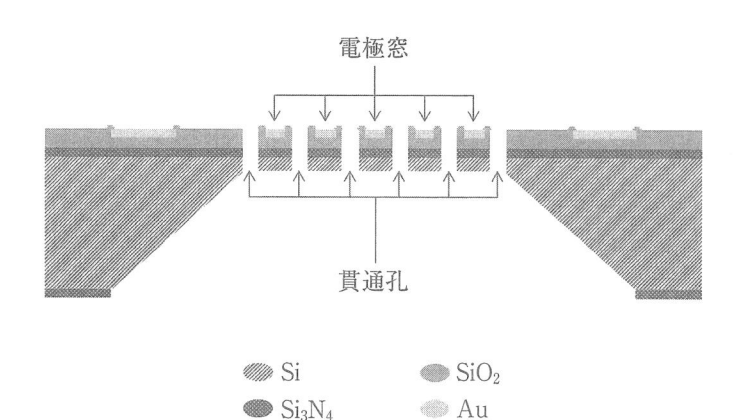

第4章 細胞間ネットワークシグナルの解析

図7 多数の貫通孔を有した電極アレイチップ

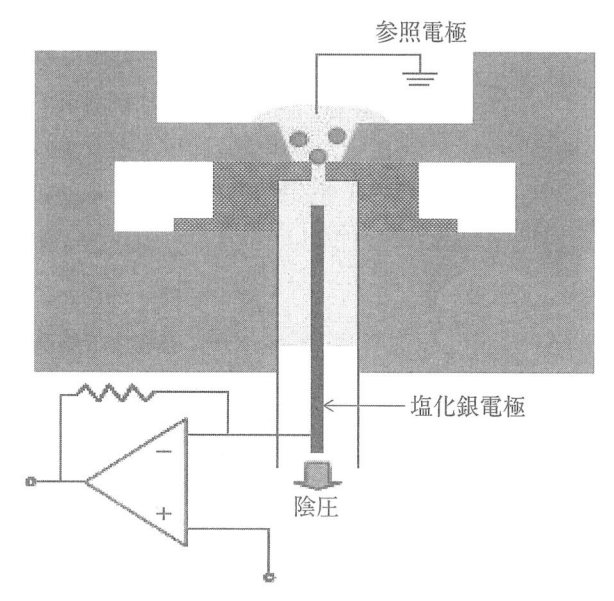

図8 PDMS(シリコンラバー)製のプレーナパッチクランプ機構

考えられる。ここで，先に紹介した MED システム，そして MEA システムをもとに MEMS 技術による改良を加えて我々が研究開発中のプレーナパッチクランプデバイス "MCA"（Micro Channel Array の略。以下 MCA と称する。）について紹介することにする[17~19]。

5.4 細胞シグナル解析用 MEMS チップ：MCA（Micro Channel Array）の研究

我々が研究開発を進めている MCA は，電極アレイチップにパッチクランプ法の原理を実現するための吸引孔を集積一体化しようとするものである。これまでに，目的に応じていくつかのタイプを設計，実現してきており，本稿ではその基本的なものを紹介することにする。

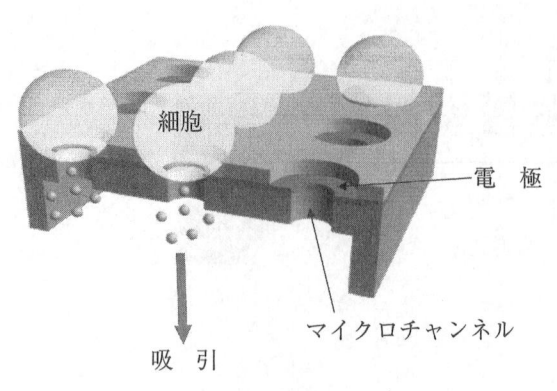

図9　一括計測用チップ

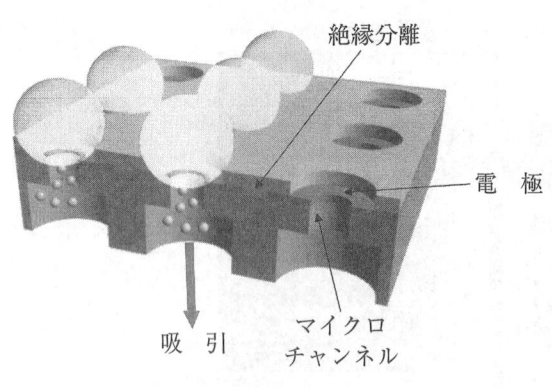

図10　個別計測用チップ

5.4.1　設計

MCAは，プレーナパッチクランプデバイスの一種であり，基板に形成した多数の貫通孔で細胞を吸引クランプし，吸引孔に集積一体化した電極により細胞シグナルを計測することを可能とするMEMSチップである。

図9および図10にMCAを有した多数細胞シグナル解析用MEMSチップの概念図を示す。図9は，一括計測用チップであり，図10は個別計測用チップである。パッチクランプ法の検出原理を実現するため，基板裏側から陰圧を加えることにより貫通孔に細胞を高抵抗でシーリングさせ貫通孔開口部に存在する細胞のイオンチャネルから流れるイオン電流を基板上に形成した検出電極で計測する。

図9の一括計測用チップにおいては，裏面から陰圧を加えるための吸引用ダイヤフラム上に基板表面に細胞を固定する多数の貫通孔を形成しており，ダイヤフラム上に吸引固定した細胞から得られた信号をまとめて一つの信号として計測する系を構成している。設計した一括計測用チップは電気的に独立した1つの検出電極に対して多数の貫通孔を対応させており，多数の細胞信号の総和を1信号として検出するようになっている。

これに対し，図10の個別計測用チップでは，独立した電極を集積一体化した吸引孔を分離形成し，各マイクロチャンネルにおいて個別の細胞シグナルが計測できるように設計されている。設計した個別計測用チップはアレイ状の電気的に独立した検出電極を有し，1つの電極に対して1つの貫通孔を対応させているため1細胞の信号を個別に検出することができるようになっている。個別計測用チップは，従来型の電極アレイの機能である同時多チャンネル計測によるネットワーク解析にも利用が可能である。

第 4 章　細胞間ネットワークシグナルの解析

5.4.2　製作

図 11 に MEMS チップの製作方法の一例として，個別計測用チップの MEMS 技術による製作プロセスの概略を示した。一般に MEMS 技術では，半導体プロセスの技術を援用し，リソグラフィー技術と薄膜の成膜，エッチング技術を組み合わせて微細な多層構造を形成していく。図 11 では，Si 基板を表裏からエッチングして貫通孔を形成し，個々の貫通孔に独立した電極を配線し，最後に形成した絶縁膜に計測用の窓を開けて個別計測用チップを完成させている。

図 12 に一括計測用チップの製作結果を示す。図 12（b）は，マイクロチャンネルアレイ部を拡大してある。30 mm 角のチップ上に 100 個の貫通孔（$\phi 6\,\mu m$）が形成されている。1 つの検出電極により，100 個のマイクロチャンネルからの細胞シグナルの総和を 1 信号として検出する。

① Si の表面からのドライエッチング
② Si の裏面からのドライエッチング
③ 絶縁膜（SiO$_2$）の形成
④ 電極の形成
⑤ 表面絶縁層の形成

■ Si　■ Al　■ OFPR800-50cp　■ CRC8300　■ SiO$_2$　■ Au

図 11　個別計測用チップの MEMS 技術による製作プロセス

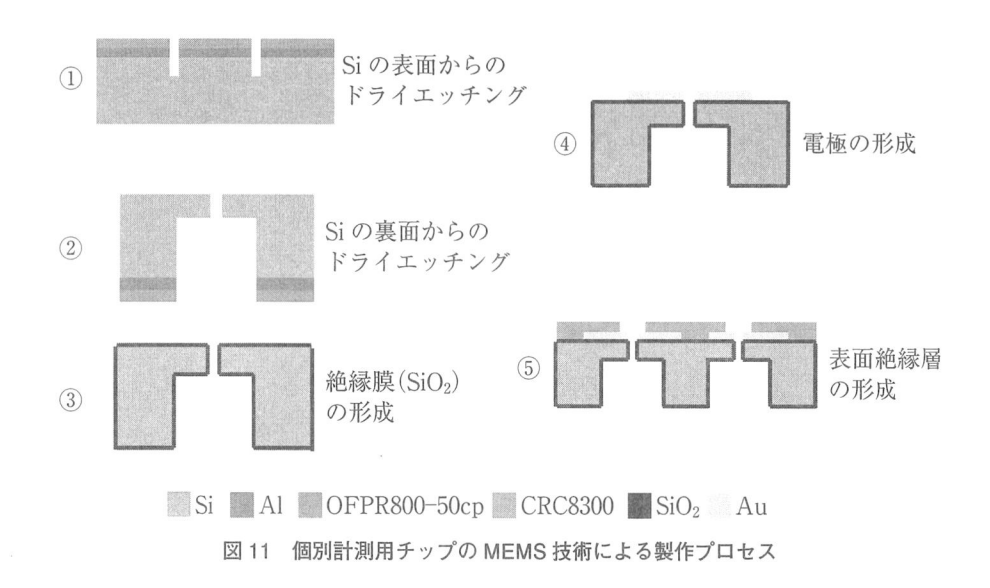

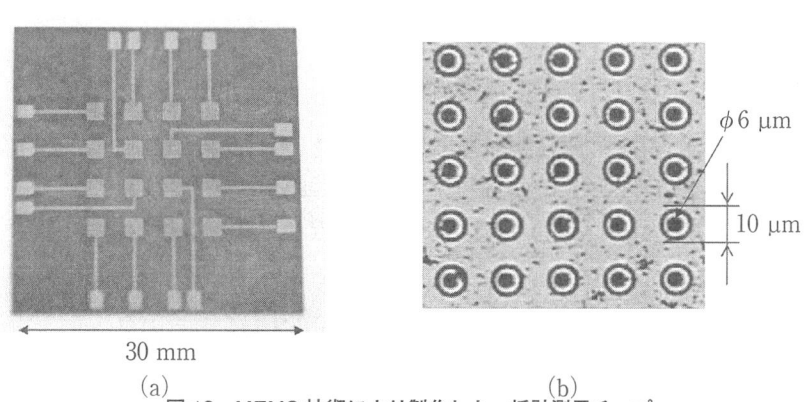

(a) 30 mm
(b) $\phi 6\,\mu m$，10 μm

図 12　MEMS 技術により製作した一括計測用チップ
(a) チップ全容（30 mm 角），(b) マイクロチャンネルアレイ部拡大

また，図13および図14に個別計測用チップの製作結果を示した．図13は，チップ表面からの写真であり，図14はチップ裏面からの写真である．それぞれマイクロチャンネル部の拡大写真を付した．製作した個別計測用チップでは，アレイ状の電気的に独立した検出電極を16極形成し，1つの電極に対して1つの貫通孔（ϕ4 μm）を対応させたマイクロチャンネルを実現している．

5.4.3 評価

これまで開発してきたMCAを用いた細胞評価実験において，例えば，神経細胞のグルタミン酸反応などの検証を行ってきており，MCAの有効性を確かめてきている．MCAに関する細胞評価実験の一例として，マウスの前脳のスライスを用いた一括計測用チップの評価実験について紹介する．図15に一括計測用チップでスライスの信号を計測した際の実験結果を示す．図15において，まず，一括計測用チップにより，吸引時の電位変化が確認できている．この変化は細胞が絶縁膜開口部にシーリングされることにより検出された膜電位と，細胞が絶縁膜開口部にシー

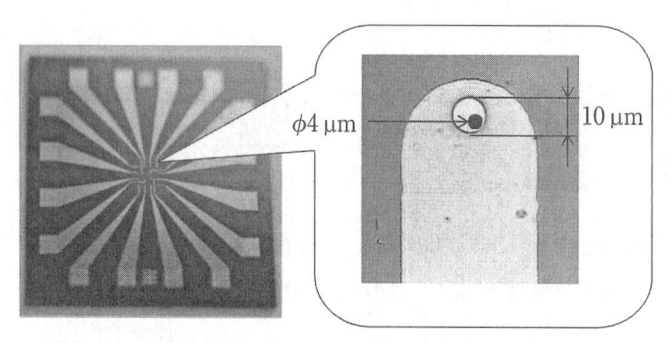

図13　MEMS技術により製作した個別計測用チップ（表面）

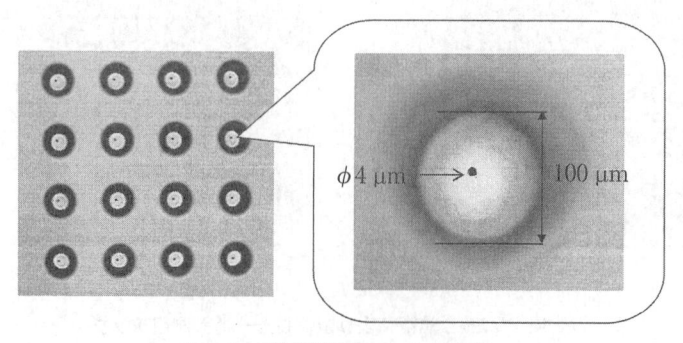

図14　個別計測用チップ（裏面）

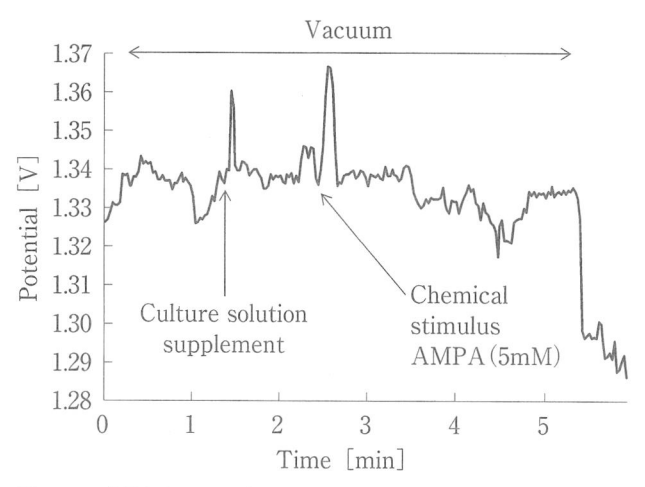

第4章　細胞間ネットワークシグナルの解析

図15　一括計測用チップによるマウスの前脳スライスの計測結果

リングされることが刺激となり細胞が興奮することに伴う電位変化によるものであると考えられる。次に，薬品刺激（AMPA）による電位変化をみると，吸引による電位の上昇よりも大きな変化が生じた。また，吸引を止めたことによりスライスが吸引固定状態から解放され，電位が降下することが確認できている。培養液を補充した直後の電位上昇はイオン濃度の変化によるものとみられる。

　以上のように，MCAによる細胞シグナル解析の可能性が確認されており，今後は，神経細胞，さらにはそのネットワーク解析などへの応用を進めていく予定である。ライフサーベイヤ研究の一環として，64チャンネルMEAに基づき設計開発した64チャンネルMCAの写真を図16に掲載した。

図16　細胞ネットワーク解析用64チャンネルMCA

5.5 おわりに

現在，MEMS技術のバイオ分野への応用に関して多くの研究開発が進められており，細胞のシグナル解析用MEMSチップの研究もいくつかの課題を克服しながら進められていくとみられる。MEMS技術は，その可能性を活かすことが可能なニーズと結びつき相乗効果によってさらにその意義を高めることができると考えられる。既に述べたいくつかの観点からMEMS技術との整合性の良い細胞，そしてそのネットワークというターゲットとMEMS技術とのリンクは，相乗効果を挙げることが期待できる格好の関係であると考えられる。細胞シグナル解析用MEMSチップの研究に携わる研究者の一員として，細胞の電気信号の計測技術のさらなる発展への貢献を目指し，MEMSデバイスの研究開発を推進していきたい。電極アレイなどの従来技術により計測が行われてきた研究に，新たな計測ツールを提供することを通じて，細胞，さらには細胞ネットワークの解析への寄与が期待できると考えている。

謝辞

本稿の作成に関わり，関連研究に関するご助言を頂いた東京大学神保泰彦先生，松下電器産業（株）岡弘章氏，尾崎亘彦氏に謝意を表します。また，本稿の作成に協力してくれた大学院生の殿村渉君に感謝致します。

文　　献

1) 藤田博之著，E E Text センサ・マイクロマシン工学，オーム社 (2005)
2) O. C. Jeong et al., "Peristaltic PDMS pump with perfect dynamic valves for Both Gas and liquid", IEEE International Conference on Micro Electro Mechanical System (MEMS), pp. 394-397 (2006)
3) 北森武彦 他編，マイクロ化学チップの技術と応用，丸善 (2004)
4) 帰山敏之，デジタル・マイクロミラー・ディスプレイ，応用物理，68，第3号，pp. 285-289 (1999)
5) N. Ozaki et al., "ELECTROPHYSIOLOGICAL HIGH THROUGHPUT DRUG SCREENING SYSTEM", MicroTAS'02 symposium, pp. 856-858 (2002)
6) A. Kawana et al., "NEUROINTERFACE-INTERFACE OF NEURONAL NETWORKS TO ELECTRICAL CIRCUIT-", IEEE International Conference on Micro Electro Mechanical System (MEMS), pp. 14-20 (1999)
7) R.J. Wilson et al., "Simultaneous multisite recordings and stimulation of single isolated leech neurons using planar extracellular electrode arrays", *J. Neurosci. Methods*, 53, pp. 101

第4章 細胞間ネットワークシグナルの解析

-110 (1994)

8) L. J. Breckenridge *et al.*, "Advantages of using microfabricated extracellular electrodes for in vitro neuronal recording", *J. Neurosci. Res.*, **42**, pp. 266–276 (1995)

9) S. M. Potter *et al.*, "A new approach to neural cell culture for long-term studies", *J. Neurosci. Methods*, **110**, pp. 17–24 (2001)

10) M. Sandison *et al.*, "Effective extracellular recording from vertebrate neurons in culture using a new type of micro-electrode array", *J. Neurosci. Methods*, **114**, pp. 63–71 (2002)

11) O. P. HAMILL *et al.*, "Improved patch-clamp techniques for high-resolution current recording from cells and cell-free membrane patches", *PFLUGERS ARCHIV–EUROPEAN JOURNAL OF PHYSIOLOGY*, **391** (2), pp. 85–100 (1981)

12) Y. Okada "PATCH CLAMP TECHNOLOGY", Yoshioka Publication (1996)

13) Gregory T. A. Kovacs *et al.*, "Silicon-Substrate Microelectrode Arrays for Parallel Recording of Neural Activity in Peripheral and Cranial Nerves", *IEEE TRANSACTIONS ON BIOMEDICAL ENGINEERING*, **41**, No. 6, pp. 567–577 (1994)

14) Fred J. Sigworth *et al.*, "Microchip Technology in Ion-Channel Research", *IEEE TRANSACTIONS ON NANOBIOSCIENCE*, **4**, No. 1, pp. 121–127 (2005)

15) A. T. Mita *et al.*, "TO PLACE CELLS AS AN ARRAY USING ASPIRATION TECHNIQUE", MicroTAS'02 symposium, pp. 888–890 (2002)

16) Brian Matthews *et al.*, "Design and Fabrication of a Micromachined Planar Patch-Clamp Substrate With Integrated Microfluidics for Single-Cell Measurements", *JOURNAL OF MICROELECTROMECHANICAL SYSTEMS*, **15**, No. 1, pp. 214–222 (2006)

17) M. Tanabe *et al.*, "DEVELOPMENT OF MICRO CHANNEL ARRAY WITH DETECTING ELECTRODES FOR ELECTROPHYSIOLOGICAL BIOMEDICAL SENSOR", IEEE International Conference on Micro Electro Mechanical Systems (MEMS), pp. 407–410 (2003)

18) K. Suzuki *et al.*, "THE ELECTROPHYSIOLOGICAL BIOSENSOR FOR BATCH-MEASUREMENT OF CELL SIGNALS", *IEEJ*, **125**, No. 5, pp. 216–221 (2005)

19) S. Konishi *et al.*, "Electrophysiological Biosensor with Micro Channel Array for Multipoint Measurement of Signals from Distributed Cells", IEEE MMB (2005)

第5章　ライフサーベイヤをめざした
デジタル精密計測技術の開発

1　ライフサーベイヤをめざしたデジタル精密計測技術の開発概論

植田充美＊

1.1　デジタル精密計測技術の開発

　ヒトゲノム配列完了に伴い，生命科学分野は新たな段階に入った。そこでも発展のキーとなるのは種々計測技術であるとの認識がなされている。生命を分子レベルでシステムとして理解する上で重要な点は生命単位である細胞に注目してこれから出る信号をモニターしたり，中身を一括して分析したりすることである。最近の Analytical Chemistry にも世の中のこのような流れを反映した総説「The Single-Cell Scene」が報告された。1個1個の細胞を計測したり，その中身を分析したりという試みは，今，始まろうとしている段階である。20年余り前，夢の分析技術としてLC／MSの開発が注目されたが，その初期の状況と似ている。LC／MSは実現すれば画期的なことになるために多くの人々が参加し，この技術は現実の物となっていった。

　今，細胞計測はその萌芽期にあり，活用できそうな技術がいくつか見られる。たとえば，これまでDNA配列解析にはゲル電気泳動を用いたキャピラリーアレーDNAシーケンサーが用いられているが，メガあるいはギガオーダーのサンプルの処理には向いてない。このような試料の配列解析に適した方法として段階的な相補鎖合成を用いたパイロシーケンシングが開発されている。また，その大容量化をアメリカベンチャーが行っているとの情報がある。さらに，ゲノムDNAを対象とした個別DNA断片増幅の報告も米国 Cancer Center からなされている。このような新たな技術開発には米国が積極的であるが，国内では余り研究開発がなされてない。

　さらに，種々化学物質に対する生体の反応を調べる大がかりなプロジェクトが米国NIHでスタートしているがここでは1つの細胞を対象としているので，NIHプロジェクトの将来を先取りしていると言える。

　この章を執筆する研究者たちの基本技術として磁気ビーズを中心とした技術，DNAシーケンサー関連の計測技術，パイロシーケンシング関連技術，超高感度蛍光顕微解析技術等がある。磁気ビーズ関連技術では磁性細菌を活用し，種々サイズの異均一な磁性粒子を作成したり，その表

＊　Mitsuyoshi Ueda　京都大学大学院　農学研究科　応用生命科学専攻　応用生化学講座
　　生体高分子化学分野　教授

第5章　ライフサーベイヤをめざしたデジタル精密計測技術の開発

面に種々酵素をコートするなどの技術を開発している。これらを用いて DNA や蛋白質の効率よい生成などに実用実績を持つ。DNA 解析技術ではキャピラリーアレーを用いた蛍光式 DNA シーケンサーを他に先駆けて開発し，ヒトゲノム計画にも寄与した実績がある。また，次世代技術としてパイロシーケンシング技術にも早くから取り組み，化学発光を用いた遺伝子検査方法（BAMPER: Bioluminometric Assay with Modified Primer Extension Reaction）など新手法の開発実績もある。蛍光顕微鏡関連技術では多数スポットを同時に効率よく解析するマルチスポット計測技術あるいは細胞内の mRNA 計測技術など世界に誇る技術実績を持つ。

　これらの基盤の上にマイクロファブリケーション技術を取り入れ，微細反応セルあるいは細胞アレーの効率よい計測技術を開発すると共に生物機能全体をモニターするライフサーベイヤとも言うべきシステムの構築を計る。

1.2　デジタル精密計測技術開発の展開

　生命の機能を分子レベルで理解し，種々産業分野に活用しようとする動きは著しい進展を遂げてきた。2003 年に宣言されたヒトゲノム配列解析完了により，生命分野は生体機能の解明と活用へ大きく発展しようとしている。分子レベルでの生命の理解は個々の細胞を基本としたシステム理解とその活用に焦点が移りつつある。すなわち，多くの細胞の集団から個別の細胞へ，また，細胞内の個々の分子の働きの動的理解と活用へ，いわば，アナログ的平均値としての理解から個々の細胞内の分子動態を網羅的に解析し，システムとして理解することが求められている。これまで種々条件下で生体組織から抽出した mRNA やタンパク質や代謝産物を解析することが行われていたが，今後は，個々の細胞単位でそこに含まれる分子の動態の解析が必要であり，さらに，変化する生体分子群を一網打尽に解析するツールの開発が必要である。これには細胞に含まれる種々の分子の組成などを組織の平均値としてではなく，細胞間の情報交換など相互作用と刺激応答や個々の細胞内での反応などで変動する，まさに，個別の細胞に含まれる分子群すべてを個別の細胞ごとにデジタル的にカウントして全体組成を解析する手法の開発が必要である。物理，化学，生物など幅広い分野の知識と技術を結集して，非侵襲的に可視化できるプローブや細胞ごとに識別網羅解析できる基盤や要素などの化学物質合成の技術，生体組織を構成する個々の細胞はどの様に情報を交換し応答反応しているのか解明するための基礎解析系，細胞の中で働いている個々の mRNA，タンパク質，代謝産物を一網打尽に検出したり，機能を同定する網羅的機能解析基盤技術の開発，およびそれらの網羅的多数変量を一括して鳥瞰できるシステムソフトの開発などへ展開する。

　本章では，生体を細胞という単位でとらえ，その機能を分子レベルで明らかにするために，他章で開発された細胞内で起こる現象を可視化する技術，細胞間情報を可視化する技術を数万個の

一細胞定量解析の最前線―ライフサーベイヤ構築に向けて―

細胞に適用して一括して時間的に変化する情報を得る技術，および，これら計測した細胞群の中から特定の細胞をとりだし，そこに含まれている mRNA，タンパク質，ペプチド，代謝産物などの個々の生体分子をデジタル的に計測するために，たとえば，mRNA などの一括個別増幅技術さらにそれらの一括 DNA 配列計測技術を開発する。細胞内の mRNA を一網打尽にする技術のキーポイントは 1 つの細胞に含まれる全ての mRNA を平均ではなく，デジタル的に個々の mRNA の配列を解析する事であり，これにより非常に正確な定量分析が可能となる。これらの結果を統合して，さらに，細胞とそこに含まれる生体分子群をデジタル的に精密に計測し，生命活動を動的に解析できる「ライフサーベイヤ」とも言うべきシステムの構築に必要な基盤技術の開発を目指すものである。このようなシステムは生命分野の発展および生命関連の産業分野の発展に非常に重要である。

　本研究成果は，また，細胞機能の解明にとどまらず，医療や工学などの幅広い分野での社会貢献のためにも必要とされており，社会的インパクトが非常に高い。すなわち，研究の成果は，生物や生命現象をデジタル精密計測データでもって，シミュレーションすることを可能にし，現在，試行が始まっているシステムバイオロジーの展開に必須のものとなることは間違いない。この成果は，生命をモニターやサーベイする装置の開発だけでなく，さらに，未来社会における，臨床診断，病因解明，動植物育種，工業微生物育種等，応用分野にも強く直結する重要要素技術となることが期待される。

2 核酸のデジタル解析に向けての技術開発

神原秀記*

2.1 はじめに

DNA2重螺旋モデルが1953年に提出されて以来,生命の本質であるDNAを解析する技術の進歩がライフサイエンス分野を牽引してきたと言っても過言ではない。DNA2重螺旋モデル提出から20年余り経った1970年代後半,ようやくDNA塩基配列決定方法が開発された。しかし,DNA塩基配列決定は,放射性元素で標識したDNAをゲル電気泳動で長さ分離したパターンをオートラジオグラフィーによりフィルムに転写して読みとる手間と時間のかかるものであった。また,放射性標識を用いているのでDNA塩基配列決定には特殊な施設が必要であるなど多くの問題点があった。1980年代にはいると和田プロジェクトを手始めに蛍光標識を用い,DNA塩基配列決定を自動的に行う装置の開発が行われた。1986-88年には世界数カ所でDNAシーケンサーが開発され,実用化装置が市販されるに至った。この第1世代の装置は板状ポリアクリルアミドゲルを用いて蛍光標識されたDNA断片を長さ分離すると同時に実時間で蛍光を読みとりDNA配列を解析する。電気泳動速度と電気泳動路の数で配列解析のスループット(1日当たりのDNA塩基配列決定能力)は決定される。従来の手作業に比べると100倍以上の高スループットが得られた。このような技術の進歩はゲノム研究者を勇気づけ,更に技術が進歩すればヒトゲノム塩基配列の完全解読も夢ではないと思わせるのに十分であった。そして,1990年には世界的な協力と競争によるヒトゲノム解析計画がスタートした。ヒトゲノム解析計画のキー装置の一つが高速高スループットDNAシーケンサーであり,当時のDNAシーケンサーの性能を2桁近く上回る装置が必要とされた[1]。

大幅な性能向上が必要なときには①全く新たな原理に基づくDNA配列決定方法を考える,②従来法をベースに問題点を除去する方式を考える,の2通りの対応がある。前者の試みとして,(1) DNAプローブアレーを用いる方法,(2) DNA相補鎖合成を段階的に行い,相補鎖合成に伴い放出されるピロリン酸を検出することをベースにしたパイロシーケンシング法,(3) 蛍光標識されたDNA鎖を作製し,順番に切断して1分子計測する方法,などが提案された。しかし,いずれも技術課題が多く実用にはならなかった。DNAプローブアレーは新たな配列決定技術として期待され,SBH (Sequencing By Hybridization) 等の言葉も生まれた。しかし,未知DNAの配列解析には不向きで,既知配列の確認や遺伝子発現プロフィール或いは塩基変異(SNPs)の解析に用いられている。一方,パイロシーケンシング方法では10塩基程度の配列決

---

* Hideki Kambara 東京農工大学 大学院工学教育部・連携大学院 教授/(株)日立製作所 フェロー

一細胞定量解析の最前線—ライフサーベイヤ構築に向けて—

定が可能であったが，やはりゲノム解析には不向きであった。最近，技術が進歩して再度注目されるに至っており，次節で技術を紹介する。DNA1分子を用いたDNAシーケンシングは長い間夢であったが，1分子計測技術の進歩に伴いこれを可能とする技術が開発されつつあり，やはり次節で紹介する。ヒトゲノム解析に寄与したのは，ゲル電気泳動をベースに高速高スループットを実現したキャピラリーゲルアレー電気泳動を用いたDNAシーケンサーであった。

2003年ヒトゲノム配列完読により新たな時代が始まった。さらに多くのゲノムを解析したいと言う要望に加えて，ゲノム中の変異の検出，或いは遺伝子の働きの詳細モニターが課題となってきた。これらに対して前述のDNAチップ（DNAプローブアレー）が活躍し，また，パイロシーケンシングの活用が期待されている。ゲノムに続いて蛋白質，代謝物などの大量解析が行われ，大量データに基づく生命理解が進展している。このような中で生命システムの最小単位である1細胞の分析が重要視され始めている。核酸分析の立場からは非常に少ない量の核酸を，収率良く取りだして定量分析する技術の開発がキーポイントとなる。数多くの微量成分の定量分析にはそれら分子を一つずつカウントする技術の開発が有効と考えられる。DNAあるいはmRNAでは配列の一部を解析することで種類を判別することができるので1つ1つのDNA断片についての配列解析技術の開発が重要課題である。このようにDNA1コピーをターゲットとした大量DNA解析をDNAのデジタル解析とここでは呼ぶ。以下の節ではゲル電気泳動ベースのDNA塩基配列決定方法に加えて1分子DNAシーケンシング，パイロシーケンシングなどについて紹介する。

2.2 DNA塩基配列決定方法

DNA塩基配列決定方法には，①相補鎖合成の時に種々の長さのDNA断片を一括して生成し，ゲル電気泳動などで長さ分離して配列決定する方法，②4種の核酸基質を順番に反応させて相補鎖合成を行い，相補鎖合成の伸長を観察したり，相補鎖合成の副産物であるピロリン酸を検出して配列を決定する方法，③相補鎖合成に代わりライゲーション反応などを段階的に行う方法，および，④DNAプローブアレーを用いて配列単位で存在の有無を調べる方法，などがある。これらの内，現在，主流のゲル電気泳動を用いたDNA塩基配列決定方法，および段階的な相補鎖合成を行うパイロシーケンシングについて紹介する。

2.2.1 ゲル電気泳動を用いた方法

図1は平板ゲルを用いた配列決定方法の概略とキャピラリーアレーDNAシーケンサーの概念図である。まず，配列決定をしようとするDNA断片のコピー数をPCRなどにより増幅する。次いで配列決定を行おうとするDNA鎖と相補的な1本鎖DNAを得る。このDNA鎖の3'末端側と相補的で20-25塩基からなるプライマーをハイブリダイズさせて相補鎖合成を行う。相補

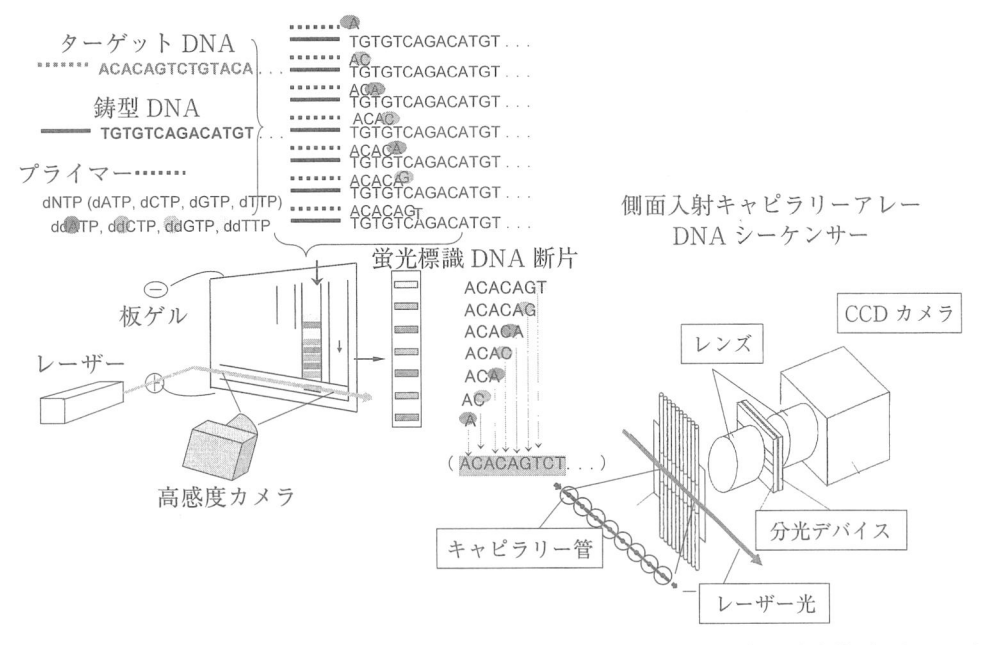

第5章 ライフサーベイヤをめざしたデジタル精密計測技術の開発

図1 サンガー法およびゲル電気泳動を用いたDNA塩基配列決定方法の原理（4色蛍光使用）とキャピラリーアレーDNAシーケンサーの概念図

鎖合成基質として4種のdNTP（dATP, dCTP, dGTP, dTTP）に加えて，蛍光標識したターミネーターddNTPf（ddATPf$_1$, ddCTPf$_2$, ddGTPf$_3$, ddTTPf$_4$ ここで f$_n$ は異なる蛍光標識を表す）を微量加えておく．ターミネーターはある確率で相補鎖に取り込まれるが，ターミネーターが取り込まれると相補鎖合成はそこで停止する．ターミネーターには蛍光標識 f$_n$ がついているので，末端塩基種毎に異なる蛍光標識を持ち，1塩基ピッチで種々長さのDNA断片を作製することができる．生じるDNA断片長の分布はdNTPとddNTPf$_n$に対する相補鎖合成酵素活性の違いおよびdNTPとddNTPf$_n$の比率により変化する．長い塩基長まで配列解析するときにはddNTPf$_n$の割合を少なくするなどが必要である．このようにして生成したDNA断片はゲル板上部あるいはキャピラリー末端からゲルに注入される．平板ゲルの厚みは0.3 mmでキャピラリーゲルのサイズは通常50-100ミクロンである．平板ゲルには分離用のゲルとしてアクリルアミドゲルが用いられているが，キャピラリーアレーでは流動性がありゲル交換の容易なポリマーゲルが用いられる．DNA断片がゲル中を電気泳動するとき，DNAの長さが長いほどまたゲルの濃度が高いほど時間がかかり，長さが一定の時には泳動時間は泳動距離に比例する．図2はアクリルアミドを用いた平板ゲルで種々のDNA断片についてゲルの濃度と泳動時間の関係を調べたものであるが，ゲル濃度のほぼ2乗に比例して増大することが分かる．一方，1塩基離れたDNAバンドの間隔は，ゲル濃度が低い領域ではゲル濃度に比例して増加し，高い領域ではゲル濃度によらず

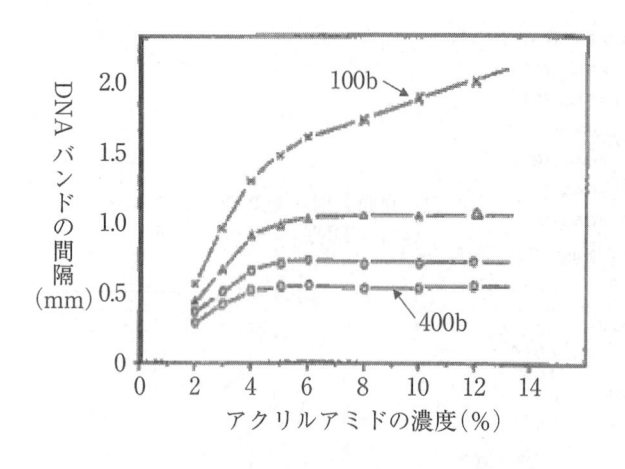

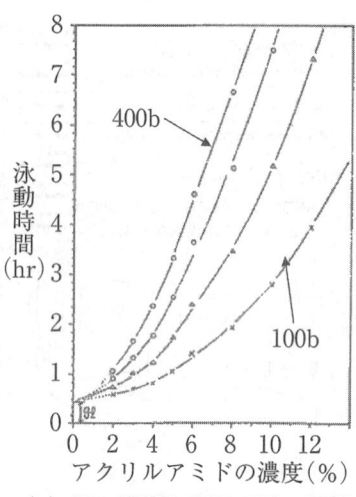

一細胞定量解析の最前線—ライフサーベイヤ構築に向けて—

(a) ゲル濃度とバンド間隔の関係

(b) ゲル濃度と泳動時間の関係

図2 アクリルアミドゲルのアクリルアミド濃度と泳動時間およびDNAバンド間隔の関係
(a) 種々DNAサイズにおけるDNAバンド間隔とアクリルアミド濃度の関係
(b) 種々DNAサイズにおけるゲル電気泳動時間とアクリルアミド濃度の関係
(文献[2]より)

DNAの長さに応じて一定になる事が分かる[2]。これは網目状のアクリルアミドゲルを用いて得た結果であるが基本的には他の分離媒体でも変わらない。DNAのバンド幅は①DNA断片の拡散，②ゲルが不均一であるなどの理由に起因した電気泳動むら，③中心部と周辺部の温度勾配による泳動速度の不均一，などにより決定される。キャピラリーの内径が100ミクロンより大きくなると中心部と周辺部の温度勾配は大きくなりDNAバンド幅に少なからぬ影響を与える。通常は内径75ミクロン或いはそれ以下のキャピラリーを用いる。DNAの電気泳動には2つの

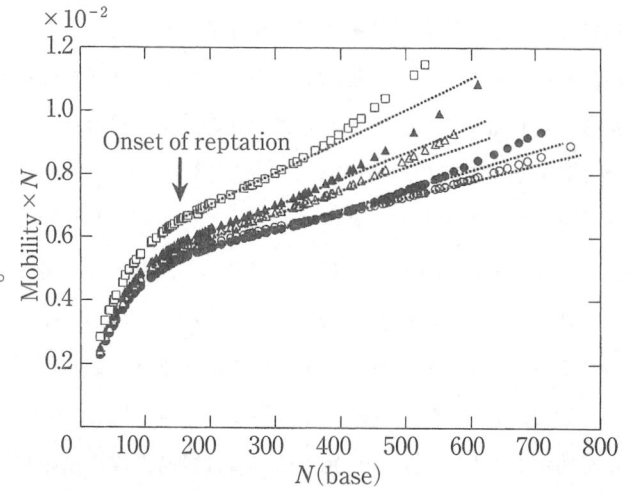

図3 種々電界強度におけるDNAサイズと易動度の関係
○: 100 V/cm, ●: 150 V/cm, △: 200 V/cm, ▲: 250 V/cm, □: 300 V/cm
9％リニヤーアクリルアミドゲル使用（文献[3]より）

第5章　ライフサーベイヤをめざしたデジタル精密計測技術の開発

タイプ（オグストンモデル，レプテーションモデル）が知られている。オグストンモデルはDNAが丸まって電気泳動するタイプで，電界強度が比較的弱い場合に相当し，DNAのサイズ分離が行われる。一方，電界強度が強いときにはDNAは電界によって引き延ばされ，DNAはゲルの網目を縫って移動する（レプテーションモデル）のでDNAのサイズによる電気泳動速度の差は小さくなる。図3はこの様子を表しており，150 V/cmあたりが両者の分かれ目である。DNAシーケンシングは長いゲルキャピラリーを用いて1000塩基まで，また，短いキャピラリーを用いて500塩基までの配列解析が可能である。キャピラリーアレーに含まれるキャピラリーの数は種々の種類があるが試料調整タイタープレートと合わせた96本が一般的である。この装置を用いると1日に1 Mbの配列を決定することができる。

配列決定できる長さが200塩基くらいで良い場合には，ゲル電気泳動路長を5-6 cmと短くして数分で配列解析することもできる。図4は短いキャピラリーを用いて短時間にDNAのゲル電気泳動分離を行った例である[3]。

2.2.2　段階的な相補鎖合成反応を用いた方法

図5はゲル電気泳動を用いたDNA配列決定方法と段階的な相補鎖合成を用いたDNA配列決定方法を比較したものである。ゲル電気泳動を用いた方法ではDNAの読みとり塩基長は長いが，全体のスループットは読みとり塩基長とキャピラリーの数及び1サイクルに要する時間で決まる。一方，段階的な相補鎖合成を用いる方法では一度に読みとれる塩基長は70-100塩基であるが，全体のスループットは反応セルの数と1サイクル当たりの反応に要する時間で決まる。現在1サイクル当たりの時間（4つの塩基を順次注入して化学発光を計測する時間）は6-8分である。通常1回の測定で30-50サイクル行うので，3時間から5時間かかる。

段階的な反応を用いた配列決定には検出に蛍光検出を用いる方法と化学発光を用いる方法とがある。ここでは1分子計測に用いられる段階的な相補鎖合成反応を用いる方法と化学発光検出を

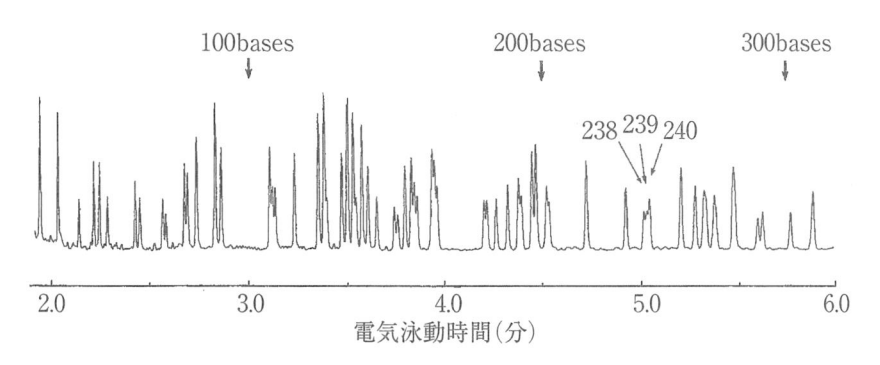

図4　DNA断片の高速ゲル電気泳動の例
6 cmキャピラリーゲル使用，6分以内に約300塩基を1塩基分離の分解能で分離できる（文献[3]より）。

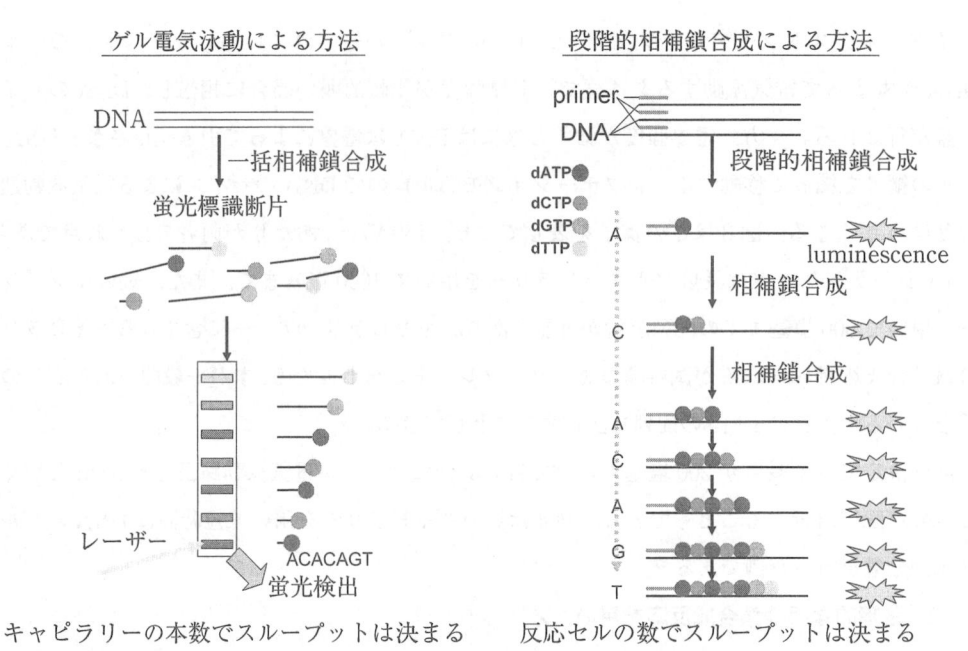

図5 ゲル電気泳動ベースのDNAシーケンシング方法と段階的な相補鎖合成を用いるDNAシーケンシング方法の比較

用いるパイロシーケンシングを紹介する。これらはいずれもDNAのデジタルカウント用の技術として注目されているものである。

(1) 蛍光標識核酸を用いた段階的な相補鎖合成を利用したDNA配列決定法

図6は原理を示した図である。ターゲットDNAは種類毎に固体表面に固定されている。プライマーをハイブリダイズさせた後にDNAポリメラーゼを用いてDNA相補鎖合成を行う。DNA相補鎖合成には蛍光標識され、それ以上相補鎖合成能力のない核酸基質が使用される。これが相補鎖合成で合成DNA鎖に取り込まれるとそれ以上相補鎖合成は進まない。この段階で蛍光検出を行う。蛍光検出後、光反応あるいは分解試薬を用いて蛍光部分をDNA鎖から切り離し、分解物を洗浄除去する。蛍光標識部分の除去されたDNA鎖の相補鎖合成能力は回復する。このような核酸試薬の1例を図7に示した。A, C, G, T 4種の核酸基質にそれぞれ異なる発光波長の蛍光標識をつけて混合して相補鎖合成基質として用いる場合と、1種類の蛍光体で4種の核酸基質を標識し、4種の核酸基質を順次反応させる方法とがある。前者は操作が簡単になる利点があるが、4色の蛍光を検出するために検出感度が落ちる欠点がある。一方、後者の操作は4倍煩雑になるが、高い検出感度が得られる利点がある。現在、この配列決定方法で決定できるDNA塩基の長さは20-30塩基である。蛍光検出の技術が向上してきており、1分子のDNAでも配列解析できるので注目を集めている[4]。

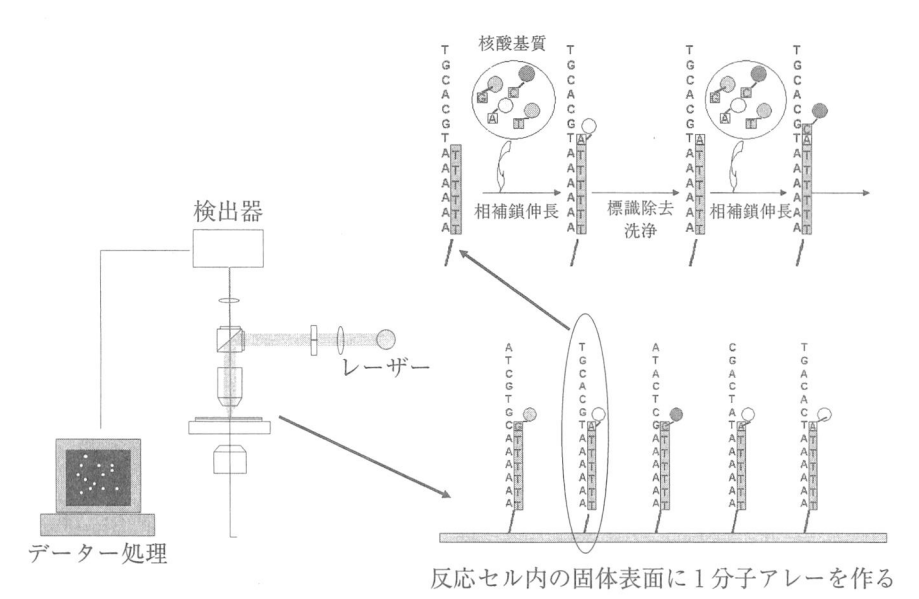

第5章 ライフサーベイヤをめざしたデジタル精密計測技術の開発

図6 1分子DNAシーケンシングの概念図
プライマーを固体表面に固定してターゲットを捕獲し，段階反応により相補鎖合成。核酸基質は蛍光標識されておりまた反応が複数段進行しないようにブロックされている。4種の核酸基質を4色の蛍光体でそれぞれ標識したものを用いる場合と，1色の蛍光体で標識された4種の核酸基質を順番に反応セルに入れる場合がある。図はウェブサイト（Helicos（http://www.helicosbio.com/）およびgenovoxx（http://www.genovoxx.de/））を参考に作製したものである。

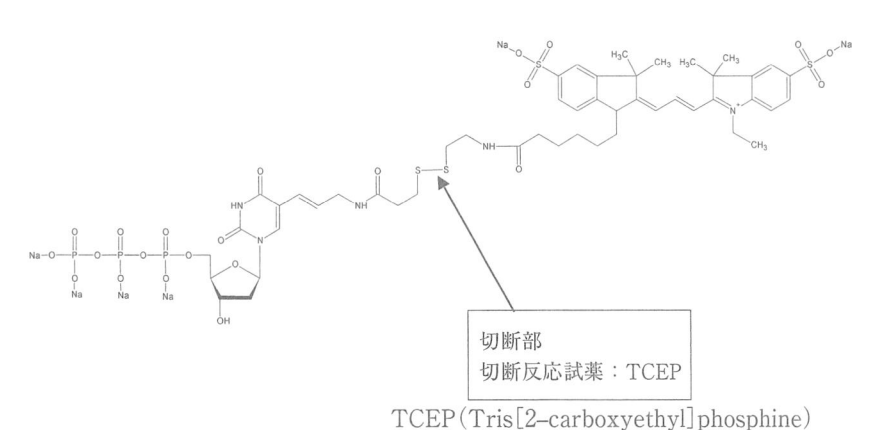

切断部
切断反応試薬：TCEP

TCEP（Tris[2-carboxyethyl]phosphine）
Genovoxx GmbH（Germany）より

図7 用いる核酸基質の例
SS結合がTCEP（Tris[2-carboxyethyl]phosphine）により分解される。

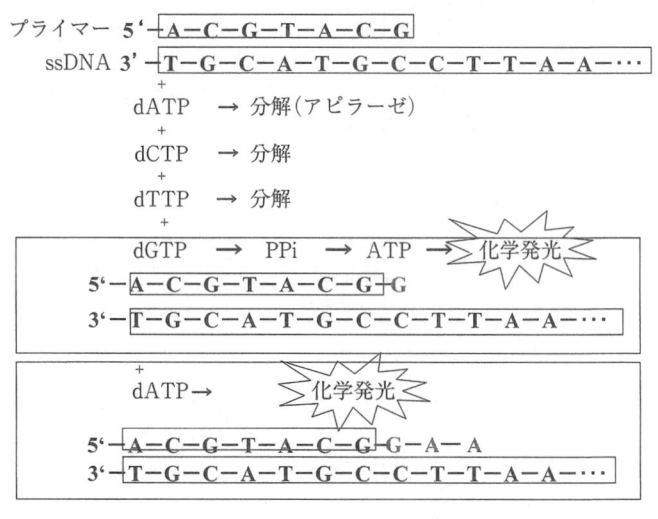

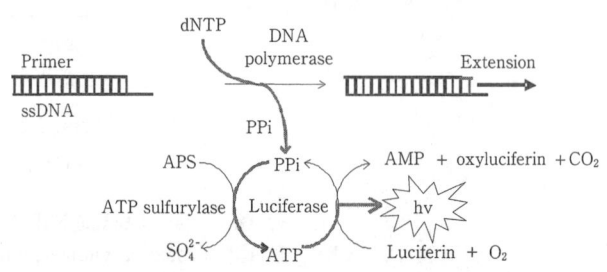

(2) パイロシーケンシング

パイロシーケンシングの原理を図8に示した。対象となるDNA鎖をPCRなどで増幅した後，1本鎖として鋳型DNAを作製する。プライマーをハイブリダイズさせ，4種のdNTPを順次反応セルに加えて相補鎖合成反応を段階的に行う。相補鎖合成に伴い，ピロリン酸が生成するがこれをATPに変換し，ATPとルシフェリンルシフェラーゼを反応させて化学発光を得る。余剰のdNTPは反応液中に共存させたアピラーゼで分解する。図では（dATP → dCTP → dTTP → dGTP）の順番で繰り返し反応セルの中に核酸基質を注入するが，dATP，dCTP，dTTPまでの注入では反応が起こらず，それらはいずれも分解される。dGTPを加えると相補鎖合成が起こり，ピロリン酸が生成して一連の反応が起こって発光する。発光量は相補鎖合成で生じたピロリン酸の量に比例する。dGTPに続いてdATPを加えると今度は2つの核酸を同時に取り込む相補鎖合成が起こり，dGTPを加えたときの2倍の発光が観測される。dATPがDNA1分子当たり2つ取り込まれたことが分かる。以下，注入した核酸塩基の種類と発光強度からDNA塩基配列を知ることができる[5]。図9は簡単なデバイスを試作して得た結果である。配列が決定できることが分かる。パイロシーケンシングでは相補鎖合成反応，dNTP分解反応，ATP生成反応，発光反応などの酵素反応が競合して起こる。このために反応条件の最適化が重要である。中でも配列決定に大きな影響を与える反応はアピラーゼによる分解反応である。アピラーゼの量が多すぎると相補鎖合成が十分に行われる前に核酸基質が無くなり，未反応のDNA鎖が生じる。すなわち遅れて反応サイクルが進むDNA鎖が出てきて相補鎖合成反応の進行具合に不均一が生じる。一方，

図8 パイロシーケンシングの原理図
相補鎖合成反応，核酸基質分解反応，ATP生成反応及びルシフェラーゼ発光反応が同時に進行する反応系である。

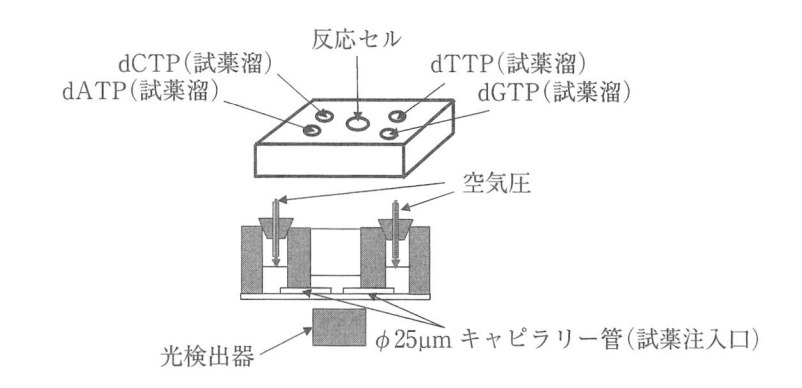

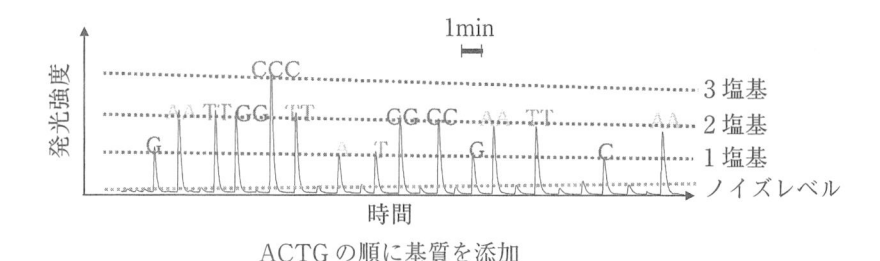

第5章　ライフサーベイヤをめざしたデジタル精密計測技術の開発

図9　簡便なパイロシーケンシングモジュールとパイログラムの例
反応セルの中に注入したdNTPの種類と発光強度から配列を読みとる。

　アピラーゼの量が少ないと，核酸基質が十分に分解されないので次の核酸基質を加えると2種の核酸基質が混合した状態となる。このために，本来1種類の核酸しか取り込まれないはずのところを2種の核酸基質が続いて反応して取り込まれ，DNA合成反応が先に進みすぎて相補鎖合成反応が不均一に進行してしまう。このような場合にはやがてどの核酸塩基を入れてもどれかのDNA鎖が伸長反応を行うので常に発光信号が得られるようになり配列決定が不可能になる。条件を最適化して100塩基までの配列決定が可能である[6]。

　パイロシーケンシングでは図8に示した酵素反応が進行する。ATP生成反応に使われるAPSは反応が遅いものの，ルシフェラーゼ発光反応の基質になる。このため背景発光が大きく，DNAの配列解析では1 pmole程度の鋳型DNAが必要であった。より微量のDNAで配列解析するには背景発光の内反応基質を用いたATP生成反応が望ましい。このような反応として基質にAMPを用い，酵素にPPDKを用いた反応系の使用が検討された。図10はPPDKを用いた反応系とATPsulfurylaseを用いた系の信号強度を比較したものである。背景光が小さくなったので微量のDNAを用いてまた，簡便な検出器を用いてDNA配列決定ができる[7]。また，高感度が得られるので，微小な反応セルを用いてDNA配列決定ができる。

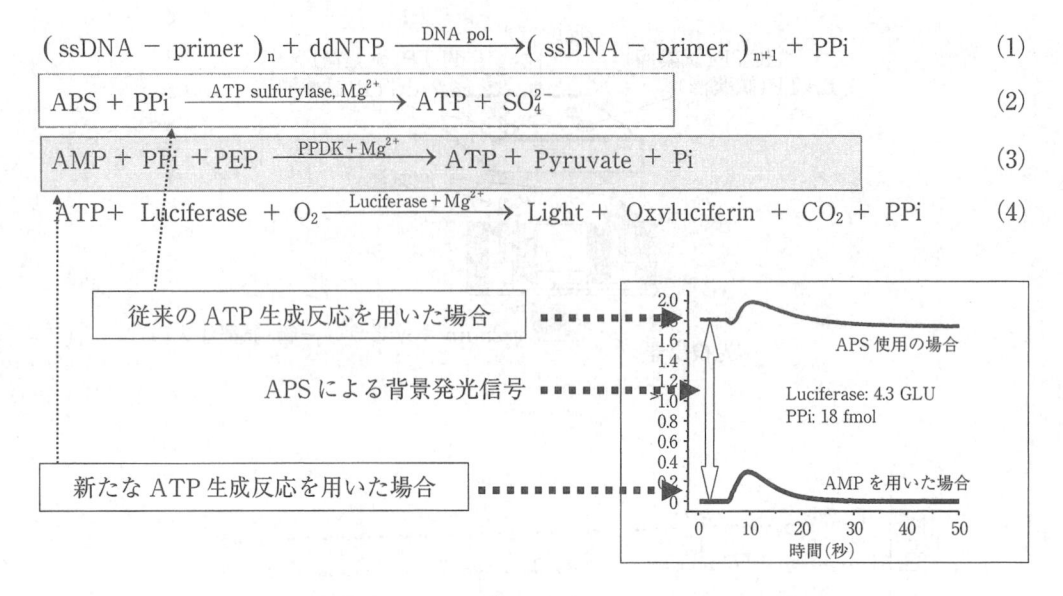

$$(\text{ssDNA} - \text{primer})_n + \text{ddNTP} \xrightarrow{\text{DNA pol.}} (\text{ssDNA} - \text{primer})_{n+1} + \text{PPi} \quad (1)$$

$$\text{APS} + \text{PPi} \xrightarrow{\text{ATP sulfurylase, Mg}^{2+}} \text{ATP} + \text{SO}_4^{2-} \quad (2)$$

$$\text{AMP} + \text{PPi} + \text{PEP} \xrightarrow{\text{PPDK} + \text{Mg}^{2+}} \text{ATP} + \text{Pyruvate} + \text{Pi} \quad (3)$$

$$\text{ATP} + \text{Luciferase} + \text{O}_2 \xrightarrow{\text{Luciferase} + \text{Mg}^{2+}} \text{Light} + \text{Oxyluciferin} + \text{CO}_2 + \text{PPi} \quad (4)$$

PPDK: pyruvate orthophosphate dikinase, APS: adenosine 5' phosphosulfate, PEP: phosphenalpyruvate

図10 背景発光をおさえた PPi から ATP を作製する酵素 PPDK を用いるプロセス
ルシフェラーゼの発光基質となる APS を用いないので背景発光を小さくすることができる

2.3 DNA のデジタル計測

mRNA をはじめとする生体関連物質の定量分析が重要になってきているが，DNA チップあるいはゲル電気泳動では蛍光の強度により定量を行う方法が採られてきた。しかし，それには限界があり，究極の定量分析方法，すなわち，対象となる全ての生体関連物質を種類毎にカウンティングする方法，に注目が集まっている。これをデジタル計測と呼んでいる。数多くの DNA 断片を 1 コピーずつ配列解析して mRNA の発現頻度を求める試みは Brenner により初めて試みられた[8]。このようなデジタルカウントのキーとなる技術は，①多くの DNA 断片を含むターゲットについて，1 つ 1 つの DNA 断片を同時に個別増幅する方法，②それら多くのクローンについて，効率よく配列解析する方法，あるいは，③一定間隔で配列した DNA について 1 分子で配列を解析する方法，などである。試料調製方法はそれに続く DNA 配列決定方法に依存するので，まず，大量 DNA 断片の同時配列解析技術について紹介する。

2.3.1 デジタル計測に用いられる DNA 配列解析技術

ゲノム解析ではゲル電気泳動を用いたキャピラリーアレー DNA シーケンサーが配列解析に用いられていた。しかし mRNA 発現解析では対象となる mRNA の数は 1 細胞あたり，数十から百万であり，これらを一括配列解析するにはキャピラリーアレー DNA シーケンサーは不向きである。非常に多くの微細な区画を持った DNA 断片アレーあるいは微小な反応セルを沢山並べた

第5章　ライフサーベイヤをめざしたデジタル精密計測技術の開発

段階的な相補鎖合成に基づく配列決定が適している。このような方法として前述した固体表面に固定した1分子シーケンシング，および，微小反応セルを用いたパイロシーケンシングがある。

1分子シーケンシングの例を図6に示した。これは固体表面にプローブを固定しておき，ターゲットDNAの相補鎖配列部分を捕獲する。プローブをプライマーとして相補鎖合成を行う例である。光照射及び検出系の位置分解能を考えると，1分子シーケンシングではそれぞれのDNA分子を1-2ミクロン離して固体表面に固定する必要がある。現在このようにDNAを並べる技術は無いが，表面科学の知識と技術を用いることで将来可能になると考えている。配列決定は前節で述べたプロセス（蛍光標識核酸を順次相補鎖合成で取り込み，蛍光検出，次いで核酸の分解・洗浄，再度蛍光標識核酸基質を加える）を繰り返し行う。現在よりも長い塩基の配列決定（～30塩基以上）を行うことと，DNAを規則的に微細な間隔で並べる技術の開発が課題である。

パイロシーケンシングを用いたDNA解析技術はここ数年大いに進歩した。最近454 lifescience（ロッシュから販売）が1.6Mの反応セルを用いた装置を実用化している。概要を図11に示した。オプティカルファイバーの先端をエッチングして反応セルとしたものを束ねて多数の反応セルを構成している。1つの反応セルの容積は80 pl程度である。28ミクロンのビーズ表面にDNAを固定したものを用意して鋳型とする。1つのビーズ表面には約10^7個のDNAが固定できる。このDNA固定ビーズをATPsulfurylaseおよびLuciferaseを固定した微小ビーズ

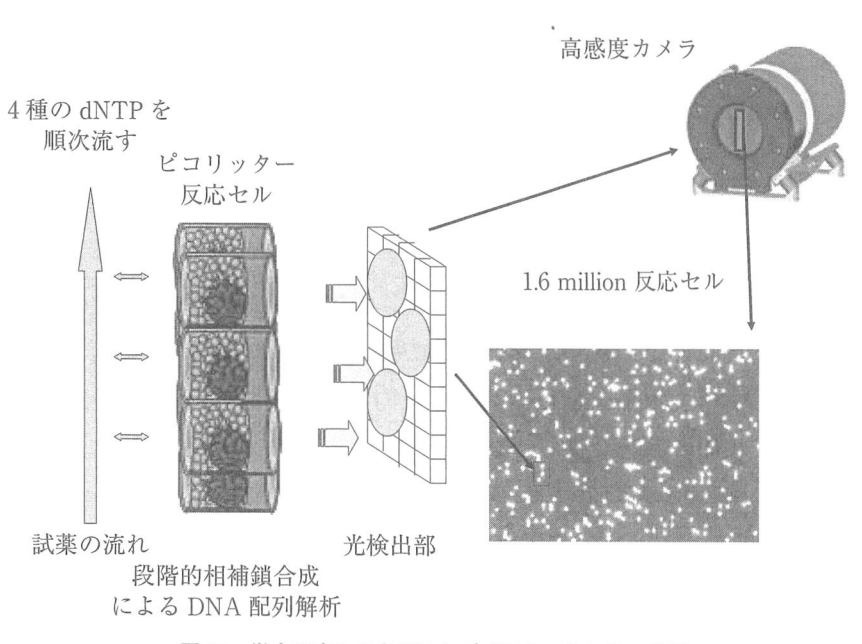

図11　微小反応セルを用いたパイロシーケンサーの例
（454 lifescience社ウェブサイトより）

と共に反応セルに入れて相補鎖合成反応及び一連の反応を行う。報告された論文では1相補鎖合成反応当たり10000光子の検出を行っているとのことである[9]。ファイバーからの信号を一括積算受光して検出している。相補鎖合成反応に用いる核酸基質，ATP生成反応基質，および発光反応基質はバッファー液と共に各反応セルに送られる。反応後，洗浄液を流して反応液を除去し，次の反応液を流し込むというプロセスを用いている。発光反応による信号を一定時間ため込んで，相補鎖合成の無かった場合の背景信号を差し引いて信号強度とする。

塩基配列決定ができるとはいえ，再現性よいデータを得るには受光される光子の数をさらに増やす技術開発が望まれる。個々のビーズには1 DNAコピーを元に増幅したクローンDNAが固定されるが，mRNAのデジタル計測にはこの試料調整方法が重要である。

2.3.2 デジタル計測に用いられるDNA試料調製技術

種々DNA断片が含まれるDNAプールを試料として，各DNA断片の配列決定を個別に行う所謂デジタル計測では，それぞれのDNA断片を失うことなく増幅して配列解析することが重要である。個々のDNA断片を増幅するプロセスはクローニングプロセスとして知られていたが，バクテリアを用いる従来のプロセスではクローニングの確率は低く，全てのDNA断片のクローニングを行うことはできない。また手間と時間がかかる難点があった。これに代わるプロセスとしてPCRなどDNA分子を直接増幅する方法が普及してきている。通常のPCRでは多くの鋳型DNA，プライマー，DNAポリメラーゼに加えて反応基質が一つの溶液中に保持された形でPCR増幅が行われる。これら試薬を含んだ状態でそれぞれの鋳型DNAを孤立した形で反応を行えば，それぞれのDNAを鋳型とした増幅産物を得ることができる。鋳型DNAを孤立した状態にする方法として，代表的なものにオイルミセルを用いる方法とタイタープレートを用いる方法とがある[10,11]。オイルミセルによる方法は図12に示したように，オイル中に数百万の半径約100ミクロンのPCR反応液ミセルを作り，PCRする方法である。それぞれのミセルは独立した反応セルとして機能するので，そこに多くともDNA鋳型が1つ含まれるように調合できれば独立にDNAコピーを増やすことができる。増幅後，増幅したDNA鎖にハイブリダイズするプローブ付きの磁気ビーズなどを用いて生成物を回収して用いる。実際には一つのミセルに1個以上のDNAやビーズが入ることがあり，デジタルカウントに活用するにはさらなる技術の進歩が必要である。一方，タイタープレートを用いる方法では直径約40ミクロンの反応セルを並べたプレートが使われる。反応溶液中のDNA断片の濃度を薄くしていくと平均として1つのセルに1つ以下のDNA断片しか入らなくすることができる。確実に1つ以下のDNA断片を反応セルに入れるには更に薄めた反応液を用いる必要がある。この場合，反応セルの数は対象とするDNAコピー数の10倍以上にも成り，DNAコピー数が多いときには非常に多くの反応セルを具備したプレートが必要となる。また，プレート表面などにおけるDNAやその他の試薬の吸着の問題も

第 5 章 ライフサーベイヤをめざしたデジタル精密計測技術の開発

マイクロリアクターを用いた個別 DNA 増幅方法

混合 DNA を同時に,しかも個別に増幅して分取する技術

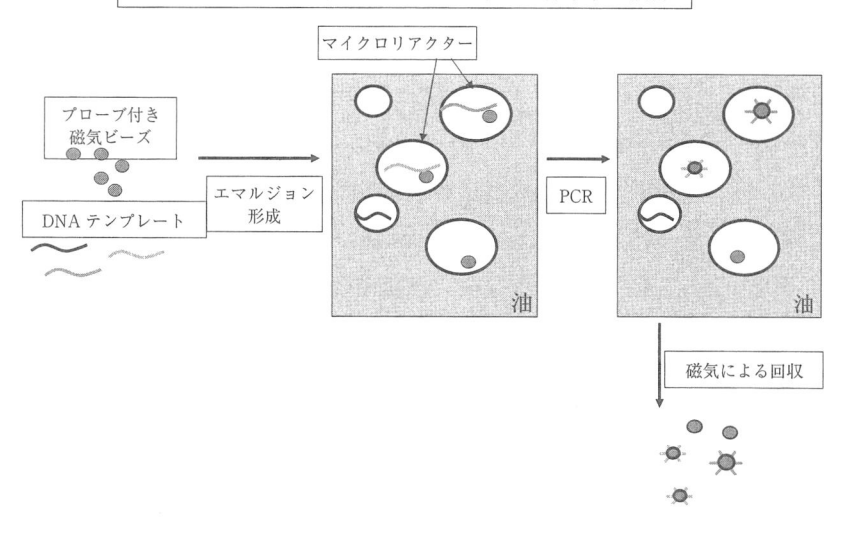

図 12 オイルミセルを用いた多数 DNA 断片の一括 PCR の原理図
各オイルミセルには PCR 試薬,ビーズ,及び鋳型 DNA が含まれる場合に相補鎖合成が起こり,かつ回収可能である。いずれが欠けても増幅 DNA 鎖は回収できない。

今後解決すべき課題である。

これら個々の DNA 断片を隔離して増幅する方法とは別に混合物のまま増幅する方法(ローリングサークル増幅法)も提案されている[12]。この方法では目的とする DNA 領域を切り出して,ライゲーション反応を用いてリング状の鋳型 DNA を作る。通常目的 DNA 領域の長さは 100 塩基程度で,20 塩基程度のプライミング領域がある。プライマーをハイブリダイズさせて相補鎖合成を行うと,相補鎖合成末端は既にリング状の鋳型 DNA にハイブリダイズしている DNA 鎖を押しのけてリングに沿って相補鎖合成を行う。結果として目的 DNA 領域が何度も現れる長い DNA 鎖が生じる。一回の反応で 10^3–10^4 の増幅が行われる。パイロシーケンシングに使うには不十分なコピー数であるが,2 段階のローリングサークル増幅を行うことで 10^6–10^8 の増幅が可能である。長い DNA は短いプライマーなどと簡単に識別できるので容易に分離・分取できる。これらを固体表面に並べたり,反応セルに一つずつ入れたりできればデジタル計測に活用できる。

2.4 1 細胞中の全 mRNA 定量解析を目指した DNA デジタル解析へ向けて

これを実現する課題として,①組織から 1 細胞を迅速に取りだし,mRNA を抜き出す技術,②抜き出された mRNA を効率よく cDNA に変換して個別に同時に増幅する技術,③増幅された DNA を個別に反応セルに入れるか,ビーズなどに固定する技術,④大量の DNA 試料を同時に

一細胞定量解析の最前線—ライフサーベイヤ構築に向けて—

配列解析する技術，⑤生きている細胞中の mRNA 発現状況と比較するための技術開発，⑥ DNA データーベースを活用した最適プローブ設計と情報処理技術，等を開発する必要がある。これらの内，多くの DNA 断片が存在する試料を対象に全ての DNA を独立に増幅する技術，および，配列決定する技術は特に重要である。前述したように大量並列増幅技術は存在するが，実際には複数の DNA を 1 つの反応セルで増幅した産物が含まれていたり，増幅されない DNA 成分があったりする。ゲノム配列解析のように重複した DNA 断片を用いて全体の配列決定を行うので有ればこれでも良いが，mRNA 分布解析では都合が悪い。できるだけ正確に，含まれる DNA 断片を個別増幅して配列解析できるような形態の試料調製技術の開発が不可欠である。オイルミセルを用いた増幅方法ではオイル中の反応液ミセルに DNA は 1 コピー以下，ビーズも 1 個入るような試料調整が必要である。現状ではビーズが複数個入ったり，あるいは，DNA が複数個反応液中に入ったりする。ミセルの含まれた複数 DNA の一つが増幅されるような反応系である。これらはゲノム解析では配列が重複して解析されたと言うだけで障害とはならないが mRNA 解析では障害となる。mRNA の総数を 100 万と仮定すると反応液ミセルの中に多くとも DNA が 1 つとなるようにするにはミセル PCR に有効なミセルの数をその 10 倍以上（1000 万以上）とする必要がある。更に，一つのミセルにビーズが一つ以上入らないようにするとともに，DNA の含まれるミセルにはビーズが一つ入るようにするなど種々の制約がある。一方，タイタープレートを用いた場合にも同様のことが言える。

mRNA デジタル解析に有望な DNA 配列解析技術は微小反応セルを用いたパイロシーケンシングと 1 分子 DNA シーケンシングである。パイロシーケンシングに関しては 454 lifescience 社が装置を実用化したが，まだ，検出感度が高いとは言えず，全ての試料から配列決定できる状態ではない。ゲノム配列解析では読みとれた配列を繋げれば良く，技術的課題はあまりない。しかし，mRNA 解析では全ての DNA サンプルから配列解析できることが必要である。これには感度の向上，関連する種々酵素の開発，計測技術の開発など課題は多い。一方，1 分子 DNA シーケンシングでは如何に DNA 分子を密集しすぎず，離れすぎずに固体表面に並べるか，配列解析を長いところまで進ませる等の技術課題がある。

2.5 おわりに

細胞はそれ自体一つの独立したシステムであるがそれらが集まり，より大きなシステムである組織を作り，更に固体を形成する。特定の機能をしている種々組織の細胞は組織の機能を維持するために種々の役割を分担しているはずである。これまでの組織試料を丸ごと解析に使う分析ではこのような細胞の役割は見えてこない。個々の細胞の中味を外部状況に応じてどの様に変化するかを明らかにしてそれらを含めたデータベースを作り活用できるようにするツールを開発する

第 5 章　ライフサーベイヤをめざしたデジタル精密計測技術の開発

ことがライフサーベイヤプロジェクトの目的である。

文　　献

1)　神原秀記, 現代化学, 2004 年 7 月, pp 66-69
2)　H. Kambara *et al., Bio/Technology,* **6**, 816-821（1988）
3)　M. Kamahori *et al., Electrophoresis,* **17**, 1476-1484（1996）
4)　ウェブサイト（http://www.helicosbio.com/）および（http://www.genovoxx.de/）を参照
5)　M. Ronanghi *et al., Scince,* **281**, 363-365（1998）
6)　B. Gharizadeh *et al., Anal. Biochem.,* **301**, 82-90（2002）
7)　G. Zhou *et al., Anal. Chem.,* **78**, 4482-4489（2006）
8)　S. Brenner *et al., Nature Biotech.,* **18**, 630-634（2000）
9)　M. Margulie *et al., Nature,* **437**, 376-380（2005）
10)　D. Dressman *et al., Proc. Natl. Acad. Sci.,* **100**, 8817-8822（2003）
11)　Y. Matsubara *et al., Anal. Chem.,* **76**, 6434-6439（2004）
12)　F. Dahl *et al., Proc. Natl. Acad. Sci.,* **101**, 4548-4553（2004）

3 バイオナノ磁性ビーズの生体分子計測への応用

竹山春子[*1], 松永 是[*2]

3.1 はじめに

近年, 磁性ビーズは生体分子をはじめ, 細胞や病原体の検出・スクリーニングに広く用いられている。その特徴として, (1) ビーズ表面積が通常の固相表面積と比較して大きいため, より多くのプローブ分子を固定することができる, (2) 反応溶液中に素早く拡散させることができ, 標的物質とビーズ表面に固定したプローブ分子が効率的に反応するため, 計測に要する時間を短縮することができる, (3) 外部磁場を加えることにより素早く回収することが可能であり, 遠心分離やろ過などの煩雑な工程を経ることなく標的分子を分離・濃縮することができる, (4) 磁石を搭載したピペッティングロボットを用いることで, 操作の全工程を容易に自動化することができる, などが挙げられる。これらの特徴は正確で迅速な生体分子計測を行う上で大きな利点となり, 磁性ビーズは生体分子計測のための非常に優れた固相担体といえる。用途が拡大するに従い, 磁性ビーズに求められる性質も多様化しており, 多彩な機能をもつ磁性ビーズの開発が試みられている。本稿では, 磁性ビーズを生体分子の固相担体として着目し, 市販の磁性ビーズの現状, 及び開発段階にある磁性ビーズを紹介するとともに, 著者らが独自に開発してきたバイオナノ磁性ビーズとその生体分子計測への応用に関して紹介する。

3.2 市販されている磁性ビーズの現状

現在, 市販されている磁性ビーズは, 製造企業ごとに特色があり, 粒子サイズ, 形状, 材質など様々である。一般に磁性ビーズは, 超常磁性体である数 nm の酸化鉄微粒子（Fe_3O_4 もしくは Fe_2O_3）の集合体が多糖, ポリスチレン, シリカ, アガロース等のポリマー中に分散または包埋された構造をしている。酸化鉄微粒子をポリマーで被覆することで, 磁性ビーズ同士の凝集が防止される。また, 磁性ビーズのサイズや磁化量は, ポリマー中に分散または包埋される酸化鉄微粒子量と概ね比例関係にあり, 多量の酸化鉄微粒子を含有する磁性ビーズほど大きく, 外部磁場により簡便・迅速に分離が可能である（μm サイズ）。これに対して, サイズの小さな磁性ビーズ（nm サイズ）は, 分離の簡便さや迅速さは劣るが, 比表面積が大きいため, 反応効率が高いことに特徴を有する。研究レベルでは, 飽和磁化を増加させることにより, 簡便に磁気分離可能な nm サイズの磁性ビーズの開発が行われているが, 現段階において市販の磁性ビーズの大部分は, 数 μm の磁性ビーズである。Dynal 社から販売されている Dynabeads は, 2.8 μm と 4.5 μm

---

[*1] Haruko Takeyama 東京農工大学 大学院共生科学技術研究院 教授
[*2] Tadashi Matsunaga 東京農工大学大学院 教授・工学府長・工学部長

第 5 章　ライフサーベイヤをめざしたデジタル精密計測技術の開発

の極めて均一な球状のビーズであり，バイオテクノロジー研究で最も汎用されている。

　市販の磁性ビーズ表面には様々な官能基・生体分子等の認識分子が固定化されており，ターゲットを認識し，分離または検出に利用される（図 1）。最も多く利用されている，DNA や mRNA の核酸抽出・回収には，目的の DNA や RNA の相補鎖を固定するため，ビオチン及びストレプトアビジン固定化磁性ビーズが用いられる。また，タンパク質や細胞の分離にも磁性ビーズが多用されており，protein A や protein G を修飾した磁性ビーズは抗体の精製に適し，その効率はカラムを用いた場合よりも優れている。細胞の分離に関しては，これまでフローサイトメトリーを用いた FACS（Fluorescence Activated Cell Sorting）システムがその主流であったが，より簡便且つ迅速に目的細胞を分離できるシステムとして抗体固定化磁性ビーズを用いて細胞を分離する MACS（Magnetic Activated Cell Sorting）システムが注目されている。Miltenyi Biotech 社や StemCell Technologies 社の細胞分離用磁性ビーズは，通常用いられるような磁場の存在下においても凝集しない超常磁性の nm サイズのビーズであり，細胞の positive 分離や depletion 分離に用いられる。磁気分離後に細胞からビーズを脱離することなくフローサイトメーターで分析ができること，磁気分離した細胞の生育阻害や分化阻害が低減できることなどの利点がある一方で，これら nm サイズの磁性ビーズの分離には特殊な磁気分離装置（磁気分離カラム）を必要とする。

　市販の磁性ビーズは，上述した各種対象の分離・回収の用途から発展して，生体分子計測のためのマテリアルとしても幅広く利用されている。特定のオリゴヌクレオチドを固定化した磁性ビーズは SNPs 検出や mRNA の発現解析に，また抗体固定化磁性ビーズは様々な抗原の高感度測定に用いることができる。また，細胞をターゲットとした例では，病巣から遊離し血液中に循環している癌細胞を分離・回収することで，予後診断や再発リスクの評価などに応用しようといった研究も精力的に行われている。このように市販されている磁性ビーズは，応用範囲の拡大と共に，表面に導入される官能基や生体分子も多様化が必

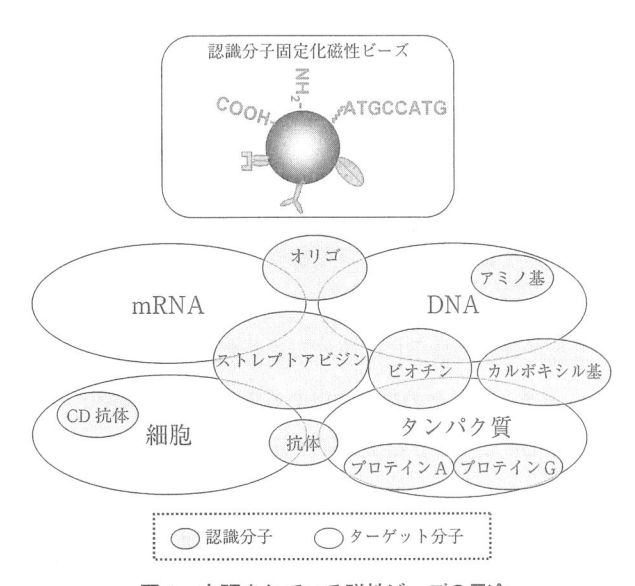

図 1　市販されている磁性ビーズの用途

要となり，ニーズに合わせた機能付加技術が進展している。

3.3 新規磁性ビーズの開発状況

磁性ビーズは生体分子計測において重要な役割を果たしており，その用途は広がりの一途をたどっている。このような用途の拡大に従い，磁性ビーズに求められる性質も多様化している。近年，金ナノコロイドや金薄膜による磁性ビーズの被覆化や，量子ドットと磁性ビーズの複合化といった，他の機能性材料との融合により，多彩な機能を有した磁性ビーズの開発が試みられている。以下に磁性ビーズへの機能付加を行っている最近の報告に関して紹介する。

3.3.1 金被覆による機能性磁性ビーズの作製

金被覆した表面にはアミノ基やチオール基を持つ分子が自己組織化単分子膜（self-assembled monolayer: SAM）を形成する。そのため，金被覆表面には様々な分子を容易に修飾することが可能となり，広く応用されている。磁性ビーズにおいても，その表面を金被覆する方法が工夫され，固相担体としての磁性ビーズに，抗体やDNAといったプローブ分子を効率的に固定する試みがなされている。

Zhangらは，トシル基を有する磁性ビーズを$SnCl_2$溶液，$AgNO_3$溶液，$Na_3Au(SO_3)_2$溶液に順次浸すことで非電気的な金めっきを施した[1]。次いで，この金被覆磁性ビーズ表面に，イムノグロブリンGを還元してチオール基を突出させたフラグメント（Fab'）を自己組織化させた。彼らはこの抗体修飾金被覆磁性ビーズを用いて，炎症反応の指標となるC反応性タンパクの検出を行っている。本手法では，金被覆表面にチオール基を介して抗体を結合させることで，磁性ビーズ表面での抗体の配向を揃えることができ，より高感度な免疫測定系を構築することが可能となる。

また，Mosier-Bossらはアミノ基修飾された磁性ビーズの表面に金ナノコロイドを被覆した金コロイド被覆磁性ビーズを構築している[2]。ここにチオール基を有する芳香族化合物を加えることで，金コロイド被覆磁性ビーズの表面に芳香族化合物を修飾した。彼らはこの芳香族化合物修飾金コロイド被覆磁性ビーズを使ってナフタレンを回収し，表面増強ラマン散乱を利用した検出を行っている。本手法は，金コロイド表面に修飾するチオール化合物の種類を選択することで様々な標的物質の検出に応用できると考えられる。

3.3.2 量子ドットとの複合化による蛍光コード磁性ビーズの作製

抗体やDNAといったプローブ分子の固相担体として，様々な波長の蛍光をコードした磁性ビーズを用いると，どのビーズにどのプローブ分子を固定したのかをシグナル検出の際に判別することができる。これにより，一つのサンプル中に含まれる複数の標的分子の量を同時に検出するマルチプレックス検出が可能となるため，網羅的な遺伝子発現解析や多種癌マーカーの検出など

第5章 ライフサーベイヤをめざしたデジタル精密計測技術の開発

ハイスループットな生体分子計測への応用が期待される。現在，この蛍光コード磁性ビーズの開発のため，量子ドットと磁性ビーズとの複合化が盛んに試みられている。

量子ドットは三次元的に電子を閉じ込めることのできる半導体のナノ結晶であり，励起光の吸収スペクトルが広い，サイズや材質の違いに依存して特徴的な蛍光スペクトルを示す。また光退色が少ないなどの光学特性も示す。その優れた特性から光デバイスとして利用されており，近年では表面修飾技術の改良から生体分子計測における蛍光標識物質としての応用も広がっている。この量子ドットと磁性ビーズの複合体を構築する際，両者の安定性と，表面修飾による生体分子計測への適合性が，重要な問題となる。

Wangらは，フェライト（γ-Fe$_2$O$_3$）製のナノ磁性ビーズ（平均粒径10 nm）の表面に，量子ドットを集積化させた複合体を構築した[3]。磁性ビーズの表面は機能性ポリマーで被覆されており，チオール基が提示されている。このチオール基を利用したチオール-金属結合により，量子ドットは機能性ポリマー被覆磁性ビーズに直接固定化される（図2a）。さらにこの複合体にも表面修飾を施すことでCOOH基を提示させ，水系における分散性の向上，および抗体などの機能性生体物質の固定化を可能にしている。彼らはこの粒子に抗体を固定化し，血漿中からMCF-7乳腺癌細胞を分離することに成功している。

また，膨大な種類の標的分子を同時に検出する，マルチプレックス検出のための蛍光コード磁性ビーズの作製もなされている。Eastmanらは，ポリマーと混合させた量子ドットで粒径8 μmの磁性ビーズ表面を被覆し，蛍光コード磁性ビーズを構築した[4]（図2b）。このビーズの構築には，蛍光波長のピークが異なる量子ドットの存在比を変えて混在させることで，豊富なカラーバリエーションを生み出す手法[5]が取り入れられている。彼らは，4色の量子ドットの組み合わせにより最大455通りの蛍光コードを設計した。この磁性ビーズを用いて，調製したRNAを検出する遺伝子解析システムの開発に成功している。

一方，磁性ビーズをコアとして量子ドットの外殻で被覆する手法とは逆に，量子ドットの表面に磁性体を被覆することで磁性ビーズを作製する手法もある（図2c）。Mulderらはガドリミウムを含む常磁性脂質とpolyethylene glycol（PEG）修飾脂質からなる混合脂質一重膜を被覆することで，光学特性を保ったまま量子ドットを磁性化することに成功した[6]。この常磁性脂質被覆量子ドットはPEG修飾のために親水性が高く，またPEGの先端にペプチドなどの機能性分子を固定することができる。彼らはこの常磁性脂質被覆量子ドットをMRIの増感剤として利用しており，臍静脈内皮細胞の蛍光，および磁気イメージングに成功している。

さらに，磁性ビーズと量子ドットを直接結合させずに，両者を他の支持担体に埋没させる手法が報告されている（図2d）。Satheらは，粒径3〜5 μmのシリカマイクロビーズの小孔内に粒径約6 nmの量子ドットとマグネタイトを内包させた蛍光コード磁性ビーズを作製した[7]。この蛍

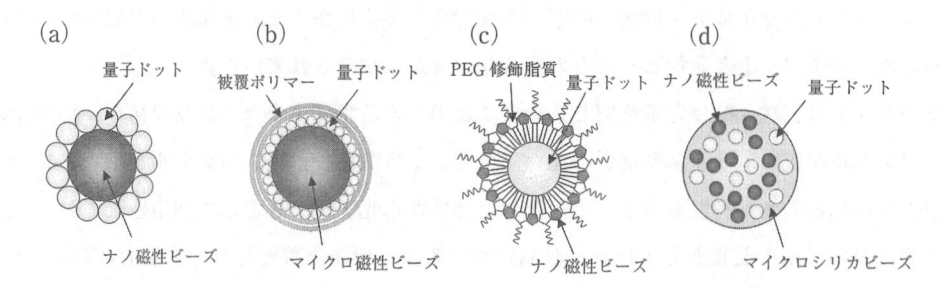

図2 量子ドット複合化磁性ビーズ
(a) 量子ドットがナノ磁性ビーズの表面に集積化した複合体
(b) ポリマーと混合した量子ドットがマイクロ磁性ビーズ表面に集積化した複合体
(c) 常磁性脂質とPEG修飾脂質からなる脂質一重膜が量子ドットの表面を被覆した複合体
(d) マイクロシリカビーズに量子ドットとナノ磁性ビーズを封入した複合体

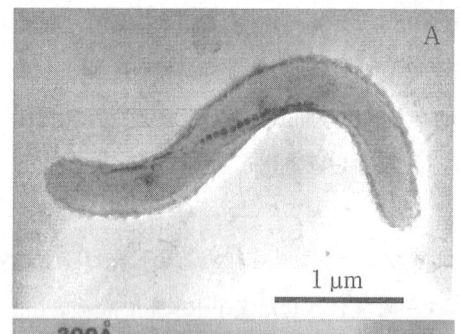

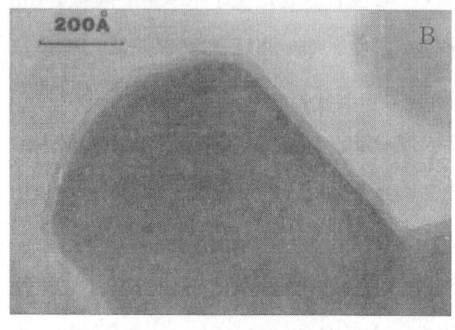

図3 磁性細菌 *Magnetospirillum magneticum* AMB-1（A），及びバイオナノ磁性ビーズ（B）の透過型電子顕微鏡写真

光コード磁性ビーズはシリカビーズの小孔内に長いアルキル鎖を突出させ，疎水的環境を作り出している。ここに，同様に表面を疎水処理した磁性ビーズと量子ドットを加えることで，疎水相互作用により両者をシリカビーズに内包させている。構築後は両親媒性のポリマーで被覆することによる親水処理を行い，生体分子計測の際に夾雑物の非特異的な吸着を抑制する。シリカビーズの小孔内には，磁性ビーズや量子ドットのみならず，抗体や酵素といった生体機能分子を，活性を保持したまま固定化することができる[8]。また，無数の小孔を持つために表面積が非常に大きく，大量の機能性分子を固定化することができる。そのため本手法を用いた，高感度かつマルチプレックスな生体分子計測の構築が期待できる。

3.4 バイオナノ磁性ビーズの創製

上記で紹介した磁性ビーズのような人工的に合成する磁性ビーズに対し，著者らは微生物が合成する磁性ビーズに着目し，全く新しい手法を用いて機能を付加した磁性ビーズの創製に着手している。磁性細菌（図3A）は，菌体内に50～100 nmのマグネタイト結晶粒子（バイオナノ磁

第5章 ライフサーベイヤをめざしたデジタル精密計測技術の開発

性ビーズ）を合成することが知られる。常温，pH6～7に生育至適条件を持ち，生理的な条件でマグネタイト合成を行っている。*Magnetospirillum magneticum* AMB-1株においては，六・八面体をした着磁方向の揃った単磁区構造を有するマグネタイトが生成されることが分かっている。磁性細菌によって合成される磁性ビーズの特徴は，粒子の一つ一つがリン脂質膜で覆われていることであり（図3B），その結晶形状は，種ごとに異なる。この事実は，磁性細菌における種特異的なマグネタイト結晶の合成システムの存在と生物的因子による結晶の形態制御機構の存在を強く示唆しており，バイオナノ磁性ビーズ膜上に存在する膜タンパク質がこれらの現象に深く関与していると考えられる。

磁性細菌が合成するバイオナノ磁性ビーズ表面膜のリン脂質の主成分は，ホスファチジルエタノールアミン（PE）であり，このアミノ基を反応基とし，架橋剤を用いた様々な生体分子の固定化が可能である。また，粒子表面への新しいタンパク質の導入方法として，バイオナノ磁性ビーズ膜上に存在するタンパク質を足場（アンカー）として利用し，遺伝子融合技術による酵素・抗体・受容体のアセンブル技術が開発されている[9～11]。本技術は融合タンパク質の自由な設計が可能であり，活性部位を維持した状態で粒子上へのタンパク質導入が可能である。図4に機能性バイオナノ磁性ビーズの作製法を示す。アンカー遺伝子に目的のタンパク質をコードする遺伝子を融合し，この融合遺伝子を含むプラスミドを磁性細菌に導入する。得られた磁性細菌の形質転換体を培養した後，集菌・細胞破砕を行う。その後は破砕物を含む容器に磁石を設置し，未破

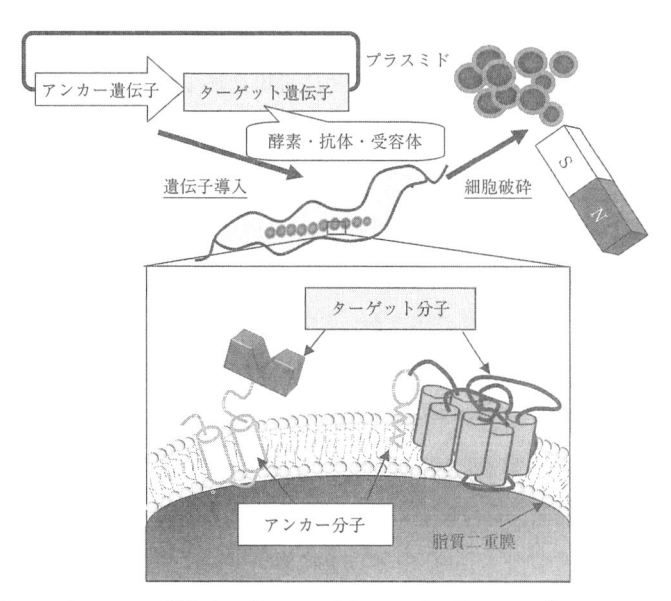

図4 バイオナノ磁性ビーズ上への外来タンパク質アセンブル技術の概要

砕物の除去・洗浄を行う。上記操作により，機能性のバイオナノ磁性ビーズを簡便に調製することが可能である。また，10リットルの培養槽を用いた高密度培養法が確立されており，機能性分子をアセンブルしたバイオナノ磁性ビーズの大量調製も可能である[12]。

さらに，バイオナノ磁性ビーズ上への機能性タンパク質のアセンブル効率やタンパク質量の増大を目的として，発現量を調節するプロモーター因子，及び磁性ビーズ上への局在化を促進するアンカー分子の検討が行われている。高発現プロモーターの探索として，磁性細菌内で発現量の多いタンパク質をコードする遺伝子配列の上流をゲノムDNAから網羅的に抽出し，その配列をプロモーター様配列として，活性を評価した。その結果，従来のプロモーターと比較し，300倍以上の活性をもつプロモーター配列の同定に成功した[13]。また，新規のアンカー分子の探索として，磁性粒子上に特異的に発現し，かつ粒子表面に強固に結合しているタンパク質に着目し，アンカー分子としての機能を評価した。マグネタイトに強固に結合する13kDaのタンパク質，Mms13は膜2回貫通のタンパク質であり，そのC末端が粒子表面に局在していることが示されている。Mms13遺伝子にルシフェラーゼ遺伝子を融合し，粒子上のルシフェラーゼ活性を評価したところ，これまで用いられていたMagAアンカータンパク質の1000倍以上のルシフェラーゼ活性が得られた[10]。このようにプロモーター因子やアンカー分子の最適化により，機能性分子のバイオナノ磁性ビーズ上への高集積化が可能となり，様々な生体分子への適用が考えられる。

3.5 バイオナノ磁性ビーズを用いた生体分子計測

バイオナノ磁性ビーズ上のアミノ基を利用した機能性分子の導入法やアンカー分子との融合による機能性分子のアセンブルは磁性細菌が合成する磁性ビーズを用いることで可能となる。バイオナノ磁性ビーズ上に導入する生体分子の性質や検出用途に合わせて，その導入法が検討されている。以下にDNA，抗体，受容体，酵素をそれぞれ導入したバイオナノ磁性ビーズの生体分子計測への応用に関して紹介する。

3.5.1 DNA-バイオナノ磁性ビーズ

ヒトゲノム情報の中でも一塩基多型（SNP）情報は，疾患に対する感受性の指標として利用され，予防診断・テーラーメイド医療の観点からSNPタイピングの需要は益々高まっている。今後，迅速，簡便かつ高精度を実現できるSNP検査技術の確立が求められる。著者らはバイオナノ磁性ビーズの特性を生かしたSNP検査システムを開発し，血液サンプルからのDNA抽出→SNP検出の全行程の自動化に着手している[14]。これまでにアルコール感受性に関与するアルデヒドデヒドロゲナーゼ遺伝子，骨粗鬆症に関連すると考えられるTGF-β1遺伝子の多型に対する網羅的解析を行い，実サンプル1000検体以上においてDNAシークエンスと100%一致するSNPs検出結果が得られている。抽出したゲノムDNAに対し，ビオチンを修飾したプライマー

第5章 ライフサーベイヤをめざしたデジタル精密計測技術の開発

を用いてPCRによる遺伝子増幅を行い，さらにストレプトアビジン固定化バイオナノ磁性ビーズを用いて，DNA断片の回収を行った。アルカリ処理により粒子上のPCR産物を一本鎖化し，3つの遺伝子型を判別するよう設計されたCy3, Cy5標識の2種類のアリル特異的検出プローブを導入し，粒子上のターゲットとハイブリダイズさせたプローブの二色の蛍光強度比から遺伝子型を判別した。その結果，遺伝子型に対応した検出プローブを用いた場合にのみ，蛍光強度の向上および検出差異が見られたことから，SNP検出が可能であることが示された（図5）。

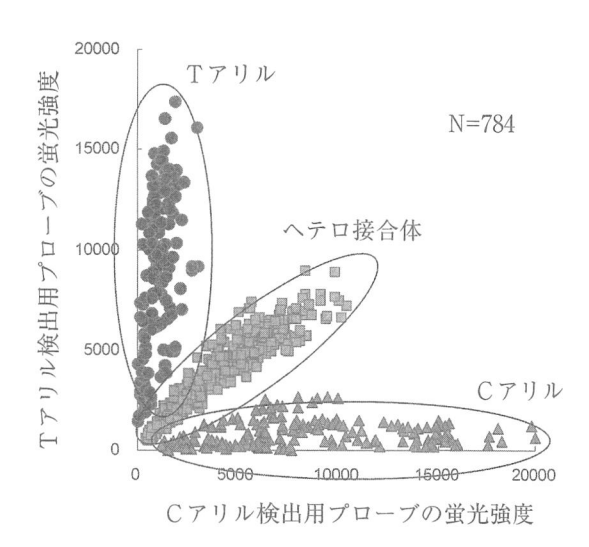

図5 DNA固定化バイオナノ磁性ビーズを用いた784検体からのTGF-β1の自動SNP判別結果
Tアリル：骨粗鬆症になる可能性が高い
Cアリル：骨粗鬆症になる可能性が低い

3.5.2 抗体-バイオナノ磁性ビーズ

これまでに抗インシュリン抗体をプロテインA発現バイオナノ磁性ビーズ上に局在させ，イムノアッセイにより血液中のインスリン濃度の測定を行っており，糖尿病の診断に利用できることを示している[9]。また，内分泌攪乱物質や界面活性剤などの環境毒物に対するモノクローナル抗体をバイオナノ磁性ビーズ上に固定化し，alkylpehnol ethoxylate（APE），linear alkylbenzene sulfonates（LAS），bisphenol A（BPA），estradiol（E2）の検出範囲の測定を行っている。抗体固定化バイオナノ磁性ビーズにより，APEでは1 nM〜100 μM，BPAでは1 pM〜100 μM，LASでは1 nM〜100 mM，E2では360 pM〜110 nMと，広い定量範囲と高感度な測定が可能であることが示されている[15,16]。

さらに，抗体固定化バイオナノ磁性ビーズを用いて，再生医療や細胞工学の分野で基盤技術となる細胞分離への利用を試みている。ヒト末梢血単核球に対し，各種CD抗原に対するマウスモノクローナルIgG抗体（CD8, CD19, CD20, CD14），及び抗マウスIgG抗体を導入したプロテインA発現バイオナノ磁性ビーズ上を用いた単核球の磁気分離を行った。その結果，各種単核球を高精度に分離できることが示されている[17]。また，同プロトコールで分離された単球に対し，樹状細胞への分化誘導にも成功している[18]。上記結果により，磁性細菌由来のバイオナノ磁性ビーズの細胞磁気分離担体としての有用性が示された。

3.5.3 受容体-バイオナノ磁性ビーズ

新薬開発において，最も注目を集めているのが「受容体-リガンド」の組み合わせであり，その多くは細胞膜に存在し，物質の認識やシグナル伝達などの場として生命現象を司る重要な役割を果たしている。受容体の網羅的な結合解析に向けて，バイオナノ磁性ビーズ上への受容体のアセンブルが試みられている。ターゲット遺伝子として核内受容体の1つであるエストロゲン受容体（ER），または膜貫通タンパク質であるGタンパク質共役受容体（GPCR）の遺伝子を用いて，受容体をアセンブルしたバイオナノ磁性ビーズの作製に成功している。3.4で示した遺伝子融合によるタンパク質アセンブル技術により，エストロゲン受容体-バイオナノ磁性ビーズ複合体を作製し，様々なエストロゲン様物質との結合試験を実施している[19]。競合結合試験にはアルカリフォスファターゼ（ALP）標識のエストロゲンを用い，Non-RI試験法を試行した。その結果，競合物質の濃度上昇に伴い，ALP標識のエストロゲン結合量が減少し，エストロゲン様物質に依存した競合結合曲線が描かれた（図6）。エストロゲンを基準とした各競合物質の相対結合力の順序はこれまで報告された結果と一致し，本手法の正確性が示された。また，著者らはバイオナノ磁性ビーズ上の脂質二重膜に着目し，これをGPCR等の膜貫通タンパク質の局在場所として提案している[11]。磁性細菌から得られるバイオナノ磁性ビーズ上へのアセンブル技術は，簡便なGPCRの調製を可能とし，膜タンパク質調製における煩雑性の問題を解決できる有効な手段を提供できると考えられる。このように，受容体との結合試験をビーズ上で行い，磁気分離により未反応物質を除去することで，様々なリガンド結合試験を実施することが可能である。

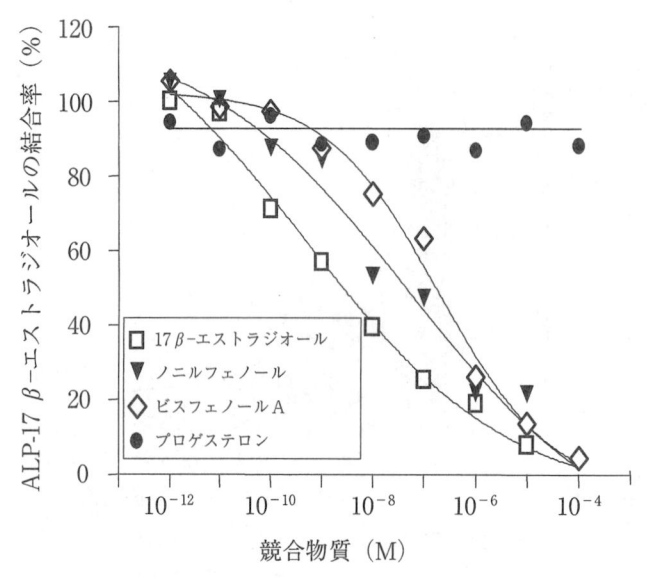

図6 エストロゲン受容体ーバイオナノ磁性ビーズ複合体による各種化学物質の競合的結合曲線

3.5.4 酵素-バイオナノ磁性ビーズ

著者らは，2種類の酵素を同一のバイオナノ磁性ビーズ上にアセンブルし，酵素反応の効率化に関する研究を進めている。膜貫通タンパク質であるMagAアンカータンパク質のN末端，及びC末端にATP合成を触媒するアセテートキナーゼ（AckA），およびATPを消費して発光反

第5章　ライフサーベイヤをめざしたデジタル精密計測技術の開発

応を触媒する蛍由来のルシフェラーゼ（Luc）を融合し，両タンパク質のバイオナノ磁性ビーズ上へのアセンブルを試みた。得られたバイオナノ磁性ビーズとアセチルホスフェートを含む基質含有緩衝溶液とを混合し，Lucの発光を測定した。その結果，Lucのみをアセンブルしたバイオナノ磁性ビーズにおいては，時間経過とともに発光強度が減少した。これに対し，AckA，Luc両タンパク質をアセンブルしたバイオナノ磁性ビーズにおいては，発光量が一定に保たれた（図7）。この結果は，ビーズ上にAckA，Luc両タンパク質が導入され，ATPの合成→発光反応が継続的に行われていたことを示している[20]。

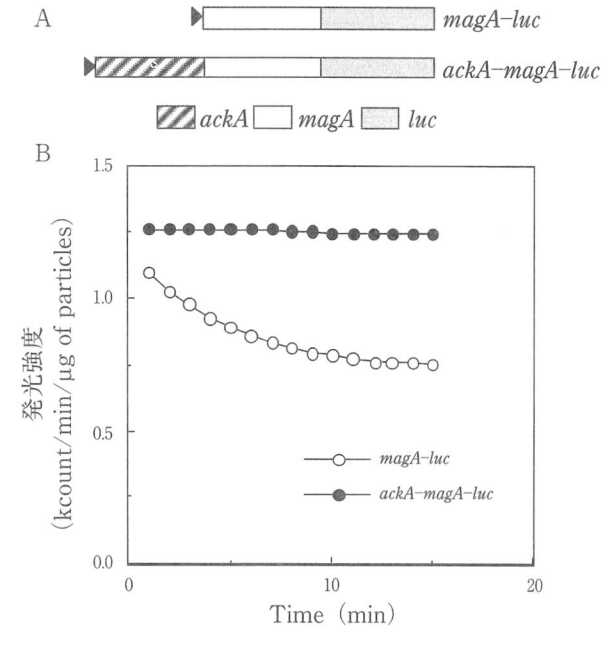

図7　バイオナノ磁性ビーズ上への酵素アセンブル
（A）融合遺伝子の構造
（B）ルシフェラーゼ（Luc）の活性評価

3.6　バイオナノ磁性ビーズを用いた全自動計測ロボット

　上記で示した分子計測プロセスをハイスループットに行うため，バイオナノ磁性ビーズを用いた各種アッセイに対応した全自動計測ロボットを開発し，実用化に着手している。DNAの固定化担体としてバイオナノ磁性ビーズを用いた全自動一塩基多型（SNPs）検出システムでは，SNPsのハイスループット検出を実現するために，96本の吸引・吐出ノズルを搭載しており，一度に96サンプルの同時解析を可能としている（図8）。また，反応槽であるマイクロタイタープレートの下部に回転式の磁石を設置し，底面磁気回収によりDNA固定化バイオナノ磁性ビーズの回収を行う方式を採用した[21]。さらに本装置に改良を重ねた結果，サンプルをセットするのみで，DNAの抽出，増幅，ハイブリダイゼーションの処理を経て測定結果を出力する全自動システム構築をした。

　また，先に紹介した抗体を固定したバイオナノ磁性ビーズを用い，糖尿病マーカー分子であるインスリン，ヘモグロビンA1c，糖化アルブミンの自動免疫測定装置による糖尿病診断システムの構築も行った[9]。このシステムでは，既に述べたバイオナノ磁性ビーズの優位性を自動免疫

システムへ適応でき，血清サンプルからの測定が可能であり，市販品との相関性も認められた。様々な糖尿診断キットが販売され用いられているが，糖尿病などの生活習慣病のように長期的なモニタリングが必要な場合，統一化した測定法が求められるため，本システムによるハイスループットかつ簡便な測定法の有効性は明らかである。

3.7 おわりに

本稿では，既に市場に登場した磁性ビーズをはじめ，開発段階の磁性ビーズとその生体分子計測に向けた様々なアプローチを紹介した。特に磁性細菌から得られるバイオナノ磁性ビーズに関する研究では，分子生物学手法を用いたビーズ形成機構の解明が進んでおり，これらの知見を転用して機能性の高いバイオナノ磁性ビーズの創製が行われている。このような有機薄膜に被覆されたマグネタイトの単結晶を人工合成する技術は確立されておらず，磁性細菌由来のバイオナノ磁性ビーズが実用化される可能性は高い。特に細胞内における事象を正確に計測する技術として，ナノサイズの磁性ビーズは有力なツールとなることが予想され，大きな期待が寄せられている。

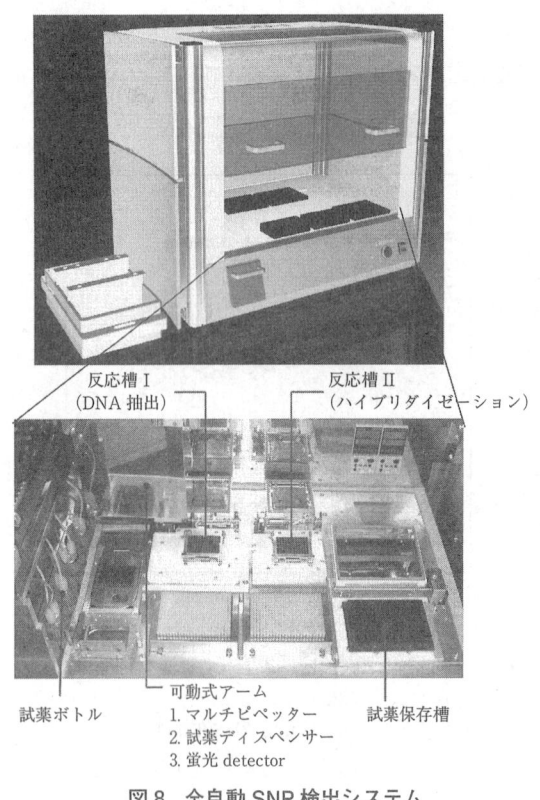

図8 全自動 SNP 検出システム

文　献

1) H. Zhang, M. Meyerhoff, *Analytical Chemistry*, **78**, 609–616（2006）
2) P. Mosier-Boss, S. Lieberman, *Analytical Chemistry*, **77**, 1031–1037（2005）
3) D. Wang, J. He, N. Rosenzweig, Z. Rosenzweig, *Nano letters*, **4**, 409–413（2004）
4) P. Eastman, W. Ruan, M. Doctolero, R. Nuttall, G. de Feo, J. Park, J. Chu, P. Cooke, J. Gray, S. Li, F. Chen, *Nano letters*, **6**, 1059–1064（2006）

5) M. Han, X. Gao, J. Su, S. Nie, *Nature biotechnology*, **19**, 631–635（2001）
6) W. Mulder, R. Koole, R. Brandwijk, G. Storm, P. Chin, G. Strijkers, d. M. D. C, K. Nicolay, A. Griffioen, *Nano letters,* **6**, 1–6（2006）
7) T. Sathe, A. Agrawal, S. Nie, *Analytical Chemistry,* **78**, 5627–5632（2006）
8) H. Yang, S. Zhang, X. Chen, Z. Zhuang, J. Xu, X. Wang *Analytical Chemistry*, **76**, 1316–1321（2004）
9) T. Tanaka, T. Matsunaga, *Anal. Chem*, **72**, 3518–3522（2000）
10) T. Yoshino, T. Matsunaga, *Appl. Environ. Microbiol.*, **72**, 465–471（2006）
11) T. Yoshino, M. Takahashi, H. Takeyama, Y. Okamura, F. Kato, T. Matsunaga, *Appl. Environ. Microbiol.*, **70**, 2880–2885（2004）
12) C. D. Yang, H. Takeyama, T. Matsunaga, *J. Biosci. Bioeng.*, **91**, 213–216（2001）
13) T. Yoshino, T. Matsunaga, *Biochem. Biophys. Res. Commun.*, **338**, 1678–1681（2005）
14) T. Nakagawa, R. Hashimoto, K. Maruyama, T. Tanaka, H. Takeyama, T. Matsunaga, *Biotechnol. Bioeng.*, **94**, 862–868（2006）
15) T. Matsunaga, F. Ueki, K. Obata, H. Tajima, T. Tanaka, H. Takeyama, Y. Goda, S. Fujimoto, *Anal. Chim. Acta*, **475**, 75–83（2003）
16) T. Tanaka, H. Takeda, F. Ueki, K. Obata, H. Tajima, H. Takeyama, Y. Goda, S. Fujimoto, T. Matsunaga, *J. Biotechnol.*, **108**, 153–159（2004）
17) M. Kuhara, H. Takeyama, T. Tanaka, T. Matsunaga, *Anal. Chem.*, **76**, 6207–6213（2004）
18) T. Matsunaga, M. Takahashi, T. Yoshino, M. Kuhara, H. Takeyama, *Biochem. Biophys. Res. Commun.*, **350**, 1019–1025（2006）
19) T. Yoshino, F. Kato, H. Takeyama, M. Nakai, Y. Yakabe, T. Matsunaga, *Anal. Chim. Acta*, **532**, 101（2005）
20) T. Matsunaga, H. Togo, T. Kikuchi, T. Tanaka, *Biotechnol. Bioeng.*, **70**, 704–709（2000）
21) T. Tanaka, K. Maruyama, K. Yoda, E. Nemoto, Y. Udagawa, H. Nakayama, H. Takeyama, T. Matsunaga, *Biosens. Bioelectron.*, **19**, 325–330（2003）

4 細胞操作のデバイスとマイクロシステム

珠玖 仁[*1], 末永智一[*2]

4.1 はじめに

現在まで，単一細胞へのアクセスを可能とする分析技術はいくつも知られるが，その戦略は大きく2つに分類できる（図1）。1つは，蛍光分子やナノ粒子を細胞内・細胞表面に導入する方法であり，光（電磁波）を照射してプローブ分子−細胞間の相互作用を評価する。光学系計測システムは非接触・非侵襲的計測が特長であり，細胞を生きたまま観測することが可能でコンタミネーションの危険も少ない。光エネルギーの密度を上げることにより，光ピンセットやレーザーアブレーションなどの現象を利用して細胞を操作することも可能となる。2つ目は，針状のプローブを物理的に細胞内・近傍に配置し，探針−細胞間の相互作用を観測したり，目的物質を導入・採取する方法である。これは精巧な位置決めシステムが不可欠であり，マイクロマニピュレータやマイクロインジェクタが用いられる。

近年，微細加工技術に立脚したμTAS（micro-total analysis system）の概念が浸透し[1,2]，インテリジェントで処理能力の高い化学分析・生化学分析の手法が隆盛してきた。この分野において細胞生物学・バイオテクノロジーに資するデバイス開発は研究目標の大きな柱となっている。核酸チップ，プロテインチップ，細胞チップなど実に様々提案されているが，検出系は光学観測

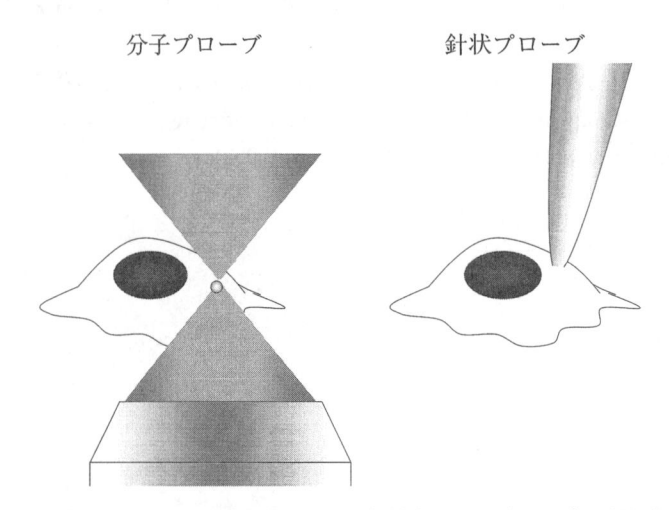

図1 単一細胞へのアクセスを可能とする分析技術：分子プローブと針状プローブ

---

*1 Hitoshi Shiku 東北大学大学院 環境科学研究科 助教授
*2 Tomokazu Matsue 東北大学大学院 環境科学研究科 教授

第5章　ライフサーベイヤをめざしたデジタル精密計測技術の開発

が圧倒的に多い。細胞分析に関しても，先の分類でいうところの分子プローブ・ナノ粒子とうまく組み合わせて，安価・迅速・簡便・網羅的な単一細胞機能解析が可能となりつつある。

本稿では先ず，針状プローブを用いた単一細胞分析マイクロシステムをいくつか紹介する。細胞操作のデバイスとしては，特に哺乳動物の受精卵など生殖工学と関わる研究例を紹介する。最後に，単一細胞レベルでの遺伝子発現解析を可能にする方法の1つとしてsingle cell-逆転写（reverse transcription）-PCR（sc-RT-PCR）について説明する。

4.2　プローブ（探針）を用いた細胞分析マイクロシステム

単一分子のレベルでタンパク質が「働いて」いる様子を初めて観測した研究例はパッチクランプ法によるシングル・レコーディングであろう[3,4]。先端径1μm程度のガラスキャピラリ電極をプローブとして細胞膜に押し当て，僅かに吸引するとキャピラリ-細胞膜間の電気抵抗が数GΩ程度まで上昇する（ギガ・シールの形成）。イオンチャンネルの孔径は，リーク型カリウムチャンネル，アセチルコリン依存性カチオンチャンネルで各々3.3，6.5 Åであり，生理条件下のイオン-コンダクタンスは数10 pSとされる[5]。電流-電位曲線からイオン選択性も判別できる。パッチクランプ法は元々ボルテージクランプ法から派生した測定法であり，計測系の観点から両者に差異はない（図2a）。いわゆる2極式の電気化学計測装置で電流増幅器と電位発生器を2本のAg/AgCl電極で連結した構成となる。Axon Instruments製の装置（アンプ）およびソフトウェアを使用する場合，コンダクタンスとキャパシタンスがリアルタイムで表示され，ギガシールの形成をその場で確認できる。システム全体としては顕微鏡，マニピュレータ，除震台，シールドボックスなどで構成される。さらにキャピラリ作製器（プラー）や電極研磨機，マイクロフォージなどが必要となる[6]。Whole-cell recordingは，パッチクランプにより得られたギガシールを保持したまま電極直下の膜を破壊し，単一細胞を構成する全細胞膜由来のイオン電流，膜容量を記録する測定モードである[7]。

ディスク型マイクロ電極を用いた単一細胞アンペロメトリー，単一細胞ボルタンメトリーは1980年代に興った[8]。ガラス電極の替わりにカーボン又は金属性のディスク型電極を用いるが，計測システムはパッチクランプ法と類似している（図2b）。本法の特徴は，マイクロ電極表面における電極活性物質の酸化／還元にともなうファラデー電流を観測する点にあり，電極電位の設定・電極表面の修飾により目的分子種以外の反応を比較的容易に除外することができる[9]。末永らは，単一細胞内アンペロメトリーを検討し，ハネモプロトプラストを対象に光合成にともなう酸素濃度変化を生理的条件下で行った[10]。Wightmanらは，単一神経様細胞から分泌されるカテコールアミン類の検出を行った[11]。時間分解能の向上により，エキソサイトーシスにともなう単一小胞からの分子放出現象が捉えられ，単一小胞内に含まれる神経伝達物質の分子数まで算

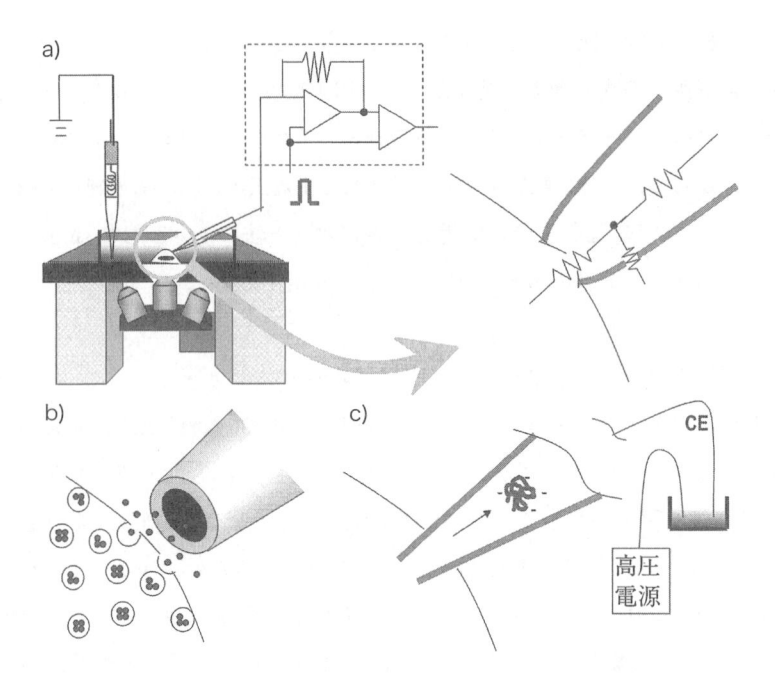

図2 単一細胞分析システム：a) パッチクランプ（上），b) 微小電極法（左下），c) キャピラリ電気泳動（CE）（右下）

出されている。

　キャピラリ電気泳動（CE, capillary electrophoresis）は微小電極法とならび単一細胞分析の領域そのものを開拓してきた歴史的経緯があり，測定システムの原型が考案されたのはやはり1980年代まで遡ることができる。ポリイミド被覆ガラスキャピラリを細尖化し，単一細胞内に挿入することにより，神経様細胞内のカテコールアミン類を液体クロマトグラフィ（LC）[12]やキャピラリー電気泳動（CE）[13]により分析可能となった（図2c）。Ewing は単一細胞（PC12）由来のカテコールアミン類の分析に関し，内径0.8 μm の CE プローブにより理論段数10万を達成している[14]。同様にして質量分析（MALDI-MS, MALDI-TOF-MS, SIMS）など各種器機による単一細胞分析が広がり[15]，小分子のみならず，タンパク質，核酸の分析も報告されるようになった[16]。

　生殖工学はマクロマニピュレータやマイクロインジェクションなどいわゆる「マイクロシステム」と極めて深い関わりのある分野である。具体的には，顕微授精（ICSI, intracytoplasmic sperm injection），核移植（NT, nuclear transfer），クローン胚の作出，出生前（遺伝子）診断などが挙げられる。これらの操作で使われるツールは，依然としてガラスキャピラリを細く引いて作製されたメスやピペットである[17,18]。若山らは，体細胞クローンマウスを作製するにあたり，レシピエントとなる体細胞から核だけを取り出し，除核した卵子に導入している[19]。これ

第5章 ライフサーベイヤをめざしたデジタル精密計測技術の開発

らの操作は極めて繊細で熟練を要するが，マニピュレーションシステムの自動化に向けたシステム開発も検討されている。タバコ細胞プロトプラストやマウス ES 細胞への蛍光分子・遺伝子（プラスミド DNA）の導入が報告されている。操作の半自動化により1時間に 100 細胞分のマイクロインジェクションが可能となり，デュアルバレルのキャピラリにより膜電位計測とインジェクションを並行して実施する試みも報告されている [20, 21]。

走査型プローブ顕微鏡（SPM）は3軸のピエゾ圧電素子と尖鋭な探針を組み合わせたシステムであり，細胞計測に応用可能な探針型プローブ内蔵の分析器機であると言える。SPM イメージングではしばしば探針-試料間の相互作用が試料へのダメージを与えるため，真の表面形状を高品質で取得するためにはなるべく穏やかな条件・弱い力での探針走査が要求される。しかしながら，細胞にアクセスして細胞内の物質を採取することが目的である場合には，SPM のマニピュレーション能力は特筆に価する。即ち，位置決め精度が優れていることに加え，探針-試料間距離を正確に把握できる，という SPM の長所が大いに役立つと期待できる。探針として様々な機能プローブを選択できることも利点であり，トンネル顕微鏡（STM）や原子間力顕微鏡（AFM）だけでなく，電流，光など複合的な情報を得ることが可能である。

猪飼らは，ラット線維芽用細胞 VNOf 90 を用い，原子間力顕微鏡（AFM）観察下，AFM 探針で細胞膜を突き破り mRNA を採集している [22]。市販の AFM 探針にタングステンを蒸着したものを用い，mRNA が付着した AFM 探針を PCR チューブに移して RT-PCR を行った。採集された遺伝子は β-actin 遺伝子であり，realtime PCR により検量線も作成し単一細胞あたりの mRNA 分子数も算出している。AFM の空間分解能を活かし，単一細胞内での場所（核からの距離）により採集される mRNA 量に違いが見られた。三宅らは FIB（focused ion beam）により AFM 探針先端を直径 200〜300 nm 針状に加工し [23]，細胞-探針間の相互作用の解析（フォースカーブ解析）や遺伝子導入を検討している。

走査型イオン-コンダクタンス顕微鏡（SICM, Scanning Ion-condactance Microscopy）は Hansma により 1989 年に発明された SPM の一種で [24]，ガラスキャピラリ電極探針にて観測されるイオン電流をフィードバック信号としてイメージングを行う。しかしながら，イオン電流に基づく探針-基板間距離の制御は極めて困難であり，この手法は全く広まらなかった。Korchev らは [25]，探針を垂直方向に振動させロック・イン増幅することにより安定なイオン電流シグナルを得ることに成功した。ラット心筋細胞，ウニ精子細胞，カエル上皮細胞株 A6 などを対象に，生細胞のイメージングや，蛍光計測・パッチクランプと組合せて細胞膜表面のイオンチャンネルマッピングを報告している。SICM は，AFM と異なり，細胞への探針-試料間に力が発生するよりも離れた場所での距離制御が可能で，完全に非接触でイメージングが可能であると言われる。また，ガラスキャピラリ探針の特徴を活かし，DNA のデリバリーなども行われている。当研究

室では，せん断応力（shearing force）に基づくフィードバック距離制御が可能な SPM システムを開発した。これによりガラスキャピラリ，ガラスキャピラリ電極，光ファイバ，光ファイバ電極型の各種プローブにより生体試料のイメージングを行っている[26,27]。

4.3 生殖工学に資する細胞分析デバイス

発生生物学・生殖工学の重要性は基礎科学から組換え動物作出，家畜繁殖，医療の現場など多方面に及んでいる。哺乳動物の体外受精・体外培養技術は，バイオテクノロジーのなかでも大きな柱となる領域であり，ヒト不妊治療や家畜の生産，クローン動物やトランスジェニック動物の作出など波及効果も大きい。先に述べたとおり現状では，顕微授精や核移植には，最高性能のマニピュレータおよびマイクロインジェクション技術を要する。一方で，哺乳動物卵子／受精卵の体外培養・体外受精技術の向上は培地組成の改良や培養条件の改善など多くの基礎的研究に下支えされてきた。ごく最近，Michigan 大学の Takayama ら，Illinois 大学の Beebe らを中心に[28-30]，体外培養・体外受精のプロセスをデバイス化する試みがいくつか報告されている。様々な流体デバイスを用いて，運動性の高い精子の分離，受精卵の導入導出，体外受精，受精卵培養，透明帯除去などの化学的処理，卵丘細胞の除去など機械的操作がオン・チップで行われている。

我々は哺乳動物（ウシ，マウスなど）初期胚の酸素消費（呼吸）を定量するマイクロシステムを開発してきた。当初マイクロマニピュレータとマイクロピペットで受精卵を固定し，その近傍の酸素濃度プロファイルを微小電極により観測した[31]。さらに逆円錐形ウェルを用いて受精卵近傍の酸素濃度変化を増大させ，マニピュレータの試料固定操作が不要な測定法に改良した[32]。しかしながら微小電極を走査する測定原理では操作性，スループットに限界があった。そこで受精卵を操作するためのポリ（ジメチルシロキサン）（PDMS）製流路と独立型マイクロアレイ電極を組合せた呼吸測定用マイクロ流体デバイスを作製した。流路により受精卵試料を操作すると共に酸素還元電流に基づく単一受精卵の呼吸測定に成功した[33]。

図3は，デバイスによるウシ受精卵の呼吸量測定概略を示す。デバイスは受精卵移送部と電極部で構成される。受精卵移送部として，フォトレジスト SU8 を鋳型に幅 300 μm 深さ 500 μm の PDMS 流路を作製した。流路中央ゲート部は胚試料を捕捉するため幅 80 μm とした。電極部は，Pt を SU8 でマスクし，10×10 μm^2 の作用極（W1-4）4個と対極を1個有する。電極間のギャップ距離は各々50 μm とした。ウシ受精卵1個（試料半径 $r_s = 77$ μm）をチャンネル内部に導入したところ，各作用極（W1-4）における酸素還元電流値が減少した。電極-試料間の距離（r）と酸素濃度の関係から，酸素濃度 vs $r_s/(r+r_s)$ プロットを作成し，良好な直線性を得た。球面拡散の式を用い，受精卵1個の呼吸量 6.69×10^{-15} mol s^{-1} を得た。受精卵サンプルを移送する際の流速は 27 μm/s とした。液の流れは応答電流を測著しく乱すため，計測時は流速を 0 μm/s と

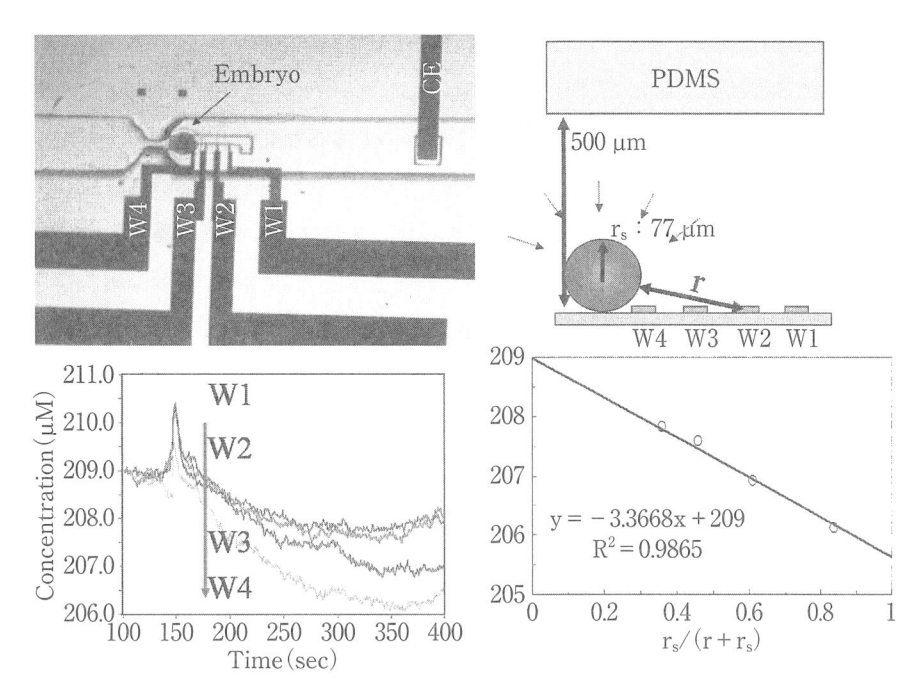

第5章 ライフサーベイヤをめざしたデジタル精密計測技術の開発

図3 マイクロ流路デバイスによるウシ受精卵の操作および呼吸計測の概略

し，3～5分間静止して定常状態を得ている。

　ICSI や NT のプロセスをデバイス上で再構成するまでには，まだ相当の技術的積み上げが必要であろう。しかしながら，流路デバイスで操作可能な試料体積は数 nL～数 10 pL に達している[34~37]。キャピラリをツールとするマイクロインジェクションシステムでも同程度の微小体積を操作可能であるが，流路デバイスでは閉鎖空間における液体試料の遠隔操作を可能とし，従って蒸発やコンタミネーションを免れる。さらに，精緻を極めるポンプおよびバルブなどにより操作の集積化・並列化が実現している[34]。

4.4　単一細胞からの RNA 採集

　単一細胞レベルでのゲノム情報，遺伝子発現状態を解析する技術が現実のものとなりつつある。その重要性を示す端的な例として出生前診断への応用が期待されている。出生前診断には，卵割期の受精卵から細胞を採取する着床前診断（PGD, preimplantation genetic diagnosis）や，羊水・胎盤血に含まれる胎児細胞を試料とする診断法などが知られる[38]。ゲノム DNA に変異が現れる遺伝性疾患の場合は特定遺伝子座を標的とした PCR が，遺伝子発現解析には RT-PCR が実施される。細胞の形質や機能情報を遺伝子発現プロファイルと比較することの有益性，重要性については言うまでも無い。ヒトゲノム解読と遺伝子データベース整備，DNA チップの市場化に

より遺伝子発現解析技術がいっそう身近なものとなっている。

mRNA の検出方法は in situ ハイブリダイゼーションやノーザンブロッティング，differential display 法など多く知られるが，RT-PCR により核酸検出の感度が向上して，単一細胞由来の mRNA から遺伝子発現プロファイルを解析できるようになった。Single cell RT-PCR（sc-RT-PCR）は極めて重要な分析法である[38~41]。なぜならば，解析対象の組織が希少なケース，組織に含まれる細胞の種類が多様性に富むケースは，通常遺伝子発現解析に必要な細胞数（～10^3）が確保できないからである。具体的には，患者由来の希少な細胞，生殖細胞，体性幹細胞，多様性に富む細胞として免疫系細胞，嗅覚細胞などが挙げられる。がん細胞でもごく初期の形質転換を発見することは極めて難しい。

sc-RT-PCR は①RNA の回収②cDNA の合成③PCR の3つの要素から成る。組織から実際に細胞を摘出・採集する方法としては，レーザーダイセクション[42]，注射針による吸引（FNA, fine-needle aspiration）[43] などが知られる。回収された mRNA は，自身を鋳型とする逆転写反応により first strand cDNA（第一鎖相補鎖 DNA）へ変換される。さらに PCR により，一対のプライマで挟まれた領域が大量に増幅される。単一細胞レベルの微小な RNA を検出するためには，細胞からの RNA 回収効率，増幅・塩基伸長反応における精度，副産物産生抑制などが極めて重要となる。特に mRNA 発現を定量する際には，プライマの設計が妥当であるか，PCR 条件（サイクル数・プライマ濃度・マグネシウムイオン濃度など）が最適化されているか，増幅効率の決定，定量性の得られるサイクル数の範囲の確認などが必要となる[39]。

パッチクランプ法と RT-PCR を組合せるシステムは，Whole-cell recording のセットアップとほぼ同じ構成で実現される[39~41, 44, 45]。電流計測の後細胞質を PCR チューブに移し sc-RT-PCR を行う。煩雑な操作にも関わらず，複数の研究グループからコンスタントに論文が報告され続けているのは，神経細胞研究の領域において，生理学的手法と分子生物学的手法のコンビネーションにより多くの知見が得られている証左であろう。本手法により，特定の単一ニューロンにて発現する受容体のサブユニットの組み合わせまで把握できる。

Quake らは，sc-RT-PCR の5つの工程（細胞の捕捉，細胞溶解，mRNA 精製，cDNA 合成，cDNA 精製）を同一チップ上に集積化した流路デバイスを作製している[34, 46]。デバイスは，カバーガラス上に①回路状に張りめぐらされた PDMS 流路層と，②流路を制御するガス圧駆動のバルブおよびポンプを多数配置した層の二層構造となっている。操作の流れは，単一細胞導入→Lysis Buffer 導入→(dT)$_{25}$ 修飾磁気ビーズ導入により mRNA を回収→逆転写酵素による cDNA 合成，の順を追う。このデバイスにより，単一のマウス線維芽細胞 NIH/3T3 からハウスキーピング遺伝子（GAPDH）とリボースリン酸転移酵素（HPRT）遺伝子を回収した。デバイスに導入する細胞数を1～4個に変化させ発現量がほぼリニアであることを示した。

第 5 章　ライフサーベイヤをめざしたデジタル精密計測技術の開発

4.5　おわりに

　DNA チップによる遺伝子発現解析ではより多くの遺伝子（～数 1000 種類）の動態を追跡することが可能であり，単一細胞レベルの極微量試料を出発材料としても，mRNA 増幅時のバイアスを最小限に抑え信頼性・再現性を向上させた DNA マイクロアレイプロファイリングのプロトコールが紹介されている[43,47,48]。さらに，大量並列処理（MMP, massive paralell processing）・デジタル計測技術により膨大なデータが解析可能となる。しかしながら，目的の細胞・組織を採集する手立ては未だ限られており，細胞操作のマイクロシステム・マイクロデバイスのさらなる性能向上によせられる期待は益々大きくなっている。

文　　献

1) H. Andersson, A. van der Berg, *Lab. Chip*, **6**, 467–470（2006）
2) C. Ti, C. -W. Li, C. Ji, M. Yang, *Anal. Chim. Acta*, **560**, 1–23（2006）
3) E. Neher, B. Sakmann, *Nature*, **260**, 799–802（1976）
4) B. Sakmann, E. Neher, Eds, *Single-Channel Recording*, 2nd Edition, Plenum Press, NY（1995）
5) R. B. Gennis, *Biomembranes; Molecular Structure and Function*, Springer-Verlag, NY（1989）
6) 岡田泰伸編，新パッチクランプ実験技術法，吉岡書店（2001）
7) 八尾寛，鍋倉淳一（3 章 ホールセル記録法・穿孔パッチ法・グラミシジン穿孔パッチ法）in 岡田泰伸編，新パッチクランプ実験技術法，吉岡書店（2001）
8) R. M. Whightman, *Anal. Chem.*, **53**, 1125A（1981）
9) 青木幸一，森田雅夫，堀内勉，丹羽修，微小電極を用いる電気化学測定法，電子情報通信学会（1998）
10) T. Matsue, S. Koike, T. Abe, T. Itabashi, I. Uchida, *Biochim. Biophys. Acta*, **1101**, 69–72（1992）
11) D. J. Leszyczyszyn, J. A. Jankowski, O. H. Viveros, E. J. Diliberto Jr., J. A. Near, R. M. Wightman, *J. Biol. Chem.*, **265**, 14736–14737（1990）
12) R. T. Kennedy, M. D. Oates, B. R. Cooper, B. Nickerson, J. W. Jorgenson, *Science*, **246**, 57–63（1989）
13) R. A. Wallingford, A. G. Ewing, *Anal. Chem.*, **60**, 1972–1975（1988）
14) L. A. Woods, P. U. Gandhi, A. G. Ewing, *Anal. Chem.*, **77**, 1819–1823（2005）
15) J. N. Stuart, J. V. Sweedler, *Anal. Bioanal. Chem.*, **375**, 28–29（2003）
16) H. Matsunaga, T. Anazawa, E. S. Yeung, *Electrophoresis*, **24**, 458–465（2003）
17) Y. Kimura, R. Yanagimachi, *Biol. Reprod.*, **52**, 709–720（1995）
18) N. V. Thuan, S. Wakayama, S. Kishigami, H. Ohta, T. Hikichi, E. Mizutani, H. -T. Bui, T.

Wakayama, *Biol. Reprod.*, **74**, 865–873（2006）
19) T. Wakayama, A. C. Perry, M. Zuccotti, K. R. Johnson, R. Yanagimachi, *Nature*, **394**, 369–374（1998）
20) H. Matsuoka, T. Komazaki, Y. Mukai, M. Shibusawa, H. Akane, A. Chaki, N. Uetake, M. Saito, *J. Biotechnol.* **116**, 185–194（2005）
21) H. Matsuoka, S. Shimoda, Y. Miwa, M. Saito, *Bioelectrochemistry*, **69**, 187–192（2006）
22) H. Uehara, T. Osada, A. Ikai, *Ultramicroscopy*, **100**, 197–201（2004）
23) I. Obataya, C. Nakamura, C. W. Han, N. Nakamura, J. Miyake, *Nano Lett.*, **5**, 27–30（2005）
24) P. K. Hansma, B. Drake, O. Marti, S. A. C. Gould, C. B. Prater, *Science*, **243**, 641–643（1989）
25) L. Ying, A. Bruckbauer, D. Zhou, J. Gorelik, A. Shevchuk, M. Lab, Y. Korchev, D. Klenerman, *Phys. Chem. Chem. Phys.*, **7**, 2859–2866（2005）
26) D. Oyamatsu, Y. Hirano, N. Kanaya, Y. Mase, M. Nishizawa, T. Matsue, *Bioelectrochemistry*, **60**, 115–121（2003）
27) Y. Takahashi, Y. Hirano, T. Yasukawa, H. Shiku, H. Yamada, T. Matsue, *Langmuir*, in press DOI 10. 1021/la0611763
28) R. S. Suh, N. Phadke, D. A. Ohl, S. Takayama, G. D. Smith, *Hum. Reprod. Update*, **9**, 451–461（2003）
29) D. J. Beebe, M. Wheeler, H. Zeringue, E. Walters, S. Raty, *Theriogenology*, **57**, 125–135（2002）
30) H. C. Zeringue, M. B. Wheeler, D. J. Beebe, *Lab. Chip*, **5**, 108–110（2005）
31) H. Shiku, T. Shiraishi, H. Ohya, T. Matsue, H. Abe, H. Hoshi, M. Kobayashi, *Anal. Chem.*, **73**, 3751–3758（2001）
32) H. Shiku, T. Shiraishi, S. Aoyagi, Y. Utsumi, M. Matsudaira, H. Abe, H. Hoshi, S. Kasai, H. Ohya, T. Matsue, *Anal. Chim. Acta*, **522**, 51–58（2004）
33) C. -C. Wu, T. Saito, T. Yasukawa, H. Shiku, H. Abe, H. Hoshi, T. Matsue, in preparation
34) J. W. Hong, V. Studer, G. Hang, W. F. Anderson, S. R. Quake, *Nat. Biotechnol.*, **22**, 435–439（2004）
35) M. Yamada, M. Seki, *Anal. Chem.*, **76**, 895–899（2004）
36) K. Lim, S. Kim, J. H. Hohn, *Sens. Actuat. B*, **92**, 208–214（2003）
37) K. Hosokawa, T. Fujii, I. Endo, *Anal. Chem*, **71**, 4781–4785（1999）
38) S. Hahn, X. Y. Zhong, C. Troeger, R. Burgemeister, K. Gloning, W. Holzgreve, *Cell. Mol. Life Sci.*, **57**, 96–105（2000）
39) N. J. Sucher, D. L. Deitcher, D. J. Baro, R. M. H. Warrick, E. Guenther, *Cell Tissue Res.*, **302**, 295–307（2000）
40) 都筑馨介（23章 パッチクランプと単一細胞RT-PCR法）in 岡田泰伸編, 新パッチクランプ実験技術法, 吉岡書店（2001）
41) B. Liss, *Nucleic Acids Res.*, **30**, e89（2002）
42) K. Schutze, G. Lahr, *Nat. Biotech.*, **16**, 737–742（1998）
43) C. Sotiriou, C. Khanna, A. A. Jazaeri, D. Petersen, E. T. Liu, *J. Mol. Diag.*, **4**, 30–36（2002）

第5章 ライフサーベイヤをめざしたデジタル精密計測技術の開発

44) J. K. Phillips, J. Lipski, *Auto. Neursci. Bas. Clin.*, **86**, 1–12（2000）
45) B. Cauli, J. T. Porter, K. Tsuzuki, B. Lambolez, J. Rossier, B. Quenet, E. Audinat, *Proc. Nat. Acad. Sci. USA*, **97**, 6144–6149（2000）
46) J. S. Marcus, W. F. Anderson, S. R. Quake., *Anal. Chem.*, **78**, 3084–3089（2006）
47) K. Kurimoto, Y. Yabuta, Y. Ohinata, Y. Ono, K. D. Uno, R. G. Yamada, H. R. Ueda, M. Saitou, *Nucleic Acids Res.*, **34**, e42（2006）
48) V. Nygaard, E. Hoving, *Nucleic Acids Res.*, **34**, 996–1014（2006）

5 生体材料プローブを利用した特定 RNA 検出法の開発

遠藤玉樹[*1], 小畠英理[*2]

5.1 はじめに

　生体は,「生きる」ために恒常性を維持しているとよく言われるが,これは「生体」という一つの大きな枠組みで捉えたときの話である。細胞という区画の中に焦点をあてた場合には,この恒常性を維持するために機能性の生体分子群が非常にダイナミックな変化を見せている。それらは細胞内に何万種類と存在するタンパク質であり,RNA であり,代謝産物などである。そして,これらの機能性生体分子群は密接に関わりあいながら複雑な機能を発揮している。近年,このような細胞内機能性分子の存在や関わり合いを網羅的かつ統計的に解析し,その蓄積情報を,個々の遺伝子やタンパク質の機能解析,あるいは医療応用などへと還元しようとする動きが盛んである。このような研究分野はオーミクスと呼ばれ,プロテオミクス,トランスクリプトミクス,メタボロミクス,といった言葉に代表され注目を集めている。

　特に,トランスクリプトミクスに焦点を当ててみると,網羅的かつ統計的という言葉が示すように,チップテクノロジーやアレイテクノロジーを主とした生体外でのハイスループットな解析技術が用いられてきた。その結果として,実にゲノム中の 70 ％もの領域が RNA に転写されていること,そして,それら RNA 分子の中には mRNA のように翻訳を受けず,RNA 分子そのものとして機能を果たすノンコーディング RNA が多数存在することが明らかになってきている[1]。今後は得られた情報を元に,細胞分化や疾患の発症,あるいは細胞老化など,対象となる細胞機能において重要な役割を果たすノンコーディング RNA 分子が発見されてくる可能性があり,非常に興味深い研究分野である。しかしながら,それら注目すべき RNA 分子の詳細な機能を解析するためには,統計的なデータを元にした情報解析だけでは不十分であり,生化学や分子生物学的な実験手法を用いて個々に解析を行っていくことが重要である。特に,細胞内における RNA 分子のダイナミックな変化を直接的に捉えて解析していく過程は必要不可欠なものになってくるであろう。

　我々はこれまでに,細胞内における特定 RNA 分子の転写状況を,「いつ・どこで・どの程度」といった形で時空間的に捉えるための技術開発を目指してきた。そのための技術として,細胞内で産生することが可能な生体材料プローブのみを用いて RNA を検出することを考え,組換えタンパク質プローブが示す蛍光シグナルによって RNA を検出する手法の開発を行った。以降本稿では,我々が開発した生体材料プローブを利用した特定 RNA 検出法について,これまでに得ら

---

*1　Tamaki Endoh　岡山大学大学院　自然科学研究科　特別契約職員　助手
*2　Eiry Kobatake　東京工業大学　大学院生命理工学研究科　助教授

第5章 ライフサーベイヤをめざしたデジタル精密計測技術の開発

れている結果と共に，その技術開発過程について記していきたい。

5.2 光シグナルを用いた細胞内バイオイメージング

細胞内に存在する機能性分子や細胞内イベントを時空間的に解析していくためには，可視化プローブを用いてのバイオイメージングが有効である。近年，このバイオイメージング技術の進展はめざましく，あらゆる細胞内イベントを対象に可視化プローブの設計と作製が行われてきている。細胞内でのバイオイメージングを成功に導くためには，このプローブ作製段階が非常に重要であり，いかにして解析したい事象のみに応答して可視化シグナルを発するプローブを作製するかが鍵となってくる。可視化のためのシグナルとしては，リアルタイムな検出と高感度な検出を可能にするという理由から蛍光や発光といった光シグナルが主として用いられている。

RNAの転写状況を解析するためのプローブとしても，蛍光修飾を施した核酸プローブなどが使用され，バイオイメージングによる特定RNAの転写解析が行われている。核酸は，相補な配列に対して塩基対を形成することから，非常に優れた配列認識能を有するプローブ材料としてみなすことができるからである。特に近年，モレキュラービーコン[2]と呼ばれる蛍光標識核酸プローブが開発されて以降は，生細胞内におけるmRNAの輸送や局在，さらにはRNA転写の活性化を可視化することが可能になってきている[3,4]。今後は，プローブを形成する核酸骨格を塩基対形成能に優れた人工核酸に変換するなどして，mRNAのみならず，ノンコーディングなRNAのバイオイメージングも可能になってくるのではないかと期待される。

このように，特定RNAの細胞内検出に優れた能力を発揮する蛍光修飾核酸プローブではあるが，時空間的なRNAの転写解析を目指すにあたって問題点がないわけではない。それは，これらのプローブが人工的に合成された蛍光分子を使用しているという点である。つまり，核酸プローブは細胞外で化学的に蛍光分子を修飾され，検出にあたってはこれらのプローブを細胞内へと効率よく導入しなくてはならない。現在，細胞内への核酸プローブ導入法としては，リポフェクション，エレクトロポレーション，マイクロインジェクションといった手法が一般的に用いられているが，これらの手法では細胞内へのプローブ導入過程において少なからず細胞にダメージを与えてしまう。また，外部から導入されたプローブは細胞内環境において不安定であり，分解などによって擬陽性シグナルを生じやすく，長期にわたる経時的なシグナル検出には不適切である。そこでこれらの問題点を解決するための技術開発として，我々は，細胞内で長期安定発現が可能な生体材料からなるプローブのみを用いて特定RNAの検出を目指すことにした。

5.3 RNA検出のための遺伝子組換えタンパク質プローブの設計

細胞内で長期的に産生することが可能なプローブを用いてRNAを検出する技術開発を行うに

あたり，我々は，人工的な蛍光分子を利用するのではなく，蛍光タンパク質が発する蛍光シグナルを利用してRNAを検出することを考えた．そして，タンパク質とRNAという異なるコンポーネントを関連付けるための素材としてペプチド-RNA間の特異的な相互作用を利用し，RNAへの結合によって蛍光シグナルを変化させる組換えタンパク質プローブを構築することにした．以下にはそのタンパク質プローブによるRNA検出の原理について解説を行う．

5.3.1 細胞内バイオイメージングを可能にするFRETタンパク質プローブ

RNAではなく，細胞内でのタンパク質機能を解析するためのプローブとしては，生体材料を用いたプローブが数多く開発されてきている．これらのプローブのほとんどは，蛍光タンパク質と解析したいタンパク質機能の一部とを遺伝子工学的に融合した組換えタンパク質プローブである．作製した組換えタンパク質プローブは，遺伝子として細胞のゲノムに組み込むことにより安定的な発現が可能であり，蛍光という時空間的分解能に優れたシグナルを与えてくれる．特に近年，蛍光タンパク質間の蛍光共鳴エネルギー移動（fluorescent resonance energy transfer: FRET）を利用したタンパク質プローブの開発が盛んであり，複雑なタンパク質機能のイメージングに利用されている[5]．

FRETとは二つの蛍光分子，ドナーとアクセプターの励起特性と蛍光特性の重なり合いによりドナー側の励起エネルギーがアクセプター側に移動し，アクセプター側の蛍光が観測される現象である．FRETが起こる確率は二つの蛍光分子間の距離に大きく依存し，ナノメートルレベルでの距離変化で大きなシグナル変化を見せる．このような特性は生体分子が見せる動的な変化を評価するのに非常に有用であり，これまでに，異なるタンパク質分子間での相互作用を評価するための分子間FRETプローブ，および，同一タンパク質分子内での構造変化などを評価するための分子内FRETプローブが開発されている．特に，特定の細胞内イベントのイメージングに用いられる分子内FRETプローブは，N末端およびC末端に配置された蛍光タンパク質とその間に挿入された受容体部位という基本構造をとっている．そして，挿入された受容体部位が各種細胞内イベントの活性化によって修飾や切断を受けたり，リガンドが結合したりすることによって構造変化を起こす．その結果，両端の蛍光タンパク質間の距離が変化してFRETシグナルが変化し，これを検出できるようになる（図1a）．我々は，この分子内FRETタンパク質プローブの基本構造とその検出原理を利用し，特定RNAの存在と受容体部位の構造変化とを連動させることにより，FRETシグナル変化を用いてRNAを検出できるようになるのではないかと考えた．

5.3.2 ペプチド-RNA間相互作用とinduced fitによる構造変化

タンパク質やその構成成分であるペプチドは，タンパク質をはじめとして，各種低分子化合物，脂質，糖質，DNAやRNAといった様々な生体分子を認識して相互作用することができる．ま

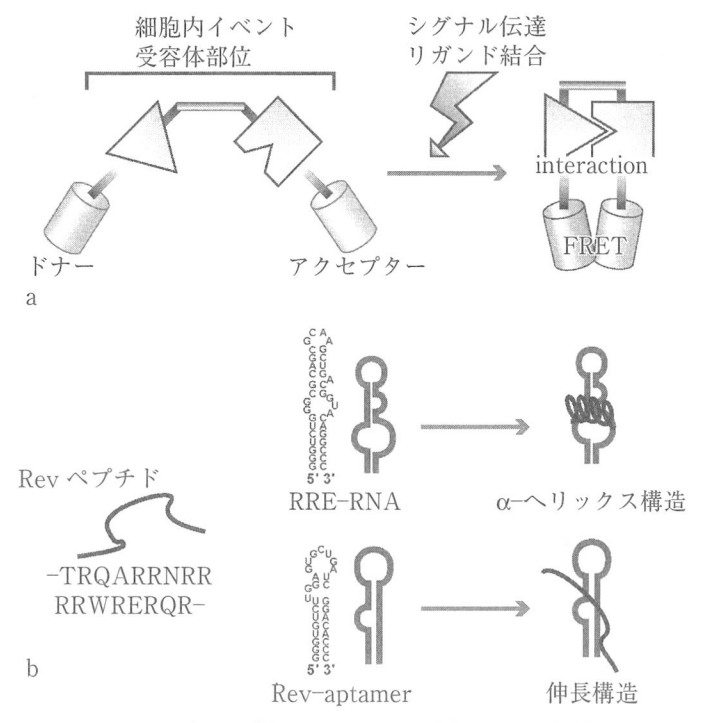

第5章　ライフサーベイヤをめざしたデジタル精密計測技術の開発

図1　プローブ構築に利用した生体材料が示す特性
a: 分子内FRETタンパク質プローブの基本構造と検出原理。蛍光タンパク質間に挿入された細胞内イベントの受容体部位が，シグナル伝達やリガンド結合などの刺激に応答して構造変化を示す。その結果として蛍光タンパク質間距離が変化し，FRETシグナルが変化する。
b: RevペプチドによるRNA認識と結合特性。HIV-1由来のRevペプチドは，RRE-RNAとの結合によってαヘリックス構造をとって安定化する。一方，Rev-aptamerとの結合によって伸張構造をとって安定化する。

た多くの場合において，特異的で強い相互作用はinduced fitと呼ばれる相互補完型の構造変化を伴って達成される[6]。特にRNAとの相互作用に関しては，arginine-rich motif（ARM）と呼ばれるペプチドモチーフによる配列特異的なRNA認識機構が知られている。

HIV-1由来のRevタンパク質はHIVウイルスが持つ複製調節タンパク質のうちのひとつであり，配列特異的なRNA結合特性を示す。その中でも，N末端側34〜50番目までのアルギニンに富んだアミノ酸配列（Revペプチド：TRQARRNRRRRWRERQR）がRNAの認識と結合に関与していることが示されている。このRevペプチドは，HIVウイルスのRNAゲノム中に存在するRev response element（RRE）RNA，もしくはランダムなRNA配列の中から選択されてきたRev-aptamerの配列に対してinduced fitによる構造変化を伴って結合する。またその特徴的な性質として，RRE-RNAに結合したときにはα-ヘリックス状構造を，Rev-aptamerに結合したときには伸張構造をとって安定化することが確認されている[7,8]。このことは，Revペプチ

ドが有する構造的な柔軟性を表しており，同一配列を持つペプチドが，異なる配列を持つRNAとの結合によってそれぞれ異なる構造変化を伴うことを示している（図1b）。

5.3.3 RNA検出のための分子内FRETタンパク質プローブ

Revペプチドが示すRNAへの特異的な結合とinduced fitによる構造変化は，RNAとタンパク質という異なるコンポーネントを関連付けるだけではなく，RNAの結合を構造変化に伴うペプチド末端の距離変化へと変換することが可能である。そこで我々は，前述した蛍光タンパク質間の距離変化によって起こるFRETシグナルと，RevペプチドがRNAへの結合特性を利用して，RNAを検出するための分子内FRETタンパク質プローブを設計した。その構成は，蛍光タンパク質であるECFPとEYFPとの間に挿入されたRevペプチドからなる。このタンパク質プローブは，挿入されたRevペプチドが有する特異的なRNA認識能と結合能を保持していると予想される。さらには，RNAへの結合によってペプチドがinduced fitによる構造変化を示すため，ペプチドの両末端に連結された蛍光タンパク質間にも距離変化が生じ，ECFPからEYFPへのFRETのシグナルが変化する。RRE-RNAと結合した場合には，Revペプチドがα-ヘリックス状の構造をとって末端距離が近づくことによりFRETシグナルが上昇することが予測される。一方でRev-aptamerと結合した場合には，Revペプチドが伸張構造をとって末端距離が遠ざかることによりFRETシグナルが減少することが予測される（図2a）。このようにして構築したFRETタンパク質プローブは，遺伝子として細胞に導入することにより安定発現が可能な生体材料プローブであり，細胞内でRNAインジケーターとしての機能を果たすと期待される。

5.4 分子内FRETタンパク質プローブによるRNAの検出[9]

FRETタンパク質プローブを構築するにあたり，Revペプチドと両末端に連結する蛍光タンパク質の間にあるアミノ酸配列が，Revペプチドが示すRNA結合特性およびFRETシグナル変化の効率に影響を与えることが考えられた。そこで我々は，N末端側からEYFP，Revペプチド，リンカー配列，ECFPという順で連結する形を基準とし，リンカー配列にGGGSからなるアミノ酸配列を0, 1, 2, 4回で繰り返し挿入したFRETタンパク質プローブのバリアント（YRGnC-11ad: n=0, 1, 2, 4）を用意した（図2b）。また，EYFP遺伝子としてはC末端側に存在するフレキシブルな11アミノ酸領域を切除したEYFP-11adを用いている。

5.4.1 RNAとの結合確認

設計・構築したFRETタンパク質プローブが期待通りにRNAインジケーターとして機能するのかどうかを評価するため，まず，FRETタンパク質プローブを発現するHeLa細胞の破砕ライセートを調製し，*in vitro*での実験系で特性評価を行うことにした。

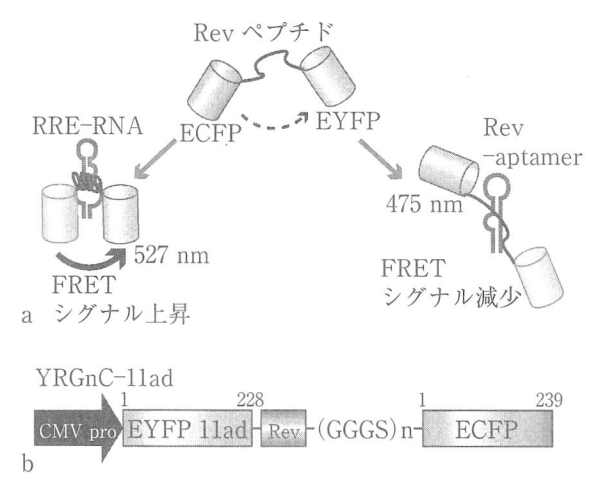

第5章　ライフサーベイヤをめざしたデジタル精密計測技術の開発

図2　構築したFRETタンパク質プローブとRNA検出の原理
a: FRETタンパク質プローブが示すFRETシグナル変化。EYFPとECFPとの間にRevペプチドを挿入したFRETタンパク質プローブは，RNAへの結合に伴うRevペプチドの構造変化と蛍光タンパク質間の距離変化を介してFRETシグナルの変化を示す。
b: 構築したFRETタンパク質プローブのバリアントYRGnC-11adの構造。

　FRETタンパク質プローブが，挿入されたRevペプチドの特性を反映してRRE-RNAもしくはRev-aptamerを特異的に認識して結合できるかどうかを評価するためにNative-PAGEによるgel mobility shift assayを行った。gel mobility shift assayは核酸とタンパク質との結合を評価するのに多用される実験手法であり，一般的には蛍光やRI標識した核酸側の電気泳動における移動度変化を見ることにより結合を評価する。今回，我々の実験では，FRETタンパク質プローブ側が蛍光シグナルを有するため，RNAに結合したタンパク質側の移動度変化を検出することにより結合を評価した。FRETタンパク質プローブを発現するHeLa細胞のライセートと，*in vitro*で転写合成したRNA（RRE-RNA, Rev-aptamer, control-RNA）を混合して結合反応を行った。その後Native-PAGEに展開し，EYFP用の励起光源を用いてgel中のFRETタンパク質プローブの位置を確認した。その結果，構築したどのバリアントにおいてもRRE-RNAもしくはRev-aptamerを混合したレーンにおいて下方に大きくシフトしたバンドが観測され，FRETタンパク質プローブとRNAとの特異的な結合を確認することができた（図3）。この結果は，それぞれのバリアントがRNAと結合することによって見かけ上の負電荷が増加し，泳動における移動度が高まったために表れたものであると考えられる。また，RNAを混合していないRNA（−）のレーンおよびcontrol-RNAを混合したレーンでは大きく広がったバンドとして蛍光を確認できるのに対し，それぞれシフトしたバンドはシャープに収束していることから，RNAとの結合によってFRETタンパク質プローブが構造的に安定化していることが示唆された。

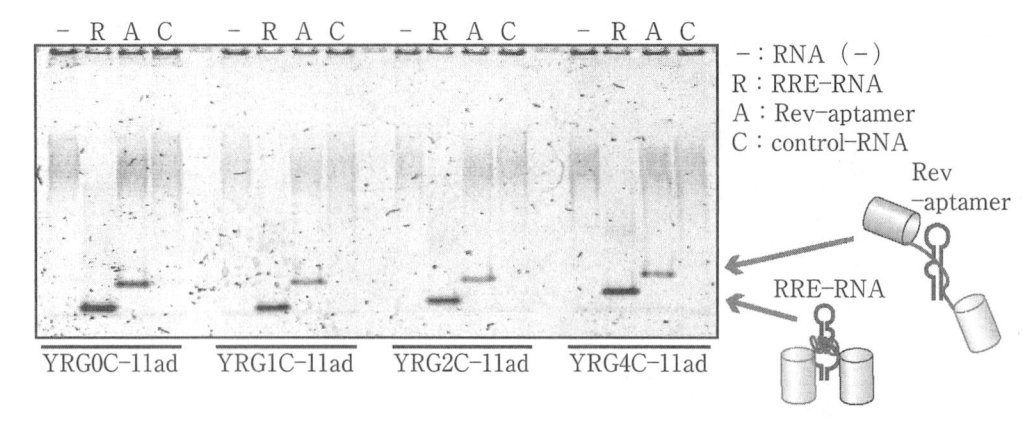

図3 FRETタンパク質プローブとRNAの結合確認
RNA（10 pmol）と混合したFRETタンパク質プローブを発現する細胞ライセートをNative-PAGEに展開し，gel中のFRETタンパク質プローブの位置をEYFPの蛍光シグナルを利用してイメージングした。

5.4.2 RNAへの結合によるFRETシグナル変化

　FRETタンパク質プローブとRNAとの特異的な結合を確認することができたため，次に，それぞれのバリアントがRNAとの結合によってFRETシグナルの変化を示すかどうか，RNAと結合する前後での蛍光スペクトルを測定することにより確認した。一般に，FRETシグナルはドナー（D）とアクセプター（A）の蛍光強度比で評価され，FRETシグナルが上昇するとA/Dで表される蛍光強度比が増大し，逆にFRETシグナルが減少すると蛍光強度比も減少する。我々のFRETタンパク質プローブではECFPがドナー，EYFPがアクセプターとして働くため，425 nmの励起光を用いて励起したときのEYFP（527 nm）/ECFP（475 nm）の蛍光強度比を算出することによりFRETシグナルの値を評価した。また，細胞ライセート由来のバックグラウンドとなるシグナルの影響を除くために，wild typeのHeLa細胞ライセートから得られる蛍光スペクトルの測定値を差し引くことによりシグナルの補正を行った。

　細胞のライセートとRNAを混合し，30分間の結合反応後に蛍光スペクトルを測定した。その結果，すべてのバリアントにおいてRRE-RNAとの結合によってFRETシグナルが上昇し，Rev-aptamerとの結合によってFRETシグナルが減少するという傾向が明らかとなった。また，control-RNAを添加した場合には蛍光スペクトルに変化が表れないことも確認された。図4aには代表的な蛍光スペクトルとしてYRG0C-11adのバリアントで得られた結果を示してある。これらの結果より，当初我々が期待したように，Revペプチドを挿入したFRETタンパク質プローブが図3に示す形でRNAと結合し，FRETシグナルを変化させていることが示唆された。各バリアント間におけるFRETシグナル変化の相違としては，間に挿入されたリンカーの長さが短くなるほど大きなFRETシグナルの変化を示す傾向にあることが確認された（図4b）。これ

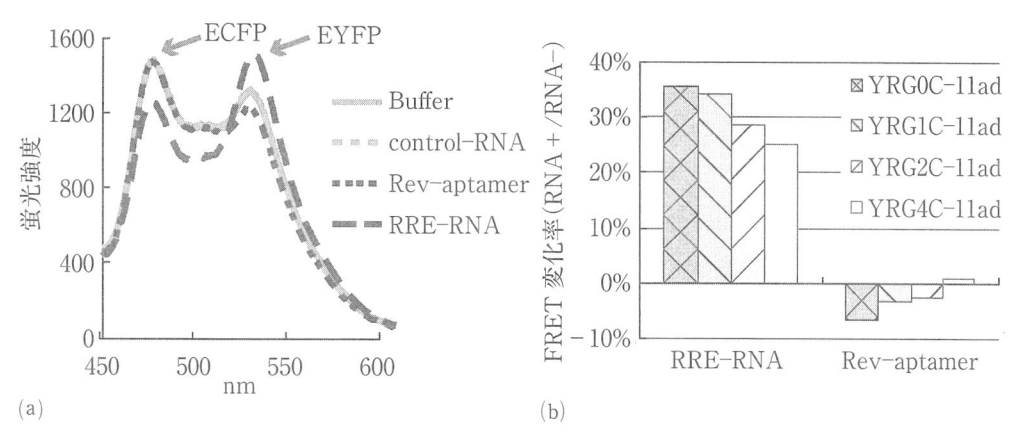

第5章 ライフサーベイヤをめざしたデジタル精密計測技術の開発

図4 RNAの結合によるFRETシグナルの変化
a: FRETタンパク質プローブが示す蛍光スペクトル変化。RNA（60 pmol）と混合したYRG0C-11adを発現する細胞ライセートの蛍光スペクトルを示す。蛍光強度はwild-typeの細胞ライセートから得られる蛍光スペクトルを差し引くことにより補正した。
b: 各バリアントにおけるFRETシグナル変化。RNA（60 pmol）の混合前後でのFRETシグナル変化を，各バリアントについて百分率として示す。

は，蛍光分子間の距離変化に大きく依存するというFRETシグナルの特性を反映したものであり，リンカーの長さが短いほどペプチド構造変化に伴う距離変化の影響が大きく表れてきたものであると考えられる。また補足として，最も大きなFRETシグナル変化を示したYRG0C-11adとRRE-RNAとの結合の組み合わせにおいては約35％のFRETシグナル上昇を示し，これまでに開発されてきているその他の分子内FRETプローブと比較しても遜色ない変化を示した。

5.4.3 細胞内におけるRNAの検出

*in vitro*での実験において設計・構築したFRETタンパク質プローブがRNAのインジケーターとして機能することが確認されたため，次に，このFRETタンパク質プローブが細胞内でも同様にして機能するのかどうかを検討した。

細胞内でのFRETタンパク質プローブの機能を評価するには，これまでの実験結果から効率の良いFRETシグナル変化を示したYRG0C-11adのバリアントを用いることにし，このプローブを安定発現するHeLa細胞の株化を行った。そして，株化したこの細胞に対して*in vitro*で転写合成したRNAを直接導入することによりFRETシグナルが変化するのかどうかを検討した。FRETシグナルの評価には浜松ホトニクスのAquaCosmos/FRET W-viewシステムを使用し，撮影したECFP蛍光イメージとEYFP蛍光イメージを重ねあわせ，EYFP/ECFPの蛍光強度比をイメージとして表した。図5には，lipofectamineを用いてRNAを導入し，6時間後に得られたFRETシグナルのイメージから蛍光強度比を値として表したグラフを示してある。その結果，RRE-RNAを導入した細胞で顕著なFRETシグナルの上昇を捉えることができている。またイ

メージとして写真に表した結果では，FRET シグナルの上昇を示している細胞集団の中でも個々の細胞を比較すると若干の差があり，RNA の導入効率の違いを表しているのではないかと考えられた（カラー写真のため掲載なし）。一方で，*in vitro* での実験結果では FRET シグナルの減少を示していた Rev-aptamer を導入した細胞では control 細胞と比較して顕著な差は見られず，FRET シグナルの減少率の低さが影響しているものと考えられる。しかしながらこの結果より，FRET タンパク質プローブ YRG0C-11ad が細胞内という環境においても RRE-RNA を認識して FRET シグナルを上昇させることが確認され，細胞内で安定的に発現する RNA 検出用プローブとして利用できる可能性を示すことができた。

5.5 任意配列 RNA を検出するための split-RNA プローブの設計

ここまでの結果より，構築した FRET タンパク質プローブが細胞外・細胞内どちらにおいても RRE-RNA を認識して FRET シグナルを上昇させることが示され，RNA をイメージングするためのタンパク質プローブとして機能しうることが明らかとなった。しかし，FRET タンパク質プローブ単独では RRE-RNA の配列を有する RNA のみしか検出することができず，我々の当初の目的であった細胞内における特定 RNA の検出を達成することはかなわない。そこで我々は，FRET タンパク質プローブに結合する RRE-RNA 側に細工を加えた split-RRE-RNA プローブを設計することにより，任意配列を有する特定 RNA を FRET シグナルの変化によって検出できるようにした。以下にはその特定 RNA 検出の原理について解説を行う。

前述したように，核酸は配列特異的な認識能を有する優れた生体材料とみなすことができ，任意配列を有する RNA を検出するための標識核酸プローブとして広く利用されてきた。さらには，

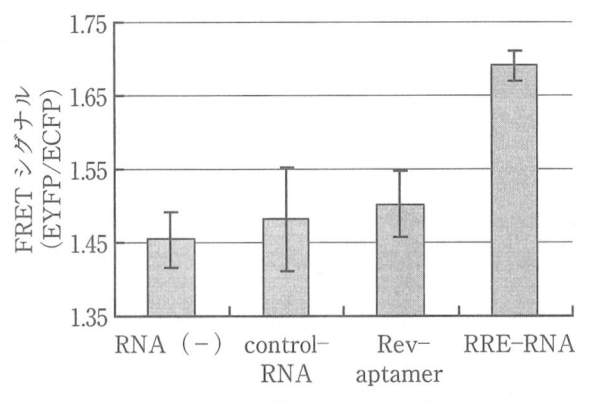

図5 RNA 導入後の細胞内 FRET シグナル変化
各 RNA 320 pmol を，lipofectamine を使用して直接導入し，6 時間後に FRET シグナルを評価した。得られた FRET イメージからシグナルの平均値を算出した。

第5章　ライフサーベイヤをめざしたデジタル精密計測技術の開発

相補配列同士の塩基対形成は1対1の関係で成り立つものだけではなく，配列設計しだいでは3本の核酸からなる分岐構造を持った three way junction などを形成させることも可能である。我々は，この核酸塩基対形成の特性を利用して設計を行うことにより，three way junction の形成に伴う RNA 二次構造の再構成が可能になると考えた。そして，RRE-RNA を二分割し，そこに検出対象となる特定 RNA と塩基対を形成する相補配列を付加した split-RRE-RNA プローブを設計した。RRE-RNA はヘアピンループからなるステム構造をとるものの，一部にはバルジやインターナルループの構造を含み完全には相補しないため，2本の split-RRE-RNA プローブ同士は互いに塩基対を形成しないことが予測される。そのため，検出系の中に FRET タンパク質プローブと split-RRE-RNA プローブが存在していたとしても何も変化は起こらない。しかし，ここに検出対象となる特定 RNA が存在すると，

① 2本の split-RRE-RNA プローブが特定 RNA 上の隣接部位にそれぞれ塩基対を形成して結合し，3本の RNA からなる複合体を形成する（hybridized complex）。

② 分割されていた RRE-RNA の配列が complex の形成に伴って隣接し，バルジとインターナルループを含んだ Rev ペプチドの認識部位が再構成される。

③ その結果として，FRET タンパク質プローブが hybridized complex 上の RRE-RNA 部位と結合できるようになり，FRET シグナルが上昇する。

つまり，FRET シグナルの変化を用いて間接的に検出対象である特定 RNA を検出できるようになるのである（図6）。さらには，分割した RRE-RNA に付加する相補配列は任意に設計が可能であるため，相補配列しだいでどのような配列の RNA も検出対象として設定可能である。また，これら FRET タンパク質プローブと split-RRE-RNA プローブからなるプローブセットは，遺伝子として導入することにより細胞内での長期安定発現が可能な生体材料プローブであるといえる。

5.6　任意配列を有する RNA の検出[9]

　split-RRE-RNA プローブとそこから形成される hybridized complex を設計するにあたり，ここでも FRET タンパク質プローブの時と同様にいくつかのバリアントを用意することにした。まず，RRE-RNA をヘアピンループ構造のループ部位にて分割した split-RRE-1 および split-RRE-2 を作製する。そして，この2つの RNA に相補配列を付加して split-RRE-RNA プローブとするわけであるが，このとき，RRE-RNA のループとなる側に相補配列を付加するタイプと，反対のステム側に付加するタイプの二種類を設計することにした。そして，相補配列と split-RRE との間にスペーサーとなる配列を挿入するかしないかで合計4種類の split-RRE-RNA プローブを設計した（RRE-TR1-1～4, RRE-TR2-1～4）。図7a にはそれぞれの split-RRE-RNA

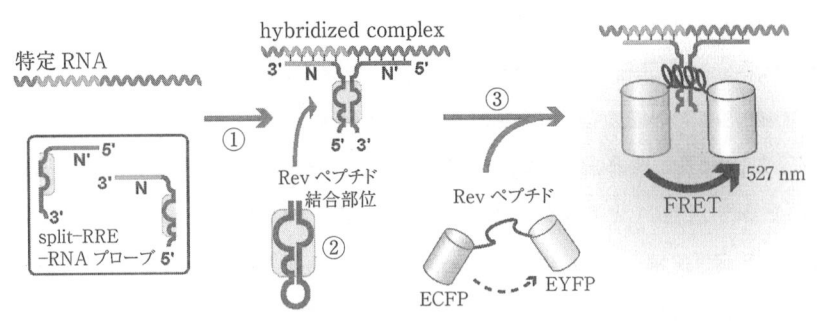

図6 FRETタンパク質プローブとsplit-RRE-RNAプローブによる特定RNAの検出原理
① split-RRE-RNAプローブが検出対象である特定RNAに塩基対形成してhybridized complexを形成する。
② 分割されていたRRE-RNA中のRevペプチド結合部位が再構成される。
③ FRETタンパク質プローブがhybridized complexに結合することによりFRETシグナルが上昇する。

プローブから形成されるhybridized complexの概略図を示してあり，図中の枠で囲ってある配列部分はRevペプチドが結合するのに必須とされている領域である。

5.6.1 hybridized complexの添加に伴うFRETシグナル変化

我々はまず，split-RRE-RNAプローブ300 pmolに対して検出対象である任意配列RNA（specific target）を150 pmol混合し，70℃で10分間インキュベートすることによりhybridized complexの作製を行った。そして形成させたhybridized complexとYRG0C-11adを発現する細胞ライセートとを混合し，その後のFRETシグナルの変化を蛍光スペクトル測定によって評価した。その結果，4種類のバリアントのうちの3種類において，作製したhybridized complexを添加したサンプルでFRETシグナルの上昇を確認することができた（図7b）。一方で，controlとなるRNA（non-specific target）を用いて同様に実験を行ったサンプルでは，split-RRE-RNAプローブのみとライセートを混合したtarget RNA（−）のサンプルとほぼ同じFRETシグナルの値を示した。これらの結果より，形成されたhybridized complexに対してYRG0C-11adのFRETタンパク質プローブが結合し，図6に示すような形でFRETシグナルを上昇させていると考えられる。最も大きなFRETシグナル変化を示したバリアントはNo. 4の設計であり，細胞内でのFRETイメージングにも適応できると考えられる約22％のシグナル上昇を示した。また補足として，RRE-RNA単独で混合した場合と比較してFRETシグナルの上昇率が異なるのは，それぞれのRNAの立体構造を反映しており，特にhybridized complexの場合では立体障害などの影響からシグナルの上昇率が低くなっているものと思われる。

5.6.2 特定RNAのホモジニアスアッセイ

あらかじめ作製したhybridized complexに対してFRETタンパク質プローブを添加することによりFRETシグナルの上昇を確認できたが，細胞内における特定RNAの検出へ応用を考え

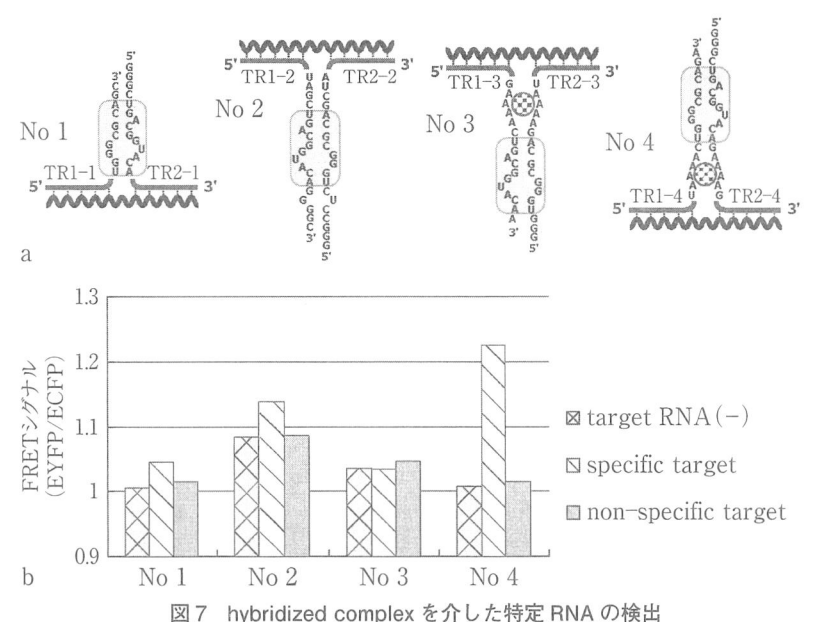

第 5 章　ライフサーベイヤをめざしたデジタル精密計測技術の開発

図7　hybridized complex を介した特定 RNA の検出
a: 設計した hybridized complex の概略図。枠内は Rev ペプチドの結合部位を，網掛け枠部位は構造的自由度を持たせるために挿入したスペーサー部位を示す。
b: hybridized complex の添加による FRET シグナル変化。形成させた hybridized complex と YRG0C-11ad を発現する細胞ライセートを混合し，FRET シグナルの値を蛍光スペクトル測定により評価した。

た場合には生体環境に適応した条件で RNA を検出できなくてはならない。そこで次に，hybridized complex の形成を介した任意配列 RNA の検出が細胞の培養条件と同じ 37℃においても可能であるのかどうかを検討した。

　まず，前述の実験で最も効率の良い FRET シグナル上昇を示した No. 4 の split-RRE-RNA プローブ 1 μM と細胞のライセートを混合し，37℃でインキュベートして蛍光スペクトルを測定した。そこに，検出対象である specific RNA もしくは control である non-specific RNA を 500 nM の濃度で添加し，37℃に保温しながら経時的に蛍光スペクトルを測定して FRET シグナルの変化を評価した。その結果，specific RNA を添加したサンプルでは hybridized complex の形成に伴うと思われる経時的な FRET シグナルの上昇を確認することができた（図8a）。一方で，non-specific RNA を添加したサンプルでは FRET シグナルの変化がみられないことから，検出対象である specific RNA を 37℃におけるホモジニアスな系で検出できることが示された。また，RRE-RNA を単独で検出した場合には数分で FRET シグナルの変化が終了していたことから，60分までにわたる経時的な FRET シグナルの上昇は split-RRE-RNA プローブの塩基対形成段階が律速になっていると考えられる。

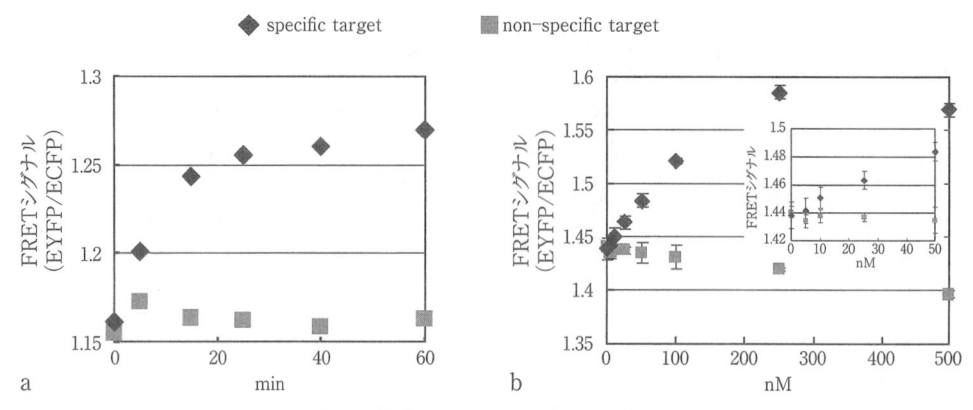

図8 特定 RNA のホモジニアス検出
a: FRET シグナルの経時変化。YRG0C-11ad を発現する細胞ライセートと，1 μM split-RRE-RNA プローブおよび 500 nM target-RNA を同時に混合し，37℃に保温しながら経時的な FRET シグナル変化を評価した。
b: FRET シグナル変化の RNA 濃度依存性。各濃度の target-RNA を，YRG0C-11ad を発現する細胞ライセートおよび 500 nM split-RRE-RNA プローブと混合し，蛍光プレートリーダーを用いて FRET シグナルの値を評価した。

次に，RNA 濃度依存的に任意配列 RNA を検出できるかどうかを試みた。濃度を振った specific RNA もしくは non-specific RNA に対して split-RRE-RNA プローブ 500 nM と細胞ライセートを混合し，37℃で 90 分間インキュベートした後に FRET シグナルを測定した。また，ここでの実験ではこれまでの蛍光スペクトル測定ではなく，多検体測定に適した蛍光プレートリーダーを用いて EYFP と ECFP の蛍光強度を測定し，EYFP/ECFP 蛍光強度比として FRET シグナルを算出した。結果として，検出対象である specific RNA の場合では RNA 濃度依存的な FRET シグナルの上昇を確認でき，non-specific RNA の場合では FRET シグナルの上昇は認められなかったことから，十分な配列特異性を持って specific RNA を検出できていることが確認された（図8b）。これらの結果より，split-RRE-RNA プローブと FRET タンパク質プローブとを協調的に働かせることにより，任意配列を有する RNA を細胞培養条件に適応できる環境で検出可能であることが明らかとなった。また，その検出限界は 10 nM であり，これまでに開発されてきた FRET タンパク質プローブと比較しても低濃度まで検出可能であることが示された[10,11]。

5.7 おわりに

ここでは，我々が開発を行った生体材料プローブを用いた特定 RNA の検出法について解説を行ってきた。我々は FRET タンパク質プローブと配列設計が可能な split-RRE-RNA プローブという二種類の生体材料プローブを設計し，ペプチド-RNA 間の相互作用を利用してこれらの

第5章 ライフサーベイヤをめざしたデジタル精密計測技術の開発

プローブを関連付けた．そして，検出のためのシグナル変化を示す役割をタンパク質プローブに担わせ，検出対象となる RNA を認識する役割を RNA プローブに担わせることにより，任意な配列を有する特定 RNA を検出できるようにした．実験結果として，細胞のライセートを用いた *in vitro* の系において効率よく特定 RNA を検出できることが示され，また，FRET タンパク質プローブが細胞内でも機能することが示されている．そのため，FRET タンパク質プローブと split-RRE-RNA プローブを安定的に発現する細胞を作製することにより，細胞内で転写されてくる特定 RNA を長期にわたって解析できるようになると期待される．

現在我々は，特定 mRNA を対象として細胞内で転写されている mRNA 解析実験の検討を行うと共に，より定量的な RNA 検出に向けて，FRET とは別に発光シグナルを用いて特定 RNA を検出する技術の開発も進めている．蛍光や発光といった光シグナルは高感度な検出を可能とする優れたシグナルであり，近年の測定技術の発展に伴い，生細胞内だけではなく生きた動物個体内でのバイオイメージングも可能になってきている．よって，ここで解説した RNA 検出技術をさらに進展させていくことにより，mRNA の転写解析ばかりではなく，ノンコーディング RNA の機能解析や，RNA と生体機能との関わりを理解していくうえで不可欠な RNA バイオイメージング技術として確立させたいと考えている．

謝辞

本研究の一部は，文部科学省化学研究費補助金特定領域研究「ライフサーベイヤをめざしたデジタル精密計測技術の開発」からの支援を受けて実施した．

文　献

1) J. S. Mattick, *EMBO Rep.*, **2**, 986 (2001)
2) S. Tyagi *et al.*, *Nat. Biotechnol.*, **14**, 303 (1996)
3) S. Tyagi *et al.*, *Biophys. J.*, **87**, 4153 (2004)
4) X. H. Peng *et al.*, *Cancer Res.*, **65**, 1909 (2005)
5) K. Truong *et al.*, *Curr. Opin. Struct. Biol.*, **11**, 573 (2001)
6) J. R. Williamson, *Nat. Struct. Biol.*, **7**, 834 (2000)
7) J. L. Battiste *et al.*, *Science*, **273**, 1547 (1996)
8) X. Ye *et al.*, *Chem. Biol.*, **6**, 657 (1999)
9) T. Endoh *et al.*, *Anal. Chem.*, **77**, 4308 (2005)
10) A. Miyawaki *et al.*, *Nature*, **388**, 882 (1997)
11) A. Honda *et al.*, *Proc. Natl. Acad. Sci. USA*, **98**, 2437 (2001)

6 細胞丸ごとRNA解析に向けたバイオインフォマティクス技術

秋山 泰*

6.1 はじめに

ライフサーベイヤを目指したデジタル精密計測技術の開発に向けて，パイロシーケンシング法の効率化，ギガタイタープレートによる大量同時シーケンシングシステムの開発，細胞およびRNAの調整，微小セル内でのcDNAのPCR増幅などの諸手法の改良が鋭意試みられている。

ひとたび網羅的計測システムが稼働しはじめれば，1枚のギガタイタープレート上で1細胞から抽出された数千本ないし最終的にはおそらく数十万本のmRNA断片配列が同時にシーケンシングされることになる。各反応セル毎に1本以下の鋳型配列を割り当てられるような濃度条件で適用できれば，それぞれのmRNA配列の細胞内でのデジタルカウント数も得られる。現在，既知遺伝子の発現解析に広く用いられているマイクロアレイ技術においてさえも，得られるハイブリダイゼーションのパターン情報は膨大であり，その観測結果をどのように情報処理して知識を得るかは問題とされてきたが，コピー数の少ない転写物や未知配列をも含めた全デジタルカウント情報が得られる，来るべきライフサーベイヤ・システムにおいては，出力される情報量はそれを遙かに凌駕するものとなる。本節では，このような「細胞丸ごとRNA解析」で必要とされるバイオインフォマティクス技術について考察し，これまでの筆者らの試みについて紹介したい。

筆者らはライフサーベイヤ・プロジェクトの代表者である神原秀記先生との共同研究の中で，これらの網羅的計測データを処理するためのデータ処理ソフトウェアの作成を担当している。これまでの筆者らの経験によれば，ハードウェアシステムの開発プロジェクトにおいて，ソフトウェア作成を後回しにしていると結局そこがボトルネックとなり，計測の基本性能は優れていても利用者にとって使い勝手の悪いシステムになったり，大量データに対する実際的な利用（プロダクト・ラン）が困難になったりするケースが散見される。実験システム側の仕様や性能が未定の時点でソフトウェアを作り始めるのは甚だ無謀な面もあるが，利用者を想定したソフトウェア作りに早期から着手することは，様々な利用イメージが膨らみ，システム開発全体の活性化や仕様案の再検証にもつながると期待できる。何よりも重要なことは，ユーザとなる生物学・医学研究者にシステムの全体像をできるだけ早期に示し，新しい利用法を考えて貰うことであろう。

筆者らはこれまでに，大規模な質量分析システムのソフトウェアや，時系列観測ができる細胞アレイ上での遺伝子の発現量変動の解析ソフトウェアなどの作成において，計測装置の開発者と連携したバイオインフォマティクス開発を行ってきた経験がある。しかし，ライフサーベイヤ計

---

* Yutaka Akiyama （独）産業技術総合研究所　生命情報科学研究センター　センター長／
東京工業大学　大学院情報理工学研究科　教授

第 5 章　ライフサーベイヤをめざしたデジタル精密計測技術の開発

画では，従来とは明らかに違う経験をしている。ライフサーベイヤが目指す計測は，ゲノムからの転写物の全体像に迫るものであるため，転写産物に関する最新のゲノム科学の知見との広い連携が必要とされ，また細胞の丸ごと計測であるため細胞の分化や疾病の情報との連携も必要となっている。また技術開発そのものの難度も高いため，高度に学際的な開発体制となっている。細胞丸ごと計測技術が現れたときに，我が国がソフトウェア開発や利用面で後手を取らないためにも，少しでも多くのバイオインフォマティクス研究者やユーザの参入が重要だと思われる。

6.2　細胞丸ごと RNA 解析で必要となる情報処理の流れ

細胞丸ごと RNA 解析で必要と考えられる情報処理の流れを，図 1 に示す。

単一細胞丸ごとのシーケンシングを行う場合，まず初めに PCR 増幅におけるプライマー設計支援の問題があるが，これについては後で触れることにする。次に，パイロシーケンシング法で得られる各微小セルごとの発光信号から DNA 配列情報に変換する過程がある。パイロシーケンシング法の特徴を良く吟味した信号の誤り修正などの手法の設計が必要であろう。そうして各微小セルごとに DNA 配列情報が得られた後は，数千ないし数十万個にも及ぶ全体のセルの中で，同じ配列の情報がないかを前処理してまとめる作業が求められる。このとき，どの程度異なる配列を「同一」とみなすかによって，後の処理に様々な影響があるが，コピー数が多数ある配列についてこの時点でできるだけまとめておくことは実務上重要だと考えられる。

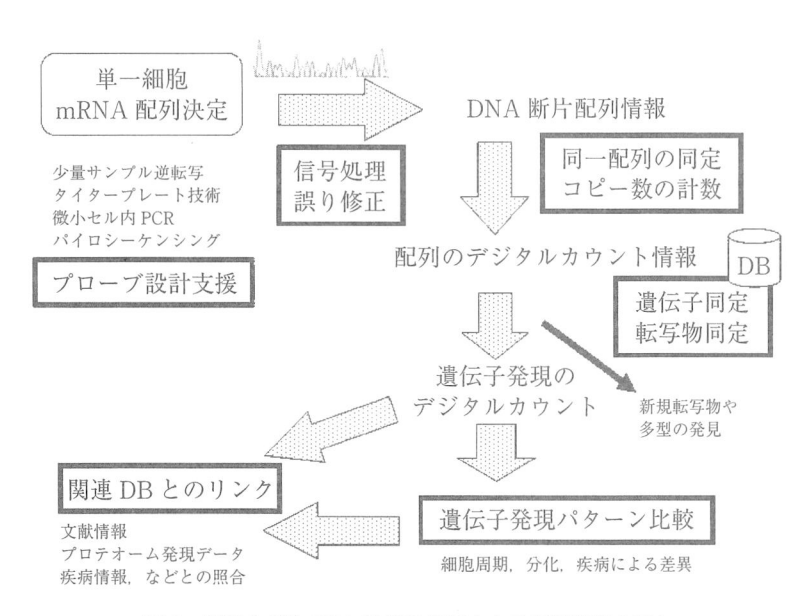

図 1　細胞丸ごと RNA 解析で必要となる情報処理の流れ

一細胞定量解析の最前線―ライフサーベイヤ構築に向けて―

まとめられた DNA 配列断片情報に対して，既知の遺伝子配列データベース，またはゲノム配列データベースとの比較により，断片がどの遺伝子，あるいはゲノム領域と対応するかを同定する処理が本質的に重要なステップである。いわゆる遺伝子だけを調べる場合には，UniGene などの代表的な遺伝子配列データベースと比較すれば良いが，最近の分子生物学の研究により，遺伝子の転写開始点は様々にばらついており，また選択的スプライシング（alternative splicing）のパターンも高等生物では予想以上に多いことが知られている。このため「遺伝子」という概念は，以前のそれに比べて遙かに曖昧で多様なものになりつつあり，少しずつ異なる転写産物のカタログを注意深く用意しておく必要性がある。この比較の過程で，計測されたデータが既知の転写配列のカタログと一致しない場合には，新規の転写配列あるいは多型が発見された可能性があるので，ユーザにそれを明示的に報告する機能が必要となる。

一方，転写配列のカタログではなくヒト等のゲノム配列データそのものに帰属する場合には，準備すべきデータベースは単純化され最新のゲノム配列だけになるが，スプライシングによって途中で不連続になる転写配列をどのようにゲノム上に正確に帰属するかに，やや難しさがある。

各遺伝子配列ごとにデジタルカウント情報が得られることから，これを既知の発現プロファイル情報と比較することが可能となる（6.4 項で詳述する）。現在のところ，比較すべき発現プロファイル情報は，主に既存のマイクロアレイ技術によって得られた実験データであるが，将来的にはライフサーベイヤ・システムそのもので取られた精密データを蓄積して，他の細胞条件での計測結果との比較を行うことが想定される。この過程では，細胞周期，細胞の臓器ごとの分化などによる発現パターンの差異のほかに，疾病などの異常による差異が検出されるので，統計的に有意な差が発見された場合に，ユーザに判りやすく表示する機能が求められる。

こうして遺伝子の発現パターンの統計的特徴や，既知データと比較した際に見られる異常についての情報が得られた後には，特に注目すべき遺伝子などに絞って，既知の文献や，プロテオーム発現情報，疾病情報データベースなどへのリンクを自動的に提供し，ユーザに当該細胞の状態を推定する手がかりを与える機能が求められる。このような情報リンクを提供することは，バイオインフォマティクスがこれまでも得意としてきた部分である。

最初に述べた PCR 増幅におけるプライマー設計の問題は，システムのプロトタイプの試作が進むに連れて重要性を増しつつある。現在のところ，poly A 領域などに注目した非特異的な増幅をするのか，各微小セルごとに特定の遺伝子配列の増幅を目指すのかなどシステムの設計指針にまだ幅がある段階である。後者の場合は，完全な未知配列には対応できなくなるが，あらかじめ想定しておいた既知配列の集合についてマイクロアレイでは得られない精密デジタルカウントが可能となり，選択的スプライシングや多型に伴う様々な転写物の変化にも，マイクロアレイにおけるハイブリダイゼーションの場合とは異なり，柔軟に対処できる等の様々な利点がある。

第 5 章　ライフサーベイヤをめざしたデジタル精密計測技術の開発

6.3　データの一括処理を支援するソフトウェアの開発

　ギガタイタープレート上で読み取られた配列情報は，膨大な数の独立の断片 DNA 配列データとして与えられる。前述したように，このうち配列が完全に一致するもの，末端が部分的に良く重なり合うもの，しきい値以下の若干の読み違いだけで重なり合うものなどを相互にまとめ上げて，基本となる配列とそのデジタルカウントの形に仕上げる前処理が必要となる。

　次に，前処理によって配列とカウントの組として得られたデータの各々について，既存の遺伝子配列データベースとの比較などの処理が必要となる。その膨大なデータの解析結果をユーザにわかりやすく示す必要性から，データの一括処理を支援するソフトウェアの開発を始めた。図 2 に我々が作成したソフトウェアのプロトタイプ版の表示画面の例を示す[1]。

　このソフトウェアは，入力された各配列断片について，既存の DNA 配列データベースとの相同性検索，モチーフデータベースとの比較検索などを自動的に実施する目的で設計した。タンパク質のコード領域であることが確認された場合には，既存のタンパク質配列データや，立体構造データへのリンク，既知の生体ネットワークの情報へのリンクなどを貼り付ける機能もある。少なくとも数百～数千件の配列データが与えられるので，これらを手動で行うことは困難であるが，試作したシステム上では大量のデータに対する相同性検索計算を自動的に実行する機能などが埋め込まれている。

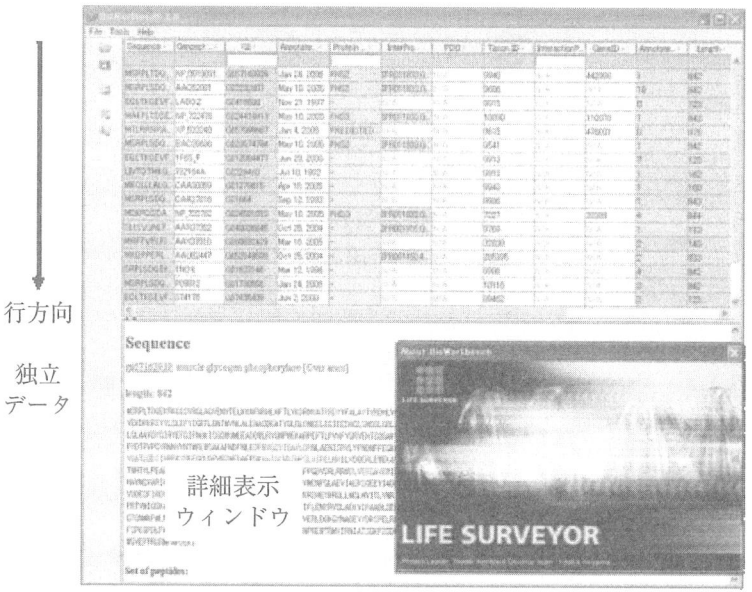

図 2　計測データの一括処理用ソフトウェア（プロトタイプ版）の画面例

図2に示すように，操作画面上には表計算ソフトのような縦横のマス目を配し，前処理の結果として得られた大量の配列断片データを縦方向に並べ，相同性解析やモチーフ解析等のバイオインフォマティクス解析結果が横方向に並ぶ設計とした。いわゆる表計算ソフトでは列間に加減乗除などの処理手順をあらかじめ定義できるが，当システムでは相同性解析 BLAST（Basic Local Alignment Search Tool）[2] の実行等の高度な処理を列間の関係として事前定義し，集団的に自動実行できる機能を持たせた点や，計算が終了した所から次々に表示が更新される機能などを持たせた点が，単に表計算ソフトを用いた実行結果の整理とは異なっている。

　高速化のために，BLAST による相同性検索の計算はネットワークで結ばれた遠隔の大規模並列サーバで実施できるようにした。当初の設計では，当面の目標は数百～千配列程度とのことであったが，ライフサーベイヤ・システムが最終目標とする仕様が数千～数十万配列に拡大したため，BLAST のようにやや柔軟性のある相同性解析ではなく，後述する BLAT 法の借用や，独自設計した柔軟性の少ない文字列比較のアルゴリズムなどを用いて，より高速に既知転写配列との比較を実施する必要性も生じつつある。

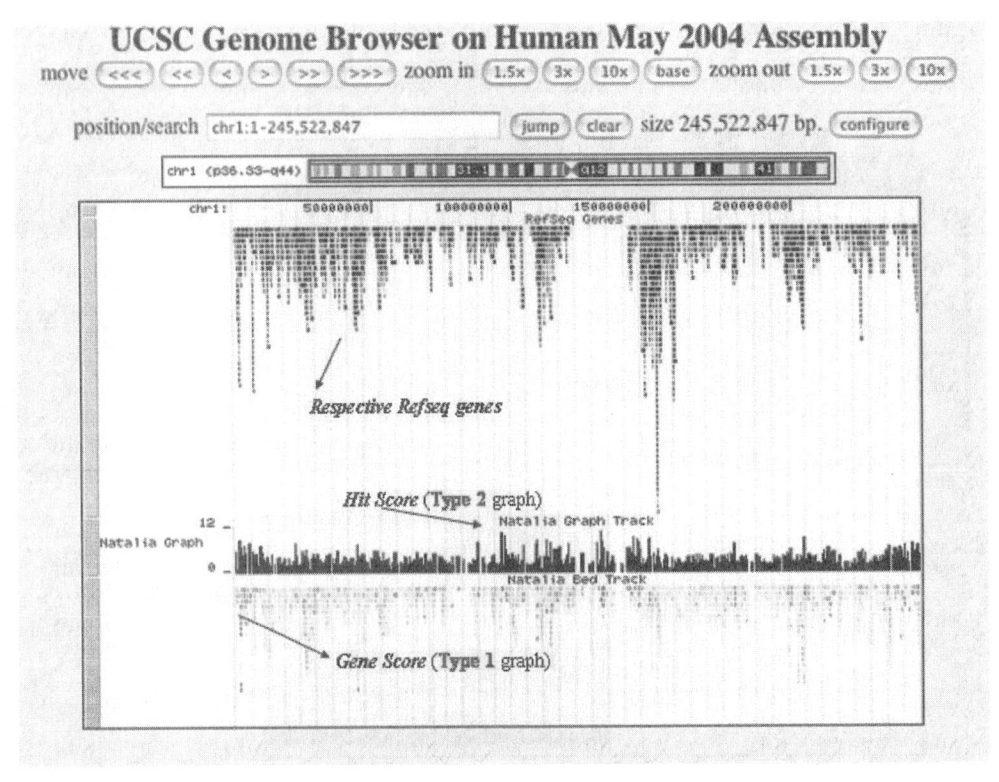

図3　ゲノムブラウザ上への，配列のデジタルカウントデータの貼り付け

第5章　ライフサーベイヤをめざしたデジタル精密計測技術の開発

　ヒトゲノム配列上への貼り付けについては，図3に示すようなシステムを試作した。ゲノム配列のブラウザとしては UCSC（カリフォルニア大学サンタクルーズ校）のバイオインフォマティクス研究グループが開発した UCSC Genome Browser[3] が有名であり，世界中で広く利用されている。同システムでは，横方向にゲノムの配列が表示され，縦方向に様々な関連情報が併せて表示される。表示倍率を様々に変化させたり，染色体上の任意の場所にジャンプすることなどが可能となっている。UCSC Genome Browser には，ユーザが表示データを増設する機能があらかじめ準備されているため，我々もその拡張機能を利用して，画面上に独自に定義した表示領域を作り，得られた配列カウントを表示するシステムを作成した。

　ゲノム上のどの位置に断片配列を貼り付けるかについては，ゲノム配列上への貼り付け専用に開発された BLAT（Blast Like Alignment Tool）[4] ソフトウェアを用いて位置決めを行った。BLAT は，同じく UCSC グループによって作成されたソフトウェアで，一般的な相同性解析を行う BLAST プログラムとは名前は似ているが目的が異なり，ヒトゲノム配列上に現れる（繰り返し配列を除く）全ての 11 塩基をメモリ上にインデックス表として保持することにより高速にゲノム上への貼り付けを行う機能を提供している。

　現在はまだライフサーベイヤ・システムにおける実際の計測データは得られていないため，下記の方法で，まずダミーの断片配列データセットを作成した。Bertone らが 2004 年に Science 誌に発表[5] した，ヒトゲノムのタイリングアレイを用いた肝臓細胞における発現解析の実験データが公開されている。これはヒトゲノムの全長を 46 塩基ごとの小領域に区切って，その中央の 36 塩基部分（センス鎖，アンチセンス鎖の両方）をプローブ配列として，ゲノム全域をカバーするタイリングアレイを作成（約 5200 万プローブ）し，肝臓細胞内の mRNA との網羅的なハイブリダイゼーションを調べた研究である。このうち，信号強度が明らかに高かったものが，約 50 万プローブ（499,649 プローブ）あったとのことであるので，我々はこの約 50 万プローブに相当する配列が，仮にライフサーベイヤ・システムを肝臓細胞に対して適用した場合に得られるものと仮定して，ダミーの断片データ集合を作成した。作成手順があくまでもゲノム配列に密接したタイリングアレイに基づいているため，スプライシングによる不連続な転写配列などは再現できていないが，長さ 36 塩基の短い配列を約 50 万配列集めた大きな規模のデータを用いることで，システムの動作検証などをできるだけ先に進めたいと考えている。

　ライフサーベイヤ・システムは，コピー数の少ない転写配列についても検出が可能になると期待されているため，高等生物における遺伝子の転写メカニズムの研究にも大きく貢献することが考えられる。そのためには世界中で標準的に用いられている UCSC Genome Browser などを通じて，多くのゲノム研究者にアクセスできる形で転写物のカウント情報を表示する機能を提供することは重要であろう。ただし巨大な染色体上のどの部分から得られた断片配列であるかを示す

のにはゲノムブラウザは都合が良いものの，選択的スプライシングなどの詳細な情報をどのようにゲノム上で表示するかはまだ課題となっている。

6.4 既知の発現プロファイル情報との比較

ライフサーベイヤ・システムが実現されれば，各転写配列の精密なデジタルカウントが得られるため，発現情報を精度よく，かつ広いダイナミックレンジで計測することができると期待される。その意味では全く新しい発現情報が得られることになり，従来とは異なった分子生物学研究のフロンティアが切り拓かれる。

しかしその一方で，既に膨大に蓄積されつつある既存の発現プロファイルの情報や，それに基づく多くの研究成果を無視することはできない。特に重要なのは，マイクロアレイ技術に基づくハイブリダイゼーションの計測結果である。そこで本項では，既存のマイクロアレイの計測結果と，ライフサーベイヤ・システムで得られるデータを比較する手法について述べる。

バイオインフォマティクスの研究分野では，アメリカにおけるNCBI（National Center for Biotechnology Information, メリーランド州ベセスダ）と，欧州連合におけるEBI（European Bioinformatics Institute, 英国ケンブリッジ郊外ヒンクストン）の2つの大きな研究機関が有名であり，様々なデータベースの提供やツールの開発を行っている。マイクロアレイの計測結果についても，この2つの機関が重要なデータベースを提供している。NCBIでは，GEO（Gene Expression Omnibus）と称するデータベース[6]を，一方のEBIではArrayExpressというデータベース[7]を提供しており，これらはともに世界中から登録されたマイクロアレイに基づく実験結果を集積したものである。例えばGEOにおいては，2006年秋現在で13万件を越すデータが登録されている。ただし，それらのデータは異なるプラットフォーム（マイクロアレイの会社や型番の違い，またはRT-PCR法などの異なる計測手法）で得られたものが混在しており，現在，プラットフォームの総数は3000種類を超えている。この事態をそのまま単純に捉えると，まるで「バベルの塔」の伝説のごとき状態であり，せっかく多くの登録情報があっても，相互に意味の通じる比較はできないのではないかとも思われる。しかし我々はプラットフォーム間を越えて既存の情報を活かす方法論を既に確立しつつある。

筆者の所属する産業技術総合研究所　生命情報科学研究センターに，研究員として所属している藤渕航博士は，以前はNCBIの研究職員（米国連邦職員）としてGEOプロジェクトの立ち上げに参加し，GEOのWWWサービスの初期版を開発した人物である。その後，藤渕氏は産業技術総合研究所に移籍し，彼独自のCellMontage（セル・モンタージュ）と呼称するマイクロアレイの発現データ間の比較等を行う総合的なシステムを開発した[8,9]。

CellMontageには様々な独自の特徴があるが，まずその一つは，異なるプラットフォーム間の

第5章 ライフサーベイヤをめざしたデジタル精密計測技術の開発

比較を可能とするために，各プラットフォームが用いているプローブの情報を，UniGene データベースの ID に変換し，相互参照表を保持している点である．しかしそれでも同じ遺伝子に対して異なるプローブが設計され，異なる実験条件が適用されればハイブリダイゼーションの結果が変わってきてしまうが，CellMontage では異なるプローブで測られた発現強度を生のまま利用するのではなく，遺伝子の発現強度の順位情報に変換して，順位相関係数を取ることでわざと情報を粗く扱っている．CellMontage システムの開発研究を通じて，藤渕氏らが明らかにした重要な知見の一つは，生物学的知識に基づいて慎重に選んだ少数のプローブ配列による比較ではなく，単にランダムに選んだプローブ配列であっても，約百本程度を比較に用いることができるならば（ただし同一プラットフォームの場合．異種プラットフォームでは配列数を増やす必要が生じる）十分に臓器の区別や細胞状態の区別が付く場合が多いという事実である．もちろん理想的には，その細胞状態の差を作りだしている遺伝子を全て詳細に理解し，少数のプローブだけで差異を計測すべきであるのだが，そのような理解に至る途中段階においては，多くの転写配列の集団的な動向を比較することでも，既知の細胞状態のどれに近いかを議論できるということである．

　図4に CellMontage システムが提供している機能の一つである，既知プロファイル情報の検

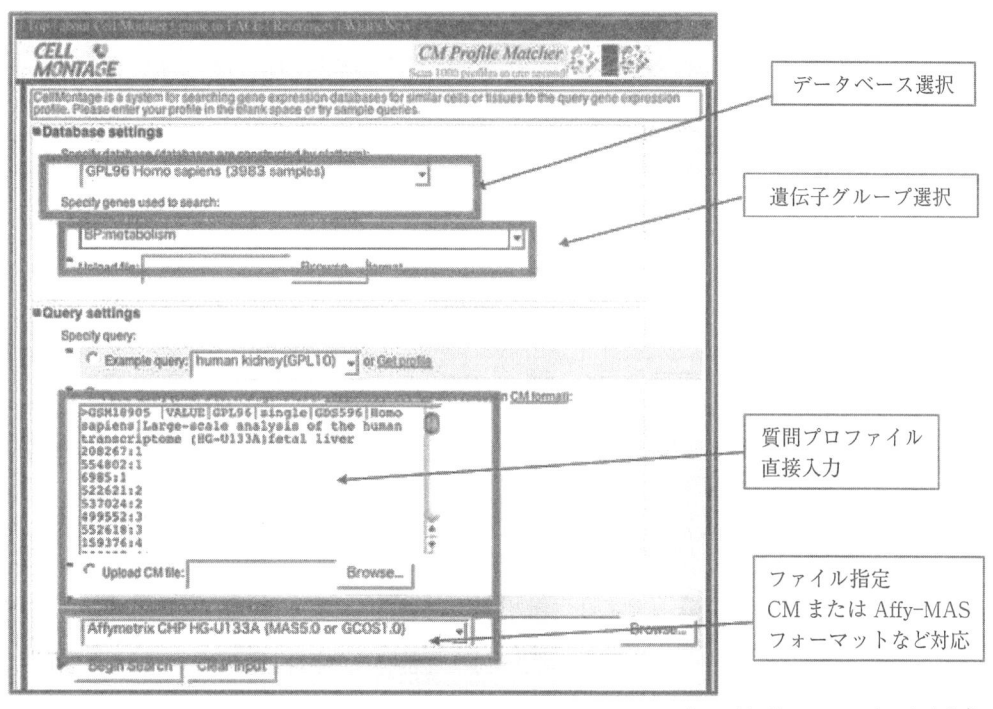

http://cellmontage.cbrc.jp/ より

図4　CellMontage システムにおける発現プロファイル比較サービス画面

―細胞定量解析の最前線―ライフサーベイヤ構築に向けて―

索画面（Profile Matcher）を示す．

　ユーザは自分が計測したマイクロアレイなどの発現プロファイル情報を入力することにより，GEOに登録された既知情報の部分集合の中から，似た発現プロファイルを高速に検索することが可能となっている．現在，ヒトで約2万件，全体で5万件以上の情報がCellMontageで利用できる形式で格納されており，これらの膨大な情報との間で順位相関係数を高速に計算するために，精度の高い独自の近似アルゴリズムが実装されている[10]．

　検索の結果は，図5の上部に示すようなリストとなって出力される．各行は，格納されている発現プロファイルのうち類似性の高いものを1件ずつ表示したものであり，偶然にそのようなマッチが起きると考えられる確率の低い順に表示されている．この画面の構成は，まるでBLASTプログラムによる，データベースからの相同配列探索のようであり，CellMontageシステムはユーザがあたかも相同性検索のように気軽に発現プロファイルの類似検索ができる機能を提供することを目指して設計されている．

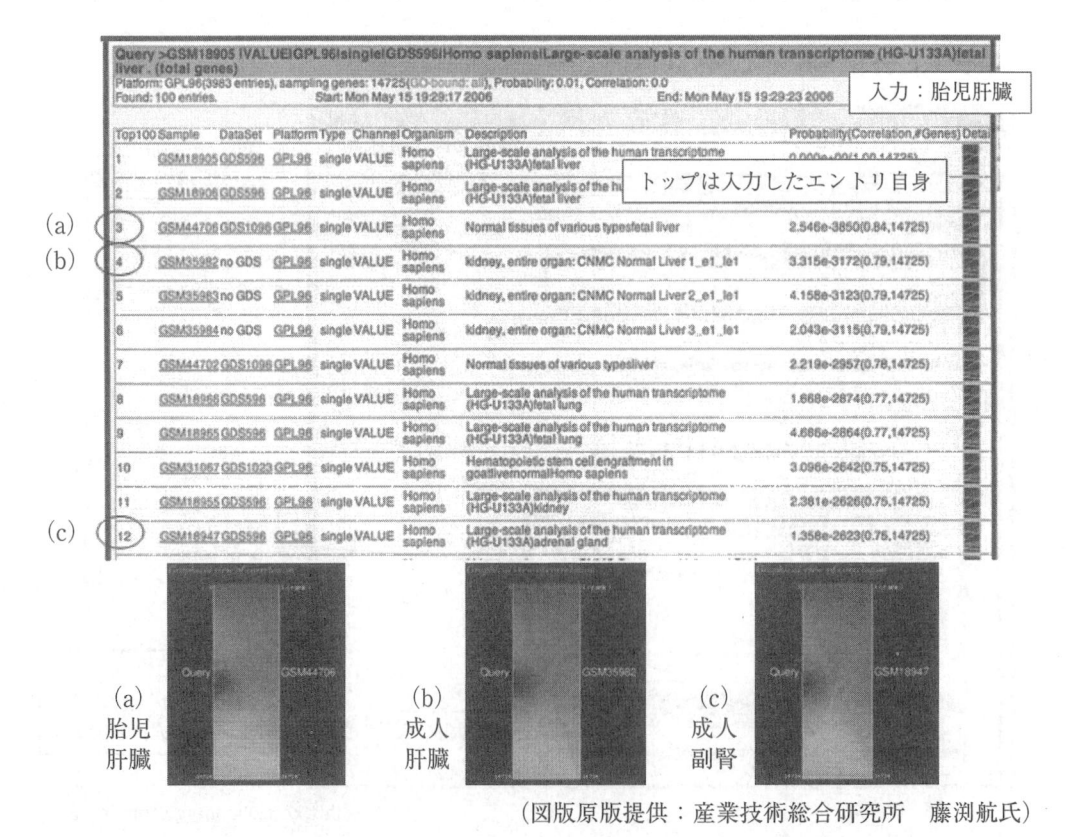

（図版原版提供：産業技術総合研究所　藤渕航氏）

図5　入力した遺伝子発現データと類似した発現プロファイル情報の高速検索

第5章 ライフサーベイヤをめざしたデジタル精密計測技術の開発

　図5の検索例は，問い合わせ入力にヒト胎児の肝臓におけるmRNA発現情報を登録した既存エントリをそのまま使い，他に類似した情報がシステム内に登録されているかを調べたものである。そのようなマッチが偶然でも起きると考えられる確率が低い順に並んでいる。上位の2件は，与えた既存エントリに対応するものがそのまま完全一致で得られたものであり，確率がほぼ0であることなどから同一エントリであることがすぐ理解できる。3番目にヒットした（a）の行は，他の実験条件によるヒト胎児の肝臓の発現プロファイルであり，高い一致が見られている。図5の下部に示した図は，問い合わせ入力と，ヒットした発現情報データとの間で，順位相関がどれだけ良いかを表した図であり，左右を結ぶ対応線の交錯が少ないほど遺伝子の発現順位が良く相関している様子を表している。4番目にヒットした（b）の行はヒト成人の肝臓でのデータである。一方，12番目にヒットした（c）の行はヒト成人の副腎の発現プロファイルであり，肝臓のデータでは無いにもかかわらず高い相関を示している。このような比較を繰り返すと判ることであるが，胎児の臓器の多くはまだ分化の途中にあり，他の多くの成人の臓器の中間的なプロファイルを示すことが多いようである。また図5とは別の例で，腎臓癌細胞などのデータを見ると，本来の臓器のプロファイルを逸脱し，他の（例えば筋肉細胞の）プロファイルとの類似性が見られる場合があることが，藤渕氏らの研究において示されている。

　このようなプロファイル間の比較を繰り返していくうちに，生物学的な知識を活用していない単純な発現データ間の順位相関という情報処理であっても，細胞の発現状態の差異もしくは距離のようなものが大まかに把握できることがわかってくる。そこで藤渕氏らは，まずGEOデータベースに登録された発現プロファイルデータを，73種類の細胞種に仮に分類し，定義した細胞種ごとに登録データをグループ化した上で，73種類の間での全てのペア（$73 \times 72 \div 2 = 2628$通り）について，グループ対グループでの総当たりの順位相関比較を行い，73種類のグループ間の相互の平均的な「距離」を計算した。このような数万回にもわたる膨大な計算が可能であるのは，前述のように高速なサービスを目指したアルゴリズムが実装済みであったためである。

　こうして得られた73種類の細胞「種別」の間で，特に距離が近いものを互いに線で結んでいくと，図6に掲げるような，細胞種間の「距離マップ」が得られた。このマップは，なんらの生物学的な知識なしに，コンピュータが計算で出した結果に過ぎないが，解剖学的あるいは細胞分化の生物学的知識から知られている細胞の系譜と良く一致している。藤渕氏らは，現在，さらに細胞の分類学を精緻にして，プロファイルデータの再整理を行い，WWWサイト（http://celmontage.cbrc.jp/）上で結果を公開している。

　このような細胞系譜の図を，発現データ間の順位相関係数の計算という手段のみから描くことは，ヒト細胞の全体に対して行っても単に医学の知見のおさらいに過ぎないかも知れない。しかし一方，この手法を癌における細胞状態の分類や，様々な薬剤による細胞の誘導分化の研究，あ

―細胞定量解析の最前線―ライフサーベイヤ構築に向けて―

図6 発現プロファイル間の距離計算によって得られた細胞間「距離マップ」

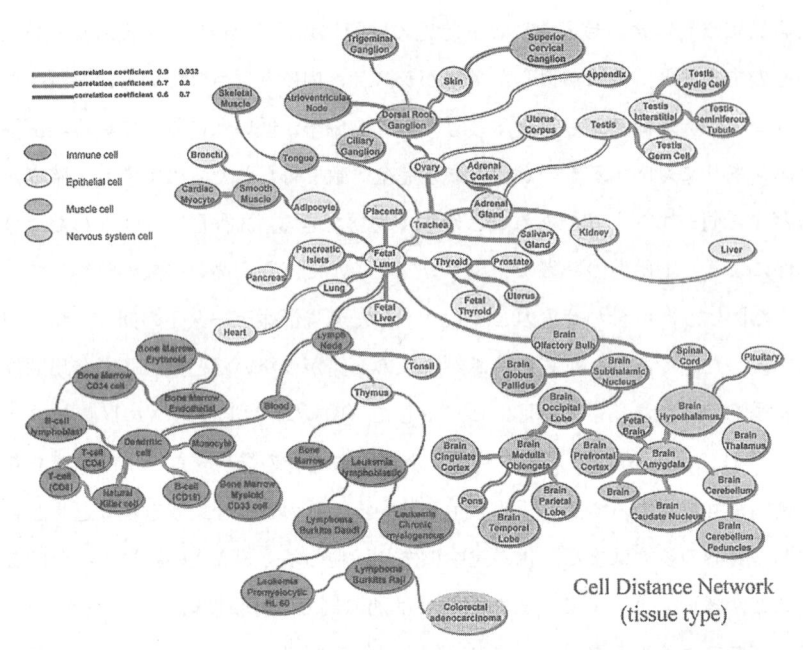

（図版提供：産業技術総合研究所　藤渕航氏）

るいは細胞工学で作成された幹細胞の状態の検討などに適用すれば，はっきりしたマーカー遺伝子が定まっていない状態でも大まかな細胞状態の比較ができるという意味において，重要なツールとなり得るだろう。

ライフサーベイヤ・システムが実現され，多くの新規データが得られるようになれば，単に既知データとの照合だけに用いるのではなく，得られた精密デジタルカウントを用いて，ここで示したのと同様なバイオインフォマティクス手法により，細胞状態のより詳細な比較や分類を進めることが期待できる。

6.5　おわりに

本稿では，ライフサーベイヤ・システムが実現されたときに得られる莫大な量のデータを活かして「細胞丸ごとRNA解析」を実施する上で必要となると思われるバイオインフォマティクス技術について考察し，関連する筆者らの研究を紹介した。

文中でも述べたとおり，細胞丸ごとRNA解析を実現するためには，現在急速に理解が進んでいる真核生物での複雑な転写メカニズムの研究の成果を取り入れる必要があり，また細胞分化などに関わる研究ともリンクする必要がある。さらには本稿では触れなかったが，プロテオームにおける発現解析とのリンクも言うまでもなく重要である。

第 5 章　ライフサーベイヤをめざしたデジタル精密計測技術の開発

単にシーケンサー技術の進歩ということには留まらず，細胞を丸ごと解析できるという技術は，生物学研究のスタイルに大きな変化をもたらすと予想され，それだけにほぼバイオインフォマティクスの全領域との関連が生じるものと考えられる。バイオインフォマティクスという技術領域自身も急速に進歩を続けており[11～13]，それらの成果の多くを急いで取り込む必要があるだろう。

現在，ライフサーベイヤ・システムの開発に連動したバイオインフォマティクス研究は筆者らをはじめとするきわめて限定されたグループのみが対応しているが，より多くのバイオインフォマティクス研究者が当技術に興味をもって参加されることを望んでいる。

謝辞

本研究の一部は，文部科学省科学研究費補助金　特定領域研究「生体分子群のデジタル精密計測に基づいた細胞機能解析：ライフサーベイヤをめざして」の支援を受けて実施した。

文　　献

1) Y. Akiyama, W. Fujibuchi, The 1st International Workshop on Approaches to Single-Cell Analysis (2006)
2) SF. Altschul, W. Gish, W. Miller, EW. Myers, D. Lipman, *J Mol Biol.*, **215**, 403-410 (1990)
3) W. Kent, C. Sugnet, T. Furey, K. Roskin, T. Pringle, A. Zahler, D. Haussler, *Genome Research*, **12**, 996-1006 (2002) (Web サイト http://genome.ucsc.edu/)
4) W. Kent, *Genome Research*, **12**, 656-664 (2002)
   (Web サイト http://genome.ucsc.edu/cgi-bin/hgBlat)
5) P. Bertone, V. Stolc, TE. Royce, JS. Rozowsky, AE. Urban, X. Zhu, JL. Rinn, W. Tongprasit, M. Samanta, S. Weissman, M. Gerstein, M. Snyder, *Science*, **306**, 2242-2246 (2004)
6) T. Barrett, T. Suzek, D.Troup, S. Wilhite, WC. Ngau, P. Ledoux, D. Rudnev, A. Lash, W. Fujibuchi, R. Edgar, *Nucl. Acid Res.*, **33**, Database issue D562-D566 (2005)
   (Web サイト http://www.ncbi.nlm.nih.gov/geo/)
7) U. Sarkans, H. Parkinson, GG. Lara, A. Oezcimen, A. Sharma, N. Abeygunawardena, S. Contrino, E. Holloway, P. Rocca-Serra, G. Mukherjee, M. Shojatalab, M. Kapushesky, SA. Sansone, A. Farne, T. Rayner, A. Brazma, *Bioinformatics*, **21**, 1495-1501 (2005)
   (Web サイト http://www.ebi.ac.uk/arrayexpress/)
8) W. Fujibuchi, L. Kiseleva, T. Taniguchi, P. Horton, *IPSJ SIG Technical Report*, 2005-BIO-2, 33-37 (2005) (Web サイト http://cellmontage.cbrc.jp/)
9) N. Polouliakh, T. Natsume, H. Harada, W. Fujibuchi, P. Horton, *Journal of Bioinformatics*

and Computational Biology, **4**, 469-482（2006）
10) P. Horton, L. Kiseleva, W. Fujibuchi, Genome Informatics Workshop（GIW2006）（to appear）（2006）
11) 秋山泰, 情報処理, **40**, 1136-1138（1999）
12) 秋山泰, 人工知能学会誌, **15**, 27-34（2000）
13) 阿久津達也, 秋山泰, 人工知能学会誌, **22**（to appear）（2007）

第6章　ライフサーベイヤの研究展開と展望

松永　是[*1]，新垣篤史[*2]

1　ポストゲノムへのアプローチ

　一日に200万塩基対というゲノムの高速解読が可能にされ，微生物の全ゲノム解析がわずか数週間で達成される時代に突入した。米国立衛生研究所（NIH）の資金援助のもと進められている2つのプログラムは，2014年までに1000ドルで一人のヒトゲノムを解読することを目標としており，これに迫る次世代シークエンス技術として，米454 Life Science社[1]やSolexa社が開発したプレートを用いた新方式のシークエンス技術が注目を集めている。これらの技術がゲノム解析においてどれほど有効であるかは今のところ未知数であるが，解析手段に選択肢を与えてくれると同時に，新技術開発の種となるという意味で重要である。さらに，これに基づいたポストゲノム解析として，網羅的な発現解析やタンパク質の機能解析が行われ，データベースの構築からそれを利用した生体機能の解明へと研究が推移している。ナノテクノロジーの進展もさることながら，従来の生物学にとらわれない物理，化学，情報などの分野を越えた研究が融合的に展開された成果である。

　DNAチップ技術は，これらの恩恵を受けて開発の進められた典型的例と言える。急速に進められているプロテインチップ，糖鎖チップ，細胞チップなどの開発は，他分野との融合により進化を遂げた。DNAのアレイ化の際に用いられる，高集積化のためのインクジェット技術やフォトリソグラフィーに基づく固相合成は，バイオチップの基盤技術である。一方で，タンパク質や糖鎖，細胞をチップ化する上で新たな手法や様々なチップ材料の研究が進められている。また，これまで主にヒトゲノムを中心としたゲノム解析，あるいはポストゲノム解析が研究対象であったのに対し，環境モニタリングやヘルスケアなどのより身近な応用も対象とされてきている。ポストゲノム時代の技術開発に望まれるのは，テーラーメイド医療や創薬開発を始め，食品産業，環境産業，ヘルスケアなどの広範な産業への貢献であり，より具体的な目標へ向けて研究を進めることが重要である。

　このような分野への応用に向けた技術開発において，ターゲットとなるRNAやタンパク質，

---

*1　Tadashi Matsunaga　東京農工大学大学院　教授・工学府長・工学部長
*2　Atsushi Arakaki　東京農工大学大学院　助手

―細胞定量解析の最前線―ライフサーベイヤ構築に向けて―

代謝産物のプロファイルは，細胞や組織，外部からの刺激，加齢などによって，常に変動している。ゲノム解析から推定された膨大なタンパク質のアミノ酸配列情報の蓄積で構築されたデータベースの整備と，従来では不可能であったタンパク質のイオン化が考案されるとともに，高分子イオンを高精度かつ高感度に分離する質量分析計が開発され，組織や細胞におけるプロファイリング解析の効率化が図られている。しかしながら，プロテオームは，生理状態や周囲の微細な環境要因によって時間的にも空間的にも変動する。さらに，同一のタンパク質であっても，活性型・不活性型を決定づけるリン酸化や糖鎖修飾などを受ける。機能を論じるためには翻訳後修飾も同時に検出することが必要であるが，未同定の修飾を受けた高分子イオンの質量を決定することを，従来の質量分析計は不得意としている。そこで，網羅的解析の要望から，リン酸化などの修飾をも識別する抗体をアレイ化したプロテインチップによる検出が試みられるようになった。さらに，タンパク質の機能発現は，他のタンパク質や生体分子との相互作用によって成し遂げられることから，プロテオーム解析においてタンパク質の相互作用ネットワークを明らかにすることも生物のシステムを解明する上で重要である。ポストゲノムへ向けて，まだまだ多くの課題が残されている。

2 網羅的手法による細胞解析―磁性細菌を例に―

従来，一つのタンパク質やDNAを個々に解析し，それらの事象を線で結ぶことによって，生体機能を描いてきたが，ゲノム情報が利用できるようになり，生体内反応を多次元的に捉えることが可能になってきた。我々の研究グループでは，ゲノム情報を利用とした網羅的な解析手法によって，磁性細菌と呼ばれる微生物の合成するナノ磁気微粒子の合成機構を解析してきた。ここでは，網羅的解析手法に基づいた磁性細菌の分子生物学的な解析について紹介したい。

磁性細菌 *Magnetospirillum magneticum* AMB-1 株の全ゲノム解析は，約 4.9 M 塩基対からなり，4559 個の ORF が抽出された[2]。そこで，DNA チップを用いたトランスクリプトーム解析や質量分析計を用いた網羅的タンパク質解析の結果とゲノム情報をリンクするため，データベースを構築した。磁性細菌の合成する磁気微粒子表面の膜に存在する主要なタンパク質を解析したところ，約 80 個のタンパク質を同定した[3]。機能解析の結果，これらが粒子生成において重要な役割を果たすことが明らかにされている。また，タンパク質画分の比較解析から，細胞内膜と磁気微粒子膜のプロファイルに明らかな相同性が認められ，このことから内膜が陥入することにより小胞体を形成し，この中で粒子形成が行われていることが示唆された。

一方で，磁性細菌のゲノムを詳細に見ていくと周囲とは明らかに GC 含量の逆転する領域（スパイクと呼ばれる）が存在する。これらは，特に IS 配列に挟まれて存在し，近傍にはトランス

第6章 ライフサーベイヤの研究展開と展望

ポザーゼやインテグラーゼの存在も認められることから，細菌種を越えた水平伝播によって移動する遺伝子領域であることが考えられた。このような領域の一つ，2つのISエレメントに囲まれた約100 kbpの領域には，これまで磁気微粒子膜タンパク質の解析から同定された複数の遺伝子群が集約的に存在していることがわかった。一方で，トランスポゾンの挿入により変異株を作製し，磁気微粒子を生成しない株のスクリーニングを網羅的に行った。トランスポゾン変異株から磁気微粒子合成能欠損株が得られ，欠損した遺伝子群およびその周辺領域のシークエンスを行うことで，粒子形成関連遺伝子が同定された。この解析から，鉄イオン輸送タンパク質をコードする遺伝子や，鉄イオンを細胞へ取り込む際の還元に関与するタンパク質遺伝子など，粒子合成への直接的関与が考えられる遺伝子群が発見されている。ゲノム情報に基づいて遺伝子欠損部位の分布を確認したところ，これら遺伝子はゲノム全体に渡って分布しており，特異的な挿入領域は認められなかった。したがって，磁気微粒子生成はこれに直接関与する特定遺伝子のみではなく，生体が恒常的に必要とする代謝系，シグナル伝達等の機構が要求されることが想定された。DNAチップを用いた発現解析によって，これら遺伝子の鉄イオンなどの外部環境因子に対する発現挙動が明らかになっている[4]。以上の解析結果より，磁性細菌における磁気微粒子の合成プロセスを描くことができた。すなわち，①細胞膜の陥入により膜小胞が形成され，②細胞内に蓄積された鉄イオンの小胞体への輸送，③鉄イオンを結晶へと誘導し，④酸化還元を調節して結晶の構造を決定する。ここには，多くの制御機構や個々の反応を担う生体分子が存在するが，網羅的解析手法は多数の可能性の中からパーツを絞り込み，それらを再構築する上で非常に有効であった。

以上の例にも示されるように，ゲノム科学は解析方法論に"体系的・網羅的"変化をもたらした。DNAチップを利用したトランスクリプトーム解析は，遺伝子転写産物の全セットを同時にモニタリングすることを可能にし，膨大な情報の中からターゲットとなる遺伝子のスクリーニングを行う有力なツールとなった。その結果，従来の個々の遺伝子やタンパク質の解析では解明できなかった細胞全体の様子を明らかにすることができた。一方，RNA，タンパク質，代謝産物は，細胞ステージ・組織・外部環境などに依存し，常にそのプロファイルが変化する対象については，網羅的に解析することはできない。したがって，これらの解析手法では，経時的に変化する細胞情報や，個々の細胞間における違いを明らかにすることは極めて困難であると言える。

3 一細胞情報の丸ごと解析に向けて

生体内で行われている事象は，複雑な経路によって連続的に進行している。転写調節などの制御も加味すると，生物システムを解明するためには，タンパク質や代謝産物を含めた解析が同時

一細胞定量解析の最前線―ライフサーベイヤ構築に向けて―

に要求される。これまでに述べてきた従来の網羅的解析の手法論では，平均化された情報を見ているため，細胞ごとの違いを詳細に識別することは不可能である。

一方で，一分子イメージング法の急速な技術進歩により，生体のダイナミックな現象の観察が一般的に行われるようになってきた。蛍光顕微鏡をベースにした一分子イメージングは，直接的にかつリアルタイムに現象を捉えることができるという意味で威力を持った解析手法である。さらに発展した技術として，ニポウディスクを用いたマルチビームスキャンによる共焦点像の高速イメージングが開発されている[5]。

イメージングにおいて優れた選択性を持つ分子材料も多数創製されている。細胞内カルシウムイオン濃度は，小分子プローブの蛍光変化から検出することができるが，その生理機能の解析において重要な役割を担っている。また，蛍光性タンパク質GFPとその改変体はタグとして利用することで，様々な細胞内シグナルネットワークの解析に利用されてきた。さらに，Dronpaと呼ばれる蛍光タンパク質は，光によってスイッチングが可能であり，細胞内情報伝達物質の細胞質-核間の往来の観察に利用されている[6]。

これら手法を利用した解析においてターゲットとなる生体分子群のコンテントを広げることも，今後積極的に行っていかなくてはならない。質量分析計や各種チップ技術の発展が目覚しいが，これらによって細胞の中身，細胞間のシグナルネットワーク，さらには組織間における細胞の差異など，継続的なデータの蓄積が必要とされる。

遺伝子発現・タンパク質発現・細胞機能といった，多次元の生体高分子のモニタリング，及びそれらのリンケージを体系的・網羅的に解析するためには，膨大な情報量を処理する計算機と，クラスタリング，データマイニング技術の開発が不可欠である。種々の解析データの集積化も重要である。また，デバイスの小型化・集積化に向け，検出部分の小型化，微細加工そして極小空間内での反応効率の向上なども応用に向けて新たに開発されるべき技術である。抗体や細胞などDNAと比較して極めて扱いにくい生体材料を高精度に操作する技術や，それを扱う基板材料，あるいは検出手法の開発が求められている。

最後に，これら先端技術を結び付けることが，一細胞の中身の丸ごと解析において不可欠なのである。単に複雑化したデータを蓄積することは容易に実現されるが，得られた解析結果をどのように有機的に結びつけ，有用な情報のみを表現できるかが，キーとなるかと思われる。実現されれば，一細胞解析は病気発症のメカニズムの解析，創薬，再生医療など，将来の医療分野に直結する基盤となる。バイオ分野の次のイノベーションとして強く期待していい。

第6章 ライフサーベイヤの研究展開と展望

4 ライフサーベイヤに期待する

　以上述べてきたように，ゲノム解析からポストゲノムの時代を迎え，より多くの情報の蓄積と，それを用いた分子機能解析からの生命システム全体の理解へと研究が発展しようとしている。生命の最小単位である一細胞を詳細に解析しようという試みが，今始まろうとしている。一細胞解析に関する論文も過去5年間において急速に増えていることからもこのことが伺える。そして，ライフサーベイヤプロジェクトは，その先導的役割を担う「特定領域研究」として発足した。

　一細胞解析技術へ向けた研究の大きな流れの形成は，これまでの文部省科学研究費補助金「特定領域研究」の採択状況からもその推移が見て取れる。名古屋大学・小林猛先生（現・中部大学教授）を代表として，平成10年度～12年度まで実施した特定領域研究「バイオターゲティングのための生体分子デザイン」における研究促進はその最初の成果である。生体分子認識，生体分子アーキテクチャー，生体分子ターゲッティング，細胞表層デザインの四つの研究テーマで進められた研究は，最近のナノバイオテクノロジーで行われている研究分野を先駆的に行ったものである。また，東京農工大学・松岡英明先生を代表として平成11年度～平成14年度まで実施した特定領域研究「単一細胞の分子テクノロジー」では，多数の細胞を一個一個観察・操作・解析し，細胞機能の分子機構を明らかにする"単一細胞研究"を世界に先駆けて行った。さらに，平成17年度より新たに特定領域研究「生体分子群のデジタル精密計測に基づいた細胞機能解析：ライフサーベイヤをめざして」がスタートした。東京農工大学（日立製作所）・神原秀記先生を代表者として，5年～10年後に世界潮流となるChemical biologyを含めSystem biology, Digital biology等で必要とされる技術やツールを集中的に開発することを目指している。ライフサーベイヤとはデジタル精密計測を行うツールであり，それに至る化学と生物の接点へのアプローチでもある。詳細は，HP（http://www.tuat.ac.jp/~surveyor/）を参照して頂きたいが，一個の細胞が持つ様々な生体分子を網羅的に解析する技術を束ねることで情報化し，相互が理解できる体系的システムを構築することがライフサーベイヤプロジェクトの最終目標である。一つの事象を複数の視点から捉えることで細胞が持つシステムを理解するものであり，新しい概念を世界に先駆けて打ち出した極めて挑戦的プロジェクトと言える。開発される様々な技術をどのように活用するのかが重要な課題でもあり，ライフサーベイヤ研究の一環として，利用法も含めた研究開発が望まれる。この中から多くのオリジナリティーの高い研究成果が生まれることは間違いないが，これらが統合し，相乗効果を生むことによって，バイオ分野をリードする日本発の基盤技術が確立されるものと確信している。細胞をサーベイするシステム開発に留まらず，高度な診断，病気解明，医薬品・食品開発，生物生産など，実用分野に直結する研究へと発展することを期待したい。

文　　　献

1) M. Margulies, M. Eghold *et al., Nature*, **437**, 326 (2005)
2) T. Matsunaga, Y. Okamura, Y. Fukuda, AT. Wahyudi, Y. Murase, H. Takeyama, *DNA Res.*, **12**, 157 (2005)
3) M. Tanaka, Y. Okamura, A. Arakaki, T. Tanaka, H. Takeyama, T. Matsunaga, *Proteomics*, **6**, 5234 (2006)
4) T. Suzuki, Y. Okamura, RJ. Calugay, H. Takeyama, T. Matsunaga, *J Bacteriol*, **188**, 2275 (2005)
5) K. Isozaki, M. Imamura, K. Fukushima, T. Tanaami, *Appl. Optics-OT*, **41**, 4704 (2002)
6) S. Habuchi, R. Ando, P. Dedecker, W. Verheijen, H. Mizuno, A. Miyawaki, J. Hofkens, *Proc. Natl. Acad. Sci. USA*, **102**, 9511 (2005)

一細胞定量解析の最前線
―ライフサーベイヤ構築に向けて―《普及版》　　（B1004）

2006年12月27日　初　　版　第1刷発行
2012年 7 月10日　普及版　第1刷発行

監　修　　神原秀記，松永　是，　　Printed in Japan
　　　　　植田充美
発行者　　辻　　賢司
発行所　　株式会社シーエムシー出版
　　　　　東京都千代田区内神田 1-13-1
　　　　　電話 03 (3293) 2061
　　　　　大阪市中央区南新町 1-2-4
　　　　　電話 06 (4794) 8234
　　　　　http://www.cmcbooks.co.jp

〔印刷　株式会社遊文舎〕　　Ⓒ H. Kambara, T. Matsunaga, M. Ueda, 2012

落丁・乱丁本はお取替えいたします。

本書の内容の一部あるいは全部を無断で複写（コピー）することは，法律で認められた場合を除き，著作者および出版社の権利の侵害になります。

ISBN978-4-7813-0531-8　C3045　¥4400E